Spring Cloud、Nginx高并发核心编程

尼恩 编著

机械工业出版社
China Machine Press

图书在版编目（CIP）数据

Spring Cloud、Nginx高并发核心编程/尼恩编著. –北京：机械工业出版社，2020.9

ISBN 978-7-111-66557-1

Ⅰ. ①S… Ⅱ. ①尼… Ⅲ. ①互联网络–网络服务器–程序设计 Ⅳ. ①TP368.5

中国版本图书馆CIP数据核字（2020）第178796号

本书从动态代理模式、Reactor 模式、三大限流策略等知识入手，深入浅出地剖析 Spring Cloud+ Nginx 系统架构的核心原理以及 Web 高并发开发技术。全书从基础设计模式和基础原理出发，理论与实战相结合，系统、详尽地介绍 Spring Cloud + Nginx 高并发核心编程。

本书共 10 章。前 6 章剖析 Feign 高并发 RPC 的底层原理，解析 Hystrix 高性能配置的核心选项，阐述 Hystrix 滑动窗口的核心原理；后 4 章介绍 Nginx 的核心原理及其配置，并结合秒杀场景实现 Spring Cloud 秒杀、Spring Cloud+ Nginx Lua 秒杀，为广大 Java 开发者提供一个全面学习高并发开发的实战案例。这些知识会为广大 Java 工程师解决后台开发中遇到的高并发、高性能问题打下坚实的技术基础。

Spring Cloud、Nginx 高并发核心编程

出版发行：机械工业出版社（北京市西城区百万庄大街 22 号　邮政编码：100037）

责任编辑：迟振春　　责任校对：王　叶

印　　刷：中国电影出版社印刷厂　　版　　次：2020 年 10 月第 1 版第 1 次印刷

开　　本：188mm×260mm　1/16　　印　　张：29

书　　号：ISBN 978-7-111-66557-1　　定　　价：119.00 元

客服电话：（010）88361066　88379833　68326294　　投稿热线：（010）88379604

华章网站：www.hzbook.com　　读者信箱：hzit@hzbook.com

前 言

Spring Cloud+Nginx 系统架构毫无疑问是当今的主流技术之一。分布式 Spring Cloud 微服务框架和高性能的 Nginx 反向代理 Web 服务的优秀组合，满足了各大产品和项目的可扩展、高可用、高性能架构的需求。然而根据笔者摸查，很多 Java 开发人员对 Spring Cloud 微服务、反向代理 Nginx 核心知识的掌握不够，仅停留在 Spring Cloud+Nginx 基础配置、API 使用的初级使用阶段。

本书从基础设计模式、基础原理出发，理论与实战相结合，对 Spring Cloud + Nginx 高并发编程的核心原理做了非常系统和详尽的介绍。本书旨在帮助初、中、高级开发工程师弥补在 Spring Cloud 微服务、Nginx 反向代理核心知识方面的短板，为广大开发人员顺利成长为优秀的 Java 高级工程师、系统架构师提供帮助。

本书内容

本书内容分为 10 章，分别说明如下：

第 1 章介绍 Spring Cloud+Nginx 高并发核心编程的学习准备，包括知识背景、开发和自验证环境的准备。

第 2 章介绍 Spring Cloud 入门实战，包括注册中心、配置中心、微服务提供者的入门开发和配置。

第 3 章介绍 Spring Cloud RPC 远程调用的核心原理，从设计模式的代理模式开始，抽丝剥茧、层层递进地揭秘 Spring Cloud Feign 的底层 RPC 远程调用的核心原理。

第 4 章介绍 RxJava 响应式编程框架。在 Spring Cloud 框架中涉及 Ribbon 和 Hystrix 两个重要的组件，它们都用到了 RxJava 响应式编程框架。作为非常重要的编程基础知识，本书特意设立本章对 RxJava 的原理和使用进行详细介绍。

第 5 章介绍 Hystrix RPC 保护的原理，从 RxJava 响应式编程框架的应用开始，溯本求源、循序渐进地揭秘 Spring Cloud Hystrix 的底层 RPC 保护的核心原理。

第 6 章介绍微服务网关与用户身份识别。微服务网关是微服务架构中不可或缺的部分，它统一解决 Provider 路由、负载均衡、权限控制等问题。

第 7 章详解 Nginx/OpenResty，从高性能传输模式 Reactor 模型入手，寻踪觅源、由浅入深地揭秘 Nginx 反向代理 Web 服务器的核心知识，包括 Reactor 模型、Nginx 的模块化设计、Nginx 的请求处理流程等。

第 8 章介绍 Nginx Lua 编程。在高并发场景下，Nginx Lua 编程是解决性能问题的利器，本章介绍 Nginx Lua 编程的基础知识。

第 9 章介绍限流原理与实战。高并发系统用三把利器——缓存、降级和限流来保护系统，本章介绍计数器、令牌桶、漏桶这三大限流策略的原理和实现。

第 10 章介绍 Spring Cloud+Nginx 秒杀实战，通过这个综合性的实战案例说明缓存、降级和限流的应用。

读者对象

（1）对 Spring Cloud+Nginx 系统架构感兴趣的大专院校师生。

（2）需要学习 Spring Cloud+Nginx 分布式高并发技术和高并发架构的初、中、高级 Java 工程师。

（3）生产场景中需要用到 Spring Cloud+Nginx 组合或者其中某个框架的架构师或工程师。

资源下载

本书资源可以登录机械工业出版社华章公司的网站（www.hzbook.com）下载，方法是：搜索到本书，然后在页面上的“资源下载”模块下载即可。如果下载有问题，请发送电子邮件至 booksaga@126.com。

致　谢

首先感谢卞诚君老师在笔者写书过程中给予的指导和帮助。没有他的提议，我不会想到将自己的“疯狂创客圈”社群中高并发方面的博客整理成图书出版。感谢“疯狂创客圈”社群中的小伙伴们，虽然大家在群里抛出的很多技术难题笔者不一定能给出更佳的解决方案，但正是因为一路同行，一直坦诚、纯粹地进行技术交流，才能相互启发技术灵感，进而扩充小伙伴们的技术视野，最终提升编程水平。欢迎大家在“疯狂创客圈”社群提出问题，也欢迎大家多多交流。

写书不仅仅是一种技术活，更是一种工匠活，为了保证书中的知识是全面的、系统化的，笔者需要不断地思考和总结，不断地检查与修正。为了保证书中的每一行程序是正确的，笔者需要反复地编写 LLT 用例进行验证。尽管如此，还是不能保证书中没有瑕疵，不妥之处希望读者批评指正。

完成一本优质的书需要投入大量的业余时间，这也意味着牺牲了本该陪伴家人的时间，在这里特别感谢我的家人给予的理解、支持和帮助。

本书的读者 QQ 群为 104131248，欢迎读者加群交流。目前，群里已经有不少高质量面试题和开发技术难题的交流。

尼　恩
2020 年 5 月 9 日

目 录

第 1 章

Spring Cloud+Nginx 高并发核心编程的学习准备

Spring Cloud+Nginx 相结合的分布式 Web 应用架构已经成为 IT 领域应用架构的事实标准。Spring Cloud+Nginx 架构具有高度可伸缩、高可用、高并发的能力，这使其成为各新产品、新项目技术选型时的最佳架构之一，也成为老产品、老项目技术升级选型时的最佳架构之一。目前，无论是一线互联网公司（如阿里巴巴、百度、美团等）还是中小型互联网企业，都广泛地使用了 Spring Cloud+Nginx 架构。

尽管 Spring Cloud+Nginx 架构已经成为主流架构，但广大 Java 工程师对 Spring Cloud 微服务、Nginx 反向代理核心知识的掌握还是不够，大多数人仅停留在配置、使用阶段。

本书的目标是帮助初、中、高级开发工程师弥补在 Spring Cloud 微服务、Nginx 反向代理核心知识方面的短板。本书从基础设计模式和基础原理出发，理论与实战相结合，系统和详尽地介绍 Spring Cloud + Nginx 高并发核心编程。

1.1 Spring Cloud+Nginx 架构的主要组件

以 crazy-springcloud 开发脚手架为例，一个 Spring Cloud+Nginx 应用的架构如图 1-1 所示。

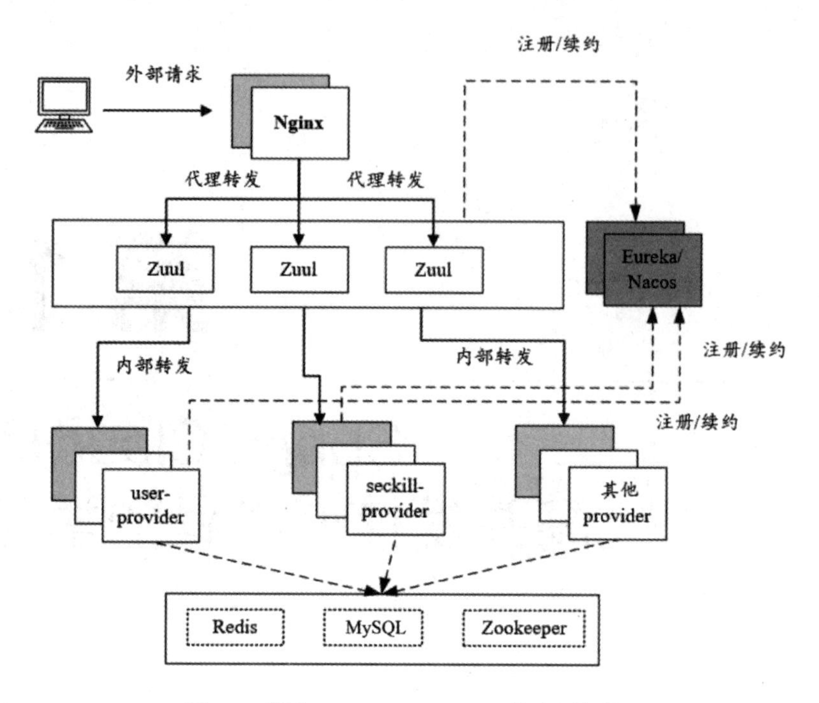

图 1-1 基于 Spring Cloud+Nginx 的应用架构

Nginx 作为反向代理服务器，代理内部 Zuul 网关服务，通过 Nginx 自带的负载均衡算法实现客户端请求的代理转发、负载均衡等功能。

Zuul 网关主要实现了微服务集群内部的请求路由、负载均衡、统一校验等功能。虽然在路由服务和负载均衡方面，Zuul 和 Nginx 的功能比较类似，但是 Zuul 是自身注册到 Eureka/Nacos，通过微服务的 serviceID 实现微服务提供者之间的路由和转发。

Eureka、Nacos 都是 Spring Cloud 技术体系中提供服务注册与发现的中间件。Eureka 是 Netflix 开源的一款产品，提供了完整的服务注册和发现，是 Spring Cloud“全家桶”中的核心组件之一。

Nacos 是阿里巴巴推出来的一个开源项目，也是一个服务注册与发现中间件，它用于完成服务的动态注册、动态发现、服务管理，还兼具了配置管理的功能。Nacos 提供了一组简单易用的特性集，用于实现动态服务发现、服务配置、服务元数据及流量管理。

由于新版本的 Eureka 已经闭源，而阿里巴巴的 Nacos 除了具备 Eureka 注册中心功能外，还具备 Spring Cloud Config 配置中心的功能，因此大大地降低了使用和维护的成本。另外，Nacos 还具有分组隔离功能，一套 Nacos 集群可以支撑多项目、多环境。综合上述多个原因，在实际的开发场景中，推荐大家使用 Nacos。但是，本书出于学习目的，注册中心和配置中心的内容还是介绍 Eureka+Config 组合，其实在原理上，Nacos 和 Eureka+Config 组合是差不多的。

除了一系列基础设施中间件技术组件之外，微服务架构中大部分独立业务模型都是以服务提供者的角色出现的。一般来说，系统可以按照各类业务模块进行细粒度的微服务拆分，例如秒杀系统中的用户、商品等，每个业务模块拆分成一个微服务提供者 Provider 组件，作为独立应用程序进行启动和执行。

在 Spring Cloud 生态中，微服务提供者 Provider 之间的远程调用是通过 Feign+Ribbon+Hystrix 组合来完成的：Feign 用于完成 RPC 远程调用的代理封装；Ribbon 用于在客户端完成各远程目标服务实例之间的负载均衡；Hystrix 用于完成自动熔断降级等多个维度的 RPC 保护。

在 Nginx+Spring Cloud 架构中还存在一系列辅助中间件，包括日志记录、链路跟踪、应用监控、JVM 性能指标、物理资源监控等等。本书并没有对上述辅助中间件做专门的介绍。

1.2　Spring Cloud 和 Spring Boot 的版本选择

Spring Cloud 是基于 Spring Boot 构建的，它们之间的版本有配套的对应关系。在构建项目时，要注意版本之间的这种对应关系，版本若对应不上则会出现问题。

Spring Cloud 和 Spring Boot 的版本配套关系如表 1-1 所示。

表1-1　Spring Cloud与Spring Boot的版本配套关系

Spring Cloud	Spring Boot
Camden	1.4.x
Dalston	1.5.x
Edgware	1.5.x
Finchley	2.0.x
Greenwich	2.1.x
Hoxton	2.2.x

Spring Cloud 包含一系列子组件，如 Spring Cloud Config、Spring Cloud Netflix、Spring Cloud Openfeign 等，为了防止与这些子组件的版本号混淆，Spring Cloud 的版本号全部使用英文单词形式命名。具体来说，Spring Cloud 的版本号使用了英国伦敦地铁站的名称来命名，并按字母 A~Z 的次序发布版本，它的第一个版本叫作 Angel，第二个版本叫作 Brixton，以此类推。另外，每个大版本在解决了一个严重的 Bug 后，Spring Cloud 会发布一个 Service Release 版本（小版本），简称 SRX 版本，其中 X 是顺序的编号，比如 Finchley.SR4 是 Finchley 大版本的第 4 个小版本。

大家做技术选型时非常喜欢用最高版本，但是对于 Spring 全家桶的选择来说，高版本不一定是最佳选择。比如，目前最高的 Spring Cloud Hoxton 版本是基于 Spring Boot 2.2 构建的，Spring Boot 2.2 又是基于 Spring Framework 5.2 构建的，也就是说，这是一次整体的、全方位的大版本升级。大家在项目上会用到非常多的第三方组件，总会有一些组件没有来得及进行配套升级而不能兼容 Spring Boot 2.2 或 Spring Framework 5.2，如果贸然地进行基础框架的整体升级，就会给项目开发带来各种各样的疑难杂症，甚至带来潜在的线上 Bug。

除此之外，Spring Cloud 高版本推荐了不少自家的新组件，但是这些新组件没有经过大规模实践应用的考验，其功能尚待丰富和完善。以负载均衡组件为例，Spring Cloud Hoxton 推荐的自家组件 spring-cloud-loadbalancer 在功能上与 Ribbon 的负载均衡功能相比就弱很多。

Spring Cloud Finchley 到 Greenwich 版本的升级其实很小，可以说微乎其微，主要是提升了对 Java 11 的兼容性。然而，在当前的生产场景中 Java 8 才是各大项目的主流选择，另外 Java 11（2019 年 4 月之后的升级补丁）已经不完全免费了。当然，和 Java 11 一样，Java 8 在 2019 年 4 月之后的补丁版本也面临收费的问题。使用 Java 8 的理由是，自 2014 年 3 月 18 日发布起至目前，Java 8

被广泛使用，且被维护了这么多年，已经非常成熟和稳定了。

综上所述，本书选用了 Spring Cloud Finchley 作为学习、研究和使用的版本，推荐使用的子版本为 Finchley.SR4。具体的 Maven 依赖坐标如下：

```
 <dependencyManagement>
       <dependencies>
           <dependency>
               <groupId>org.springframework.cloud</groupId>
               <artifactId>spring-cloud-dependencies</artifactId>
               <version>Finchley.SR4</version>
               <type>pom</type>
               <scope>import</scope>
           </dependency>
           <dependency>
               <groupId>org.springframework.boot</groupId>
               <artifactId>spring-boot-dependencies</artifactId>
               <version>2.0.8.RELEASE</version>
               <scope>import</scope>
               <type>pom</type>
           </dependency>
       </dependencies>
    </dependencyManagement>
```

1.3 Spring Cloud 微服务开发所涉及的中间件

在基于 crazy-springcloud 脚手架（其他的脚手架类似）的微服务开发和自验证过程中，所涉及的基础中间件大致如下：

1. ZooKeeper

ZooKeeper 是一个开放源码的分布式协调应用程序，是大数据框架 Hadoop 和 HBase 的重要组件。在分布式应用中，它能够高可用地提供保障数据一致性的很多基础功能：分布式锁、选主、分布式命名服务等。

在 crazy-springcloud 脚手架中，高性能分布式 ID 生成器用到了 ZooKeeper。有关它的原理和使用可参见《Netty、Redis、ZooKeeper 高并发实战》⊖ 一书。

2. Redis

Redis 是一个高性能的缓存数据库。在高并发的场景下，Redis 可以对关系数据库起到很好的缓冲作用；在提高系统的并发能力和响应速度方面，Redis 至关重要。crazy-springcloud 脚手架的分布式 Session 用到了 Redis。

⊖ 此书已由机械工业出版社出版，书号为 978-7-111-63290-0。——编辑注

3. Eureka

Eureka 是 Netflix 开发的服务注册和发现框架，它本身是一个 REST 服务提供者，主要用于定位运行在 AWS（Amazon 云）上的中间层服务，以达到负载均衡和中间层服务故障转移的目的。Spring Cloud 将 Eureka 集成在子项目 spring-cloud-netflix 中，以实现 Spring Cloud 的服务注册和发现功能。

4. Spring Cloud Config

Spring Cloud Config 是 Spring Cloud 全家桶中最早的配置中心，虽然在生产场景中很多企业已经使用 Nacos 或者 Consul 整合型的配置中心替代了独立的配置中心，但是 Config 依然适用于 Spring Cloud 项目，通过简单地配置即可使用。

5. Zuul

Zuul 是 Netflix 开源网关，可以和 Eureka、Ribbon、Hystrix 等组件配合使用，Spring Cloud 对 Zuul 进行了整合与增强，使用它作为微服务集群的内部网关，负责给集群内部的各个 Provider（服务提供者）提供 RPC 路由和对请求进行过滤。

6. Nginx/OpenResty

Nginx 是一个高性能 HTTP 和反向代理服务器，是由伊戈尔·赛索耶夫为俄罗斯访问量第二的 Rambler.ru 站点开发的 Web 服务器。Nginx 源代码以类 BSD 许可证的形式对外发布，它的第一个公开版本 0.1.0 在 2004 年 10 月 4 日发布，1.0.4 版本在 2011 年 6 月 1 日发布。Nginx 因高稳定性、丰富的功能集、内存消耗少、并发能力强而闻名全球，并被广泛使用，百度、京东、新浪、网易、腾讯、淘宝等都是它的用户。OpenResty 是一个基于 Nginx 与 Lua 的高性能 Web 平台，它的内部集成了大量精良的 Lua 库、第三方模块以及大多数的依赖项，用于快速搭建能够处理超高并发的扩展性极高的动态 Web 应用、Web 服务和动态网关。

以上中间件的端口配置以及部分安装与使用的演示视频如表 1-2 所示。

表1-2　本书案例涉及的主要中间件的端口配置以及部分安装与使用的演示视频

中 间 件	端　口	安装和使用的演示视频
Redis	6379	Linux Redis 安装视频
ZooKeeper	2181	Linux ZooKeeper 安装视频
RabbitMQ	3306	Linux RabbitMQ 安装视频
cloud-eureka	7777	Eureka 使用视频
Spring Cloud Config	7788	Spring Cloud Config 使用视频
Zuul	7799	
Nginx/OpenResty	80	

1.4 Spring Cloud 微服务开发和自验证环境

在开始学习 Spring Cloud 核心编程之前，先来介绍一下开发和自验证环境的准备、中间件的安装以及抓包工具的准备。

1.4.1 开发和自验证环境的系统选项和环境变量配置

首先介绍开发和自验证系统的选型。大部分开发人员学习开发都用过 Windows 环境，在这种情况下，强烈建议使用虚拟机装载 CentOS 作为自验证环境。为什么要推荐 CentOS 呢？

1. 提前暴露生产环境中的问题

在生产环境上，90%以上的 Java 应用都是使用 Linux 环境（如 CentOS）来部署的。因此，使用 CentOS 作为自验证环境可以提前暴露生产环境中的潜在问题，避免在开发时没有发现有问题的程序，一旦部署到生产环境中就出现问题（笔者亲历）。

2. 学习 Shell 命令和脚本

在生产环境中定位、分析、解决线上 Bug 时，需要用到基础的 Shell 命令和脚本，因此平时要多使用、多练习。另外，Shell 命令和脚本是 Java 程序员必知必会的面试题。使用 CentOS 作为自验证环境能方便大家学习 Shell 命令和脚本。

当然，可以借助一些文件同步或共享工具提高开发效率。比如，可以通过 VMware Tools 共享 Windows 和 CentOS 之间的文件夹，这样在后续的 Lua 脚本的开发和调试过程中能避免来回地复制文件。

这里给大家介绍一下 crazy-springcloud 脚手架开发和自验证环境的准备，主要涉及两个方面：

（1）中间件（含 Eureka、Redis、MySQL 等）相关信息的环境变量的配置。

（2）主机名称的配置。

对于中间件相关信息（如 IP 地址、端口、用户账号等），很多项目都是直接以明文编码的方式存放在配置文件中，这样存在安全隐患甚至会引发泄密的风险。对于这些信息，建议通过操作系统环境变量进行配置，然后在配置文件中使用环境变量而不是明文编码。

例如，可以对 Eureka 的 IP 提前配置好环境变量 EUREKA_ZONE_HOST，然后在应用的配置文件 bootstrap.yml 中按照如下方式来使用：

```
eureka:
    client:
        serviceUrl:
          defaultZone:
${SCAFFOLD_EUREKA_ZONE_HOSTS:http://localhost:7777/eureka/}
```

在上面的配置中，通过${SCAFFOLD_EUREKA_ZONE_HOSTS}表达式从环境变量中获取 Eureka 的 service-url 地址。环境变量 SCAFFOLD_EUREKA_ZONE_HOSTS 后面跟着一个冒号和一个默认值，表示如果环境变量值为空，就会使用默认值 http://localhost:7777/eureka/作为配置项的值。

通过环境变量配置中间件的信息有什么好处呢？

一是使配置信息的切换多了一层灵活性，如果切换 IP，那么只需修改环境变量即可；二是可以不用在配置文件中以明文编码方式存放密码之类的敏感信息，多了一层安全性。

crazy-springcloud 微服务开发脚手架用到的环境变量较多，以自验证环境 CentOS 中的配置文件/etc/profile 为例，部分内容大致如下：

```
export SCAFFOLD_DB_HOST=192.168.233.128
export SCAFFOLD_DB_USER=root
export SCAFFOLD_DB_PSW=root
export SCAFFOLD_REDIS_HOST=192.168.233.128
export SCAFFOLD_REDIS_PSW=123456
export SCAFFOLD_EUREKA_ZONE_HOSTS=http://192.168.233.128:7777/eureka/
export RABBITMQ_HOST=192.168.233.128
export SCAFFOLD_ZOOKEEPER_HOSTS=192.168.233.128:2181
```

以上环境变量中的 192.168.233.128 是笔者自验证环境 CentOS 虚拟机的 IP 地址，Redis、ZooKeeper、Eureka、MySQL、Nginx 等中间件都运行在这台虚拟机上，大家在运行 crazy-springcloud 微服务开发脚手架之前需要进行相应的更改。

最后介绍一下有关主机名称的配置。如果在调试过程中直接通过 IP 访问 REST 接口，那么在 Fiddler 工具抓包中查看报文就不方便。为了方便抓包，将 IP 地址都映射成主机名称。在笔者使用的 Windows 开发环境中，hosts 文件内配置的主机名称如下：

```
127.0.0.1   crazydemo.com
127.0.0.1   file.crazydemo.com
127.0.0.1   admin.crazydemo.com
127.0.0.1   xxx.crazydemo.com

192.168.233.128  eureka.server
192.168.233.128  zuul.server
192.168.233.128  nginx.server
192.168.233.128  admin.nginx.server
```

注意，本书后文的演示用例用到的 URL 会使用以上主机名称取代 IP 地址。

1.4.2 使用 Fiddler 工具抓包和查看报文

在微服务程序开发和验证的过程中，一般来说对 HTTP 接口发起请求有多种方式：

（1）直接发起请求。

（2）通过内部网关代理（如 Zuul）发起请求。

（3）通过外部网关反向代理（如 Nginx）发起请求。

以 crazy-springcloud 脚手架中的 uaa-provider 服务的 HTTP 接口/api/user/detail/v1 为例，通过以上 3 种方式发起请求的 HTTP 链路示意图如图 1-2 所示。

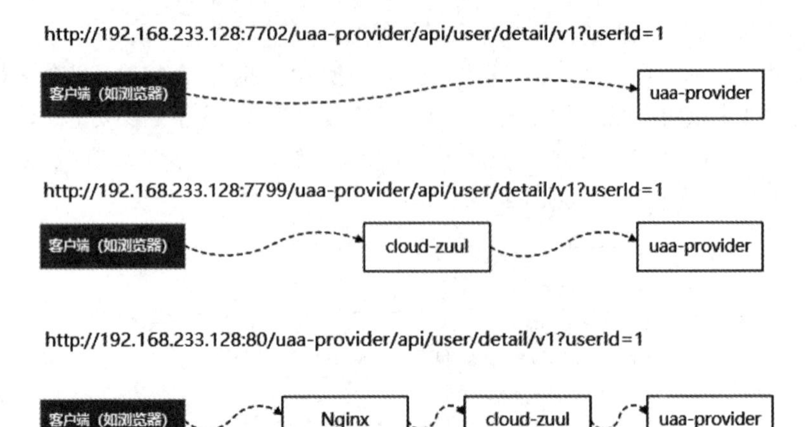

图 1-2　3 种方式请求 uaa-provider 的 HTTP 链路示意图

在生产环境下，为了满足内外网之间的转发、多服务器之间的负载均衡要求，外部反向代理（Nginx）往往不止一层。因此，请求的 HTTP 链路往往更加复杂。

无论是在开发环境、自验证环境、测试环境还是在生产环境中，查看 HTTP 接口的访问链路和报文内容对于定位、分析、解决问题来说都非常重要，这就需要使用抓包工具。抓包工具的类型比较多，笔者目前使用较多的为 Fiddler。

比如，在调试本书 crazy-springcloud 脚手架中的 uaa-provider 功能时，使用 Fiddler 能全面地查看发往服务端的 HTTP 报文的请求头和响应头，如图 1-3 所示。

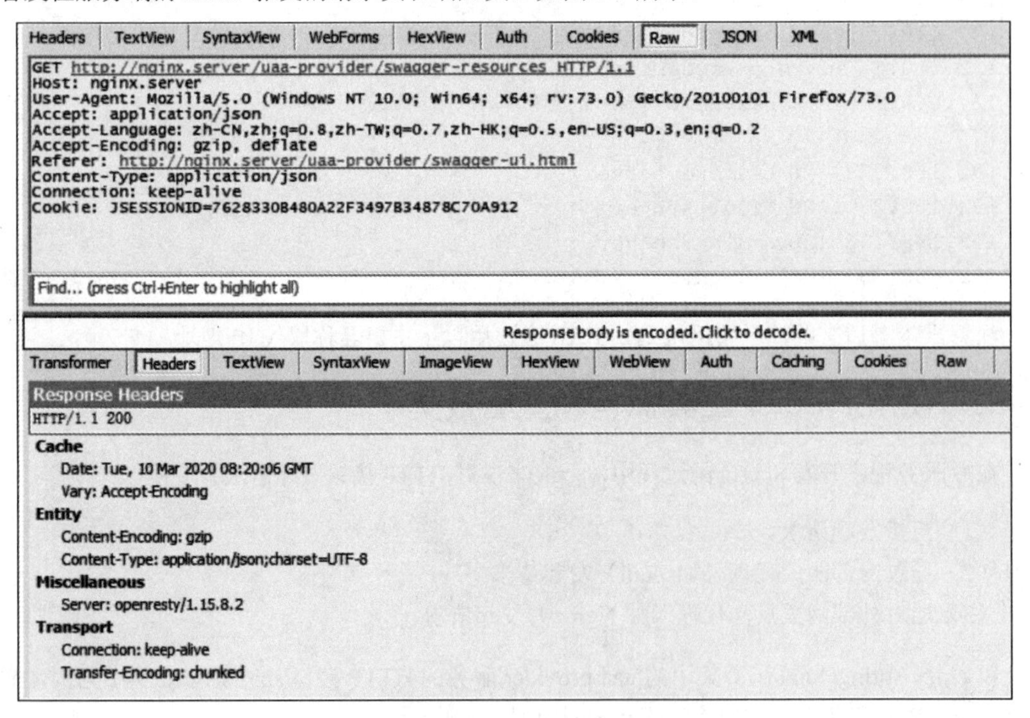

图 1-3　使用 Fiddler 查看请求头和响应头

在开发过程中，Fiddler 这类抓包工具的使用对于分析和定位问题非常有用。笔者经常使用 Fiddler 完成下面的工作：

（1）查看 REST 接口的处理时间，在解决性能问题时帮助查看接口的整体时间。

（2）查看 REST 接口的请求头、响应头、响应内容，主要用于查看请求 URL、请求头、响应头是否正确，并且在必要的时候可以将所有请求头一次性地复制到 Postman 等请求发起工具，帮助新请求快速地构造同样的 HTTP 头部。

（3）请求重发，除了可以使用独立的请求工具（如 Swagger-UI/Postman 等）重发请求之外，还可以在 Fiddler 中直接进行请求重发，重发的请求有相同的头部和参数，调试时非常方便。

1.5　crazy-springcloud 微服务开发脚手架

无论是单体应用还是分布式应用，如果从零开始开发，那么都会涉及很多基础性的、重复性的工作，比如用户认证、Session 管理等。有了开发脚手架，这些基础工作就可以省去，直接利用脚手架提供的基础模块，然后按照脚手架的规范进行业务模块的开发即可。

笔者在开源平台看到过不少开源的脚手架，但是发现这些脚手架很少可以直接拿来进行业务模块的开发，要么封装过于重量级而不好解耦，要么业务模块分包不清晰而不方便开发，所以本着简洁和清晰的原则，笔者发起的疯狂创客圈社群推出了自己的微服务开发脚手架 crazy-springcloud，它的模块和功能如下：

```
crazymaker-server               -- 根项目
 │   ├──cloud-center            -- 微服务的基础设施中心
 │   │   ├──cloud-eureka        -- 注册中心
 │   │   ├──cloud-config        -- 配置中心
 │   │   ├──cloud-zuul          -- 网关服务
 │   │   ├──cloud-zipkin        -- 监控中心
 │   ├──crazymaker-base         -- 公共基础依赖模块
 │   │   ├──base-common         -- 普通的公共依赖，如 utils 类的公共方法
 │   │   ├──base-redis          -- 公共的 Redis 操作模块
 │   │   ├──base-zookeeper      -- 公共的 ZooKeeper 操作模块
 │   │   ├──base-session        -- 分布式 Session 模块
 │   │   ├──base-auth           -- 基于 JWT + SpringSecurity 的用户凭证与认证模块
 │   │   ├──base-runtime        -- 各 Provider 的运行时公共依赖，装配了一些通用 Spring
                                   IOC Bean 实例
 │   ├──crazymaker-uaa          -- 业务模块：用户认证与授权
 │   │   ├──uaa-api             -- 用户 DTO、Constants 等
 │   │   ├──uaa-client          -- 用户服务的 Feign 远程客户端
 │   │   ├──uaa-provider        -- 用户认证与权限的实现，包含 controller 层、service
                                   层、dao 层的代码实现
 │   ├──crazymaker-seckill      -- 业务模块：秒杀练习
 │   │   ├──seckill-api         -- 秒杀 DTO、Constants 等
 │   │   ├──seckill-client      -- 秒杀服务的 Feign 远程调用模块
```

```
|   |   ├─seckill-provider -- 秒杀服务核心实现，包含 controller 层、service 层、
                              dao 层的代码实现
|   ├─crazymaker-demo       -- 业务模块：练习演示
|   |   ├─demo-api          -- 演示模块的 DTO、Constants 等
|   |   ├─demo-client       -- 演示模块的 Feign 远程调用模块
|   |   ├─demo-provider     -- 演示模块的核心实现，包含 controller 层、service 层、
                              dao 层的代码实现
```

在业务模块如何分包的问题上，大部分企业都有自己的统一规范。crazy-springcloud 脚手架从职责清晰、方便维护、能快速导航代码的角度出发，将每一个业务模块细分成以下 3 个子模块。

（1）{module}-api：该子模块定义了一些公共的 Constants 业务常量和 DTO 传输对象，既被业务模块内部依赖，又可能被依赖该业务模块的外部模块所依赖。

（2）{module}-client：该子模块定义了一些被外部模块所依赖的 Feign 远程调用客户类，是专供给外部模块的依赖，不能被内部的其他子模块所依赖。

（3）{module}-provider：该子模块是整个业务模块的核心，也是一个能够独立启动、运行的服务提供者（Application）。该模块包含涉及业务逻辑的 controller 层、service 层、dao 层的完整代码实现。

crazy-springcloud 微服务开发脚手架在以下两方面进行了弱化：

（1）在部署方面对容器的介绍进行了弱化，没有使用 Docker 容器而是使用 Shell 脚本。这有多方面的原因：一是本脚手架的目的是学习，使用 Shell 脚本而不是 Docker 去部署，方便大家学习 Shell 命令和脚本；二是 Java 和 Docker 其实整合得很好，学习起来非常容易，稍加配置就能做到一键发布，找点资料学习一下就可以轻松掌握；三是部署和运维是一项专门的工作，生产环境的部署，甚至是整个自动化构建和部署的工作实际上是属于运维的专项工作，由专门的运维人员去完成，而部署的核心仍然是 Shell 脚本，所以对于开发人员来说掌握 Shell 脚本才是重中之重。

（2）对监控软件的介绍进行了弱化。本书没有专门介绍链路监控、JVM 性能指标、熔断器监控软件的使用，这也有多方面的原因：一是监控软件太多，如果介绍得太全，篇幅就不够，介绍得太少，大家又不一定会用到；二是监控软件的使用大多是一些软件的操作步骤和说明，原理性的内容比较少，传播这类知识使用视频的形式比文字的形式效果更好。疯狂创客圈后续可能会推出一些微服务监控方面的教学视频供大家参考，请大家关注社群博客。无论如何，只要掌握了 Spring Cloud 的核心原理，那么掌握监控组件的使用对大家来说基本上就是小菜一碟。

1.6 以秒杀作为 Spring Cloud+Nginx 的实战案例

本书的综合性实战案例是实现一个高性能的秒杀系统。为何要以秒杀作为本书的综合性实战案例呢？先回顾一下在单体架构还是主流的年代，大家学习 J2EE 技术时的综合性实战案例。一般来说，都是从 0 开始编写代码，一行一行地编写一个购物车应用。通过编写购物车应用能对 J2EE 有一个全方位的练习，包括前端的 HTML 网页、JavaScript 脚本，后端的 MVC 框架、数据库、事务、多线程等各种技术。

时代在变，技术的复杂度在变，前端和后端的分工也变了。现在的 J2EE 开发已经进入分布式微服务架构的时代，前端和后端框架都变得非常复杂，前端和后端工程师已经有比较明确的分工。后端程序员专门做 Java 开发，前端程序员专门做前端的开发。后端程序员可以不需要懂前端的技术，如 Vue、TypeScript 等，当然，很多前端程序员也不一定需要懂后端技术。

相比单体服务时代，现在的分布式开发时代学习 Java 后端技术的难度大多了。首先面临一大堆分布式、高性能中间件的学习，比如 Netty、ZooKeeper、RabbitMQ、Spring Cloud、Redis 等都是当今后端程序员必知必会的。然后像 JMeter 这类压力测试工具和 Fiddler 这类抓包工具，已经成为每个后端程序员必须掌握的知识。因为在分布式环境下需要定位、发现并解决数据一致性、高可靠性等问题，通过压力测试，本来很正常的代码也会在运行时出现很多性能相关的问题。

另外，随着移动互联网、物联网的发展，当前面临的高并发场景已经不局限于电商，在其他的应用中也越来越多。所以，现在高并发开发技术由少数工程师需要掌握的高精尖技术变成了大多数人都需要掌握的基础技能。一般来说，高并发开发的三大利器为缓存、降级和限流。

缓存的目的是提高系统访问速度，它是对抗高并发的银弹；而降级是当服务出问题或者服务影响到核心流程时，可以将服务暂时屏蔽掉，待高峰或者问题解决后再打开；而有些场景并不能用缓存和降级来解决，比如稀缺资源（秒杀、抢购）、写数据（如评论、下单）等，这种情况下可以使用限流措施来对接口进行保护。

有了缓存、降级和限流这三大利器，遇到像京东 618、阿里双 11 这样的高并发应用场景，才不用担心瞬间流量导致系统雪崩，哪怕是最终只能做到有损的服务，也不会出现某些小电商平台在活动期间服务器宕机数小时的事故。

秒杀程序的业务足够简单，涉及的技术又足够全面，可以说是分布式应用场景非常好的实战案例。另外，现在 IT 行业人才流动性比较大，大家都会为面试做准备。在面试中，秒杀业务所覆盖的缓存、降级、高并发限流、分布式锁、分布式 ID、数据一致性等问题一般是重点、热门问题。

第2章 Spring Cloud 入门实战

Spring Cloud 全家桶是 Pivotal 团队提供的一整套微服务开源解决方案，包括服务注册与发现、配置中心、全链路监控、服务网关、负载均衡、熔断器等组件。以上组件主要是通过对 Netflix OSS 套件中的组件整合而成的，该开源子项目叫作 spring-cloud-netflix，其中比较重要的组件有：

（1）spring-cloud-netflix-Eureka：注册中心。

（2）spring-cloud-netflix-hystrix：RPC 保护组件。

（3）spring-cloud-netflix-ribbon：客户端负载均衡组件。

（4）spring-cloud-netflix-zuul：内部网关组件。

Spring Cloud 全家桶技术栈除了对 Netflix OSS 的开源组件进行了整合之外，还整合了一些选型中立的开源组件。比如，Spring Cloud ZooKeeper 组件整合了 ZooKeeper，提供了另一种方式的服务发现和配置管理。

Spring Cloud 架构中的单体业务服务基于 Spring Boot 应用。Spring Boot 是由 Pivotal 团队提供的全新框架，它用于简化新 Spring 应用的初始搭建以及开发过程。Spring Cloud 和 Spring Boot 是什么关系呢？

（1）Spring Cloud 利用 Spring Boot 的开发便利性巧妙地简化了分布式系统基础设施的开发。

（2）Spring Boot 专注于快速方便地开发单体微服务提供者，而 Spring Cloud 解决的是各微服务提供者之间的协调治理关系。

（3）Spring Boot 可以离开 Spring Cloud 独立使用开发项目，但是 Spring Cloud 离不开 Spring Boot，它依赖于 Spring Boot 而存在。

最终，Spring Cloud 将 Spring Boot 开发的一个个单体微服务进行整合并管理起来，为各单体微服务提供配置管理、服务发现、熔断器、路由、微代理、事件总线、全局锁、决策竞选、分布式会话等基础的分布式协助能力。

2.1　Eureka 服务注册与发现

一套微服务架构的系统由很多单一职责的服务单元组成，而每个服务单元又有众多运行实例。例如，世界上最大的收费视频网站 Netflix 的系统是由 600 多个服务单元构成的，运行实例的数量就更加庞大了。由于各服务单元颗粒度较小、数量众多，相互之间呈现网状依赖关系，因此需要服务注册中心来统一管理微服务实例，维护各服务实例的健康状态。

2.1.1　什么是服务注册与发现

从宏观角度，微服务架构下的系统角色可以简单分为注册中心、服务提供者、远程客户端组件。

什么是服务注册呢？服务注册是指服务提供者将自己的服务信息（如服务名、IP 地址等）告知服务注册中心。

什么是服务发现呢？注册中心客户端组件从注册中心查询所有服务提供者信息，当其他服务下线后，注册中心能够告知注册中心客户端组件这种变化。

远程客户端组件与服务提供者之间一般使用某种 RPC 通信机制来进行服务消费，常见的 RPC 通信方式为 REST API，底层为 HTTP 传输协议。服务提供者通常以 Web 服务的方式提供 REST API 接口；远程客户端组件则通常以模块组件的方式完成 REST API 的远程调用。

注册中心、服务提供者、远程客户端组件之间的关系大致如图 2-1 所示。

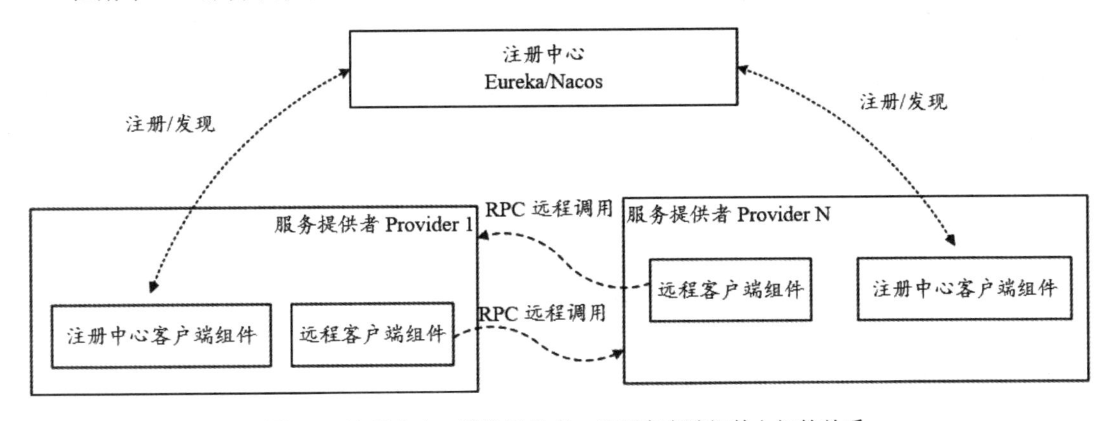

图 2-1　注册中心、服务提供者、远程客户端组件之间的关系

注册中心的主要功能如下：

（1）服务注册表维护：此功能是注册中心的核心，用来记录各个服务提供者实例的状态信息。注册中心提供 Provider 实例清单的查询和管理 API，用于查询可用的 Provider 实例列表，管理 Provider 实例的上线和下线。

（2）服务健康检查：注册中心使用一定机制定时检测已注册的 Provider 实例，如发现某实例长时间无法访问，就会从服务注册表中移除该实例。

服务提供者的主要功能如下：

（1）服务注册：是指 Provider 微服务实例在启动时（或者定期）将自己的信息注册到注册

中心的过程。

（2）心跳续约：Provider 实例会定时向注册中心提供“心跳”，以表明自己还处于可用的状态。当一个 Provider 实例停止心跳一段时间后，注册中心会认为该服务实例不可用了，就会将该服务实例从服务注册表中剔除。如果被剔除掉的 Provider 实例过了一段时间后又继续向注册中心提供心跳，那么注册中心会把该 Provider 实例重新加入服务注册表中。

（3）健康状况查询：Provider 实例能提供健康状况查看的 API，注册中心或者其他的微服务 Provider 能够获取其健康状况。

服务提供者的服务注册和心跳续约一般都会通过注册中心客户端组件来完成。注册中心客户端组件还有如下功能：

（1）服务发现：从注册中心查询可用 Provider 实例清单。

（2）实例缓存：将从注册中心查询的 Provider 实例清单缓存到本地，不需要在每次使用时都去注册中心临时获取。

总体来说，注册中心、服务提供者需要作为独立应用进行部署和运行，而注册中心客户端组件、远程客户端组件则不同，它们一般会作为一个模块组件被服务提供者所使用。

Spring Cloud 生态体系中存在多种注册中心框架，例如 Eureka、Nacos、Consul、ZooKeeper 等。本书将以 Eureka 为例讲解注册中心的使用。

2.1.2 Eureka Server 注册中心

Eureka 本身是 Netflix 开源的一款注册中心产品，并且 Spring Cloud 提供了相应的集成封装。选择 Eureka 作为注册中心实例来讲解是出于以下原因：

（1）Eureka 在业界的应用十分广泛（尤其是国外），整个框架经受住了 Netflix 严酷生产环境的考验。

（2）除了 Eureka 注册中心外，Netflix 的其他服务治理功能也十分强大，包括 Ribbon、Hystrix、Feign、Zuul 等组件结合到一起组成了一套完整的服务治理框架，使服务的调用、路由变得异常容易。

那么，Netflix 和 Spring Cloud 是什么关系呢？

Netflix 是一家互联网流媒体播放商，是美国视频巨头，访问量非常大。正因如此，Netflix 把整体的系统迁移到了微服务架构，并且几乎把它的整个微服务治理生态中的组件都开源贡献给了 Java 社区，并命名为 Netflix OSS。

Spring Cloud 是 Spring 背后的 Pivotal 公司（由 EMC 和 VMware 联合成立的公司）在 2015 年推出的开源产品，主要是对 Netflix 开源组件的进一步封装，方便 Spring 开发人员构建微服务架构的应用。

Spring Cloud Eureka 是 Spring Cloud Netflix 微服务套件的一部分，基于 Netflix Eureka 做了二次封装，主要负责完成微服务实例的自动注册与发现，这也是微服务架构中的核心和基础功能。

Eureka 所治理的每一个微服务实例被称为 Provider Instance（提供者实例）。每一个 Provider Instance 包含一个 Eureka Client 组件（相当于注册中心客户端组件），它的主要工作如下：

（1）向 Eureka Server 完成 Provider Instance 的注册、续约和下线等操作，主要的注册信息包括服务名、机器IP、端口号、域名等。

（2）向 Eureka Server 获取 Provider Instance 清单，并且缓存在本地。

一般来说，Eureka Server 作为服务治理应用会独立地部署和运行。在新建一个 Eureka Server 注册中心应用时，首先需要在 pom.xml 文件中添加 eureka-server 依赖库。

```
<dependency>
    <groupId>org.springframework.cloud</groupId>
    <artifactId>spring-cloud-starter-netflix-eureka-server</artifactId>
</dependency>
```

然后需要在启动类中添加@EnableEurekaServer 注解，声明这个应用是一个 Eureka Server。启动类的代码如下：

```
package com.crazymaker.springcloud.cloud.center.eureka;
import org.springframework.boot.SpringApplication;
import org.springframework.boot.autoconfigure.SpringBootApplication;
import org.springframework.cloud.netflix.eureka.server.EnableEurekaServer;
//在启动类中添加@EnableEurekaServer 注解
@EnableEurekaServer
@SpringBootApplication
public class EurekaServerApplication {
   public static void main(String[] args) {
      SpringApplication.run(EurekaServerApplication.class, args);
   }
}
```

接下来，在应用的配置文件 application.yml 中对 Eureka Server 的一些参数进行配置。一份基础的配置文件大致如下：

```
server:
   port: 7777
spring:
   application:
      name: eureka-server
eureka:
   client:
      register-with-eureka: false
      fetch-registry: false
      service-url:
         #服务注册中心的配置内容，指定服务注册中心的位置
         defaultZone:http://localhost: 7777/eureka/
   instance:
hostname: ${EUREKA_ZONE_HOST:localhost}
   server:
       enable-self-preservation: true #开启自我保护
eviction-interval-timer-in-ms: 60000   #扫描失效服务的间隔时间（单位毫秒，默认是
60×1000 毫秒，即 60 秒）
```

以上配置文件中包含3类配置项：作为注册中心的配置项（eureka.server.*）、作为服务提供者的配置项（eureka.instance.*）、作为注册中心客户端组件的配置项（eureka.client.*）。它们的具体含义稍后介绍。

配置完成后，运行启动类EurekaServerApplication就可以启动Eureka Server，然后通过浏览器访问Eureka Server的控制台界面（其端口为server.port配置项的值），如图2-2所示。

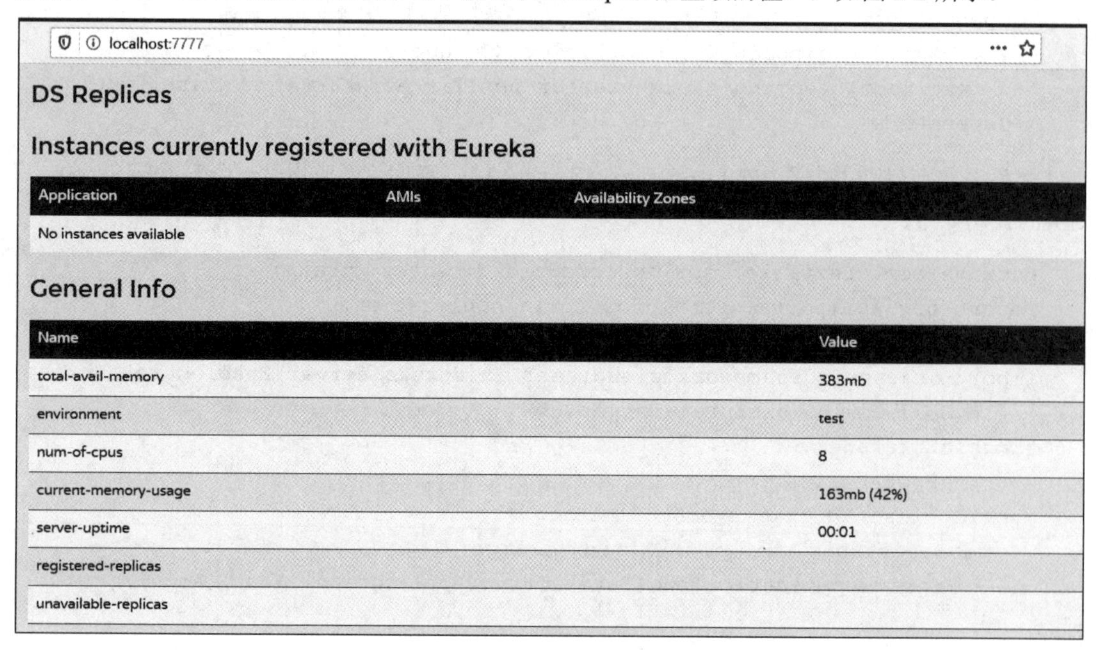

图2-2 Eureka Server的控制台界面

实际上一个Eureka Server实例身兼三个角色：注册中心、服务提供者、注册中心客户端组件。主要原因如下：

（1）对于所有Provider Instance而言，Eureka Server的角色是注册中心。

（2）对于Eureka Server集群中其他的Eureka Server而言，Eureka Server的角色是注册中心客户端组件。

（3）Eureka Server对外提供REST接口的服务，当然也是服务提供者。

1. Eureka Server作为注册中心的配置项

Eureka Server作为注册中心的配置项以eureka.server.*作为前缀，大致如下：

（1）eureka.server.enable-self-preservation：此配置项用于设置是否关闭注册中心的保护机制。什么是保护机制呢？Eureka Server会定时统计15分钟之内心跳成功的Provider实例的比例，如果低于85%就会触发保护机制，处于保护状态的Eureka Server不剔除失效的服务提供者。enable-self-preservation的默认值为true表示开启自我保护机制。如果15分钟之内心跳成功的Provider实例的比例高于85%，那么Eureka Server仍然会处于正常状态。

（2）eureka.server.eviction-interval-timer-in-ms：配置Eureka Server清理无效节点的时间间隔，默认为60 000毫秒（60秒）。但是，如果Eureka Server处于保护状态，此配置就无效。

2. Eureka Server 作为服务提供者的配置项

Eureka Server 自身是一种特殊的服务提供者，对外提供 REST 服务，所以需要配置一些 Provider 实例专属的配置项，这些配置项以 eureka.instance.*作为前缀，大致如下：

（1）eureka.instance.hostname：设置当前实例的主机名称。

（2）eureka.instance.appname：设置当前实例的服务名称。默认值取自 spring.application.name 配置项的值，如果该选项没有值，eureka.instance.appname 的值就为 unknown。在 Eureka 服务器上，服务提供者的名称不区分字母大小写。

（3）eureka.instance.ip-address：设置当前实例的 IP 地址。

（4）eureka.instance.prefer-ip-address：如果配置为 true，就使用 IP 地址的形式来定义 Provider 实例的访问地址，而不是使用主机名来定义 Provider 实例的地址。如果同时设置了 eureka.instance.ip-address 选项，就使用该选项所配置的 IP，否则自动获取网卡的 IP 地址作为 Provider 实例的访问地址。默认情况下，此配置项的值为 false，即使用主机名来定义 Provider 实例的访问地址。

（5）eureka.instance.lease-renewal-interval-in-seconds：定义 Provider 实例到注册中心续约（心跳）的时间间隔，单位为秒，默认值为 30 秒。

（6）eureka.instance.lease-expiration-duration-in-seconds：定义 Provider 实例失效的时间，单位为秒，默认值为 90 秒。

（7）eureka.instance.status-page-url-path：定义 Provider 实例状态页面的 URL，此选项配置的是相对路径，默认使用 HTTP 访问，如果需要使用 HTTPS，就使用绝对路径配置。默认的相对路径为/info。

（8）eureka.instance.status-page-url：定义 Provider 实例状态页面的 URL，此选项配置的是绝对路径。

（9）eureka.instance.health-check-url-path：定义 Provider 实例健康检查页面的 URL，此选项配置的是相对路径，默认使用 HTTP 访问，如果需要使用 HTTPS，就使用绝对路径配置。默认的相对路径为/health。

（10）eureka.instance.health-check-url：定义 Provider 实例健康检查页面的 URL，此选项配置的是绝对路径。

3. Eureka Server 作为注册中心客户端组件的配置项

如果集群中配置了多个 Eureka Server，那么节点和节点之间是对等的，在角色上一个 Eureka Server 同时也是其他 Eureka Server 实例的客户端，它的注册中心客户端组件角色的相关配置项以 eureka.client.*作为前缀，大致如下：

（1）eureka.client.register-with-eureka：作为 Eureka Client，eureka.client.register-with-eureka 表示是否将自己注册到其他的 Eureka Server 上，默认为 true。因为当前集群只有一个 Eureka Server，所以需要设置成 false。

（2）eureka.client.fetch-registry：作为 Eureka Client，是否从 Eureka Server 获取注册信息，默认为 true。因为本例是一个单点的 Eureka Server，不需要同步其他 Eureka Server 节点数据，所以设置为 false。

（3）eureka.client.registery-fetch-interval-seconds：作为 Eureka Client，从 Eureka Server 获取注册信息的间隔时间，单位为秒，默认为 30 秒。

（4）eureka.client.eureka-server-connect-timeout-seconds：Eureka Client 组件连接到 Eureka Server 的超时时间，单位为秒，默认值为 5。

（5）eureka.client.eureka-server-read-timeout-seconds：Eureka Client 组件读取 Eureka Server 信息的超时时间，单位为秒，默认值为 8。

（6）eureka.client.eureka-connection-idle-timeout-seconds：Eureka Client 组件到 Eureka Server 连接的空闲超时的时间，单位为秒，默认值为 30。

（7）eureka.client.filter-only-up-instances：从 Eureka Server 获取 Provider 实例清单时是否进行过滤，只保留 UP 状态的实例，默认值为 true。

（8）eureka.client.service-url.defaultZone：作为 Eureka Client，需要向远程的 Eureka Server 自我注册，发现其他的 Provider 实例。此配置项用于设置 Eureka Server 的交互地址，在具有注册中心集群的情况下，多个 Eureka Server 的交互地址之间可以使用英文逗号分隔开。

此配置项涉及 Spring Cloud 中的 Region（地域）与 Zone（可用区）两个概念，两者都是借鉴 AWS（Amazon 云）的概念。在非 AWS 环境下，Region 和 Zone 可以理解为服务器的位置，Region 可以理解为服务器所在的地域，Zone 可以理解为服务器所处的机房。一个 Region 可以包含多个 Zone。不同的 Region 的距离很远，一个 Region 的不同 Zone 间的距离往往较近，也可能在同一个物理机房内。

在网络环境跨地域、跨机房的情况下，Region 与 Zone 都可以在配置文件中进行配置。配置 Region 与 Zone 的主要目的是，在网络环境复杂的情况下帮助客户端就近访问需要的 Provider 实例。负载均衡组件 Spring Cloud Ribbon 的默认策略是优先访问与客户端处于同一个 Zone 中的服务端实例，只有当同一个 Zone 中没有可用服务端实例时，才会访问其他 Zone 中的实例。

如果网络环境不复杂，比如所有服务器都在同一个地域同一个机房，就不需要配置 Region 与 Zone。如果不配置 Region 选项值，那么它的默认值就为 us-east-1；如果不配置 Zone 的 Key 值，那么它的默认 Key 值就为 defaultZone。可以通过 eureka.client.serviceUrl.defaultZone 选项设置默认 Zone 的注册中心 Eureka Server 的访问地址。

Spring Cloud 的注册中心地址是以 Zone 为单位进行配置的，一个 Zone 如果有多个注册中心，则要使用逗号分隔开。如果有多个机房，就配置多个 eureka.client.serviceUrl.ZoneName 配置项。举个例子，假设在北京区域有两个机房，每一个机房有一个注册中心 Eureka Server，那么 Eureka Server 配置文件中有关 Zone 和注册中心的配置大致如下：

```
eureka:
   client:
     region: Beijing                #指定 Region 为北京
     availabilityZones:
         Beijing:zone-2,zone-1      #指定北京的机房为 zone-2、zone-1
     serviceUrl:
        #zone-1 机房的 Eureka Server
         zone-1: http://localhost:7777/eureka/
         #zone-2 机房的 Eureka Server
```

```
zone-2: http://localhost: 7778/eureka/
```

在配置注册中心地址时，如果 Eureka Server 加入了安全验证，那么注册中心的 URL 格式为：

```
http://<username>:<password>@localhost:8761/eureka
```

其中，<username>为安全校验的用户名，<password>为该用户的密码。

（9）eureka.client.serviceUrl.*：此配置项是上面第（8）项的上一级配置项，用于在多个 Zone 的场景下配置注册中心，它的类型为 HashMap，Key 为 Zone，Value 为机房中的所有注册中心地址。如果没有多个 Zone，那么此配置项有一个默认的可用区，Key 为 defaultZone。

2.1.3　服务提供者的创建和配置

注册中心 Eureka Server 创建并启动之后，接下来介绍如何创建一个 Provider 并且注册到 Eureka Server 中，再提供一个 REST 接口给其他服务调用。

在本书的配套源码 crazy-springcloud 脚手架中设计了 3 个 Provider：uaa-provider（用户账号与认证）、demo-provider（演示用途）、seckill-provider（秒杀服务）。它们的关系如图 2-3 所示。

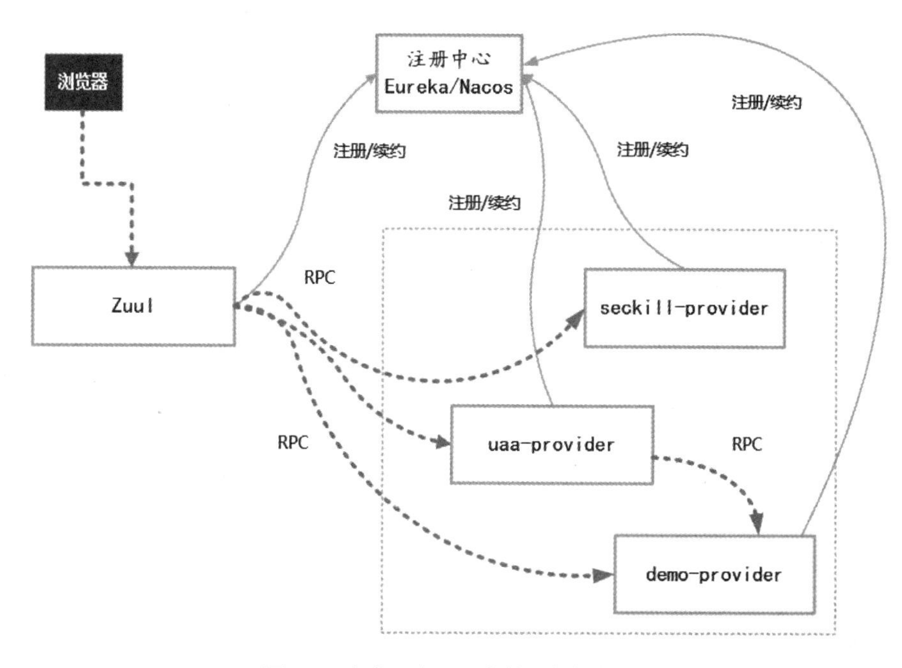

图 2-3　本书配套源码中的服务提供者

这里，以 uaa-provider 服务提供者为例来介绍 Provider 的创建和配置。

首先一个 Provider 至少需要两个组件包依赖：Spring Boot Web 服务组件和 Eureka Client 组件。如下所示：

```
<dependencies>
<!--Spring Boot Web 服务组件 -->
    <dependency>
        <groupId>org.springframework.boot</groupId>
```

```
        <artifactId>spring-boot-starter-web</artifactId>
    </dependency>

        <!--Eureka Client 组件 -->
        <dependency>
            <groupId>org.springframework.cloud</groupId>
            <artifactId>spring-cloud-starter-netflix-eureka-client</artifactId>
        </dependency>
    </dependencies>
```

Spring Boot Web服务组件用于提供REST接口服务，Eureka Client组件用于服务注册与发现。从以上的Maven依赖可以看出，在Spring Cloud技术体系中，一个Provider首先是一个Spring Boot应用，所以在学习Spring Cloud微服务技术之前必须具备一些基本的Spring Boot开发知识。

然后在Spring Boot应用的启动类上加上@EnableDiscoveryClient注解，用于启用Eureka Client组件。启动类的代码如下：

```
package com.crazymaker.springcloud.user.info.start;
//省略 import
@SpringBootApplication
/*
 *启用 Eureka Client 组件
 */
@EnableEurekaClient
public class UAACloudApplication
{
    public static void main(String[] args)
    {
        SpringApplication.run(UAACloudApplication.class, args);
    }
}
```

接下来，在Provider模块（或者项目）的src/main/resources的bootstrap启动属性文件（bootstrap.properties或bootstrap.yml）中增加Provider实例相关的配置，具体如下：

```
spring:
  application:
    name: uaa-provider

server:
  port: 7702
  servlet:
      context-path: /uaa-provider
eureka:
  instance:
    instance-id: ${spring.cloud.client.ip-address}:${server.port}
    ip-address: ${spring.cloud.client.ip-address}
    prefer-ip-address: true  #访问路径优先使用 IP 地址
```

```
        status-page-url-path:
/${server.servlet.context-path}${management.endpoints.web.base-path}/info
health-check-url-path:
/${server.servlet.context-path}${management.endpoints.web.base-path}/health
    client:
        register-with-eureka: true    #注册到 Eureka 服务器
        fetch-registry: true          #是否去注册中心获取其他服务
        serviceUrl:
          defaultZone: http://${EUREKA_ZONE_HOST:localhost}:7777/eureka/
```

在详细介绍上面的配置项之前，先启动一下 Provider 的启动类，控制台的日志大致如下：

```
    ...com.netflix.discovery.DiscoveryClient -
DiscoveryClient_UAA-PROVIDER/192.168.233.128:7702: registering service...
    ...
    ...com.netflix.discovery.DiscoveryClient -
DiscoveryClient_UAA-PROVIDER/192.168. 233.128:7702 - registration status: 204
```

如果看到上面的日志，就表明 Provider 实例已经启动成功，可以进一步通过 Eureka Server 检查服务是否注册成功：打开 Eureka Server 的控制台界面，可以看到 uaa-provider 的一个实例已经成功注册，如图 2-4 所示。

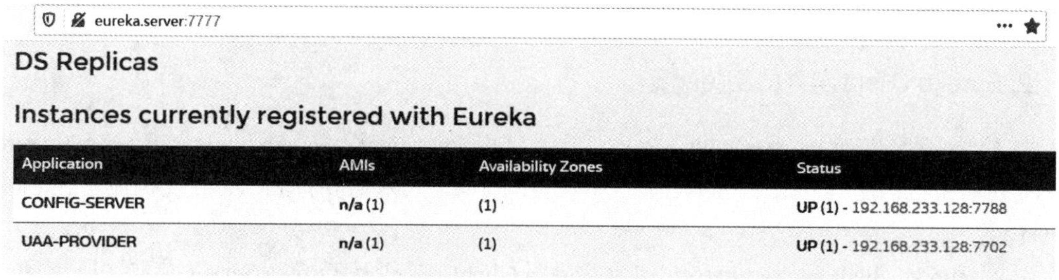

eureka.server:7777

DS Replicas

Instances currently registered with Eureka

Application	AMIs	Availability Zones	Status
CONFIG-SERVER	n/a (1)	(1)	UP (1) - 192.168.233.128:7788
UAA-PROVIDER	n/a (1)	(1)	UP (1) - 192.168.233.128:7702

图 2-4　uaa-provider 实例已经成功注册到 Eureka Server 中

前面讲到，Spring Cloud 中的一个 Provider 实例身兼两个角色：服务提供者和注册中心客户端。所以，在 Provider 的配置文件中包含两类配置：Provider 实例角色的相关配置和 Eureka Client 角色的相关配置。

1. Provider 实例角色的相关配置

在微服务集群中，Eureka Server 自身是一种特殊的服务提供者，对外提供 REST 服务，所以可以配置一些 Provider 实例专属的配置项。

（1）eureka.instance.instance-id：此项用于配置 Provider 实例 ID，如果不进行 ID 配置，默认值的格式如下：

```
${spring.cloud.client.hostname}:${spring.application.name}:${server.port}
```

翻译过来就是“主机名:服务名称:服务端口”。默认情况下，在 Eureka Web 控制台可以看到 uaa-provider 实例的 instance-id 为 localhost:demo-provider:7700。

大多数时候需要将 IP 显示在 instance-id 中，只要把主机名替换成 IP 即可，假设用“IP:端口”的格式来定义，可以使用下面的配置：

```
eureka.instance.instance-id= ${spring.cloud.client.ip-address}:${server.port}
```

从“IP:端口”的格式一看就知道 uaa-provider 在哪台机器上，端口是多少。我们还可以单击 Eureka Server 控制台的服务 instance-id 进行跳转，去查看实例的详细信息。跳转链接的默认路径是主机名，如果在链接路径时需要使用 IP，就要将配置项 eureka.instance.preferIpAddress 设置为 true。

（2）eureka.instance.ip-address：设置当前实例的 IP 地址。${spring.cloud.client.ip-address}是从 Spring Cloud 依赖包中导入的配置项，存放了客户端的 IP 地址。

（3）eureka.instance.prefer-ip-address：如果配置为 true，就使用 IP 地址的形式来定义 Provider 实例的地址，而不是使用主机名来定义 Provider 实例的地址。

（4）eureka.instance.status-page-url-path：定义 Provider 实例状态页面的 URL，此选项配置的是相对路径，默认使用 HTTP 访问，如果需要使用 HTTPS，就使用绝对路径配置。默认的相对路径为/info。

（5）eureka.instance.health-check-url-path：定义 Provider 实例健康检查页面的 URL，此选项配置的是相对路径，默认使用 HTTP 访问，如果需要使用 HTTPS，就使用绝对路径配置。默认的相对路径为/health。

2. Eureka Client 组件的相关配置

（1）eureka.client.register-with-eureka：作为 Eureka Client，eureka.client.register-with-eureka 表示是否将自己注册到 Eureka Server，这里设置为 true，表示需要将 Provider 实例注册到 Eureka Server。

（2）eureka.client.fetch-registry：作为 Eureka Client，是否从 Eureka Server 获取注册信息，这里设置为 true，表示需要从 Eureka Server 定期获取注册了的 Provider 实例清单。

（3）eureka.client.service-url.defaultZone：作为 Eureka Client，需要向远程的 Eureka Server 自我注册，查询其他的提供者。此配置项用于设置此客户端默认 Zone（类似于默认机房）的 Eureka Server 的交互地址，这里配置的是 2.1.2 节启动的端口为 7777 的 Eureka Server：

```
eureka.client.service-url.defaultZone= http://${EUREKA_ZONE_HOST:localhost}:
7777/eureka/
```

为了安全和方便，地址中并没有以硬编码方式设置 Eureka Server 的 IP 地址，而是使用了事先在操作系统中配置好的指向 Eureka IP 地址的环境变量 EUREKA_ZONE_HOST，之所以这样配置，主要是为了后续在 Eureka Server 的 IP 地址发生变化时只需要修改环境变量的值，而不需要修改配置文件。

2.1.4 服务提供者的续约（心跳）

服务提供者的续约（心跳）保活由 Provider Instance 主动定期执行来实现，每隔一段时间就调用 Eureka Server 提供的 REST 保活接口，发送 Provider Instance 的状态信息给注册中心，告诉注册中心注册者还在正常运行。

Provider Instance 的续约默认是开启的，续约默认的间隔是 30 秒，也就是每 30 秒会向 Eureka Server 发起续约（Renew）操作。如果要修改 Provider Instance 的续约时间间隔，可以使用如下配置选项：

```
eureka:
  instance:
    lease-renewal-interval-in-seconds: 5      #心跳时间，即服务续约间隔时间（默认为 30 秒）
    lease-expiration-duration-in-seconds: 15  #租约有效期，即服务续约到期时间（默认为 90 秒）
```

上述两个配置项的说明如下：

（1）eureka.instance.lease-renewal-interval-in-seconds：表示 Provider Instance 的 Eureka Client 组件发送续约（心跳）给 Eureka Server 的时间间隔，上面的配置表示每隔 5 秒发送一次续约心跳。

（2）eureka.instance.lease-expiration-duration-in-seconds：此配置项设置了租约有效期，在租约时间内，如果 Eureka Client 未续约（心跳），Eureka Server 将剔除该服务。上面配置的租约有效期为 15 秒，心跳为 5 秒，也就是说，Provider Instance 有 3 次心跳重试机会。

租约有效期需要合理设置，如果有效期太长，那么在服务消费客户端访问的时候，该 Provider Instance 可能已经宕机了。如果该值设置得太小，那么 Provider Instance 很可能因为临时的网络抖动而被 Eureka Server 剔除掉。

Eureka Server 提供了多个和 Provider Instance 相关的 Spring 上下文 ApplicationEvent（应用事件）。当 Server 启动、服务注册、服务下线、服务续约等事件发生时，Eureka Server 会发布相对应的 ApplicationEvent，以方便应用程序进行监听。

下面介绍几个常见的 Eureka Server 应用事件。

（1）EurekaInstanceRenewedEvent：服务续约事件。

（2）EurekaInstanceRegisteredEvent：服务注册事件。

（3）EurekaInstanceCanceledEvent：服务下线事件。

（4）EurekaRegistryAvailableEvent：Eureka 注册中心启动事件。

（5）EurekaServerStartedEvent：Eureka Server 启动事件。

如果需要监听 Provider Instance 的服务注册、服务下线、服务续约等事件，那么可以在 Eureka Server 中编写相应的事件监听程序，如下所示：

```
package com.crazymaker.springcloud.cloud.center.eureka;
//省略 import
@Component
@Slf4j
public class EurekaStateChangeListener {
    /**
     *服务下线事件
     */
```

```
    @EventListener
    public void listen(EurekaInstanceCanceledEvent event){
        log.info("{} \t {} 服务下线", event.getServerId(),event.getAppName());
    }
    /**
     *服务注册事件
     */
    @EventListener
    public void listen(EurekaInstanceRegisteredEvent event){
        InstanceInfo inst = event.getInstanceInfo();
        log.info("{}:{} \t {} 服务上线", inst.getIPAddr(),
        inst.getPort(),inst.getAppName());
    }
    /**
     *服务续约（服务心跳）事件
     */
    @EventListener
    public void listen(EurekaInstanceRenewedEvent event){
        log.info("{} \t {} 服务续约",event.getServerId(),event.getAppName());
    }

    @EventListener
    public void listen(EurekaServerStartedEvent event){
        log.info("Eureka Server 启动");
    }
}
```

加上事件监听后，一旦Eureka Server收到续约（心跳）事件，就会在控制台输出。下面是节选的部分日志：

```
...EurekaStateChangeListener : 192.168.142.1:7700     DEMO-PROVIDER 服务续约
...EurekaStateChangeListener : 192.168.233.128:7702   UAA-PROVIDER 服务续约
...EurekaStateChangeListener : 192.168.142.1:7700     DEMO-PROVIDER 服务续约
...EurekaStateChangeListener : 192.168.233.128:7702   UAA-PROVIDER 服务续约
...EurekaStateChangeListener : 192.168.142.1:7700     DEMO-PROVIDER 服务续约
...EurekaStateChangeListener : 192.168.233.128:7702   UAA-PROVIDER 服务续约
...EurekaStateChangeListener : 192.168.142.1:7700     DEMO-PROVIDER 服务续约
...EurekaStateChangeListener : 192.168.233.128:7702   UAA-PROVIDER 服务续约
```

2.1.5 服务提供者的健康状态

Eureka Server并不记录Provider的所有健康状况信息，仅仅维护了一个Provider清单。Eureka Client组件查询的Provider注册清单中，包含每一个Provider的健康状况的检查地址。通过该健康状况的地址可以查询Provider的健康状况。

为了方便演示，这里启动两个uaa-provider实例并注册到Eureka，如图2-5所示。

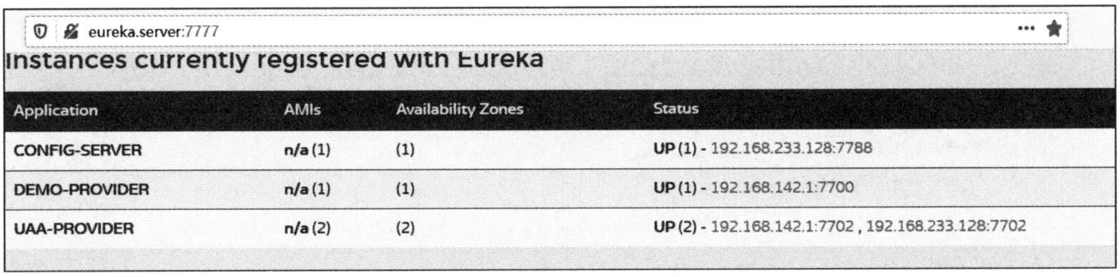

eureka.server:7777

Instances currently registered with Eureka

Application	AMIs	Availability Zones	Status
CONFIG-SERVER	n/a (1)	(1)	UP (1) - 192.168.233.128:7788
DEMO-PROVIDER	n/a (1)	(1)	UP (1) - 192.168.142.1:7700
UAA-PROVIDER	n/a (2)	(2)	UP (2) - 192.168.142.1:7702 , 192.168.233.128:7702

图 2-5 Eureka 控制台界面上的两个 uaa-provider 实例

可以通过 Eureka Server 的/apps/{Application}接口地址获取某个 Provider 实例的详细信息。获取演示案例中的 uaa-provider 详细信息的 URL 如下：

```
http://eureka.server:7777/eureka/apps/UAA-PROVIDER
```

可以在浏览器中输入该地址，返回的响应大致如下：

```
<application>
    <name>UAA-PROVIDER</name>
    <instance>
        <instanceId>192.168.142.1:7702</instanceId>
        <hostName>192.168.142.1</hostName>
        <app>UAA-PROVIDER</app>
        <ipAddr>192.168.142.1</ipAddr>
        <status>UP</status>
        <port enabled="true">7702</port>
        <securePort enabled="false">443</securePort>
        <countryId>1</countryId>
        ...
        <homePageUrl>http://192.168.142.1:7702/</homePageUrl>
        <statusPageUrl>
            http://192.168.142.1:7702/uaa-provider/actuator/info
        </statusPageUrl>
        <healthCheckUrl>
            http://192.168.142.1:7702/uaa-provider/actuator/health
        </healthCheckUrl>
        ...
   </instance>

   <instance>
        <instanceId>192.168.233.128:7702</instanceId>
        <hostName>192.168.233.128</hostName>
        <app>UAA-PROVIDER</app>
        <ipAddr>192.168.233.128</ipAddr>
        <status>UP</status>
        <port enabled="true">7702</port>
          ...
        <homePageUrl>http://192.168.233.128:7702/</homePageUrl>
```

```
        <statusPageUrl>
           http://192.168.233.128:7702/uaa-provider/actuator/info
        </statusPageUrl>
        <healthCheckUrl>
        </healthCheckUrl>
          ...
    </instance>
</application>
```

需要注意的是，请求地址时，/apps/{Application}中的 Application 名称不区分字母大小写。在 Eureka Server 响应的 Provider 的详细信息中，有 3 个与 Provider 实例的健康状态有关的信息，现分别说明如下：

（1）status：status 是 Provider 实例本身发布的健康状态。status 的值为 UP 表示应用程序状态正常。除了 UP 外，应用健康状态还有 DOWN、OUT_OF_SERVICE、UNKONWN 等其他取值，不过只有状态为 UP 的 Provider 实例会被 Eureka Client 组件请求。

（2）healthCheckUrl：healthCheckUrl 是 Provider 实例的健康信息 URL 地址，默认为 Spring Boot Actuator 组件中 ID 为 health 的 Endpoint（端点），它的默认 URL 地址为/actuator/health。

（3）statusPageUrl：statusPageUrl 是 Provider 实例的状态 URL 地址，默认为 Spring Boot Actuator 组件中 ID 为 info 的 Endpoint（端点），它的默认 URL 地址为/actuator/info。

在实际应用场景中，Provider 的健康信息和状态 URL 地址可能都经过了定制，从 Eureka Server 查询的每一个实例的 healthCheckUrl 和 statusPageUrl 值可能与 Provider 实例用到的实际值不同，可以通过 Provider 的配置文件进行修改，具体如下：

```
eureka:
  client:
    register-with-eureka: true   #注册到 Eureka 服务器
    fetch-registry: true         #要不要去注册中心获取其他服务
    serviceUrl:
      defaultZone: http://${EUREKA_ZONE_HOST:localhost}:7777/eureka/
  instance:
    instance-id: ${spring.cloud.client.ip-address}:${server.port}
    status-page-url-path:
/${server.servlet.context-path}${management.endpoints.web.base-path}/info
    health-check-url-path:
/${server.servlet.context-path}${management.endpoints.web.base-path}/health
```

以上 eureka.instance 配置项的两个重要子配置项说明如下：

（1）health-check-url-path：定义 Provider 的健康检查 URL，此配置项将修改 Eureka Server 中本 Provider 实例的健康检查路径 healthCheckUrl 的值。建议的配置值为 Provider 实例中 Spring Boot Actuator 组件的 health 端点的实际 URL 的相对路径（如果是 HTTPS 协议，可以使用绝对路径），示例的配置路径如下：

```
  instance:
    health-check-url-path:
```

```
/${server.servlet.context-path}${management.endpoints.web.base-path}/health
```

server.servlet.context-path 部分指的是 Provider 的上下文路径，如果没有配置 Web 服务的 context 上下文路径，就可以不配置，默认为“/”；management.endpoints.web.base-path 部分指的是 Spring Boot Actuator 组件默认的基础路径；/health 部分是 Spring Boot Actuator 的 health 端点的 ID。Provider 实例的健康检查路径访问结果如图 2-6 所示。

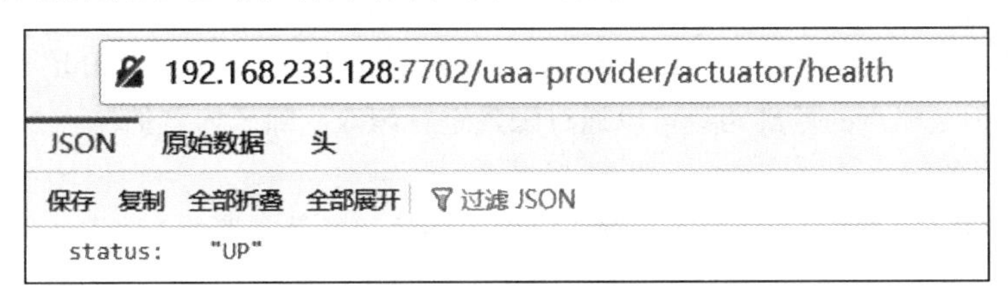

图 2-6　uaa-provider 实例的健康信息

（2）status-page-url-path：定义 Provider 实例的状态信息 URL，此配置项将修改 Eureka Server 中本 Provider 实例的状态页面 statusPageUrl 的值。建议配置为 Spring Boot Actuator 组件的 info 端点的实际 URL 的相对路径（如果是 HTTPS 协议，可以使用绝对路径），示例的配置路径如下：

```
    instance:
      status-page-url-path:
/${server.servlet.context-path}${management.endpoints.web.base-path}/info
```

以上 server.servlet.context-path 部分为 Provider 上下文路径，management.endpoints.web.base-path 部分为 Spring Boot Actuator 组件的基础路径；/info 部分是 Spring Boot Actuator 的 info 端点的 ID。Provider 实例的状态页面访问结果如图 2-7 所示。

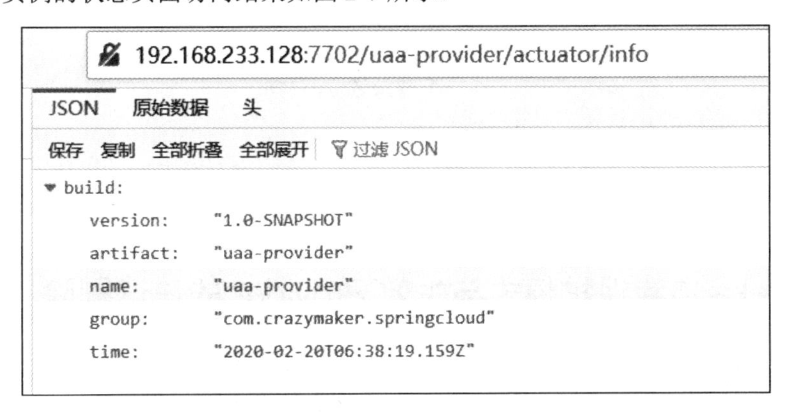

图 2-7　uaa-provider 实例的状态信息

Provider 定制的 status-page-url-path 和 health-check-url-path 地址值将会被 Eureka Client 组件发送到 Eureka Server 注册中心，其他节点从 Eureka Server 获取 Provider 信息时将获取到新的配置值。

Provider 的健康信息和状态 URL 地址都是 Spring Boot Actuator 的端点路径，Actuator 是 Spring Boot 技术生态中一个非常强大的组件，用于对应用程序进行监视和管理，通过 REST API 接口请求来监管、审计、收集应用的运行情况。使用之前需要在项目中引入 Spring Boot Actuator 的 Maven 依赖，配置代码如下：

```
<dependency>
    <groupId>org.springframework.boot</groupId>
    <artifactId>spring-boot-starter-actuator</artifactId>
</dependency>
```

Actuator 提供的 REST API 被称为 Endpoint(端点)，Actuator 内置了非常多的端点，如 health、info、beans、metrics、httptrace、shutdown 等。端点的名称可以称为端点 ID，每个端点都可以启用和禁用。默认情况下，端点的 URL 带有/actuator 基础路径，例如 health 端点默认映射到/actuator/health，但是端点的基础路径可以通过配置进行修改。除了内置的端点外，Actuator 同时允许大家扩展自己的端点。

实际上，REST API 仅仅是 Actuator 端点提供对外访问的一种形式，端点还能够以 JMX 的形式对外暴露，只不过大部分应用选择 HTTP REST API 的暴露形式。

可以对 Spring Boot Actuator 的配置进行一些定制，下面是一个简单的定制实例：

```
management:
  endpoints:
    #暴露端点以供访问，有 JMX 和 Web 两种方式，exclude 的优先级高于 include 的优先级
    jmx:
      exposure:
        #exclude: '*'
        include: '*'
    web:
      exposure:
      #exclude: '*'
        include: ["health","info","beans","mappings","logfile","metrics",
"shutdown","env"]
      base-path: /actuator          #配置端点的基础路径
      cors:                         #配置跨域资源共享
        allowed-origins:
          http://crazydemo.com,http://zuul.server,http://nginx.server
        allowed-methods: GET,POST
    enabled-by-default: true      #修改全局端点默认设置
```

2.1.6 Eureka 自我保护模式与失效 Provider 的快速剔除

Provider 服务实例注册到 Eureka Server 后会维护一个心跳连接，告诉 Eureka Server 自己还活着。Eureka Server 在运行期间会统计所有 Provider 实例的心跳，如果失效比例在一段时间间隔内（如 15 分钟）低于阈值（如 85%），Eureka Server 就会将当前所有的 Provider 实例的注册信息保护起来，让这些实例不会过期。当 Eureka Server 运行在保护模式时会有一条警告信息：

```
"EMERGENCY! EUREKA MAY BE INCORRECTLY CLAIMING INSTANCES ARE UP WHEN THEY'RE
NOT. RENEWALS ARE LESSER THAN THRESHOLD AND HENCE THE INSTANCES ARE NOT BEING EXPIRED
JUST TO BE SAFE."
```

该警告信息的界面如图 2-8 所示。

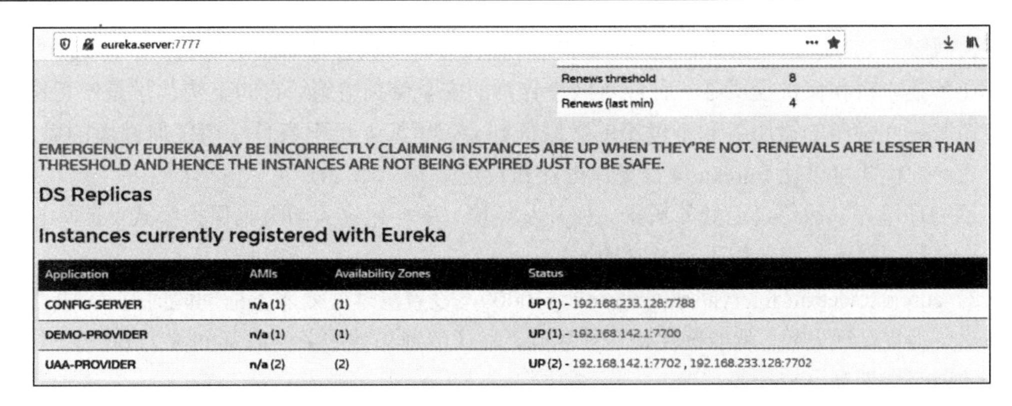

图 2-8 Eureka Server 运行在保护模式

保护模式可能会导致一些问题。有时 Provider 服务实例会由于内存溢出、网络故障等原因不能正常运行，而处于保护模式的 Eureka Server 不一定会将其从服务列表中剔除出去，所以会导致客户端出现调用失败。为了使失效的 Provider 能够快速被剔除，可以停用 Eureka Server 的保护模式，然后启用客户端的健康状态检查。

首先，需要在 Eureka Server 注册中心增加两个配置项，分别是关闭自我保护和设置清理失效服务的时间间隔，具体如下：

```
server:
  port: 7777
spring:
  application:
    name: eureka-server
eureka:
  ...
  server:
    enable-self-preservation: false          #关闭自我保护，防止失效的服务被一直访问（默认为 true）
    eviction-interval-timer-in-ms: 10000     #清理失效服务的间隔时间（单位为毫秒，默认为 10×1000 毫秒，即 10 秒）
```

上述两个关键配置项的说明如下：

（1）eureka.server.enable-self-preservation=false，将自我保护参数值设置为 false，以确保注册中心 Eureka 停止自我保护，在心跳比例小于阈值（如 85%）的情况下，能够将不可用的实例删除。

eureka.server.enable-self-preservation=true 配置项的默认值为 true。也就是说，在默认情况下，如果 Eureka Server 在一定时间内没有接收到某个微服务实例的心跳，Eureka Server 就会认为该实例已经出现故障，进而注销该实例(默认为 90 秒)。当发生网络通信故障时，微服务与 Eureka Server 之间无法正常通信，以上行为就可能变得非常危险——因为微服务本身其实是健康的，此时本不应该注销这个微服务。Eureka 通过自我保护模式来解决这个问题——当 Eureka Server 节点在短时间内丢失过多客户端（可能发生了网络故障）时，这个节点就会进入自我保护模式。一旦进入该模式，Eureka Server 就会保护服务注册表中的信息，不再删除服务注册表中的数据（也就是不会注销任何微服务）。当网络故障恢复后，该 Eureka Server 节点会自动退出自我保护模式。

综上所述，自我保护模式是一种应对网络异常的安全保护措施。它的架构哲学是宁可同时保留所有微服务（健康的微服务和不健康的微服务都会保留），也不盲目注销任何健康的微服务。使用自我保护模式可以让 Eureka 集群更加健壮和稳定。

在网络环境好、通信延迟低的场景（如开发环境）中，建议关闭自我保护模式，因为自我保护模式会导致不健康的服务得不到及时的注销。

（2）eureka.eviction-interval-timer-in-ms =10000，设置清理失效服务的间隔时间为 10 秒，如果 Provider 确实已经失效，就能确保快速被剔除，默认清理失效服务的时间间隔为 60 秒，这个失效服务的剔除周期是比较长的。

一个完整的单体服务注册中心 Eureka Server 的参考配置如下：

```
server:
  port: 7777
spring:
  application:
    name: eureka-server
eureka:
  client:
    register-with-eureka: false #单机版部署，注册中心不向其他注册中心注册自己
    fetch-registry: false        #单机版部署，注册中心不进行 Provider 实例清单检索
    service-url:
        #在浏览器中打开 http://localhost:7777/
        #服务注册中心的配置内容，指定服务注册中心的位置
      defaultZone:
        ${SCAFFOLD_EUREKA_ZONE_HOSTS:http://localhost:7777/eureka/}
  instance:
    prefer-ip-address: true      #访问路径可以显示 IP 地址
    instance-id: ${spring.cloud.client.ip-address}:${server.port}
    ip-address: ${spring.cloud.client.ip-address}
  server:
    enable-self-preservation: false        #关闭自我保护，防止失效的服务被一直访问
(默认是 true)
    eviction-interval-timer-in-ms: 10000 #扫描失效服务的间隔时间（单位为毫秒，默
认为 10×1000 毫秒，即 10 秒）
```

以上为单机版的 Eureka Server 参考配置，生产环境一般会使用集群模式，甚至使用 Nacos 集群替代 Eureka Server。无论是 Eureka Server 集群还是 Nacos 集群，它们的具体配置原理都比较简单，这里不再赘述。

为了快速剔除失效的 Provider，除了在 Eureka 中进行合理的配置之外，还需要在 Provider（Eureka Client）微服务端进行有效的配置，从而与 Eureka 注册中心相互配置。Provider 微服务的主要选项包括开启健康状态检查和续约心跳，如下所示：

```
eureka:
  client:
    healthcheck:
```

```
      enabled: true    #开启客户端健康检查
  instance:
    lease-renewal-interval-in-seconds: 5         #续约（心跳）频率
    lease-expiration-duration-in-seconds: 15    #租约有效期
```

以上配置中的 3 个关键选项说明如下：

（1）eureka.client.healthcheck.enabled=true，此配置项在 Client 注册一个 EurekaHealthCheckHandler 实例，该处理器会将磁盘空间状态（DiskSpaceHealthIndicator）、Hystrix 健康状态（HystrixHealthIndicator）等多个维度的健康指标通过心跳发送到 Eureka Server。如果没有注册 EurekaHealthCheckHandler，Provider 实例的运行状况就由默认的 HealthCheckHandler 实例确定，只要应用程序正在运行，默认的 HealthCheckHandler 就始终发送 UP 状态到 Eureka Server。

（2）eureka.instance.lease-renewal-interval-in-seconds=5，此配置项设置了 Client 续约（心跳）的时间间隔为 5 秒，该配置项的默认设置为 30 秒。

（3）eureka.instance.lease-expiration-duration-in-seconds=15，此配置项设置了租约的有效期为 15 秒，该配置项的默认设置为 90 秒。在租约时间内，如果 Client 未续约（心跳），那么 Eureka 服务器将剔除该服务。

默认的续约频率为 30 秒，默认的租约有效期为 90 秒，也就是说，在默认情况下，一个 Provider 实例有 3 次心跳重试机会。

这里需要注意的是：配置项 eureka.client.healthcheck.enabled=true 应该放在 application.yml 文件中，而不应该放在 bootstrap.yml 文件中。如果该选项配置在 bootstrap.yml 文件中，就可能导致 Provider 实例在 Eureka 上的状态为 UNKNOWN，如图 2-9 所示。

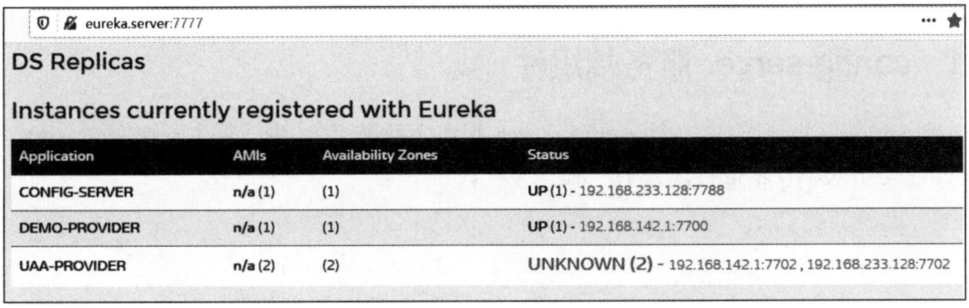

eureka.server:7777

DS Replicas

Instances currently registered with Eureka

Application	AMIs	Availability Zones	Status
CONFIG-SERVER	n/a (1)	(1)	UP (1) - 192.168.233.128:7788
DEMO-PROVIDER	n/a (1)	(1)	UP (1) - 192.168.142.1:7700
UAA-PROVIDER	n/a (2)	(2)	UNKNOWN (2) - 192.168.142.1:7702 , 192.168.233.128:7702

图 2-9 Provider 实例在 Eureka 上的状态为 UNKNOWN

将 Provider（如 uaa-provider）的配置项 eureka.client.healthcheck.enabled=true 从 bootstrap.yml 文件移到 application.yml 文件，然后重启该 Provider 的实例。之后可以看到 Provider 的实例（如 uaa-provider 的两个实例）在 Eureka 上的状态从 UNKNOWN 变成了 UP，如图 2-10 所示。

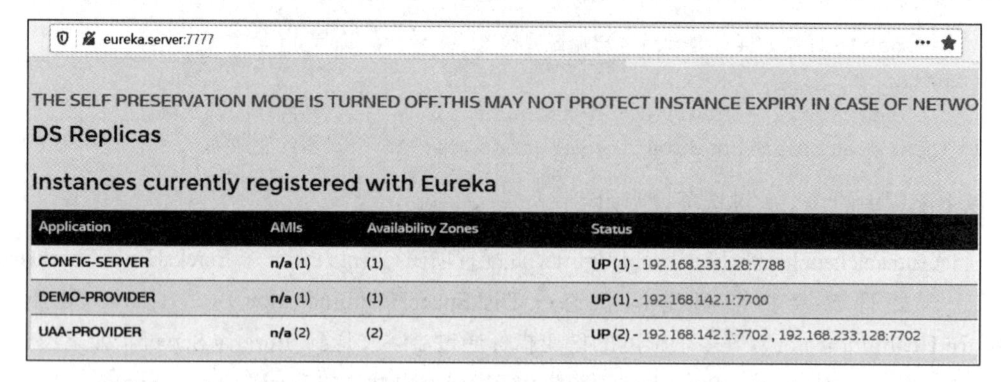

图 2-10 uaa-provider 的两个实例在 Eureka 上的状态从 UNKNOWN 变成了 UP

2.2 Config 配置中心

在采用分布式微服务架构的系统中，由于服务数量众多，为了方便服务配置文件的统一管理，需要分布式配置中心组件。如果分散管理各个服务的配置，那么上线之后的配置如何保持一致将会是一个很让人头疼的问题。

因此，各个服务的配置定然需要集中管理。Spring Cloud Config 配置中心是一个比较好的解决方案。使用 Spring Cloud Config 配置中心涉及两部分内容：

（1）config-server：服务端配置。

（2）config-client：客户端配置。

2.2.1 config-server 服务端组件

通过 Spring Cloud 构建一个 config-server 服务大致需要 3 步。首先，在 pom.xml 中引入 spring-cloud-config-server 依赖，如下所示：

```
<dependency>
    <groupId>org.springframework.cloud</groupId>
    <artifactId>spring-cloud-config-server</artifactId>
</dependency>
```

其次，在所创建的 Spring Boot 程序的启动类上添加@EnableConfigServer 注解，开启 Config Server 服务，代码如下：

```
@EnableConfigServer
@SpringBootApplication
public class Application {

    public static void main(String[] args) {
        new SpringApplicationBuilder(Application.class).
web(true).run(args);
    }
```

```
}
```

最后，设置属性文件的位置。Spring Cloud Config 提供本地存储配置的方式。在 bootstrap 启动属性文件中，设置属性 spring.profiles.active=native，并且设置属性文件所在的位置，如下所示：

```
server:
  port: 7788                    #配置中心端口
spring:
  application:
    name: config-server         #服务名称
  profiles:
    active: native              #设置读取本地配置文件
  cloud:
    config:
      server:
        native:
          searchLocations: classpath:config/  #声明本地配置文件的存放位置
```

配置说明：

（1）spring.profiles.active=native，表示读取本地配置，而不是从 Git 读取配置。

（2）search-locations=classpath:config/，表示查找文件的路径，在类路径的 config 下。

服务端的配置文件放置规则：在配置路径下，以{label}/{application}-{profile}.properties 的命令规范放置对应的配置文件。上面的实例放置了以下配置文件：

```
/dev/crazymaker-common.yml
/dev/crazymaker-db.yml
/dev/crazymaker-redis.yml
```

以上文件分别对通用（common）、数据库（db）、缓存（redis）的相关属性进行设置。作为示例，缓存（redis）的配置如下：

```
spring:
  redis:
    blockWhenExhausted: true     #链接耗尽时是否阻塞
    database: 0                  #指定 Redis 数据库
    host: ${SCAFFOLD_REDIS_HOST:localhost} #Redis 主机 IP
    maxIdle: 100                 #最大空闲连接数
    maxTotal: 2000               #最大连接数
    maxWaitMillis: 60000         #获取链接最大等待毫秒数
    minEvictableIdleTimeMillis: 1800000     #最小空闲时间
    numTestsPerEvictionRun: 1024            #每次释放链接的最大数目
    password: ${SCAFFOLD_REDIS_PSW:123456} #密码，如果没有设置密码，这个配置就可
以不设置
    port: 6379                   #Redis 端口
    softMinEvictableIdleTimeMillis: 10000   #链接空闲多久后释放
    testOnBorrow: false                     #在使用时检查有效性
    testWhileIdle: true  #获取链接时检查有效性
```

```
    timeBetweenEvictionRunsMillis: 30000      #释放链接的扫描间隔（毫秒）
    connTimeout: 6000     #链接超时毫秒数
    readTimeout: 6000     #读取超时毫秒数
```

Config 配置中心启动之后，可以使用以下地址格式直接访问加载好的配置属性：

```
http://${CONFIG-HOST}: ${CONFIG-PORT}/{application}/{profile}[/{label}]
```

例如，通过地址 http://192.168.233.128:7788/crazymaker/redis/dev 访问示例中配置的缓存的相关属性，如图 2-11 所示。

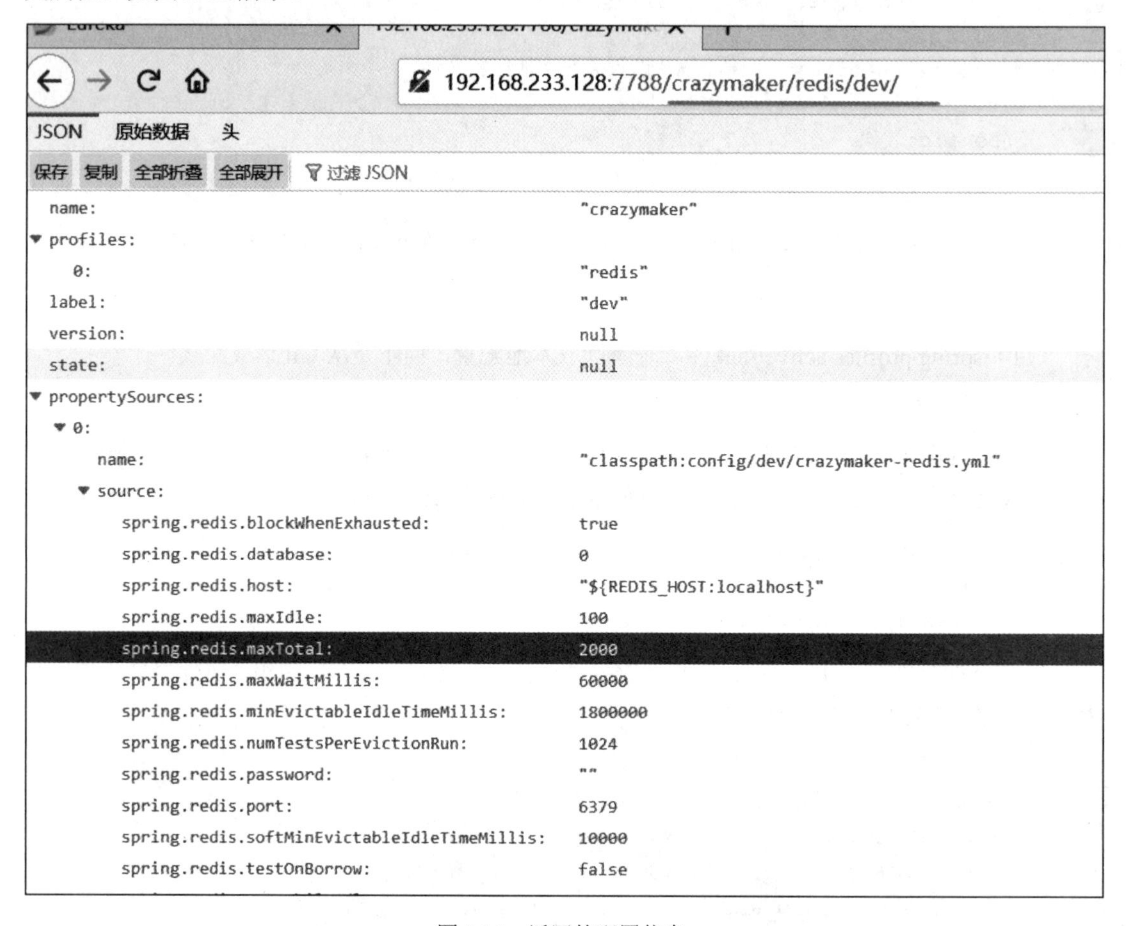

图 2-11 返回的配置信息

特别说明：Spring Cloud Config-Server 支持多种配置方式，比如 Git、Native、SVN 等。虽然官方建议使用 Git 方式进行配置，但是这里没有重点介绍 Git 方式，而是使用了本地文件的方式，有以下 3 个原因：

（1）对于学习或者一般的开发来说，本地文件的配置方式更简化。

（2）生产环境建议使用 Nacos，其具备注册中心和配置中心相结合的功能，更加方便与简单。

（3）掌握了 Native 的配置方式之后，对于 Git 的配置方式就能触类旁通。

2.2.2　config-client 客户端组件

客户端 config-client 同 config-server 一样，需要新增 spring-cloud-starter-eureka 的依赖用来注册服务，然后增加 spring-cloud-starter-config 依赖引入配置相关的 JAR 包。

```
<dependencies>
  ...
    <dependency>
        <groupId>org.springframework.cloud</groupId>
        <artifactId>spring-cloud-starter-config</artifactId>
    </dependency>
    <dependency>
        <groupId>org.springframework.cloud</groupId>
        <artifactId>spring-cloud-starter-eureka</artifactId>
    </dependency>
</dependencies>
```

在 bootstrap.properties 中，按如下规则增加客户端配置的映射规则：

```
spring.cloud.config.label: dev              #对应服务端规则中的{label}部分
spring.application.name: crazymaker         #对应服务端规则中的{application}部分
spring.cloud.config.profile: redis          #对应服务端规则中的{profile}部分
spring.cloud.config.uri: http://${CONFIG-HOST}:7788/   #配置中心config-server独立的uri地址
```

效果如图 2-12 所示。

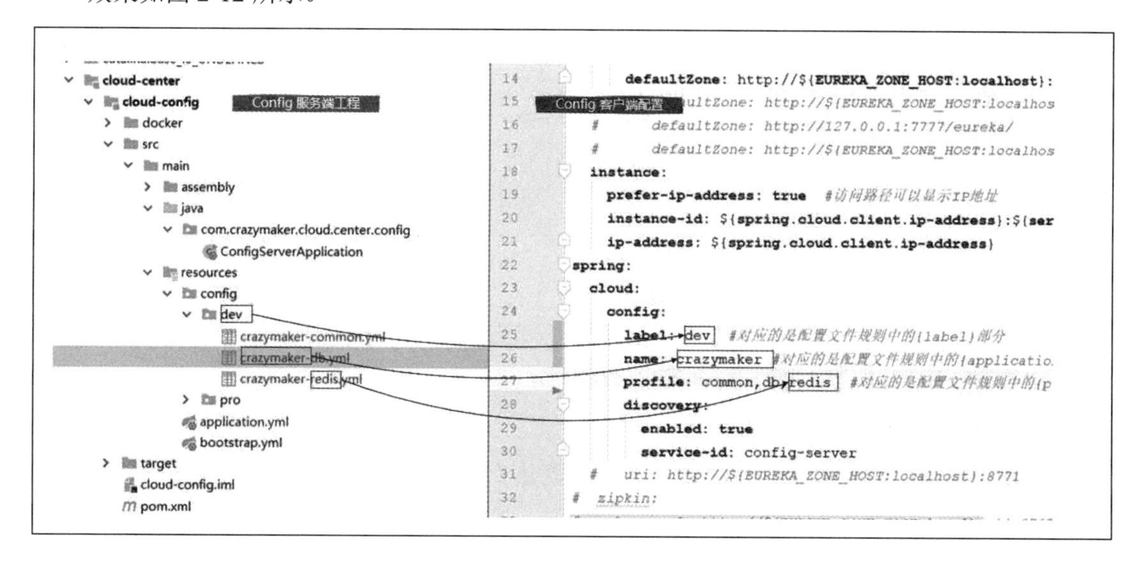

图 2-12　客户端配置项与服务端配置文件的映射规则

如果是与 Eureka 的客户端配合使用，那么建议开启配置服务的自动发现机制，使用如下配置：

```
spring.cloud.config.discovery.enabled: true
spring.cloud.config.discovery.service-id: config-server
```

配置中心的两种发现机制不能同时存在，二者选其一即可。

客户端 config 属性的相关配置只有配置在 bootstrap.properties（或 bootstrap.yml）中，config 部分的内容才能被正确加载，原因是 config 的相关配置必须早于 application.properties，而 bootstrap.properties 的加载也早于 application.properties。

2.3 微服务的 RPC 远程调用

微服务的调用涉及远程接口访问的 RPC 框架，包括序列化、反序列化、网络框架、连接池、收发线程、超时处理、状态机等重要的基础技术。

通常情况下，Spring Cloud 全家桶生态中的 RPC 框架是通过 Feign+Hystrix+Ribbon 组合完成的。具体来说，Feign 负责基础的 REST 调用的序列化和反序列化，Hystrix 负责熔断器、熔断和隔离，Ribbon 负责客户端负载均衡。

本节先介绍基础的 REST 接口远程调用，后面再重点介绍 Ribbon 和 Hystrix 的使用和原理。

2.3.1 RESTful 风格简介

REST（Representational State Transfer）是 Roy Fielding 提出的一个描述互联系统架构风格的名词。REST 定义了一组体系架构原则，可以根据这些原则设计 Web 服务。

RESTful 风格使用不同的 HTTP 方法来进行不同的操作，并且使用 HTTP 状态码来表示不同的结果。例如 HTTP 的 GET 方法用来获取资源，HTTP 的 DELETE 方法用来删除资源。

在 HTTP 协议中，大致的请求方法如下：

（1）GET：通过请求 URI 得到资源。

（2）POST：用于添加新的资源。

（3）PUT：用于修改某个资源，若不存在则添加。

（4）DELETE：删除某个资源。

（5）OPTIONS：询问可以执行哪些方法。

（6）HEAD：类似于 GET，但是不返回 body 信息，用于检查资源是否存在，以及得到资源的元数据。

（7）CONNECT：用于代理传输，如使用 SSL。

（8）TRACE：用于远程诊断服务器。

在 RESTful 风格中，资源的 CRUD 操作包括创建、读取、更新和删除，与 HTTP 方法之间有一个简单的对应关系：

（1）若要在服务器上创建资源，则应该使用 POST 方法。

（2）若要在服务器上检索某个资源，则应该使用 GET 方法。

（3）若要在服务器上更新某个资源，则应该使用 PUT 方法。

（4）若要在服务器上删除某个资源，则应该使用 DELETE 方法。

2.3.2 RestTemplate 远程调用

Spring Boot 提供了一个很好用的 REST 接口远程调用组件，叫作 RestTemplate 模板组件。该组件提供了多种便捷访问远程 REST 服务的方法，能够大大提高客户端的编写效率。比如，可以通过 getForEntity()方法发送一个 GET 请求，该方法的返回值是一个 ResponseEntity。ResponseEntity 是 Spring 对 HTTP 响应的封装，包括几个重要的元素，如响应码、contentType、contentLength、响应消息体等。

Spring Boot 自动配置了一个 RestTemplateBuilder 建造者 IOC 容器实例来供应用程序自己创建所需的 RestTemplate 实例。下面是一个小实例：

```
package com.crazymaker.springcloud.demo.controller;
...
@RestController
@RequestMapping("/api/call/uaa/")
@Api(tags = "演示 uaa-provider 远程调用")
public class UaaCallController
{
    //注入 Spring Boot 自动配置 RestTemplateBuilder 建造者 IOC 容器实例
    @Resource
    private RestTemplateBuilder restTemplateBuilder;
    @GetMapping("/user/detail/v1")
    @ApiOperation(value = "RestTemplate 远程调用")
    public RestOut<JSONObject> remoteCallV1()
    {
        /**
         *根据实际的地址调整：UAA 服务获取的用户信息地址
         */
        String url = "http://crazydemo.com:7702/uaa-provider/api/user/detail
/v1?userId=1";
        /**
         *使用建造者的 build()方法建造 restTemplate 实例
         */
        RestTemplate restTemplate = restTemplateBuilder.build();

        ResponseEntity<String> responseEntity =
                restTemplate.getForEntity(url, String.class);

        TypeReference<RestOut<UserDTO>> pojoType =
                new TypeReference<RestOut<UserDTO>>(){};
        /**
         *用到了阿里 FastJson，将远程的响应体转成 JSON 对象
         */
        RestOut<UserDTO> result =
                JsonUtil.jsonToPojo(responseEntity.getBody(),pojoType);
        /**
         *组装成最终的结果，然后返回客户端
```

```
         */
        JSONObject data = new JSONObject();
        data.put("uaa-data", result);
        return RestOut.success(data).setRespMsg("操作成功");
    }

}
```

在代码中，getForEntity()的第一个参数为要调用的 Rest 服务地址，这里调用了 UAA 服务提供者提供的用户详细信息接口；getForEntity()的第二个参数为响应体的封装类型，这里是 String。

本质上，RestTemplate 实现了对 HTTP 请求的封装处理，并且形成了一套模板化的调用方法。该组件通过这一套请求调用方法实现各种类型 Rest 资源的请求处理，比如通过 getForEntity()实现 GET 类型的 Rest 资源请求处理。

通过浏览器访问以上测试用例所暴露的 /user/detail/v1 链接，返回的结果如下：

```
{
  "respCode": 0,
  "respMsg": "操作成功",
  "datas": {
    "uaa-data": {
      "respCode": 0,
      "respMsg": "操作成功",
      "datas": {
        "id": null,
        "userId": 1,
        "username": "test",
        "password":
"$2a$10$AsCxXPI8B/JDzKK56ZACjuH9Pi2TuT6LLC0Nwh8Qt3a2eFp04gziy",
        "nickname": "测试用户 1",
        ...
      }
    }
  }
}
```

2.3.3 Feign 远程调用

Feign 是什么？Feign 是在 RestTemplate 基础上封装的，使用注解的方式来声明一组与服务提供者 Rest 接口所对应的本地 Java API 接口方法。Feign 将远程 Rest 接口抽象成一个声明式的 FeignClient（Java API）客户端，并且负责完成 FeignClient 客户端和服务提供方的 Rest 接口绑定。

Feign 具备可插拔的注解支持，包括 Feign 注解和 JAX-RS 注解。同时，对于 Feign 自身的一些主要组件，比如编码器和解码器等，也以可插拔的方式提供，在有需求时方便扩张和替换它们。使用 Feign 的第 1 步是在项目的 pom.xml 文件中添加 Feign 依赖：

```
<!--添加 Feign 依赖-->
    <dependency>
```

```
            <groupId>org.springframework.cloud</groupId>
            <artifactId>spring-cloud-starter-openfeign</artifactId>
        </dependency>
```

使用Feign的第2步是在主函数的类上添加@EnableFeignClient，在客户端启动Feign：

```
package com.crazymaker.springcloud.user.info.start;

...
//启动 Feign
@EnableFeignClients(basePackages =
        { "com.crazymaker.springcloud.seckill.remote.client"},
        defaultConfiguration = {TokenFeignConfiguration.class}
        )

public class UserCloudApplication {
    public static void main(String[] args) {
        SpringApplication.run(UserCloudApplication.class, args);
    }
}
```

使用Feign的第3步是编写声明式接口。这一步将远程服务抽象成一个声明式的FeignClient客户端，示例如下：

```
package com.crazymaker.springcloud.seckill.remote.client;
...
/**
 *@description: 远程服务的本地声明式接口
 */

@FeignClient(value = "seckill-provider", path = "/api/demo/")
public interface DemoClient {
    /**
     *测试远程调用
     *@return hello
     */
    @GetMapping("/hello/v1")
    Result<JSONObject> hello();

    /**
     *非常简单的一个回显接口，主要用于远程调用
     *@return echo 回显消息
     */
    @RequestMapping(value = "/echo/{word}/v1",
            method = RequestMethod.GET)
    Result<JSONObject> echo(
            @PathVariable(value = "word") String word);
}
```

在上面接口的@FeignClient注解配置中，使用value指定了需要绑定的服务，使用path指定了接口的URL前缀。然后使用@GetMapping和@RequestMapping两个方法级别的注解分别声明了两个远程调用接口。

使用Feign的第4步是调用声明式接口。这一步非常简单，代码如下：

```
package com.crazymaker.springcloud.user.info.controller;
...
@Api(value = "基础学习DEMO", tags = {"基础学习DEMO"})
@RestController
@RequestMapping("/api/demo")
public class DemoController {
    //注入 @FeignClient 注解所配置的客户端实例
    @Resource
    DemoClient demoClient;

    @GetMapping("/say/hello/v1")
    @ApiOperation(value = "Feign远程调用")
    public Result<JSONObject> hello() {
        Result<JSONObject> result = demoClient.hello();
        JSONObject data = new JSONObject();
        data.put("remote", result);
        return Result.success(data).setMsg("操作成功");
    }

}
```

通过以上4步可以看出，通过Feign进行RPC调用比直接通过RestTemplate简单得多。

2.4 Feign+Ribbon实现客户端负载均衡

理论上，如果服务端同一个服务提供者存在多个运行实例，一般的负载均衡方案分为以下两种：

1. 服务端负载均衡

在消费者和服务提供者中间使用独立的反向代理服务进行负载均衡。可以通过硬件的方式提供反向代理服务，比如F5专业设备；也可以通过软件的方式提供反向代理服务，比如Nginx反向代理服务器；更多的情况是两种方式结合，并且有多个层级的反向代理。

2. 客户端负载均衡

客户端自己维护一份从注册中心获取的Provider列表清单，根据自己配置的Provider负载均衡选择算法在客户端进行请求的分发。Ribbon就是一个客户端的负载均衡开源组件，是Netflix发布的开源项目。

Feign 组件自身不具备负载均衡能力，Spring Cloud Feign 是通过集成 Ribbon 组件实现客户端的负载均衡。Ribbon 在客户端以轮询、随机、权重等多种方式实现负载均衡。由于在微服务架构中同一个微服务 Provider 经常被部署多个运行实例，因此客户端的负载均衡可以说是基础能力。

2.4.1　Spring Cloud Ribbon 基础

Spring Cloud Ribbon 是 Spring Cloud 集成 Ribbon 开源组件的一个模块，它不像服务注册中心 Eureka Server、配置中心 Spring Cloud Config 那样独立部署，而是作为基础设施模块，几乎存在于每个 Spring Cloud 微服务提供者中。微服务间的 RPC 调用以及 API 网关的代理请求的 RPC 转发调用，实际上都需要通过 Ribbon 来实现负载均衡。

有关 Ribbon 的详细资料可参考其官方网站（https://github.com/Netflix/ribbon），本书只对其基本的使用进行介绍。

虽然 Spring Cloud 集成了 Ribbon 组件，但是要在 Provider 微服务中开启 Ribbon 负载均衡组件，还需要在 Maven 的 pom 文件中增加以下 Spring Cloud Ribbon 集成模块的依赖：

```
<!--导入 Spring Cloud Ribbon -->
       <dependency>
          <groupId>org.springframework.cloud</groupId>
          <artifactId>spring-cloud-starter-netflix-ribbon</artifactId>
       </dependency>
```

打开该依赖模块的配置文件 spring-cloud-starter-netflix-ribbon-{version}.pom（这里的 version 版本号为 2.0.0.RELEASE），发现 Spring Cloud Ribbon 集成模块主要依赖表 2-1 所示的 Ribbon 组件模块。

表2-1　Ribbon组件模块

组件模块名称	说　明
ribbon-loadbalancer	负载均衡模块，可独立使用，也可以和别的模块一起使用
Ribbon	Ribbon 组件的主模块，内置的负载均衡算法都在其中实现
ribbon-httpclient	基于 Apache HttpClient 封装的 REST 客户端，该模块具备负载均衡能力，可以直接在需要进行 REST 调用的项目中使用，实现客户端负载均衡
ribbon-core	一些比较核心且具有通用性的代码，客户端 API 的一些配置和其他 API 的定义

在 Spring Cloud 的 Provider 中使用 Ribbon，只需要导入 Spring Cloud Ribbon 依赖，Ribbon 在 RPC 调用时就会生效。下面以 Cray-Spring Cloud 微服务脚手架为例演示 Ribbon 的执行过程，整体的演示需要启动 3 个微服务提供者，如图 2-13 所示。

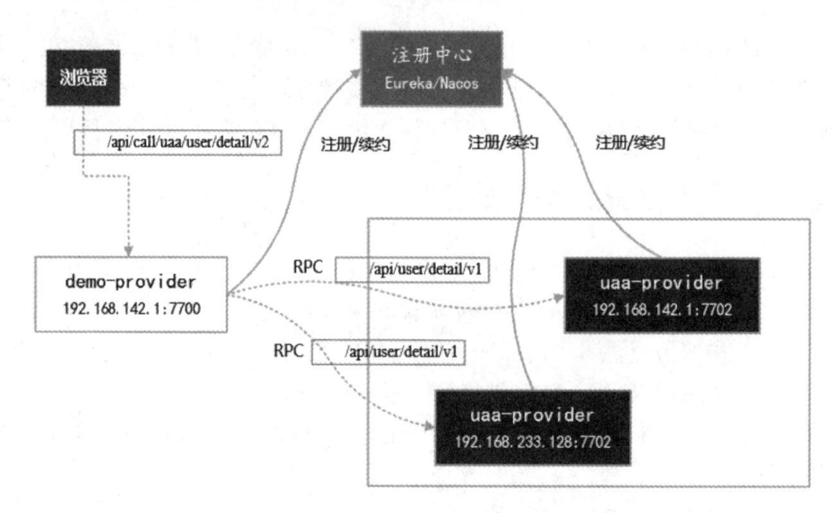

图 2-13 Feign+Ribbon 客户端负载均衡演示 Provider 实例示意图

演示过程大致如下：

（1）demo-provider 模块在增加 Spring Cloud Ribbon 依赖后，Feign+Ribbon 的客户端负载均衡将自动生效。演示还是使用“/api/call/uaa/user/detail/v2”REST 接口，这一次其将以负载均衡的方式访问 uaa-provider 的“/api/user/detail/v1”REST 接口。

（2）启动两个 uaa-provider 服务提供者：可以在 IDEA 调试环境（localhost）中启动一个，在另一台主机（如虚拟机）上启动一个。在 Eureka 上查看 uaa-provider 实例清单，确保两个 uaa-provider 提供者实例都成功启动。

（3）在 IDEA 调试环境启动 demo-provider 实例，在 demo-provider 的 swagger-ui 界面上发起对 uaa-provider 服务提供者的 RPC 调用。这里为了演示客户端的负载均衡，可以在提供者 uaa-provider 的 swagger-ui 界面上多次访问“/api/call/uaa/user/detail/v2”REST 接口。

（4）在 demo-provider 重要的源码处打上断点，通过断点可以查看每次 RPC 实际访问的目标提供者 uaa-provider 的实例。

断点之一设置在 ribbon-loadbalancer 组件 LoadBalancerContext 类的 getServerFromLoadBalancer 方法的某行代码上（见图 2-14），该方法的功能是获取目标 Provider 实例。每次 RPC 请求调用到来时，可以查看 Ribbon 负载均衡计算出来的 Provider，它放置在类型为 Server 的 svc 变量中。

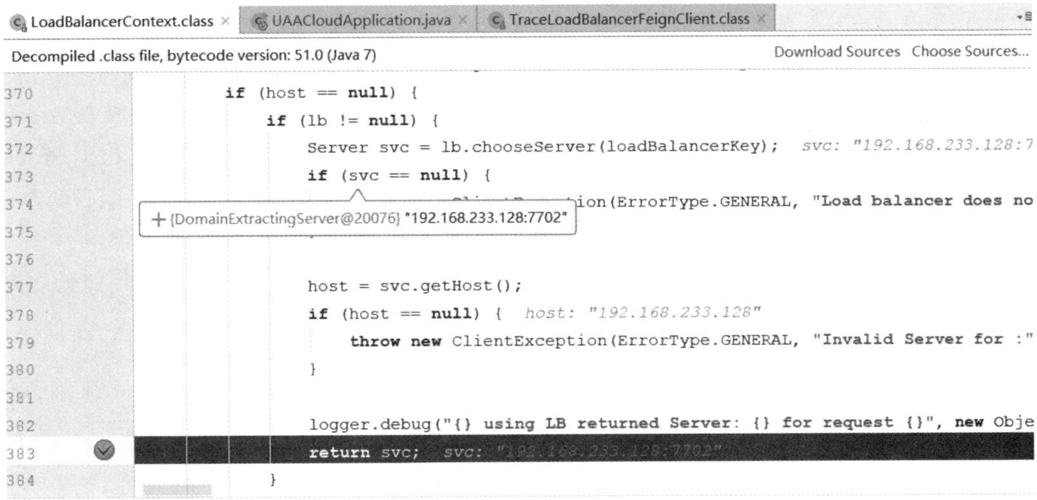

```
LoadBalancerContext.class ×   UAACloudApplication.java ×   TraceLoadBalancerFeignClient.class ×
Decompiled .class file, bytecode version: 51.0 (Java 7)          Download Sources  Choose Sources...
370          if (host == null) {
371              if (lb != null) {
372                  Server svc = lb.chooseServer(loadBalancerKey);   svc: "192.168.233.128:7
373                  if (svc == null) {
374                                          ion(ErrorType.GENERAL, "Load balancer does no
375   + {DomainExtractingServer@20076} "192.168.233.128:7702"
376
377                  host = svc.getHost();
378                  if (host == null) {   host: "192.168.233.128"
379                      throw new ClientException(ErrorType.GENERAL, "Invalid Server for :"
380                  }
381
382                  logger.debug("{} using LB returned Server: {} for request {}", new Obje
383                  return svc;   svc: "192.168.233.128:7702"
384              }
```

图 2-14　Ribbon 计算出来的 Provider 值示意图

断点之二可以设置在 ribbon-loadbalancer 组件的 AbstractLoadBalancerAwareClient 类的方法 executeWithLoadBalancer 的某行代码上（见图 2-15），可以查看到每次 RPC 调用的最终 URL 地址保存在 finalUri 变量中。

图 2-15　Ribbon 计算出来的最终 URL 地址值示意图

多次执行并观察断点处的变量值可以发现 uaa-provider 的两个实例轮番被 RPC 访问到。

本小节的演示过程可参见疯狂创客圈社群网盘小视频：“Spring Cloud 实战视频：Feign+Ribbon 实现客户端负载均衡.mp4”。

2.4.2 Spring Cloud Ribbon 的负载均衡策略

Ribbon 负载均衡的原理是：从 Eureka Client 实例获取 Provider 服务列表清单，并且定期通过 IPing 实例判断清单中 Provider 服务实例的可用性。每次 RPC 调用到来时，在 Provider 服务列表清单中根据 IRule 策略类的 Bean 计算出每次 RPC 要访问的最终 Provider。

Ribbon 内部有一个负载均衡器接口 ILoadBalance，定义了添加 Provider、获取所有的 Provider 列表、获取可用的 Provider 列表等基础的操作。该接口的核心实现类 DynamicServerListLoadBalancer 会通过 EurekaClient（实现类为 DiscoveryClient）获取 Provider 清单，并且通过 IPing 实例定期（如每 10 秒）向每个 Provider 实例发送"ping"，并且根据 Provider 是否有响应来判断该 Provider 实例是否可用。如果该 Provider 的可用性发生了改变，或者 Provider 清单中的数量和之前的不一致，就从注册中心更新或者重新拉取 Provider 服务实例清单。

每次 RPC 请求到来时，由 Ribbon 的 IRule 负载均衡策略接口的某个实现类来进行负载均衡。主要的负载均衡策略实现类如下：

1. 随机策略（RandomRule）

RandomRule 实现类从 Provider 服务列表清单中随机选择一个 Provider 服务实例，作为 RPC 请求的目标 Provider。

2. 线性轮询策略（RoundRobinRule）

RoundRobinRule 和 RandomRule 相似，只是每次都取下一个 Provider 服务器。假设一共有 5 台 Provider 服务节点，使用线性轮询策略，第 1 次取第 1 台，第 2 次取第 2 台，第 3 次取第 3 台，以此类推。

3. 响应时间权重策略（WeightedResponseTimeRule）

WeightedResponseTimeRule 为每一个 Provider 服务维护一个权重值，它的规则简单概括为 Provider 服务响应时间越长，其权重就越小。在进行服务器选择时，权重值越小，被选择的机会就越少。WeightedResponseTimeRule 继承了 RoundRobinRule，开始时每一个 Provider 都没有权重值，每当 RPC 请求过来时，由其父类的轮询算法完成负载均衡方式。该策略类有一个默认的每 30 秒执行一次的权重更新定时任务，该定时任务会根据 Provider 实例的响应时间更新 Provider 权重列表。后续有 RPC 过来时，将根据权重值进行负载均衡。

4. 最少连接策略（BestAvailableRule）

在进行服务器选择时，该策略类遍历 Provider 清单，选出可用的且连接数最少的一个 Provider。该策略类里面有一个 LoadBalancerStats 类型的成员变量，会存储所有 Provider 的运行状况和连接数。在进行负载均衡计算时，如果选取到的 Provider 为 null，就会调用线性轮询策略重新选取。

如果第一次 RPC 请求时 LoadBalancerStats 成员为 null，就会使用线性轮询策略来获取符合要求的实例，后续的 RPC 在选择的时候，才能选择连接数最少的服务。每次 RPC 请求时，BestAvailableRule 都会统计 LoadBalancerStats，作为后续请求负载均衡计算的输入。

5. 重试策略（RetryRule）

该类会在一定的时限内进行 Provider 循环重试。RetryRule 会在每次选取之后对选举的 Provider 进行判断，如果为 null 或者 not alive，就会在一定的时限内（如 500 毫秒）不停地选取和判断。

6. 可用过滤策略（AvailabilityFilteringRule）

该类扩展了线性轮询策略，会先通过默认的线性轮询策略选取一个 Provider，再去判断该 Provider 是否超时可用，当前连接数是否超过限制，如果都符合要求，就成功返回。

简单来说，AvailabilityFilteringRule 将对候选的 Provider 进行可用性过滤，会先过滤掉因多次访问故障而处于熔断器跳闸状态的 Provider 服务，还会过滤掉并发的连接数超过阈值的 Provider 服务，然后对剩余的服务列表进行线性轮询。

7. 区域过滤策略（ZoneAvoidanceRule）

该类扩展了线性轮询策略，除了过滤超时和连接数过多的 Provider 之外，还会过滤掉不符合要求的 Zone 区域中的所有节点。

Ribbon 实现的负载均衡策略不止以上 7 种，还可以实现自定义的策略类。本书使用的 Spring Cloud Ribbon 版本中默认使用了 ZoneAvoidanceRule 负载均衡策略，可以通过 Provider 配置文件的 ribbon.NFLoadBalancerRuleClassName 配置项更改实际的负载均衡策略。2.4.1 小节的演示中，微服务 demo-provider 对 uaa-provider 的 RPC 调用使用 RetryRule 负载均衡策略，demo-provider 的具体配置如下：

```
uaa-provider:
  ribbon:
    NFLoadBalancerRuleClassName: com.netflix.loadbalancer. RetryRule #重试+
线性轮询
#NFLoadBalancerRuleClassName: com.netflix.loadbalancer.BestAvailableRule
#最少连接策略
#NFLoadBalancerRuleClassName: com.netflix.loadbalancer.RandomRule #随机选择
```

如果要配置全局的、针对所有 Provider 都使用的负载均衡策略，就可以在配置文件中直接使用 ribbon.NFLoadBalancerRuleClassName 配置项进行配置，具体如下：

```
ribbon:
  NFLoadBalancerRuleClassName: com.netflix.loadbalancer.RetryRule #重试+线
性轮询
#NFLoadBalancerRuleClassName: com.netflix.loadbalancer.BestAvailableRule
#最少连接策略
#NFLoadBalancerRuleClassName: com.netflix.loadbalancer.RandomRule  #随机选择
```

2.4.3 Spring Cloud Ribbon 的常用配置

2.4.2 节介绍了负载均衡的配置，本小节介绍 Ribbon 的一些常用配置选项，以及对这些选项进行配置的两种方式：代码方式和配置文件方式。

1. 手工配置 Provider 实例清单

如果 Ribbon 没有和 Eureka 集成，Ribbon 消费者客户端就不能从 Eureka（或者其他的注册中心）拉取到 Provider 清单。如果不需要和 Eureka 集成，那么可以使用如下方式手工配置 Provider 清单：

```
ribbon:
   eureka:
      enabled: false  #禁用Eureka
uaa-provider:
   ribbon:
     listOfServers:192.168.142.1:7702,192.168.233.128:7702#手工配置Provider清单
```

这个配置是针对 uaa-provider 服务的，配置项的前缀就是 RPC 目标服务名称。配置完之后，demo-provider 服务就可以通过目标服务名称 uaa-provider 来调用其接口。

无论是在开发环境还是在测试环境，手工配置 Provider 清单的方式都用得很少，之所以在此介绍该方式，仅仅是为了让大家更加明白 Ribbon 的工作方式。

2. RPC 请求超时配置

Ribbon 中有两种和时间相关的设置，分别是请求连接的超时时间 ConnectTimeout 和请求处理的超时时间 ReadTimeout。

大家都知道，HTTP 请求的 3 个阶段：建立连接阶段、数据传送阶段、断开连接阶段。ConnectTimeout 指的是第一个阶段建立连接所能用的最长时间。第一个阶段需要进行 3 次握手，ConnectTimeout 用于设置 3 次握手完成的最长时间。如果在 ConnectTimeout 设置的时间内消费端连接不上目标 Provider 服务，连接就会超时。这个超时也许是目标 Provider 宕机所导致的，也许是网络延迟所导致的。

ReadTimeout 指的是连接成功之后，从服务器读取到可用数据所花费的最长时间。如果在 ReadTimeout 设置的时间内目标 Provider 没有及时返回数据，就会导致读超时，也常常被称为请求处理超时。Ribbon 设置 RPC 请求超时的规则如下：

```
ribbon:
  ConnectTimeout: 30000       #连接超时时间，单位为毫秒
  ReadTimeout: 30000          #读取超时时间，单位为毫秒
```

在实际场景中，每个目标 Provider 的性能要求也许是不一样的，可以单独为某些 Provider 目标服务设置特定的超时时间，只要通过服务名称进行指定即可：

```
uaa-provider:
   ribbon:
      ConnectTimeout: 30000         #连接超时时间，单位为毫秒
      ReadTimeout: 30000            #读取超时时间，单位为毫秒
```

3. 重试机制配置

在有很多 Provider 实例同时运行的集群环境中难免会有某个 Provider 节点出现故障。如果某个目标 Provider 节点已经挂掉，但其信息还是缓存在消费者的 Ribbon 实例清单，就会导致 RPC 时发生请求失败。

要解决上述问题，简单的方法就是利用 Ribbon 自带的重试策略进行重试，此时只需要指定消费者的负载策略为重试策略，并且配置适当的重试参数即可。

为进行具体的演示，demo-provider 微服务的重试策略和参数配置如下：

```
ribbon:
  MaxAutoRetries: 1 #同一台实例的最大重试次数，但是不包括首次调用，默认为1次
  MaxAutoRetriesNextServer: 1  #重试其他实例的最大重试次数，不包括首次调用，默认为0次
  OkToRetryOnAllOperations: true  #是否对所有操作都进行重试，默认为false
  ServerListRefreshInterval: 2000  #从注册中心刷新Provider的时间间隔,默认为2000
毫秒，即2秒
  retryableStatusCodes: 400,401,403,404,500,502,504
  NFLoadBalancerRuleClassName:com.netflix.loadbalancer.RetryRule  #负载均衡
配置为重试策略
```

在上面的配置中，选项retryableStatusCodes用于配置对特定的HTTP响应码进行重试，常见的HTTP请求的状态码如下：

（1）2xx（成功）：这类状态码标识客户端的请求被成功接收、理解并接受，常见的如200（OK）、204（NoContent）。

（2）3xx（重定向）：这类状态码标识请求发起端或请求代理要做出进一步的动作来完成请求，常见的如301（MovedPermanently）、302（MovedTemprarily）。

（3）4xx（客户端错误）：这类状态码是客户端出错时使用的，常见的如400（BadRequest）、401（Unauthorized）、403（Forbidden）、404（NotFound)。

（4）5xx（服务器错误）：这类状态码表示服务器知道自己出错或者没有能力执行请求，常见的如500（InternalServer Error）、502（BadGateway）、504（GatewayTimeout）。

如果一个消费者依赖很多Provider，就可以使用上面的重试策略与参数针对特定的目标Provider进行单独配置。只要在配置时通过微服务名称进行指定即可：

```
uaa-provider:
    ribbon:
      MaxAutoRetries: 1
      MaxAutoRetriesNextServer: 1
      OkToRetryOnAllOperations: true
      ServerListRefreshInterval: 2000
      retryableStatusCodes: 400,401,403,404,500,502,504
      NFLoadBalancerRuleClassName:com.netflix.loadbalancer.RetryRule
```

4. 代码配置Ribbon

配置Ribbon比较简单的方式是使用配置文件，除此之外，还可以通过代码的方式进行配置。

一个常见的场景为：实际的RPC往往需要传递一些特定请求头，比如认证令牌，这时可以通过代码配置的方式对Ribbon的请求模板template进行请求头设置，完成请求头的传递。参考的代码如下：

```
package com.crazymaker.springcloud.standard.config;
...
/**
 *通过代码配置Ribbon
 */
@Configuration
```

```
public class FeignConfiguration implements RequestInterceptor
{
    /**
     *配置RPC时的请求头与参数，将来自用户的令牌传递给目标Provider
     *@param template 请求模板
     */
    @Override
    public void apply(RequestTemplate template)
    {
        /**
         *从用户请求的上下文属性获取用户令牌
         */
        ServletRequestAttributes attributes =
                (ServletRequestAttributes)
                RequestContextHolder.getRequestAttributes();
        if (null == attributes)
        {
            return;
        }
        HttpServletRequest request = attributes.getRequest();

        /**
         *获取令牌
         */
        String token = request.getHeader
                        (SessionConstants.AUTHORIZATION_HEAD);
        if (null != token)
        {
            token = StringUtils.removeStart(token, "Bearer ");
            /**
             *设置令牌
             */
            template.header("token ", new String[]{token});
        }
        ...
    }

    /**
     *配置负载均衡策略
     */
    @Bean
    public IRule ribbonRule()
    {
        /**
         *配置为线性轮询策略
         */
```

```
        return new RoundRobinRule();
    }
   ...

}
```

在以上配置代码的apply()方法中，为Ribbon的RPC请求模板template增加了一个叫作token的请求头，用于在RPC调用时进行用户令牌的传递；另外，在以上代码的ribbonRule()方法中，通过程序的方式配置了Ribbon的负载均衡策略为线性轮询。

如何使以上自定义的配置程序生效呢？如果需要对所有的Feign客户端生效，就可以在启动类上进行配置，将自定义的Ribbon配置类赋值给@EnableFeignClients注解的defaultConfiguration属性，示例如下：

```
...
@EnableFeignClients(
        basePackages = "com.crazymaker.springcloud.user.info.remote.client",
        defaultConfiguration = FeignConfiguration.class)
public class DemoCloudApplication
{

   public static void main(String[] args)
   {
      SpringApplication.run(DemoCloudApplication.class, args);
      ...
   }

}
```

如果需要对某个特定的（部分的）Feign客户端生效，就可以在特定Feign客户端接口上进行配置，将自定义的Ribbon配置类赋值给@FeignClient注解的configuration属性，示例如下：

```
package com.crazymaker.springcloud.user.info.remote.client;
...
/**
 *@description: 用户信息 远程调用接口
 *create by 尼恩 @ 疯狂创客圈
 */
@FeignClient(value = "uaa-provider",
        configuration = FeignConfiguration.class,
        fallback = UserClientFailBack.class,
        path = "/uaa-provider/api/user")
public interface UserClient
{
  ...
}
```

2.5 Feign+Hystrix实现RPC调用保护

在Spring Cloud微服务架构下，RPC保护可以通过Hystrix开源组件来实现，并且Spring Cloud对Hystrix组件进行了集成，使用起来非常方便。

Hystrix翻译过来是豪猪，由于豪猪身上长满了刺，因此能保护自己不受天敌的伤害，代表了一种防御机制。Hystrix开源框架是Netflix开源的一个延迟和容错的组件，主要用于在远程Provider服务异常时对消费端的RPC进行保护。有关Hystrix的详细资料，可参考其官方网站（https://github.com/Netflix/Hystrix），本书只对它的基本原理和使用进行介绍。

使用Hystrix之前需要在Maven的pom文件中增加以下Spring Cloud Hystrix集成模块的依赖：

```
<!--引入Spring Cloud Hystrix依赖-->
<dependency>
    <groupId>org.springframework.cloud</groupId>
    <artifactId>spring-cloud-starter-netflix-hystrix</artifactId>
</dependency>
```

在Spring Cloud架构中，Hystrix是和Feign组合起来使用的，所以需要在应用的属性配置文件中开启Feign对Hystrix的支持：

```
feign:
  hystrix:
    enabled: true   #开启Hystrix对Feign的支持
```

在启动类上添加@EnableHystrix或者@EnableCircuitBreaker。注意，@EnableHystrix中包含了@EnableCircuitBreaker。作为示例，下面是Demo-provider启动类的部分代码：

```
package com.crazymaker.springcloud.demo.start;
...
/**
 *在启动类上启用Hystrix
 */
@EnableHystrix
public class DemoCloudApplication
{
    public static void main(String[] args)
    {
        SpringApplication.run(DemoCloudApplication.class, args);
        ...
    }
}
```

Spring Cloud Hystrix的RPC保护功能包括失败回退、熔断、重试、舱壁隔离等，接下来学习一下Hystrix的失败回退和熔断两大功能。

2.5.1 Spring Cloud Hystrix 失败回退

什么是失败回退呢？当目标 Provider 实例发生故障时，RPC 的失败回退会产生作用，返回一个后备的结果。一个失败回退的演示如图 2-16 所示，有 A、B、C、D 四个 Provider 实例，A-Provider 和 B-Provider 对 D-Provider 发起 RPC 远程调用，但是 D-Provider 发生了故障，在 A、B 收到失败回退保护的情况下，最终会拿到失败回退提供的后备结果（或者 Fallback 回退结果）。

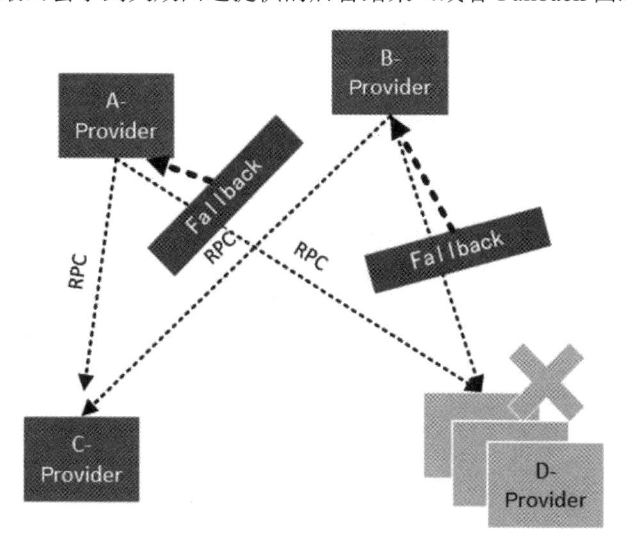

图 2-16　RPC 远程调用失败回退示意图

如何设置 RPC 调用的回退逻辑呢？有两种方式：

（1）定义和使用一个 Fallback 回退处理类。

（2）定义和使用一个 FallbackFactory 回退处理工厂类。

首先来看第一种方式：定义和使用一个 Fallback 回退处理类。

第一种方式具体的实现可以分为两步：第一步是实现 Feign 客户端远程调用接口，编写一个 Fallback 回退处理类，并将 RPC 失败后的回退逻辑编写在回退处理类对应的实现方法中；第二步是在 Feign 客户端接口的关键性注解@FeignClient 上配置失败处理类，具体来说，将该注解的 Fallback 属性的值配置为上一步定义的 Fallback 回退处理类。

下面介绍具体的实例，演示如何定义和使用一个 Fallback 回退处理类。在 crazy-springcloud 脚手架的 uaa-client 模块中，有一个用于对 uaa-provider 进行 RPC 调用的 Feign 客户端远程调用接口 UserClient，其目的是获取用户信息。第一步为 UserClient 接口定义一个简单的 Fallback 回退处理实现类，代码如下：

```
package com.crazymaker.springcloud.user.info.remote.fallback;
//省略 import

/**
 *Feign 客户端接口的 Fallback 回退处理类
 */
```

```
@Component
public class UserClientFallback implements UserClient
{
     /**
      *获取用户信息 RPC 失败后的回退方法
      */
    @Override
    public RestOut<UserDTO> detail(Long id)
    {
        return RestOut.error("failBack: user detail rest 服务调用失败" );
    }
}
```

第二步是在 UserClient 客户端接口的@FeignClient 注解中，将 Fallback 属性的值配置为上一步定义的 Fallback 回退处理类 UserClientFallback，代码如下：

```
package com.crazymaker.springcloud.user.info.remote.client;

//省略 import

/**
 *Feign 客户端接口
 *@description: 获取用户信息的 RPC 接口类
*/

@FeignClient(value = "uaa-provider",
        configuration = FeignConfiguration.class,
        fallback = UserClientFallback.class,  #配置回退处理类
        path = "/uaa-provider/api/user")
public interface UserClient
{
    @RequestMapping(value = "/detail/v1", method = RequestMethod.GET)
    RestOut<UserDTO> detail(@RequestParam(value = "userId") Long userId);
}
```

回退处理类的实现已经完成，如何进行验证呢？仍然使用前面定义的 demo-provider 的 REST 接口/api/call/uaa/user/detail/v2，该接口通过 UserClient 对 uaa-provider 进行远程调用。具体的演示方式为：停掉所有 uaa-provider 服务，然后在 demo-provider 的 swagger-ui 界面访问其 REST 接口/api/call/uaa/user/detail/v2，该接口的内部代码会通过 UserClient 远程调用 Feign 接口对目标 uaa-provider 的 REST 接口/api/user/detail/v1 发起 Feign RPC 远程调用，而 uaa-provider 全部服务处于宕机状态，因此 Feign 将会触发 Hystrix 回退，执行 Fallback 回退处理类 UserClientFallback 的回退实现方法，返回 Fallback 回退处理的内容，输出的内容如图 2-17 所示。

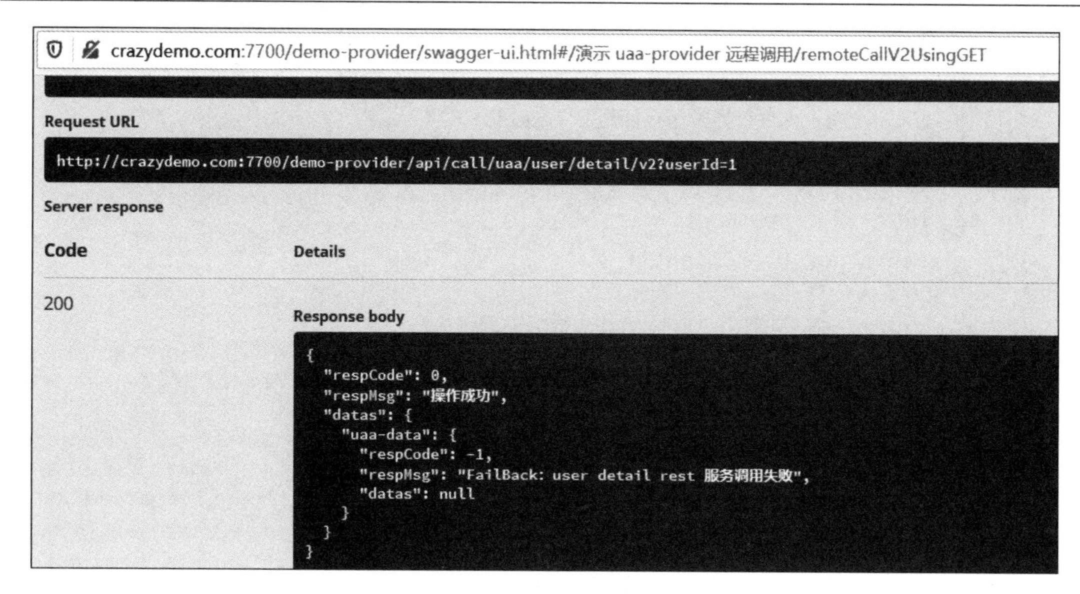

图 2-17 UserClientFallback 回退处理类生效后的示意图

接下来看第二种方式，定义和使用一个 Fallback 回退处理工厂类。

第二种方式具体的实现也可以分为两步：第一步创建一个 Fallback 回退处理工厂类，该工厂类需要实现 Hystrix 的 FallbackFactory 回退工厂接口，实现其抽象的 create 创建方法，在该方法的实现代码中，需要返回一个 Feign 客户端接口的实现类，方法中的具体实现即为回退处理实例，可以通过匿名类的方式创建一个新的回退处理类，并在该匿名类的每个方法的实现代码中编写好 RPC 回退逻辑；第二步在 Feign 客户端接口的关键性注解@FeignClient 上配置失败处理工厂类，将 fallbackFactory 属性的值配置为上一步定义的 FallbackFactory 回退处理工厂类。

下面介绍具体的实例，演示如何定义和使用一个 FallbackFactory 回退处理工厂类。这里任意以 uaa-client 模块中的 RPC 调用接口 UserClient 为例进行演示。第一步为其定义一个简单的 FallbackFactory 回退处理工厂类，代码如下：

```
package com.crazymaker.springcloud.user.info.remote.fallback;

//省略 import

/**
 *Feign 客户端接口的回退处理工厂类
 */

@Slf4j
@Component
public class UserClientFallbackFactory implements
FallbackFactory<UserClient>
{
    /**
    *创建 UserClient 客户端的回退处理实例
    */
```

```
    @Override
    public UserClient create(final Throwable cause) {
        log.error("RPC 异常了，回退!",cause);
        /**
         *创建一个 UserClient 客户端接口的匿名回退实例
         */
        return new UserClient() {
            /**
             *方法：获取用户信息 RPC 失败后的回退方法
             */
            @Override
            public RestOut<UserDTO> detail(Long userId)
            {
                return RestOut.error("FallbackFactory fallback: user detail
rest 服务调用失败" );
            }
        };
    }
}
```

第二步是在 Feign 客户端接口 UserClient 的@FeignClient 注解上，将 fallbackFactory 属性的值配置为上一步定义的 UserClientFallbackFactory 回退处理工厂类，代码如下：

```
package com.crazymaker.springcloud.user.info.remote.client;

//省略 import

/**
 *Feign 客户端接口
 *@description：获取用户信息的 RPC 接口类
 */

@FeignClient(value = "uaa-provider",
        configuration = FeignConfiguration.class,
        fallbackFactory = UserClientFallbackFactory.class,  #配置回退处理工厂类
        path = "/uaa-provider/api/user")
public interface UserClient
{
    @RequestMapping(value = "/detail/v1", method = RequestMethod.GET)
    RestOut<UserDTO> detail(@RequestParam(value = "userId") Long userId);
}
```

第二种方式回退工厂类的具体验证过程与第一种方式回退类的验证相同：停掉所有的 uaa-provider 服务，然后在 demo-provider 的 swagger-ui 界面访问其 REST 接口/api/call/uaa/user/detail/v2，此 REST 接口的内部代码会通过 UserClient 远程调用 Feign 接口对目标 uaa-provider 的 REST 接口/api/user/detail/v1 发起 Feign RPC 远程调用，而 uaa-provider 全部服务处于宕机状态，因此 Feign

将会触发 Hystrix 回退，执行 fallback 回退处理工厂类 UserClientFallbackFactory 的 create 方法创建一个回退处理类实例，并执行回退处理类实例中的回退处理逻辑，返回回退处理的结果。

在进行失败回退时，使用第一种方式的回退类和使用第二种方式的回退工厂类有什么区别呢？

答案是：在使用第一种方式的回退类时，远程调用 RPC 过程中所引发的异常已经被回退逻辑彻底地屏蔽掉了。应用程序不太方便干预，也看不到 RPC 过程中的具体异常，尽管这些异常对于问题的排除非常有帮助。在使用第二种方式的回退工厂类时，应用程序可以通过 Java 代码对 RPC 异常进行拦截和处理，包括进行日志输出。

2.5.2 分布式系统面临的雪崩难题

在分布式系统中，一个服务可能会依赖很多其他的服务，并且这些服务不可避免有失效的可能。假如一个应用运行 30 个 Provider 实例，每个实例 99.99%的时间处于正常服务状态，即使只有 0.01%的失败率，每个月仍然有几个小时不可用。另外，还有一个大问题：流量洪峰过来时，服务有可能被其他服务所依赖。如果这个 Provider 实例出现延迟响应，就会导致其他 Provider 发生更多级联故障，从而导致这个分布式系统不可用。

举一个简单的例子，在一个秒杀系统中，商品（good-provider）、订单（order-provider）、秒杀（seckill-provider）3 个 Provider 都会通过 RPC 远程调用到用户账号与认证（uaa-provider）的相关接口，查询用户的相关信息，如图 2-18 所示。

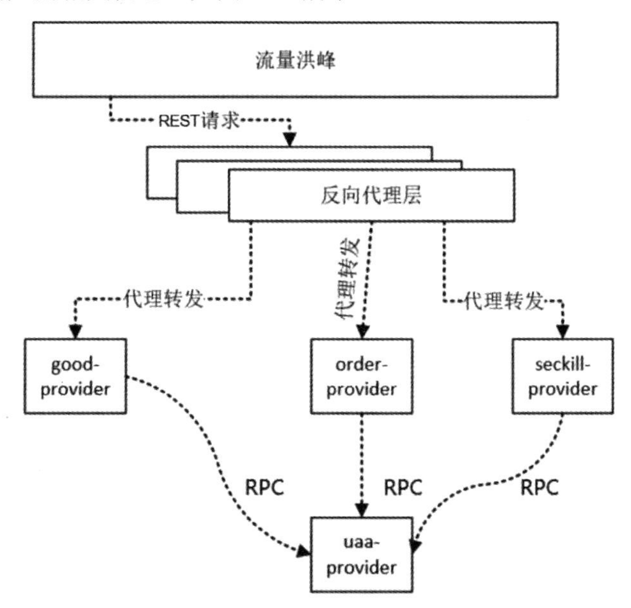

图 2-18 秒杀系统中，商品、订单、秒杀、用户 4 个 Provider 之间的依赖示意图

若在流量洪峰过来之时 uaa-provider 出现响应迟钝（甚至宕机），则商品、订单、秒杀 3 个 Provider 都会出现等待超时而导致响应缓慢，由于排队的请求越来越多、单个请求时间变得很长（因为内部都有超时等待），因此各服务节点的系统资源（CPU、内存等）很快会耗尽，最后进入系统性雪崩状态，如图 2-19 所示。

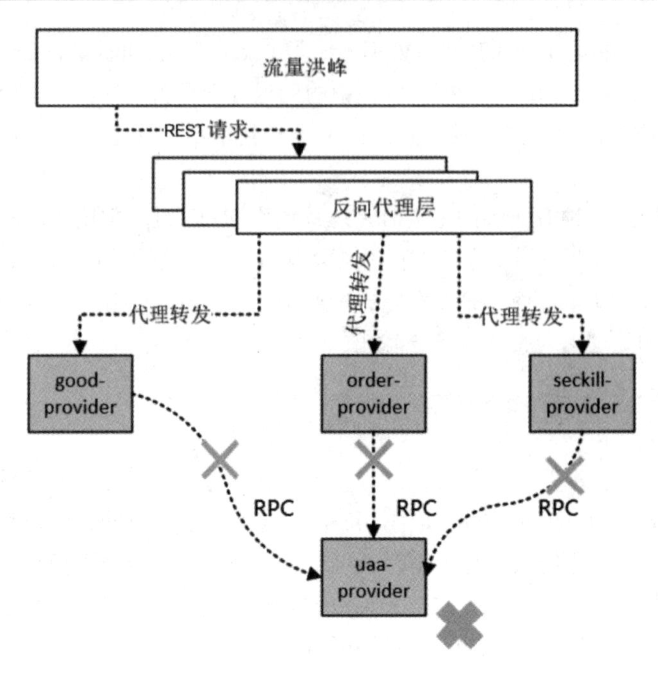

图 2-19 流量洪峰过来时因 uaa-provider 响应缓慢导致整体雪崩

总体来说，在微服务架构中，根据业务拆分成一个个 Provider 微服务，由于网络原因或者自身的原因，服务并不能保证 100%可用，为了保证服务提供者高可用，单个 Provider 服务通常会多体部署。由于 Provider 与 Provider 之间的依赖性，故障或者不可用会沿请求调用链向上传递，对整个系统造成瘫痪的灾难性后果，这就是故障的雪崩效应。

引发雪崩效应的原因比较多，下面是常见的几种：

（1）硬件故障：如服务器宕机、机房断电、光纤被挖断等。

（2）流量激增：如流量异常、巨量请求瞬时涌入（如秒杀）等。

（3）缓存穿透：一般发生在系统重启所有缓存失效时，或者发生在短时间内大量缓存失效时，前端过来的大量请求没有命中缓存，直击后端服务和数据库，造成服务提供者和数据库超负荷运行，引起整体瘫痪。

（4）程序 BUG：如程序逻辑 BUG 导致内存泄漏等原因引发的整体瘫痪。

（5）JVM 卡顿：JVM 的 FullGC 时间较长，极端的情况长达数十秒，这段时间内 JVM 不能提供任何服务。

为了解决雪崩效应，业界提出了熔断器模型。通过熔断器，当一些非核心服务出现响应迟缓或者宕机等异常时，对服务进行降级并提供有损服务，以保证服务的柔性可用，避免引起雪崩效应。

2.5.3 Spring Cloud Hystrix 熔断器

在物理学上，熔断器本身是一个开关装置，用在电路上保护线路过载，当线路中有电器发生短路时，熔断器能够及时切断故障，防止发生过载、发热甚至起火等严重后果。分布式架构中的熔断器主要用于 RPC 接口上，为接口安装上“保险丝”，以防止 RPC 接口出现拥塞时导致系统压力过大而引起的系统瘫痪，当 RPC 接口流量过大或者目标 Provider 出现异常时，熔断器及时切断故障可以起到自我保护的作用。

为什么说熔断器非常重要呢？如果没有过载保护，在分布式系统中，当被调用的远程服务无法使用时，就会导致请求的资源阻塞在远程服务器上而耗尽。很多时候刚开始可能只是出现了局部小规模的故障，然而由于种种原因，故障影响范围越来越大，最终导致全局性的后果。

熔断器通常也叫作熔断器，其具体的工作机制为：统计最近 RPC 调用发生错误的次数，然后根据统计值中的失败比例等信息来决定是否允许后面的 RPC 调用继续或者快速地失败回退。

熔断器的 3 种状态如下：

（1）关闭（closed）：熔断器关闭状态，这也是熔断器的初始状态，此状态下 RPC 调用正常放行。

（2）开启（open）：失败比例到一定的阈值之后，熔断器进入开启状态，此状态下 RPC 将会快速失败，然后执行失败回退逻辑。

（3）半开启（half-open）：在打开一定时间之后（睡眠窗口结束），熔断器进入半开启状态，小流量尝试进行 RPC 调用放行。如果尝试成功，熔断器就变为关闭状态，RPC 调用正常；如果尝试失败，熔断器就变为开启状态，RPC 调用快速失败。

熔断器状态之间的相互转换关系如图 2-20 所示。

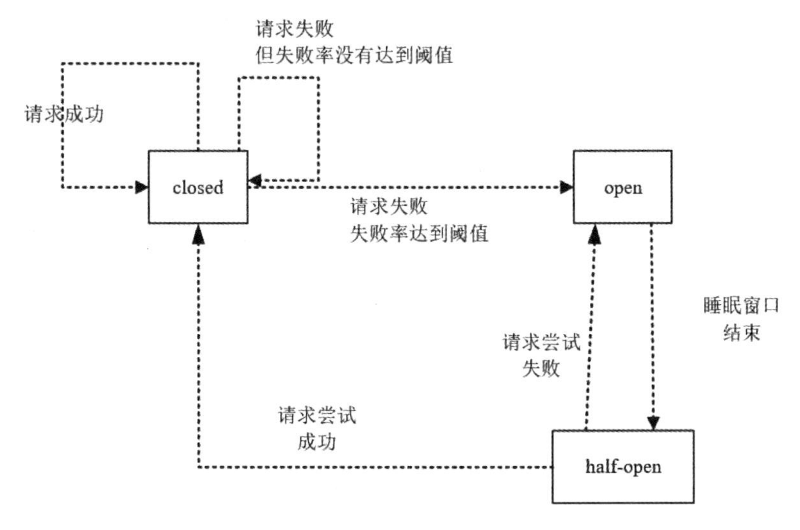

图 2-20　熔断器状态之间的相互转换关系

下面重点介绍熔断器的半开启状态。在半开启状态下，允许进行一次 RPC 调用的尝试，如果实际调用成功，熔断器就会复位到关闭状态，回归正常的模式；但是如果这次 RPC 调用的尝试失败，熔断器就会返回到开启状态，一直等待到下次半开启状态。

Spring Cloud Hystrix 中的熔断器默认是开启的，但是可以通过配置熔断器的参数进行定制。下面是 demo-provider 微服务中熔断器示例的相关配置：

```
hystrix:
  ...
  command:
    default:
```

```
    ...
    circuitBreaker:          #熔断器相关配置
      enabled: true          #是否使用熔断器，默认为 true
      requestVolumeThreshold: 20          #窗口时间内的最小请求数
      sleepWindowInMilliseconds: 5000     #打开后允许一次尝试的睡眠时间，默认配
置为 5 秒
      errorThresholdPercentage: 50  #窗口时间内熔断器开启的错误比例，默认配置为 50
    metrics:
      rollingStats:
        timeInMilliseconds: 10000         #滑动窗口时间
        numBuckets: 10                    #滑动窗口的时间桶数
```

以上用到的 Hystrix 熔断器相关参数分为两类：熔断器相关参数和滑动窗口相关参数。对示例中用到的熔断器的相关参数大致介绍如下：

（1）hystrix.command.default.circuitBreaker.enabled：该配置用来确定熔断器是否用于跟踪 RPC 请求的运行状态，或者说用于配置是否启用熔断器，默认值为 true。

（2）hystrix.command.default.circuitBreaker.requestVolumeThreshold：该配置用于设置熔断器触发熔断的最少请求次数。如果设置为 20，那么当一个滑动窗口时间内（比如 10 秒）收到 19 个请求时，即使 19 个请求都失败，熔断器也不会打开变成 open 状态，默认值为 20。

（3）hystrix.command.default.circuitBreaker.errorThresholdPercentage：该配置用于设置错误率阈值，在滑动窗口时间内，当错误率超过此值时，熔断器进入 open 状态，所有请求都会触发失败回退（fallback），错误率阈值百分比的默认值为 50。

（4）hystrix.command.default.circuitBreaker.sleepWindowInMilliseconds：该配置用于设置熔断器的睡眠窗口，具体指的是确定熔断器打开之后多长时间才允许一次请求尝试执行，默认值为 5 000 毫秒，表示当熔断器打开后，5 000 毫秒内会拒绝所有请求，5 000 毫秒后熔断器才会进行入 half-open 状态。

（5）hystrix.command.default.circuitBreaker.forceOpen：如果配置为 true，熔断器就会被强制打开，所有请求将触发失败回退（Fallback），默认值为 false。

熔断器的状态转换与 Hystrix 的滑动窗口的健康统计值（比如失败比例）相关。接下来对示例中使用到的 Hystrix 健康统计相关配置大致介绍如下：

（1）hystrix.command.default.metrics.rollingStats.timeInMilliseconds：设置统计滑动窗口的持续时间（以毫秒为单位），默认值为 10 000 毫秒。熔断器的打开会根据一个滑动窗口的统计值来计算，若滑动窗口时间内的错误率超过阈值，则熔断器进入开启状态。滑动窗口将被进一步细分为时间桶（Bucket），滑动窗口的统计值等于窗口内所有时间桶的统计信息的累加，每个时间桶的统计信息包含请求成功（Success）、失败（Failure）、超时（Timeout）、被拒（Rejection）的次数。

（2）hystrix.command.default.metrics.rollingStats.numBuckets：设置一个滑动窗口被划分的时间桶数量，默认值为 10。若滑动窗口的持续时间为 10 000 毫秒，并且一个滑动窗口被划为 10 个时间桶，则一个时间桶的时间为 1 秒。所设置的 numBuckets（时间桶数量）和 timeInMilliseconds（滑动窗口时长）的值有一定关系，必须符合 timeInMilliseconds % numberBuckets == 0 的规则，

否则会抛出异常，例如 70 000（滑动窗口 70 000 毫秒）%700（桶数）==0 是可以的，但是 70 000（滑动窗口 70 000 毫秒）%600（桶数）== 400 将抛出异常。

以上有关 Hystrix 熔断器的配置选项使用的是 hystrix.command.default 前缀，这些默认配置项将对项目中所有 Feign RPC 接口生效，除非某个 Feign RPC 接口进行单独配置。如果需要对某个 Feign RPC 调用进行特殊的配置，配置项前缀的格式如下：

```
hystrix.command.类名#方法名（参数类型列表）
```

下面来看一个对单个接口进行特殊配置的例子，以对 UserClient 类中的 Feign RPC 接口 /detail/v1 进行特殊配置为例。该接口的功能是从 user-provider 服务获取用户信息，在配置之前先看一下 UserClient 接口的代码，具体如下：

```
package com.crazymaker.springcloud.user.info.remote.client;
...
@FeignClient(value = "uaa-provider",
        configuration = FeignConfiguration.class,
        fallback = UserClientFallback.class,
        path = "/uaa-provider/api/user")
public interface UserClient
{
    /**
     *远程调用 RPC 方法：获取用户详细信息
     *@param userId 用户 Id
     *@return 用户详细信息
     */
    @RequestMapping(value = "/detail/v1", method = RequestMethod.GET)
    RestOut<UserDTO> detail(@RequestParam(value = "userId") Long userId);
}
```

在 demo-provider 中，如果要对 UserClient.detail 接口的 RPC 调用的熔断器参数进行特殊的配置，就不使用 hystrix.command.default 默认前缀，而是使用 hystrix.command.FeignClient#Method 格式的前缀，具体的配置项如下：

```
hystrix:
  ...
  command:
    UserClient#detail(Long):      #格式为：类名#方法名（参数类型列表）
      ...
      circuitBreaker:             #熔断器相关配置
        enabled: true             #是否使用熔断器，默认为 true
        requestVolumeThreshold: 20    #至少有 20 个请求，熔断器才会达到熔断触发的次
数阈值
        sleepWindowInMilliseconds: 5000     #打开后允许一次尝试的睡眠时间，默认配
置为 5 秒
        errorThresholdPercentage: 50        #窗口时间内熔断器开启的错误比例，默认
配置为 50
```

```
metrics:
  rollingPercentile:
    timeInMilliseconds: 60000    #滑动窗口时间
    numBuckets: 600              #滑动窗口的时间桶数
    bucketSize: 200              #时间桶内的统计次数
```

除了熔断器 circuitBreaker 相关参数和 metrics 滑动窗口相关参数之外，其他很多 Hystrix command 参数也可以对特定的 Feign RPC 接口进行特殊配置，配置时仍然使用“类名#方法名（形参类型列表）”的格式。

对于初学者来说，有关滑动窗口的概念和配置理解起来还是比较费劲的。对于 Hystrix 的基础原理（包含滑动窗口）将在第 4 章和第 5 章详细介绍。

第 3 章

Spring Cloud RPC 远程调用核心原理

如果不了解 Spring Cloud 中的 Feign 核心原理，就不会真正地了解 Spring Cloud 的性能优化和配置优化，也就不可能做到真正掌握 Spring Cloud。

本章从 Feign 远程调用的重要组件开始，图文并茂地介绍 Feign 本地 JDK Proxy 实例的创建流程以及 Feign 远程调用的执行流程，彻底地解读 Spring Cloud 的核心知识，使得广大工程师知其然，更知其所以然。

3.1 代理模式与 RPC 客户端实现类

本节首先介绍客户端 RPC 远程调用实现类的职责，然后从基础原理讲起，依次介绍代理模式的原理、使用静态代理模式实现 RPC 客户端类、使用动态代理模式实现 RPC 客户端类，一步一步地接近 Feign RPC 的核心原理知识。

3.1.1 客户端 RPC 远程调用实现类的职责

客户端 RPC 实现类位于远程调用 Java 接口和 Provider 微服务实例之间，承担了以下职责：

（1）拼装 REST 请求：根据 Java 接口的参数，拼装目标 REST 接口的 URL。

（2）发送请求和获取结果：通过 Java HTTP 组件（如 HttpClient）调用 Provider 微服务实例的 REST 接口，并且获取 REST 响应。

（3）结果解码：解析 REST 接口的响应结果，封装成目标 POJO 对象（Java 接口的返回类型）并且返回。

RPC 远程调用客户端实现类的职责如图 3-1 所示。

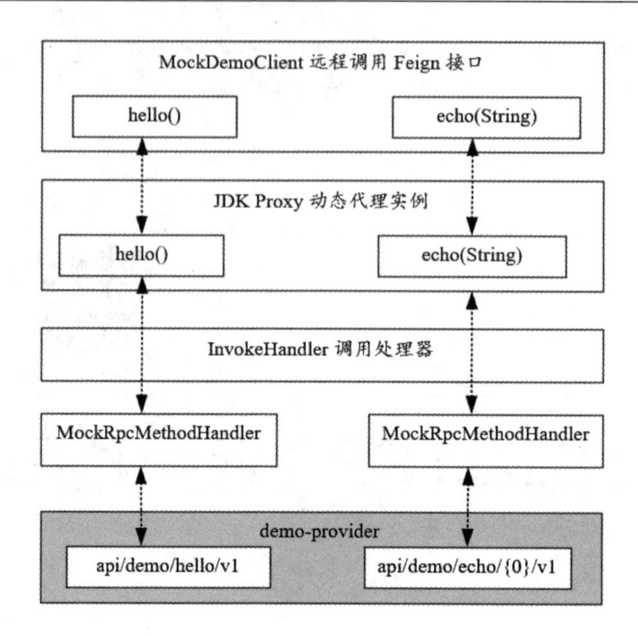

图 3-1　RPC 远程调用客户端实现类的职责

使用 Feign 进行 RPC 远程调用时，对于每一个 Java 远程调用接口，Feign 都会生成一个 RPC 远程调用客户端实现类，只是对于开发者来说这个实现类是透明的，感觉不到这个实现类的存在。

Feign 为 DemoClient 接口生成的 RPC 客户端实现类大致如图 3-2 所示。

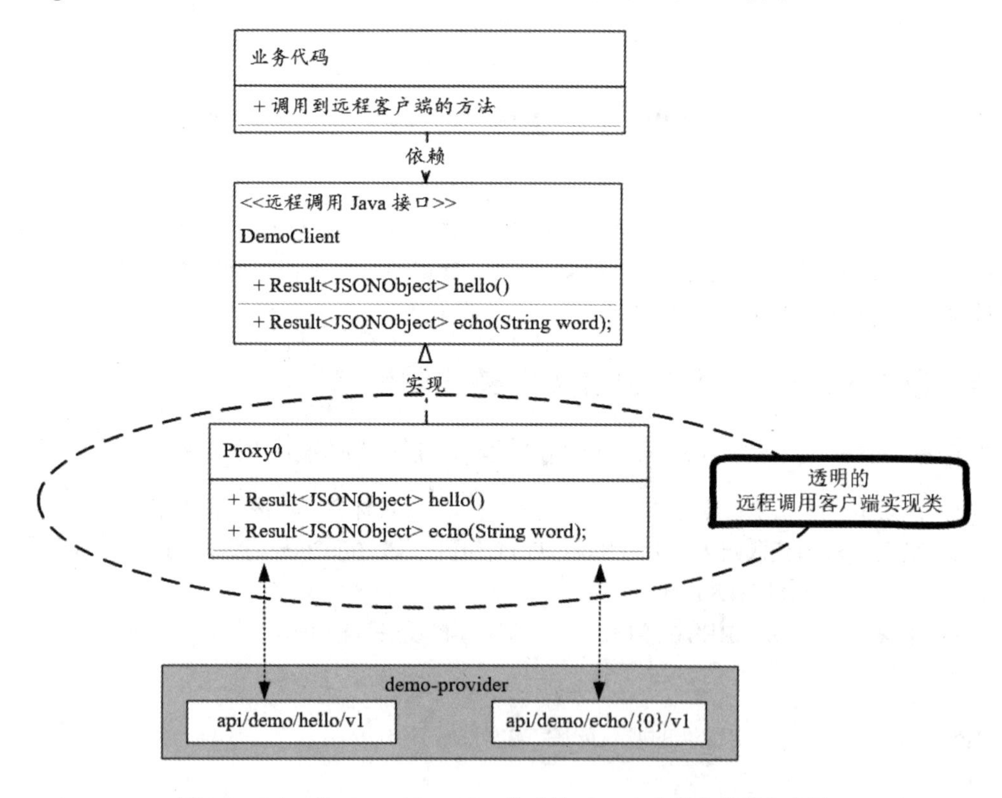

图 3-2　Feign 为 DemoClient 接口生成的 RPC 客户端实现类参考图

由于看不到Feign的RPC客户端实现类的任何源码，初学者会感觉到很神奇，感觉这就是一个黑盒子。下面从原始的、简单的RPC远程调用客户端实现类开始为大家逐步地揭开Feign的RPC客户端实现类的神秘面纱。

在一点点揭开RPC远程调用客户端实现类的面纱之前，先模拟一个Feign远程调用Java接口，对应demo-provider服务的两个REST接口。

模拟的远程调用Java接口为MockDemoClient，它的代码如下：

```
package com.crazymaker.demo.proxy.FeignMock;
...
@RestController(value = TestConstants.DEMO_CLIENT_PATH)
public interface MockDemoClient
{
    /**
     *远程调用接口的方法，完成REST接口api/demo/hello/v1的远程调用
     *REST接口功能：返回hello world
     *@return JSON响应实例
     */
    @GetMapping(name = "api/demo/hello/v1")
    RestOut<JSONObject> hello();


    /**
     *远程调用接口的方法，完成REST接口api/demo/echo/{0}/v1的远程调用
     *REST接口功能：回显输入的信息
     *@return echo回显消息JSON响应实例
     */
    @GetMapping(name = "api/demo/echo/{0}/v1")
    RestOut<JSONObject> echo(String word);
}
```

接下来层层递进，为大家演示以下3种RPC远程调用客户端：

（1）简单的RPC客户端实现类。
（2）静态代理模式的RPC客户端实现类。
（3）动态代理模式的RPC客户端实现类。

最后的动态代理模式的RPC客户端实现类在实现原理上已经非常接近Feign的RPC客户端实现类。

3.1.2 简单的RPC客户端实现类

简单的RPC客户端实现类的主要工作如下：

（1）组装REST接口URL。
（2）通过HttpClient组件调用REST接口并获得响应结果。
（3）解析REST接口的响应结果，封装成JSON对象，并且返回给调用者。

简单的 RPC 客户端实现类的参考代码如下：

```
package com.crazymaker.demo.proxy.basic;

//省略 import
@AllArgsConstructor
@Slf4j
class RealRpcDemoClientImpl implements MockDemoClient
{
    final String contextPath = TestConstants.DEMO_CLIENT_PATH;

    //完成对 REST 接口 api/demo/hello/v1 的调用
    public RestOut<JSONObject> hello()
    {
        /**
         *远程调用接口的方法，完成 demo-provider 的 REST API 远程调用
         *REST API 功能：返回 hello world
         */
        String uri = "api/demo/hello/v1";
        /**
         *组装 REST 接口 URL
         */
        String restUrl = contextPath + uri;
        log.info("restUrl={}", restUrl);

        /**
         *通过 HttpClient 组件调用 REST 接口
         */
        String responseData = null;
        try
        {
            responseData = HttpRequestUtil.simpleGet(restUrl);
        } catch (IOException e)
        {
            e.printStackTrace();
        }

        /**
         *解析 REST 接口的响应结果，解析成 JSON 对象并且返回给调用者
         */
        RestOut<JSONObject> result = JsonUtil.jsonToPojo(responseData,
new TypeReference<RestOut<JSONObject>>() {});

        return result;
    }
```

```
    //完成对 REST 接口 api/demo/echo/{0}/v1 的调用
    public RestOut<JSONObject> echo(String word)
    {
        /**
         *远程调用接口的方法，完成 demo-provider 的 REST API 远程调用
         *REST API 功能：回显输入的信息
         */
        String uri = "api/demo/echo/{0}/v1";
        /**
         *组装 REST 接口 URL
         */
        String restUrl = contextPath + MessageFormat.format(uri, word);
        log.info("restUrl={}", restUrl);

        /**
         *通过 HttpClient 组件调用 REST 接口
         */
        String responseData = null;
        try
        {
            responseData = HttpRequestUtil.simpleGet(restUrl);
        } catch (IOException e)
        {
            e.printStackTrace();
        }

        /**
         *解析 REST 接口的响应结果，解析成 JSON 对象，并且返回给调用者
         */
        RestOut<JSONObject> result = JsonUtil.jsonToPojo(responseData,
new TypeReference<RestOut<JSONObject>>()  { });
        return result;
    }

}
```

以上简单的 RPC 实现类 RealRpcDemoClientImpl 的测试用例如下：

```
package com.crazymaker.demo.proxy.basic;

...
/**
 *测试用例
 */
@Slf4j
public class ProxyTester
{
```

```
    /**
     *不用代理，进行简单的远程调用
     */
    @Test
    public void simpleRPCTest()
    {
        /**
         *简单的 RPC 调用类
         */
        MockDemoClient realObject = new RealRpcDemoClientImpl();

        /**
         *调用 demo-provider 的 REST 接口 api/demo/hello/v1
         */
        RestOut<JSONObject> result1 = realObject.hello();
        log.info("result1={}", result1.toString());

        /**
         *调用 demo-provider 的 REST 接口 api/demo/echo/{0}/v1
         */
        RestOut<JSONObject> result2 = realObject.echo("回显内容");
        log.info("result2={}", result2.toString());
    }

}
```

运行测试用例之前，需要提前启动 demo-provider 微服务实例，然后将主机名称 crazydemo.com 通过 hosts 文件绑定到 demo-provider 实例所在机器的 IP 地址（这里为 127.0.0.1），并且需要确保两个 REST 接口/api/demo/hello/v1、/api/demo/echo/{word}/v1 可以正常访问。

运行测试用例，部分输出结果如下：

```
    [main] INFO c.c.d.p.b.RealRpcDemoClientImpl -
restUrl=http://crazydemo.com:7700/demo-provider/ api/demo/hello/v1
    [main] INFO c.c.d.proxy.basic.ProxyTester -
result1=RestOut{datas={"hello":"world"}, respCode=0, respMsg='操作成功}
    [main] INFO c.c.d.p.b.RealRpcDemoClientImpl -
restUrl=http://crazydemo.com:7700/demo-provider/ api/demo/echo/回显内容/v1
    [main] INFO c.c.d.proxy.basic.ProxyTester -
result2=RestOut{datas={"echo":"回显内容"}, respCode=0, respMsg='操作成功}
```

以上的 RPC 客户端实现类很简单，但是实际开发中不可能为每一个远程调用 Java 接口都编写一个 RPC 客户端实现类。如何自动生成 RPC 客户端实现类呢？这就需要用到代理模式。接下来为大家介绍简单一点的代理模式实现类——静态代理模式的 RPC 客户端实现类。

3.1.3 从基础原理讲起：代理模式与 RPC 客户端实现类

首先来看一下代理模式的基本概念。代理模式的定义：为委托对象提供一种代理，以控制对委托对象的访问。在某些情况下，一个对象不适合或者不能直接引用另一个目标对象，而代理对象可以作为目标对象的委托，在客户端和目标对象之间起到中介的作用。

代理模式包含 3 个角色：抽象角色、委托角色和代理角色，如图 3-3 所示。

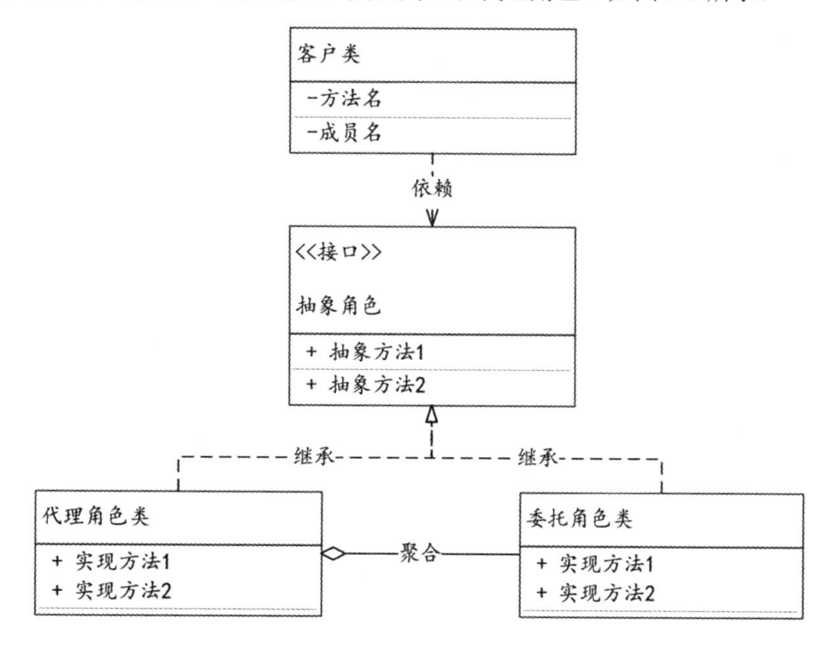

图 3-3 代理模式角色之间的关系图

（1）抽象角色：通过接口或抽象类的方式声明委托角色所提供的业务方法。

（2）代理角色：实现抽象角色的接口，通过调用委托角色的业务逻辑方法来实现抽象方法，并且可以附加自己的操作。

（3）委托角色：实现抽象角色，定义真实角色所要实现的业务逻辑，供代理角色调用。

代理模式分为静态代理和动态代理。

（1）静态代理：在代码编写阶段由工程师提供代理类的源码，再编译成代理类。所谓静态，就是在程序运行前就已经存在代理类的字节码文件，代理类和被委托类的关系在运行前就确定了。

（2）动态代理：在代码编写阶段不用关心具体的代理实现类，而是在运行阶段直接获取具体的代理对象，代理实现类由 JDK 负责生成。

静态代理模式的实现主要涉及 3 个组件：

（1）抽象接口类（Abstract Subject）：该类的主要职责是声明目标类与代理类的共同接口方法。该类既可以是一个抽象类，又可以是一个接口。

（2）真实目标类（Real Subject）：该类也称为被委托类或被代理类，该类定义了代理所表示的真实对象，由其执行具体业务逻辑方法，而客户端通过代理类间接地调用真实目标类中定义的方法。

（3）代理类（Proxy Subject）：该类也称为委托类或代理类，该类持有一个对真实目标类的引用，在其抽象接口方法的实现中需要调用真实目标类中相应的接口实现方法，以此起到代理的作用。

使用静态代理模式实现 RPC 远程接口调用大致涉及以下 3 个类：

（1）一个远程接口，比如前面介绍的模拟远程调用 Java 接口 MockDemoClient。

（2）一个真实被委托类，比如前面介绍的 RealRpcDemoClientImpl，负责完成真正的 RPC 调用。

（3）一个代理类，比如本小节介绍的 DemoClientStaticProxy，通过调用真实目标类（委托类）负责完成 RPC 调用。

通过静态代理模式实现 MockDemoClient 接口的 RPC 调用实现类，类之间的关系如图 3-4 所示。

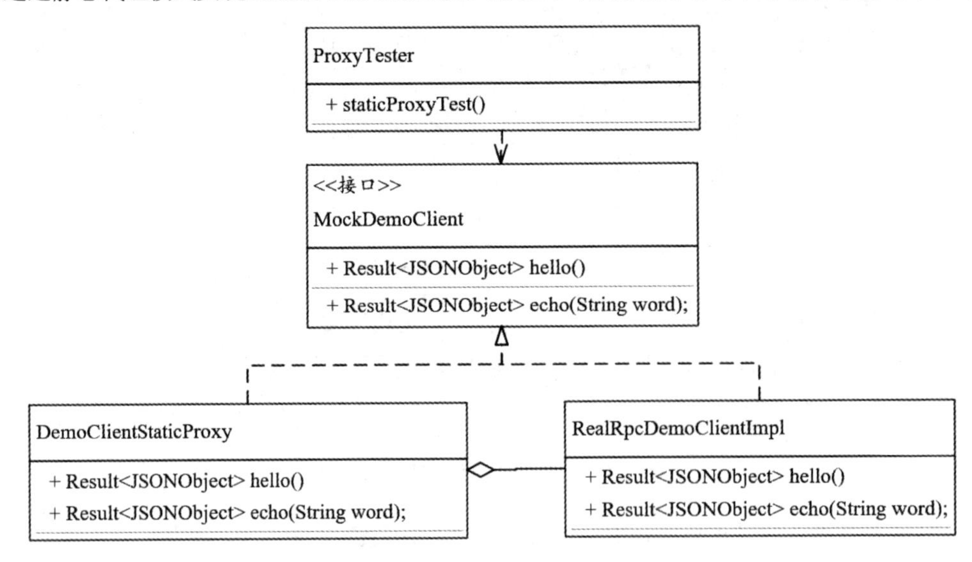

图 3-4 静态代理模式的 RPC 调用 UML 类图

静态代理模式的 RPC 实现类 DemoClientStaticProxy 的代码如下：

```
package com.crazymaker.demo.proxy.basic;

//省略 import

@AllArgsConstructor
@Slf4j
class DemoClientStaticProxy implements DemoClient
{
    /**
     *被代理的真正实例
     */
    private MockDemoClient realClient;
```

```
    @Override
    public RestOut<JSONObject> hello()
    {
        log.info("hello 方法被调用" );
        return realClient.hello();
    }


    @Override
    public RestOut<JSONObject> echo(String word)
    {
        log.info("echo 方法被调用" );
        return realClient.echo(word);
    }
}
```

在静态代理类 DemoClientStaticProxy 的 hello()和 echo()两个方法中，调用真实委托类实例 realClient 的两个对应的委托方法，完成对远程 REST 接口的请求。

以上静态代理类 DemoClientStaticProxy 的使用代码（测试用例）大致如下：

```
package com.crazymaker.demo.proxy.basic;

//省略 import
/**
 *静态代理和动态代理，测试用例
 */
@Slf4j
public class ProxyTester
{
    /**
     *静态代理测试
     */
    @Test
    public void staticProxyTest()
    {
        /**
         *被代理的真实 RPC 调用类
         */
        MockDemoClient realObject = new RealRpcDemoClientImpl();

        /**
         *静态的代理类
         */
```

```
        DemoClient proxy = new DemoClientStaticProxy(realObject);

        RestOut<JSONObject> result1 = proxy.hello();
        log.info("result1={}", result1.toString());

        RestOut<JSONObject> result2 = proxy.echo("回显内容");
        log.info("result2={}", result2.toString());
    }

}
```

运行测试用例前，需要提前启动 demo-provider 微服务实例，并且需要将主机名称 crazydemo.com 通过 hosts 文件绑定到 demo-provider 实例所在机器的 IP 地址（这里为 127.0.0.1），并且需要确保两个 REST 接口/api/demo/hello/v1、/api/demo/echo/{word}/v1 可以正常访问。

一切准备妥当，运行测试用例，输出如下结果：

```
    [main] INFO  c.c.d.p.b.DemoClientStaticProxy - hello 方法被调用
    [main] INFO  c.c.d.p.b.RealRpcDemoClientImpl - restUrl=
http://crazydemo.com:7700/demo-provider/ api/demo/hello/v1
    [main] INFO  c.c.d.proxy.basic.ProxyTester -
result1=RestOut{datas={"hello":"world"}, respCode=0, respMsg='操作成功}

    [main] INFO  c.c.d.p.b.DemoClientStaticProxy - echo 方法被调用
    [main] INFO  c.c.d.p.b.RealRpcDemoClientImpl -
restUrl=http://crazydemo.com:7700/demo-provider/ api/demo/echo/回显内容/v1

    [main] INFO  c.c.d.proxy.basic.ProxyTester -
result2=RestOut{datas={"echo":"回显内容"}, respCode=0, respMsg='操作成功}
```

静态代理的 RPC 实现类看上去是一堆冗余代码，发挥不了什么作用。为什么在这里一定要先介绍静态代理模式的 RPC 实现类呢？原因有以下两点：

（1）上面的 RPC 实现类是出于演示目的而做了简化，对委托类并没有做任何扩展。而实际的远程调用代理类会对委托类进行很多扩展，比如远程调用时的负载均衡、熔断、重试等。

（2）上面的 RPC 实现类是动态代理实现类的学习铺垫。Feign 的 RPC 客户端实现类是一个 JDK 动态代理类，是在运行过程中动态生成的。大家知道，动态代理的知识对于很多读者来说不是太好理解，所以先介绍一下代理模式和静态代理的基础知识，作为下一步的学习铺垫。

3.1.4 使用动态代理模式实现 RPC 客户端类

为什么需要动态代理呢？需要从静态代理的缺陷开始介绍。静态代理实现类在编译期就已经写好了，代码清晰可读，缺点也很明显：

（1）手工编写代理实现类会占用时间，如果需要实现代理的类很多，那么代理类一个一个地手工编码根本写不过来。

（2）如果更改了抽象接口，那么还得去维护这些代理类，维护上容易出纰漏。

动态代理与静态代理相反，不需要手工实现代理类，而是由 JDK 通过反射技术在执行阶段动态生成代理类，所以也叫动态代理。使用的时候可以直接获取动态代理的实例，获取动态代理实例大致需要如下 3 步：

（1）需要明确代理类和被委托类共同的抽象接口，JDK 生成的动态代理类会实现该接口。

（2）构造一个调用处理器对象，该调用处理器要实现 InvocationHandler 接口，实现其唯一的抽象方法 invoke(...)。而 InvocationHandler 接口由 JDK 定义，位于 java.lang.reflect 包中。

（3）通过 java.lang.reflect.Proxy 类的 newProxyInstance(...)方法在运行阶段获取 JDK 生成的动态代理类的实例。注意，这一步获取的是对象而不是类。该方法需要三个参数，其中的第一个参数为类装载器，第二个参数为抽象接口的 class 对象，第三个参数为调用处理器对象。

举一个例子，创建抽象接口 MockDemoClient 的一个动态代理实例，大致的代码如下：

```
    //参数 1：类装载器
    ClassLoader classLoader = ProxyTester.class.getClassLoader();
    //参数 2：代理类和被委托类共同的抽象接口
    Class[] clazz = new Class[]{MockDemoClient.class};
    //参数 3：动态代理的调用处理器
    InvocationHandler invocationHandler = new DemoClientInocationHandler
(realObject);
    /**
     *使用以上 3 个参数创建 JDK 动态代理类
     */
    MockDemoClient proxy = (MockDemoClient)Proxy.newProxyInstance(classLoader,
clazz, invocationHandler);
```

创建动态代理实例的核心是创建一个 JDK 调用处理器 InvocationHandler 的实现类。该实现类需要实现其唯一的抽象方法 invoke(...)，并且在该方法中调用被委托类的方法。一般情况下，调用处理器需要能够访问到被委托类，一般的做法是将被委托类实例作为其内部的成员。

例子中所获取的动态代理实例涉及 3 个类，具体如下：

（1）一个远程接口，使用前面介绍的模拟远程调用 Java 接口 MockDemoClient。

（2）一个真实目标类，使用前面介绍的 RealRpcDemoClientImpl 类，该类负责完成真正的 RPC 调用，作为动态代理的被委托类。

（3）一个 InvocationHandler 的实现类，本小节将实现 DemoClientInocationHandler 调用处理器类，该类通过调用内部成员被委托类的对应方法完成 RPC 调用。

模拟远程接口 MockDemoClient 的 RPC 动态代理模式实现，类之间的关系如图 3-5 所示。

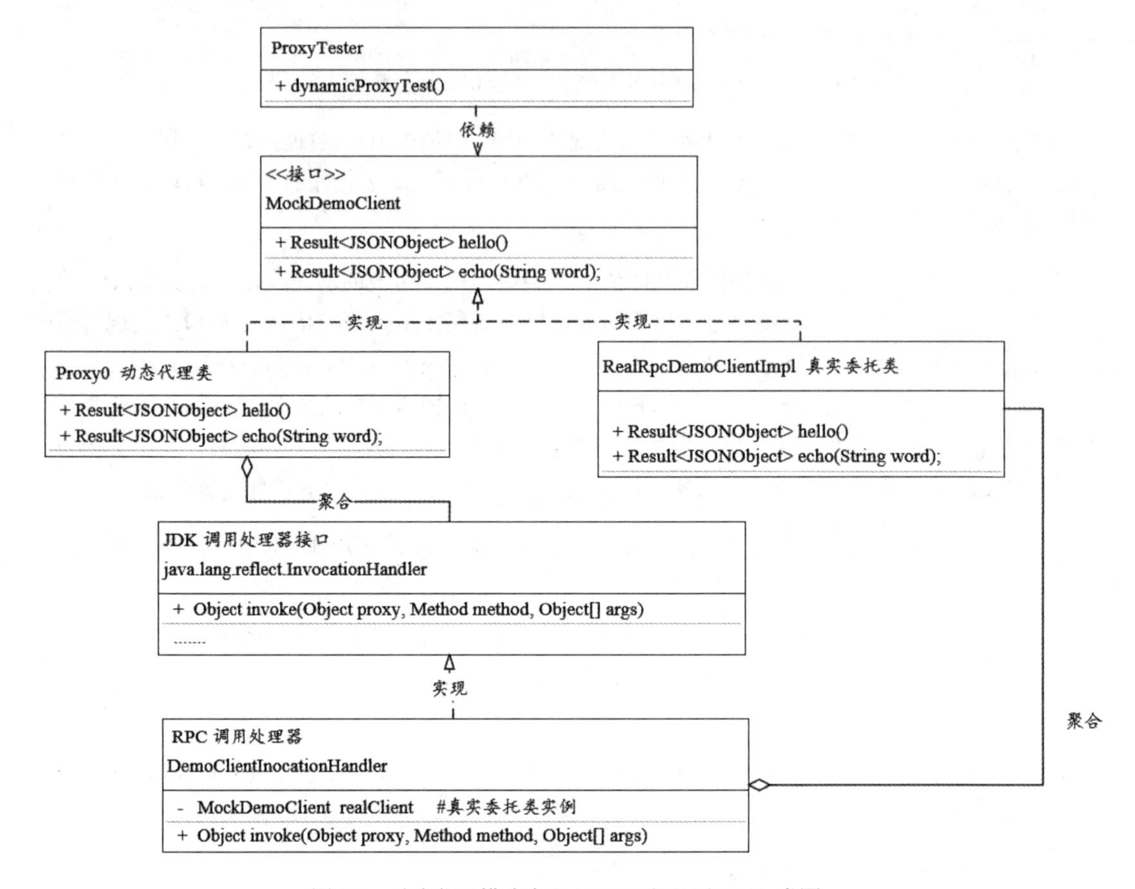

图 3-5　动态代理模式实现 RPC 远程调用 UML 类图

通过动态代理模式实现模拟远程接口 MockDemoClient 的 RPC 调用，关键的类为调用处理器，调用处理器 DemoClientInocationHandler 的代码如下：

```
package com.crazymaker.demo.proxy.basic;

//省略 import

/**
 *动态代理的调用处理器
 */
@Slf4j
public class DemoClientInocationHandler implements InvocationHandler
{
    /**
     *被代理的被委托类实例
     */
    private MockDemoClient realClient;

    public DemoClientInocationHandler(MockDemoClient realClient)
    {
```

```
            this.realClient = realClient;
        }

        public Object invoke(Object proxy, Method method, Object[] args) throws
Throwable
        {

            String name = method.getName();
            log.info("{} 方法被调用", method.getName());

            /**
             *直接调用被委托类的方法：调用其 hello 方法
             */
            if (name.equals("hello"))
            {
                return realClient.hello();
            }

            /**
             *通过 Java 反射调用被委托类的方法：调用其 echo 方法
             */
            if (name.equals("echo"))
            {
                return method.invoke(realClient, args);
            }

            /**
             *通过 Java 反射调用被委托类的方法
             */
            Object result = method.invoke(realClient, args);
            return result;
        }

    }
```

调用处理器 DemoClientInocationHandler 既实现了 InvocationHandler 接口，又拥有一个内部被委托类成员，负责完成实际的 RPC 请求。调用处理器有点儿像静态代理模式中的代理角色，但是在这里却不是，仅仅是 JDK 所生成的代理类的内部成员。

以上调用处理器 DemoClientInocationHandler 的代码（测试用例）如下：

```
    package com.crazymaker.demo.proxy.basic;

    //省略 import

    @Slf4j
    public class StaticProxyTester {
```

```
    /**
     *动态代理测试
     */
    @Test
    public void dynamicProxyTest() {
        DemoClient client = new DemoClientImpl();
        //参数 1：类装载器
        ClassLoader classLoader = StaticProxyTester.class.getClassLoader();
        //参数 2：被代理的实例类型
        Class[] clazz = new Class[]{DemoClient.class};
        //参数 3：调用处理器
        InvocationHandler invocationHandler =
                        new DemoClientInocationHandler(client);
        //获取动态代理实例
        DemoClient proxy = (DemoClient)
                Proxy.newProxyInstance(classLoader, clazz,
invocationHandler);
        //执行 RPC 远程调用方法
        Result<JSONObject> result1 = proxy.hello();
        log.info("result1={}", result1.toString());
        Result<JSONObject> result2 = proxy.echo("回显内容");
        log.info("result2={}", result2.toString());
    }

}
```

运行测试用例前需要提前启动 demo-provider 微服务实例，并且需要确保其两个 REST 接口 /api/demo/hello/v1、/api/demo/echo/{word}/v1 可以正常访问。

一切准备妥当，运行测试用例，输出的结果如下：

```
18:36:32.499 [main] INFO  c.c.d.p.b.DemoClientInocationHandler - hello 方法
被调用
18:36:32.621 [main] INFO  c.c.d.p.b.StaticProxyTester -
result1=Result{data={"hello":"world"}, status=200, msg='操作成功,
requesttime='null'}
18:36:32.622 [main] INFO  c.c.d.p.b.DemoClientInocationHandler - echo 方法被
调用
18:36:32.622 [main] INFO  c.c.d.p.b.StaticProxyTester -
result2=Result{data={"echo":"回显内容"}, status=200, msg='操作成功,
requesttime='null'}
```

3.1.5 JDK 动态代理机制的原理

动态代理的实质是通过 java.lang.reflect.Proxy 的 newProxyInstance(...)方法生成一个动态代理类的实例，该方法比较重要，下面对该方法进行详细介绍，其定义如下：

```
public static Object newProxyInstance(ClassLoader loader, //类加载器
```

```
                              Class<?>[] interfaces, //动态代理类需要实现的接口
                              InvocationHandler h)   //调用处理器

        throws IllegalArgumentException
    {
    ...
    }
```

此方法的三个参数介绍如下：

第一个参数为ClassLoader类加载器类型，此处的类加载器和被委托类的类加载器相同即可。

第二个参数为Class[]类型，代表动态代理类将会实现的抽象接口，此接口是被委托类所实现的接口。

第三个参数为InvocationHandler类型，它的调用处理器实例将作为JDK生成的动态代理对象的内部成员，在对动态代理对象进行方法调用时，该处理器的invoke(...)方法会被执行。

InvocationHandler处理器的invoke(...)方法如何实现由大家自己决定。对被委托类（真实目标类）的扩展或者定制逻辑一般都会定义在此InvocationHandler处理器的invoke(...)方法中。

JVM在调用Proxy.newProxyInstance(...)方法时会自动为动态代理对象生成一个内部的代理类，那么是否能看到该动态代理类的class字节码呢？

答案是肯定的，可以通过如下方式获取其字节码，并且保存到文件中：

```
        /**
         *获取动态代理类的class字节码
         */
        byte[] classFile = ProxyGenerator.generateProxyClass("Proxy0",

RealRpcDemoClientImpl.class.getInterfaces());
        /**
         *在当前的工程目录下保存文件
         */
        FileOutputStream fos =new FileOutputStream(new File("Proxy0.class"));
        fos.write(classFile);
        fos.flush();
        fos.close();
```

运行3.1.4节的dynamicProxyTest()测试用例，在demo-provider模块的根路径可以发现被新创建的Proxy0.class字节码文件。如果IDE有反编译的能力，就可以在IDE中打开该文件，然后可以看到其反编译的源码：

```
import com.crazymaker.demo.proxy.MockDemoClient;
import com.crazymaker.springcloud.common.result.RestOut;
import java.lang.reflect.InvocationHandler;
import java.lang.reflect.Method;
import java.lang.reflect.Proxy;
import java.lang.reflect.UndeclaredThrowableException;
public final class Proxy0 extends Proxy implements MockDemoClient {
   private static Method m1;
   private static Method m4;
   private static Method m3;
```

```
        private static Method m2;
        private static Method m0;

        public Proxy0(InvocationHandler var1) throws  {
            super(var1);
        }

        ...
        public final RestOut echo(String var1) throws  {
            try {
                return (RestOut)super.h.invoke(this, m4, new Object[]{var1});
            } catch (RuntimeException | Error var3) {
                throw var3;
            } catch (Throwable var4) {
                throw new UndeclaredThrowableException(var4);
            }
        }

        public final RestOut hello() throws  {
            try {
                return (RestOut)super.h.invoke(this, m3, (Object[])null);
            } catch (RuntimeException | Error var2) {
                throw var2;
            } catch (Throwable var3) {
                throw new UndeclaredThrowableException(var3);
            }
        }

        public final String toString() throws  {
            try {
                return (String)super.h.invoke(this, m2, (Object[])null);
            } catch (RuntimeException | Error var2) {
                throw var2;
            } catch (Throwable var3) {
                throw new UndeclaredThrowableException(var3);
            }
        }
        ...
        static {
            try {
                m1 = Class.forName("java.lang.Object").getMethod("equals",
Class.forName("java.lang.Object"));
                m4 = Class.forName("com.crazymaker.demo.proxy.MockDemoClient")
.getMethod("echo", Class.forName("java.lang.String"));
                m3 = Class.forName("com.crazymaker.demo.proxy.MockDemoClient")
.getMethod("hello");
                m2 = Class.forName("java.lang.Object").getMethod("toString");
                m0 = Class.forName("java.lang.Object").getMethod("hashCode");
            } catch (NoSuchMethodException var2) {
                throw new NoSuchMethodError(var2.getMessage());
            } catch (ClassNotFoundException var3) {
                throw new NoClassDefFoundError(var3.getMessage());
            }
        }
    }
```

通过代码可以看出，这个动态代理类其实只做了两件简单的事情：

（1）该动态代理类实现了接口类的抽象方法。动态代理类 Proxy0 实现了 MockDemoClient 接口的 echo(String)、hello()两个方法。此外，Proxy0 还继承了 java.lang.Object 的 equals()、hashCode()、toString()方法。

（2）该动态代理类将对自己的方法调用委托给了 InvocationHandler 调用处理器内部成员。以上代理类 Proxy0 的每一个方法实现的代码其实非常简单，并且逻辑大致一样：将方法自己的 Method 反射对象和调用参数进行二次委托，委托给内部成员 InvocationHandler 调用处理器的 invoke(...)方法。至于该内部 InvocationHandler 调用处理器的实例，则由大家自己编写，在通过 java.lang.reflect.Proxy 的 newProxyInstance(...)创建动态代理对象时作为第三个参数传入。

至此，JDK 动态代理机制的核心原理和动态代理类的神秘面纱已经彻底地揭开了。Feign 的 RPC 客户端正是通过 JDK 的动态代理机制来实现的，Feign 对 RPC 调用的各种增强处理主要是通过调用处理器 InvocationHandler 来实现的。

3.2 模拟 Feign RPC 动态代理的实现

由于 Feign 的组件依赖多，它的 InvocationHandler 调用处理器的内部实现比较复杂，为了便于大家理解，这里模拟 Feign 远程调用的动态代理模式设计一个参考实例，作为正式学习的铺垫。

模拟 Feign RPC 代理模式涉及的类如图 3-6 所示。

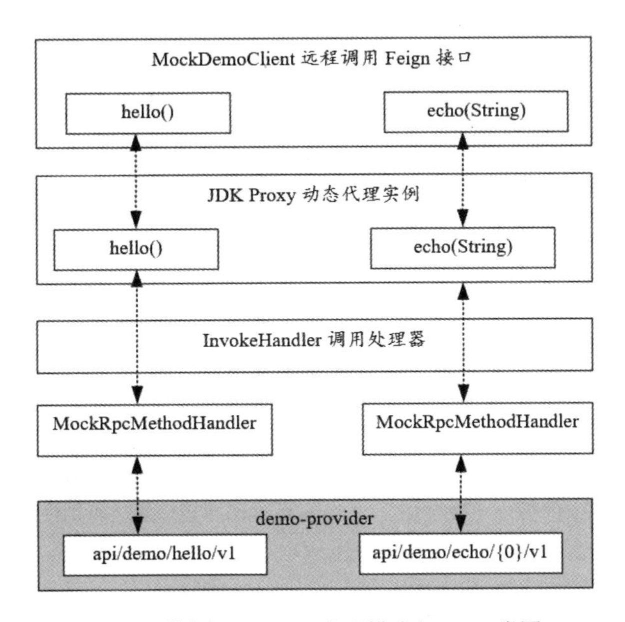

图 3-6 模拟 Feign RPC 代理模式之 UML 类图

3.2.1 模拟 Feign 的方法处理器 MethodHandler

由于每个 RPC 客户端类一般会包含多个远程调用方法，因此 Feign 为远程调用方法封装了一个专门的接口——MethodHandler（方法处理器），此接口很简单，仅仅包含一个 invoke(...)抽象方法。

这里，首先对 Feign 的方法处理器 MethodHandler 进行模拟，模拟的 RPC 方法处理器接口如下：

```
package com.crazymaker.demo.proxy.FeignMock;

/**
 *RPC 方法处理器
 */
interface RpcMethodHandler
{

    /**
     *功能：组装 URL，完成 REST RPC 远程调用，并且返回 JSON 结果
     *
     *@param argv RPC 方法的参数
     *@return REST 接口的响应结果
     *@throws Throwable 异常
     */
    Object invoke(Object[] argv) throws Throwable;
}
```

模拟的 RPC 方法处理器只有一个抽象方法 invoke(Object[])，该方法在进行 RPC 调用时需要完成 URL 的组装、执行 RPC 请求并且将响应封装成 Java POJO 实例，然后返回。

模拟方法处理器 RpcMethodHandler 接口的实现类如下：

```
package com.crazymaker.demo.proxy.FeignMock;
//省略 import

@Slf4j
public class MockRpcMethodHandler implements RpcMethodHandler
{

    /**
     *REST URL 的前面部分一般来自于 Feign 远程调用接口的类级别注解
     *如 "http://crazydemo.com:7700/demo-provider/";
     */
    final String contextPath;

    /**
     *REST URL 的前面部分来自于远程调用 Feign 接口的方法级别的注解
     *如 "api/demo/hello/v1";
```

```
     */
    final String url;

    public MockRpcMethodHandler(String contextPath, String url)
    {
        this.contextPath = contextPath;
        this.url = url;
    }

    /**
     *功能：组装URL，完成REST RPC远程调用，并且返回JSON结果
     *
     *@param argv RPC方法的参数
     *@return REST接口的响应结果
     *@throws Throwable异常
     */
    @Override
    public Object invoke(Object[] argv) throws Throwable
    {
        /**
         *组装REST接口URL
         */
        String restUrl = contextPath + MessageFormat.format(url, argv);
        log.info("restUrl={}", restUrl);

        /**
         *通过HttpClient组件调用REST接口
         */
        String responseData = HttpRequestUtil.simpleGet(restUrl);

        /**
         *解析REST接口的响应结果，解析成JSON对象并且返回
         */
        RestOut<JSONObject> result = JsonUtil.jsonToPojo(responseData,
new TypeReference<RestOut<JSONObject>>() {});

        return result;

    }

}
```

在模拟方法处理器实现类MockRpcMethodHandler的invoke(Object[])完成了以下3个工作：

（1）组装URL，将来自RPC的请求上下文路径（一般来自RPC客户端类级别注解）和远程调用的方法级别的URI路径拼接在一起，组成完整的URL路径。

（2）通过HttpClient组件（也可以是其他组件）发起HTTP请求，调用服务端的REST接口。

（3）解析 REST 接口的响应结果，解析成 POJO 对象（这里是 JSON 对象）并且返回。

3.2.2 模拟 Feign 的调用处理器 InvocationHandler

调用处理器 FeignInvocationHandler 是一个相对简单的类，拥有一个非常重要的 Map 类型的成员 dispatch，保存着 RPC 方法反射实例到其 MethodHandler 方法处理器的映射。

这里设计了一个模拟调用处理器 MockInvocationHandler，用于模拟 FeignInvocationHandler 调用处理器，模拟调用处理器同样拥有一个 Map 类型的成员 dispatch，负责保存 RPC 方法反射实例到模拟方法处理器 MockRpcMethodHandler 之间的映射。一个运行时 MockInvocationHandler 模拟调用处理器实例的 dispatch 成员的内存结构图如图 3-7 所示。

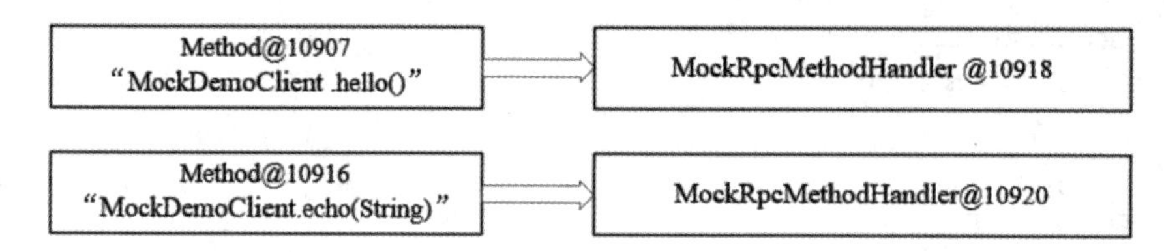

图 3-7 一个运行时 MockInvocationHandler 的 dispatch 成员的内存结构

MockInvocationHandler 通过 Java 反射扫描模拟 RPC 远程调用接口 MockDemoClient 中的每一个方法的反射注解，组装出一个对应的 Map 映射实例，它的 key 值为 RPC 方法的反射实例，value 值为 MockRpcMethodHandler 方法的处理器实例。

MockInvocationHandler 的源代码如下：

```
package com.crazymaker.demo.proxy.FeignMock;

//省略 import

class MockInvocationHandler  implements  InvocationHandler
{

    /**
     *远程调用的分发映射：根据方法名称分发方法处理器
     *key：远程调用接口的方法反射实例
     *value：模拟的方法处理器实例
     */
    private Map<Method, RpcMethodHandler> dispatch;

    /**
     *功能：代理对象的创建
     *@param clazz 被代理的接口类型
     *@return 代理对象
     */
```

```
public static <T> T newInstance(Class<T> clazz)
{
    /**
     *从远程调用接口的类级别注解中获取REST地址的contextPath部分
     */
    Annotation controllerAnno =
                  clazz.getAnnotation (RestController.class);
    if (controllerAnno == null)
    {
        return null;
    }
    String contextPath = ((RestController) controllerAnno).value();

    //创建一个调用处理器实例
    MockInvocationHandler invokeHandler = new MockInvocationHandler();
    invokeHandler.dispatch = new LinkedHashMap<>();

    /**
     *通过反射迭代远程调用接口的每一个方法，组装MockRpcMethodHandler处理器
     */
    for (Method method : clazz.getMethods())
    {
        Annotation methodAnnotation =
                      method.getAnnotation (GetMapping.class);
        if (methodAnnotation == null)
        {
            continue;
        }

        /**
         *从远程调用接口的方法级别注解中获取REST地址的URI部分
         */
        String uri = ((GetMapping)methodAnnotation).name();
        /**
         *组装MockRpcMethodHandler模拟方法处理器
         *注入REST地址的contextPath部分和URI部分
         */
         MockRpcMethodHandler handler =
                   new MockRpcMethodHandler (contextPath, uri);

        /**
         *重点：将模拟方法处理器handler实例缓存到dispatch映射中
         *key为方法反射实例，value为方法处理器
         */
        invokeHandler.dispatch.put(method, handler);
    }
```

```
        //创建代理对象
        T proxy = (T) Proxy.newProxyInstance(clazz.getClassLoader(),
                              new Class<?>[]{clazz}, invokeHandler);
        return proxy;
    }

    /**
     *功能：动态代理实例的方法调用
     *@param proxy  动态代理实例
     *@param method  待调用的方法
     *@param args  方法实参
     *@return   返回值
     *@throws Throwable  抛出的异常
     */
    @Override
    public Object invoke(Object proxy,
           Method method, Object[] args) throws Throwable
    {

        if ("equals".equals(method.getName()))
        {
            Object other = args.length > 0 && args[0] != null ? args[0] : null;
            return equals(other);
        } else if ("hashCode".equals(method.getName()))
        {
            return hashCode();
        } else if ("toString".equals(method.getName()))
        {
            return toString();
        }

        /**
         *从dispatch映射中根据方法反射实例获取方法处理器
         */
        RpcMethodHandler rpcMethodHandler = dispatch.get(method);

        /**
         *方法处理器组装URL，完成REST RPC远程调用，并且返回JSON结果
         */
        return rpcMethodHandler.invoke(args);
    }
}
```

3.2.3　模拟 Feign 的动态代理 RPC 的执行流程

模拟调用处理器 MockInvocationHandler 的 newInstance(...)方法创建一个调用处理器实例，该方法与 JDK 的动态代理机制的 newInstance(...)方法没有任何关系，仅仅是一个模拟 Feign 的自定义的业务方法，该方法的逻辑如下：

（1）从 RPC 远程调用接口的类级别注解中获取请求 URL 地址的 contextPath 上下文根路径部分，如实例中的 http://crazydemo.com:7700/demo-provider/。

（2）通过迭代扫描 RPC 接口的每一个方法，组装出对应的 MockRpcMethodHandler 模拟方法处理器，并且缓存到 dispatch 映射中。

模拟方法处理器 MockRpcMethodHandler 实例的创建和映射过程如下：

（1）从对应的 RPC 远程调用方法的注解中取得 URL 地址的 URI 部分，如 hello()方法的注解中的 URI 地址为 api/demo/hello/v1。

（2）新建 MockRpcMethodHandler 模拟方法处理器，注入 URL 地址的 contextPath 上下文根路径部分和 URI 部分。

（3）将新建的方法处理器实例作为 value 缓存到调用处理器 MockInvocationHandler 的 dispatch 映射中，其 key 为对应的 RPC 远程调用方法的 Method 反射实例。

然后，由模拟 Feign 调用处理器 MockInvocationHandler 的 invoke(...)方法负责完成方法处理器实例的调用，该 invoke(...)方法是 JDK 的 InvocationHandler 的 invoke(...)抽象方法的具体实现。

当动态代理实例的 RPC 方法（如 hello）被调用时，MockInvocationHandler 的 invoke(...)方法会根据 RPC 方法的反射实例从 dispatch 映射中取出对应的 MockRpcMethodHandler 方法处理器实例，由该方法的处理器完成对远程服务的 RPC 调用。

模拟 Feign 动态代理 RPC 调用（以 hello 方法为例）的执行流程如图 3-8 所示。

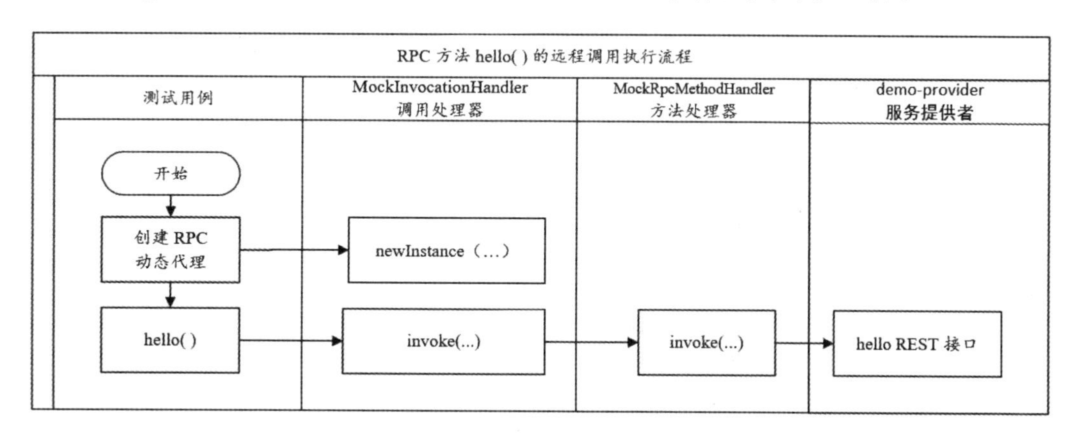

图 3-8　模拟 Feign 动态代理的 RPC 执行流程（以 hello 方法为例）

3.2.4　模拟动态代理 RPC 远程调用的测试

以下为对模拟 Feign 动态代理 RPC 的调用处理器、方法处理器的测试用例，代码如下：

```
package com.crazymaker.demo.proxy.FeignMock;
//省略 import
@Slf4j
public class FeignProxyMockTester
{
    /***测试用例*/
    @Test
    public void test()
    {

        /**
         *创建远程调用接口的本地 JDK Proxy 代理实例
         */
        MockDemoClient proxy =
              MockInvocationHandler.newInstance(MockDemoClient.class);

        /**
         *通过模拟接口完成远程调用
         */
        RestOut<JSONObject> responseData = proxy.hello();
        log.info(responseData.toString());

        /**
         *通过模拟接口完成远程调用
         */
        RestOut<JSONObject> echo = proxy.echo("proxyTest" );
        log.info(echo.toString());

    }
}
```

运行测试用例前，需要提前启动 demo-provider 微服务实例，并且确保它的两个 REST 接口 /api/demo/hello/v1 和/api/demo/echo/{word}/v1 可以正常访问。一切准备妥当，运行测试用例，输出的结果如下：

```
    [main] INFO  c.c.d.p.F.MockInvocationHandler - 远程方法 hello 被调用
    [main] INFO  c.c.d.p.F.MockRpcMethodHandler -
restUrl=http://crazydemo.com:7700/demo-provider/api/demo/hello/v1
    [main] INFO  c.c.d.p.F.FeignProxyMockTester -
RestOut{datas={"hello":"world"}, respCode=0, respMsg='操作成功}
    [main] INFO  c.c.d.p.F.MockInvocationHandler - 远程方法 echo 被调用
    [main] INFO  c.c.d.p.F.MockRpcMethodHandler -
restUrl=http://crazydemo.com:7700/demo-provider/api/demo/echo/proxyTest/v1
    [main] INFO  c.c.d.p.F.FeignProxyMockTester -
RestOut{datas={"echo":"proxyTest"}, respCode=0, respMsg='操作成功}
```

本小节模拟的调用处理器、方法处理器在架构设计、执行流程上与实际的 Feign 已经非常类似了。但是，实际的 Feign 调用处理器、方法处理器在 RPC 远程调用的保护机制、编码解码流程等方面比模拟的组件要复杂得多。

3.2.5 Feign 弹性 RPC 客户端实现类

首先，Feign 的 RPC 客户端实现类是一种 JDK 动态代理类，能完成对简单 RPC 类（类似本章前面介绍的 RealRpcDemoClientImpl）的动态代理；其次，Feign 通过调用处理器、方法处理器完成了对 RPC 被委托类的增强，其调用处理器 InvocationHandler 通过对第三方组件如 Ribbon、Hystrix 的使用，使 Feign 动态代理 RPC 客户端类具备了客户端负载均衡、失败回退、熔断器、舱壁隔离等一系列的 RPC 保护能力。

总体来说，Feign 通过调用处理器 InvocationHandler 增强了其动态代理类，使之变成了一个弹性 RPC 客户端实现类。Feign 弹性 RPC 客户端实现类的功能如图 3-9 所示。

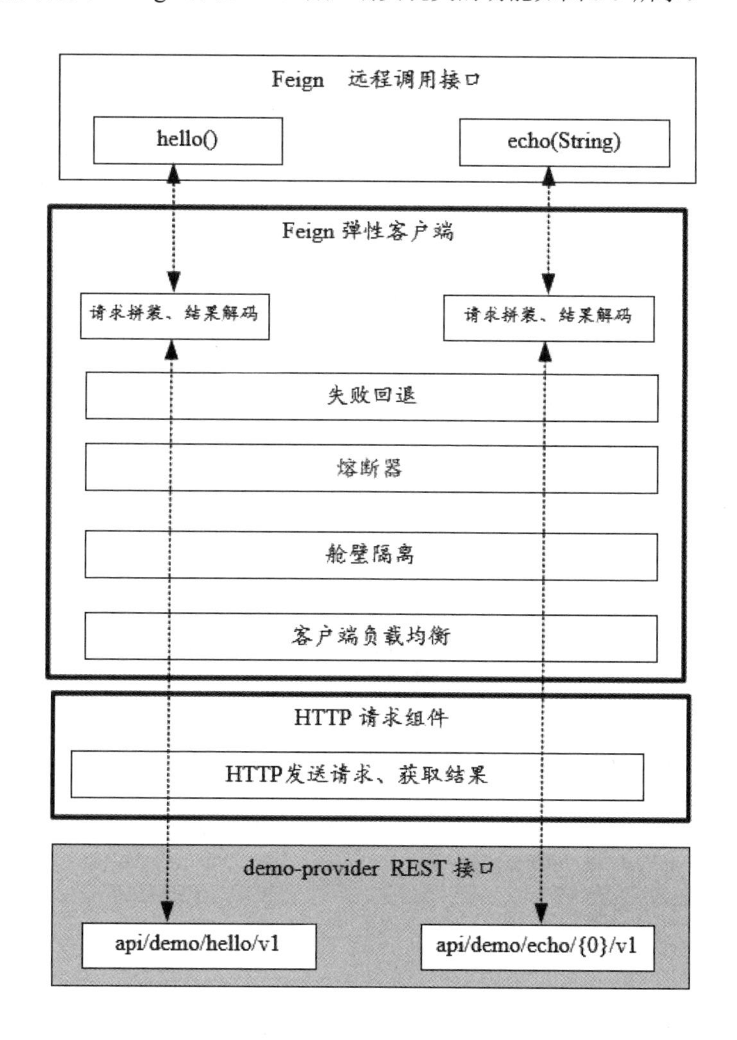

图 3-9 Feign 弹性 RPC 客户端实现类

Feign 弹性 RPC 客户端实现类的功能介绍如下：

（1）失败回退：当 RPC 远程调用失败时将执行回退代码，尝试通过其他方式来规避处理，而不是产生一个异常。

（2）熔断器熔断：当 RPC 远程服务被调用时，熔断器将监视这个调用。如果调用的时间太长，那么熔断器将介入并中断调用。如果 RPC 调用失败的次数达到某个阈值，那么将会采取快速失败策略终止持续的调用失败。

（3）舱壁隔离：如果所有 RPC 调用都使用同一个线程池，那么很有可能一个缓慢的远程服务将拖垮整个应用程序。弹性客户端应该能够隔离每个远程资源，并分配各自的舱壁线程池，使之相互隔离，互不影响。

（4）客户端负载均衡：RPC 客户端可以在服务提供者的多个实例之间实现多种方式的负载均衡，比如轮询、随机、权重等。

弹性 RPC 客户端除了是对 RPC 调用的本地保护之外，也是对远程服务的一种保护。当远程服务发生错误或者表现不佳时，弹性 RPC 客户端能“快速失败”，不消耗诸如数据库连接、线程池之类的资源，能保护远程服务（微服务 Provider 实例或者数据库服务等）免于崩溃。

总之，弹性 RPC 客户端可以避免某个 Provider 实例的单点问题或者单点故障，在整个微服务节点之间传播，从而避免“雪崩”效应的发生。

3.3 Feign 弹性 RPC 客户端的重要组件

在微服务启动时，Feign 会进行包扫描，对加@FeignClient 注解的 RPC 接口创建远程接口的本地 JDK 动态代理实例。之后这些本地 Proxy 动态代理实例会注入 Spring IOC 容器中。当远程接口的方法被调用时，由 Proxy 动态代理实例负责完成真正的远程访问并返回结果。

3.3.1 演示用例说明

为了演示 Feign 的远程调用动态代理类，接下来的演示用例，将从 uaa-provider 服务实例向 demo-provider 服务实例发起 RPC 远程调用，调用流程如图 3-10 所示。

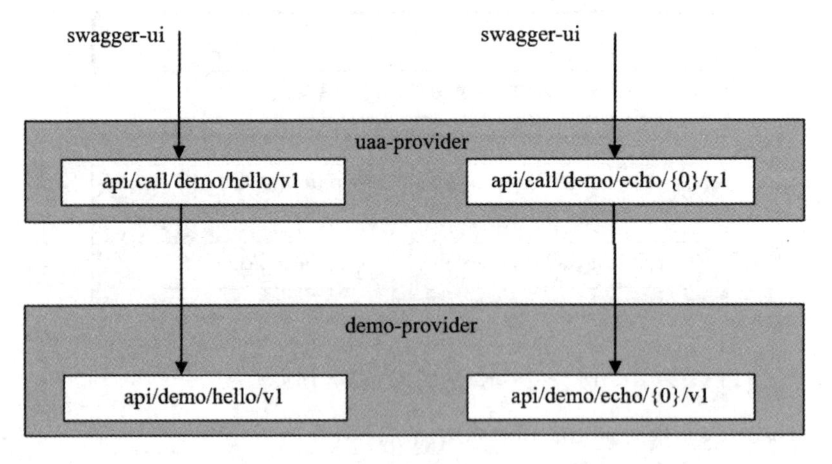

图 3-10 从 uaa-provider 实例向 demo-provider 实例发起远程调用

uaa-provider 服务中的 DemoRPCController 类的代码如下：

```
package com.crazymaker.springcloud.user.info.controller;
//省略 import
@RestController
@RequestMapping("/api/call/demo/")
@Api(tags = "演示 demo-provider 远程调用")
public class DemoRPCController
{
    //注入 @FeignClient 注解所配置的 demo-provider 远程客户端动态代理实例
    @Resource
    DemoClient demoClient;

    @GetMapping("/hello/v1")
    @ApiOperation(value = "hello 远程调用")
    public RestOut<JSONObject> remoteHello()
    {
        /**
         *调用 demo-provider 的 REST 接口 api/demo/hello/v1
         */
        RestOut<JSONObject> result = demoClient.hello();
        JSONObject data = new JSONObject();
        data.put("demo-data", result);
        return RestOut.success(data).setRespMsg("操作成功");
    }


    @GetMapping("/echo/{word}/v1")
    @ApiOperation(value = "echo 远程调用")
    public RestOut<JSONObject> remoteEcho(
            @PathVariable(value = "word") String word)
    {
        /**
         *调用 demo-provider 的 REST 接口 api/demo/echo/{0}/v1
         */
        RestOut<JSONObject> result = demoClient.echo(word);
        JSONObject data = new JSONObject();
        data.put("demo-data", result);
        return RestOut.success(data).setRespMsg("操作成功");
    }
}
```

启动 uaa-provider 服务后，访问其 swagger-ui 接口，可以看到新增两个 demo-provider 实例进

行 RPC 调用的 REST 接口，如图 3-11 所示。

图 3-11 uaa-provider 新增的对 demo-provider 实例进行 RPC 调用的两个接口

本章后面的 Feign 动态代理 RPC 客户端类的知识都是基于此演示用例来进行介绍的，特殊情况下还需要在 uaa-provider 的方法执行时进行单步调试，以查看 Feign 在执行过程中的相关变量和属性的值。当然，在演示 uaa-provider 之前需要启动 demo-provider 服务。

基于以上演示用例，下面开始梳理 Feign 中涉及 RPC 远程调用的几个重要组件。

3.3.2 Feign 的动态代理 RPC 客户端实例

由于 uaa-provider 服务需要对 demo-provider 服务进行 Feign RPC 调用，因此 uaa-provider 需要依赖 DemoClient 远程调用接口，该接口的代码大家都非常熟悉了，如下所示：

```
package com.crazymaker.springcloud.demo.contract.client;
//省略 import

@FeignClient(
        value = "seckill-provider", path = "/api/demo/",
        fallback = DemoDefaultFallback.class)
public interface DemoClient
{
    /**
     *远程调用接口的方法
     *调用 demo-provider 的 REST 接口 api/demo/hello/v1
     *REST 接口功能：返回 hello world
     *@return JSON 响应实例
     */
    @GetMapping("/hello/v1")
```

```
    RestOut<JSONObject> hello();

    /**
     *远程调用接口的方法
     *调用 demo-provider 的 REST 接口 api/demo/echo/{0}/v1
     *REST 接口功能：回显输入的信息
     *@return echo 回显消息 JSON 响应实例
     */
    @RequestMapping(value = "/echo/{word}/v1",
            method = RequestMethod.GET)
    RestOut<JSONObject> echo(
            @PathVariable(value = "word") String word);

}
```

注意，DemoClient 远程调用接口加有 @FeignClient 注解，Feign 在启动时会为带有 @FeignClient 注解的接口创建一个动态代理 RPC 客户端实例，并注册到 Spring IOC 容器，如图 3-12 所示。

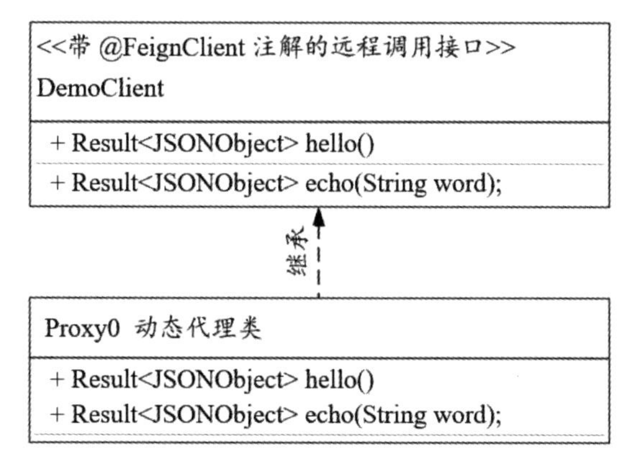

图 3-12 远程调用接口 DemoClient 的动态代理 RPC 客户端实例

DemoClient 的本地 JDK 动态代理实例的创建过程比较复杂，稍后将作为重点介绍。先来看另外两个重要的 Feign 逻辑组件——调用处理器和方法处理器。

3.3.3 Feign 的调用处理器 InvocationHandler

大家知道，通过 JDK Proxy 生成动态代理类的核心步骤就是定制一个调用处理器。调用处理器实现类需要实现 JDK 中位于 java.lang.reflect 包中的 InvocationHandler 调用处理器接口，并且实现该接口的 invoke(...)抽象方法。

Feign 提供了一个默认的调用处理器，名为 FeignInvocationHandler 类，该类完成基本的调用处理逻辑，处于 feign-core 核心 JAR 包中。当然，Feign 的调用处理器可以进行替换，如果 Feign 是与 Hystrix 结合使用的，就会被替换成 HystrixInvocationHandler 调用处理器类，而该类处于 feign-hystrix 的 JAR 包中。

以上两个 Feign 调用处理器都实现了 JDK 的 InvocationHandler 接口，如图 3-13 所示。

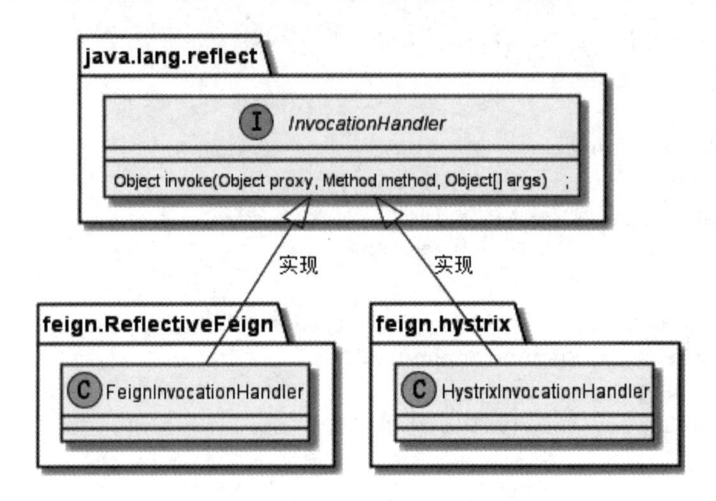

图 3-13　两个 Feign 的 InvocationHandler 调用处理器示意图

默认的调用处理器 FeignInvocationHandler 是一个相对简单的类，有一个非常重要的 Map 类型成员 dispatch 映射，保存着 RPC 方法反射实例到 Feign 的方法处理器 MethodHandler 实例的映射。

在演示示例中，DemoClient 接口的 JDK 动态代理实现类的调用处理器 FeignInvocationHandler 的某个实例的 dispatch 成员的内存结构图如图 3-14 所示。

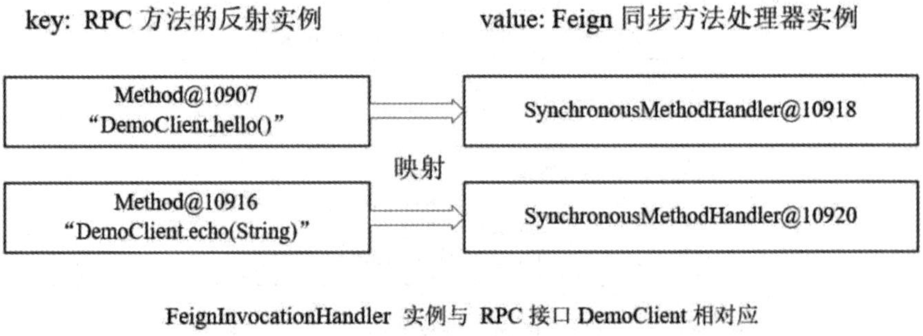

key: RPC 方法的反射实例　　value: Feign 同步方法处理器实例

Method@10907 "DemoClient.hello()" → SynchronousMethodHandler@10918

映射

Method@10916 "DemoClient.echo(String)" → SynchronousMethodHandler@10920

FeignInvocationHandler 实例与 RPC 接口 DemoClient 相对应

图 3-14　一个运行时 FeignInvocationHandler 调用处理器实例的 dispatch 成员的内存结构图

DemoClient 的动态代理实例的调用处理器 FeignInvocationHandler 的 dispatch 成员映射中有两个键-值对（Key-Value Pair）：一个键-值对缓存的是 hello 方法的方法处理器实例；另一个键-值对缓存的是 echo 方法的方法处理器实例。

在处理远程方法调用时，调用处理器 FeignInvocationHandler 会根据被调远程方法的 Java 反射实例在 dispatch 映射中找到对应的 MethodHandler 方法处理器，然后交给 MethodHandler 去完成实际的 HTTP 请求和结果的处理。

Feign 的调用处理器 FeignInvocationHandler 的关键源码节选如下：

```
package feign;
//省略 import

public class ReflectiveFeign extends Feign {
```

```
    ...

    //内部类：默认的 Feign 调用处理器 FeignInvocationHandler
    static class FeignInvocationHandler implements InvocationHandler {

      private final Target target;
  //RPC 方法反射实例和方法处理器的映射
      private final Map<Method, MethodHandler> dispatch;

      //构造函数
      FeignInvocationHandler(Target target, Map<Method, MethodHandler>
dispatch) {
        this.target = checkNotNull(target, "target");
        this.dispatch = checkNotNull(dispatch, "dispatch for %s", target);
  }

      //默认 Feign 调用的处理
      @Override
     public Object invoke(Object proxy, Method method, Object[] args) throws
Throwable {
          ...
         //首先，根据方法反射实例从 dispatch 中取得 MethodHandler 方法处理器实例
         //然后，调用方法处理器的 invoke(...) 方法
           return dispatch.get(method).invoke(args);
      }
      ...
    }
```

以上源码很简单，重点在于 invoke(...)方法，虽然核心代码只有一行，但有两个功能：

（1）根据被调 RPC 方法的 Java 反射实例在 dispatch 映射中找到对应的 MethodHandler 方法处理器。

（2）调用 MethodHandler 方法处理器的 invoke(...)方法完成实际的 RPC 远程调用，包括 HTTP 请求的发送和响应的解码。

3.3.4 Feign 的方法处理器 MethodHandler

Feign 的方法处理器 MethodHandler 接口和 JDK 动态代理机制中的 InvocationHandler 调用处理器接口没有任何的继承和实现关系。

Feign 的 MethodHandler 接口是 Feign 自定义接口，是一个非常简单的接口，只有一个 invoke(...)方法，并且定义在 InvocationHandlerFactory 工厂接口的内部，MethodHandler 接口源码如下：

```
//定义在 InvocationHandlerFactory 接口中
public interface InvocationHandlerFactory {
  ...
```

```
  //方法处理器接口，仅仅拥有一个 invoke(...)方法
   interface MethodHandler {
     //完成远程 URL 请求
     Object invoke(Object[] argv) throws Throwable;
   }
  ...
  }
```

MethodHandler 的 invoke(...)方法的主要目标是完成实际远程 URL 请求，然后返回解码后的远程 URL 的响应结果。Feign 内置提供了 SynchronousMethodHandler 和 DefaultMethodHandler 两种方法处理器的实现类，如图 3-15 所示。

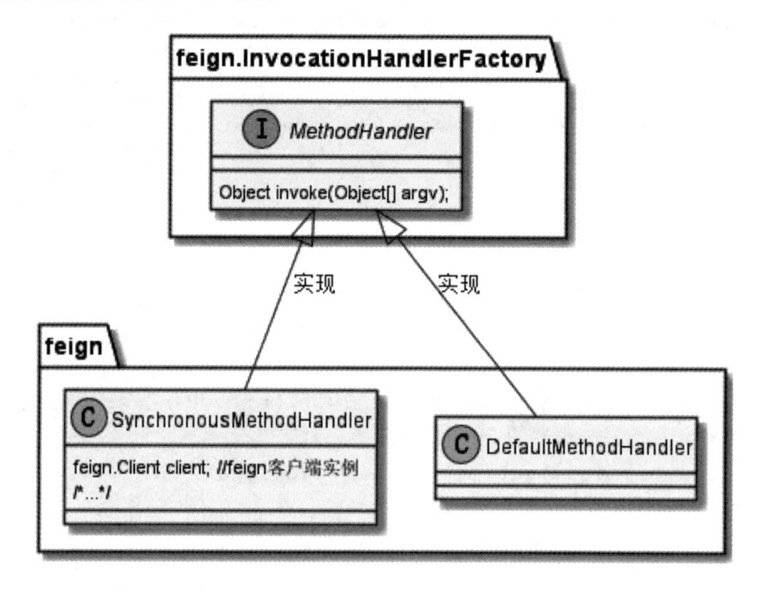

图 3-15 Feign 的 MethodHandler 方法处理器及其实现类

内置的 SynchronousMethodHandler 同步方法处理实现类是 Feign 的一个重要类，提供了基本的远程 URL 的同步请求响应处理。SynchronousMethodHandler 方法处理器的源码如下：

```
package feign;
//省略 import
final class SynchronousMethodHandler implements MethodHandler {
    ...
    private static final long MAX_RESPONSE_BUFFER_SIZE = 8192L;
    private final MethodMetadata metadata;  //RPC 远程调用方法的元数据
    private final Target<?> target; //RPC 远程调用 Java 接口的元数据
    private final Client client;    //Feign 客户端实例：执行 REST 请求和处理响应
    private final Retryer retryer;
    private final List<RequestInterceptor> requestInterceptors;  //请求拦截器
    ...
    private final Decoder decoder;  //结果解码器
    private final ErrorDecoder errorDecoder;
    private final boolean decode404;  //是否反编码 404
```

```
        private final boolean closeAfterDecode;

        //执行Handler的处理
        public Object invoke(Object[] argv) throws Throwable {
            RequestTemplate requestTemplate = this.buildTemplateFromArgs
.create(argv);
            ...
            while(true) {
                try {
                    return this.executeAndDecode(requestTemplate);  //执行REST请求
和处理响应
                } catch (RetryableException var5) {
                    ...
                }
            }
        }

        //执行RPC远程调用，然后解码结果
        Object executeAndDecode(RequestTemplate template) throws Throwable {
            Request request = this.targetRequest(template);
            long start = System.nanoTime();
            Response response;
            try {
                response = this.client.execute(request, this.options);
                response.toBuilder().request(request).build();
            }
        }
    }
```

SynchronousMethodHandler 的 invoke(...)方法首先生成请求模板 requestTemplate 实例，然后调用内部成员方法 executeAndDecode()执行 RPC 远程调用。

SynchronousMethodHandler 的成员方法 executeAndDecode()执行流程如下：

（1）通过请求模板 requestTemplate 实例生成目标 request 请求实例，主要完成请求的 URL、请求参数、请求头等内容的封装。

（2）通过 client（Feign 客户端）成员发起真正的 RPC 远程调用。

（3）获取 response 响应，并进行结果解码。

SynchronousMethodHandler 的主要成员如下：

（1）Target<?> target：RPC 远程调用 Java 接口的元数据，保存了 RPC 接口的类名称、服务名称等信息，换句话说，远程调用 Java 接口的@FeignClient 注解中配置的主要属性值都保存在 target 实例中。

（2）MethodMetadata metadata：RPC 方法的元数据，该元数据首先保存了 RPC 方法的配置键，格式为"接口名#方法名（形参表）"；其次保存了 RPC 方法的请求模板（包括 URL、请求方法等）；再次保存了 RPC 方法的 returnType 返回类型；另外还保存了 RPC 方法的一些其他的属性。

（3）Client client：Feign客户端实例是真正执行RPC请求和处理响应的组件，默认实现类为Client.Default，通过JDK的基础连接类HttpURLConnection发起HTTP请求。Feign客户端有多种实现类，比如封装了Apache HttpClient组件的feign.httpclient.HttpClient客户端实现类，稍后详细介绍。

（4）List<RequestInterceptor> requestInterceptors：每个请求执行前加入拦截器的逻辑。

（5）Decoder decoder：HTTP响应的解码器。

同步方法处理器SynchronousMethodHandler的属性较多，这里不一一介绍了。其内部有一个Factory工厂类，负责其实例的创建。创建一个SynchronousMethodHandler实例的源码如下：

```
package feign;
...
//同步方法调用器
final class SynchronousMethodHandler implements MethodHandler {
    ...
   //同步方法调用器的创建工厂
    static class Factory {
        private final Client client;  //Feign 客户端：负责 RPC 请求和处理响应
        private final Retryer retryer;
        private final List<RequestInterceptor> requestInterceptors;  //请求拦
截器
        private final Logger logger;
        private final Level logLevel;
        private final boolean decode404;  //是否解码 404 错误响应
        private final boolean closeAfterDecode;

//省略 Factory 创建工厂的全参构造器

          //工厂的默认创建方法：创建一个方法调用器
        public MethodHandler create(Target<?> target, MethodMetadata md,
                feign.RequestTemplate.Factory buildTemplateFromArgs,
                Options options, Decoder decoder, ErrorDecoder errorDecoder) {
            //返回一个新的同步方法调用器
            return new SynchronousMethodHandler(target, this.client,
                    this.retryer, this.requestInterceptors,
                    this.logger, this.logLevel, md,
                    buildTemplateFromArgs, options, decoder,
                    errorDecoder, this.decode404, this.closeAfterDecode);
        }
    }
}
```

3.3.5 Feign的客户端组件

客户端组件是Feign中一个非常重要的组件，负责最终的HTTP（包括REST）请求的执行。它的核心逻辑：发送Request请求到服务器，在接收到Response响应后进行解码，并返回结果。

feign.Client 接口是代表客户端的顶层接口，只有一个抽象方法，源码如下：

```
package feign;

/**客户端接口
 *Submits HTTP {@link Request requests}.
*Implementations are expected to be thread-safe.
 */
public interface Client {
  //提交 HTTP 请求，并且接收 response 响应后进行解码
  Response execute(Request request, Options options) throws IOException;

}
```

不同的 feign.Client 客户端实现类其内部提交 HTTP 请求的技术是不同的。常用的 Feign 客户端实现类如下：

（1）Client.Default 类：默认的实现类，使用 JDK 的 HttpURLConnnection 类提交 HTTP 请求。

（2）ApacheHttpClient 类：该客户端类在内部使用 Apache HttpClient 开源组件提交 HTTP 请求。

（3）OkHttpClient 类：该客户端类在内部使用 OkHttp3 开源组件提交 HTTP 请求。

（4）LoadBalancerFeignClient 类：内部使用 Ribbon 负载均衡技术完成 HTTP 请求处理。

Feign 客户端组件的 UML 图如图 3-16 所示。

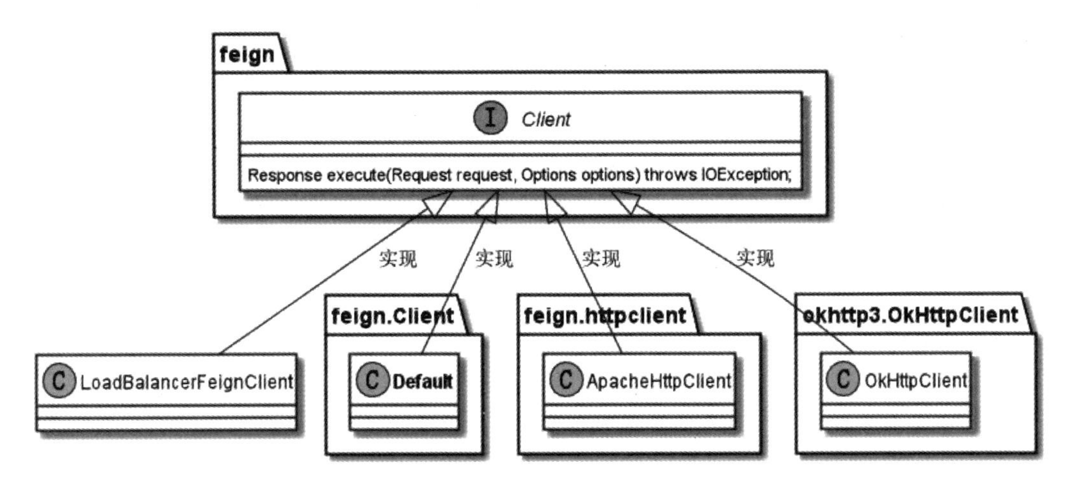

图 3-16　Feign 客户端组件的 UML 图

下面对以上 4 个常用的客户端实现类进行简要介绍。

1. Client.Default 默认实现类

作为默认的 Client 接口的实现类，Client.Default 内部使用 JDK 自带的 HttpURLConnnection 类提交 HTTP 请求。

Client.Default 默认实现类的方法如图 3-17 所示。

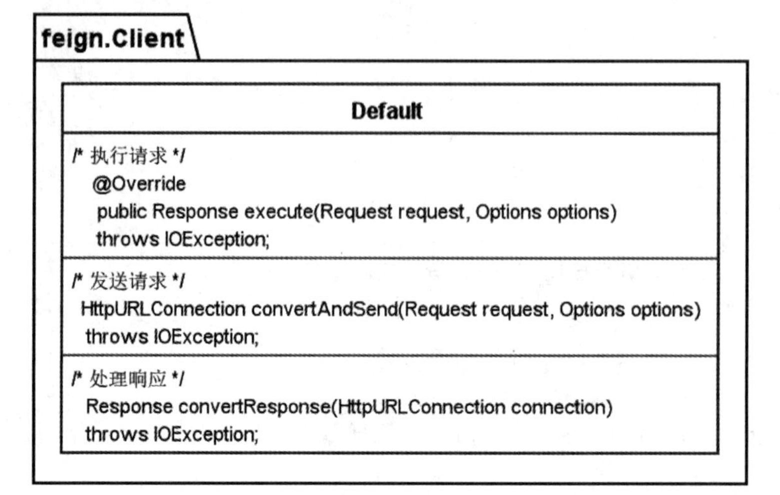

图 3-17 Client.Default 默认实现类的方法

在 JDK 1.8 中，虽然 HttpURLConnnection 底层使用了非常简单的 HTTP 连接池技术，但是其 HTTP 连接的复用能力实际上是非常弱的，所以其性能也比较低，不建议在生产环境中使用。

2. ApacheHttpClient 实现类

ApacheHttpClient 客户端类的内部使用 Apache HttpClient 开源组件提交 HTTP 请求。

和 JDK 自带的 HttpURLConnnection 连接类比，Apache HttpClient 更加易用和灵活，它不仅使客户端发送 HTTP 请求变得容易，而且方便开发人员测试接口，既可以提高开发的效率，又可以提高代码的健壮性。从性能的角度而言，ApacheHttpClient 带有连接池的功能，具备优秀的 HTTP 连接的复用能力。

客户端实现类 ApacheHttpClient 处于 feign-httpclient 独立 JAR 包中，如果使用，还需引入配套版本的 JAR 包依赖。疯狂创客圈的脚手架 crazy-springcloud 使用了 ApacheHttpClient 客户端，在各 Provider 微服务提供者模块中加入了 feign-httpclient 和 httpclient 两个组件的依赖坐标，具体如下：

```
    <dependency>
        <groupId>io.github.openfeign</groupId>
        <artifactId>feign-httpclient</artifactId>
        <version>${feign-httpclient.version}</version>
    </dependency>
    <!--https://mvnrepository.com/artifact/org.apache.httpcomponents/httpclie
nt -->
    <dependency>
        <groupId>org.apache.httpcomponents</groupId>
        <artifactId>httpclient</artifactId>
        <version>${httpclient.version}</version>
    </dependency>
```

另外，在配置文件中将配置项 feign.httpclient.enabled 的值设置为 true，表示需要启用 ApacheHttpClient。

3. OkHttpClient 实现类

OkHttpClient 客户端内部使用了开源组件 OkHttp3 提交 HTTP 请求。OkHttp3 组件是 Square 公司开发的，用于替代 HttpUrlConnection 和 ApacheHttpClient 的高性能 HTTP 组件。OkHttp3 较好地支持 SPDY 协议（SPDY 是 Google 开发的基于 TCP 的传输层协议，用以最小化网络延迟、提升网络速度、优化用户的网络使用体验），并且从 Android 4.4 开始，Google 已经开始将 Android 源码中的 JDK 连接类 HttpURLConnection 使用 OkHttp 进行了替换。

4. LoadBalancerFeignClient 负载均衡客户端实现类

该客户端类处于 Feign 核心 JAR 包中，在内部使用 Ribbon 开源组件实现多个 Provider 实例之间的负载均衡。它的内部有一个封装的 delegate 被委托客户端成员，该成员才是最终的 HTTP 请求提交者。Ribbon 负载均衡组件计算出合适的服务端 Provider 实例之后，由 delegate 被委托客户端完成到 Provider 服务端之间的 HTTP 请求。

LoadBalancerFeignClient 封装的 delegate 被委托客户端的类型可以是 Client.Default 默认客户端，也可以是 ApacheHttpClient 客户端类或 OkHttpClient 客户端类，或者其他的定制类。

LoadBalancerFeignClient 负载均衡客户端实现类的 UML 类图如图 3-18 所示。

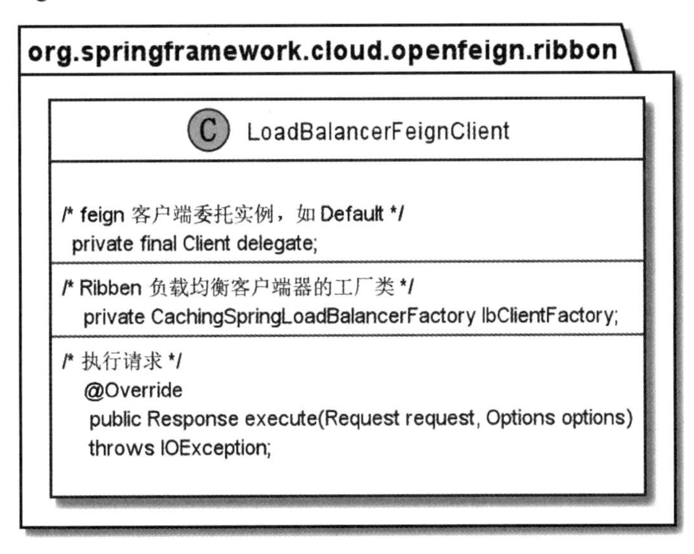

图 3-18　LoadBalancerFeignClient 负载均衡客户端实现类

除了以上 4 个 feign.Client 客户端实现类外，还可以定制自己的 feign.Client 实现类。

3.4　Feign 的 RPC 动态代理实例的创建流程

在介绍 Feign 远程代理实例的创建流程之前，先总结一下 Feign 整体执行流程。

3.4.1 Feign的整体运作流程

首先回顾一下 Feign 的整体运作流程。Feign 英文直译为假装/装作，也就是说 Feign 是一个伪客户端，即它不做任何的 HTTP 请求处理。在应用启动的初始化过程中，Feign 完成了以下两项工作：

（1）对于每一个 RPC 远程调用 Java 接口，Feign 根据@FeignClient 注解生成本地 JDK 动态代理实例。

（2）对于 Java 接口中的每一个 RPC 远程调用方法，Feign 首先根据 Spring MVC（如@GetMapping）类型注解生成方法处理器实例，该实例内部包含一个请求模板 RequestTemplate 实例。

在远程调用 REST 请求执行的过程中，Feign 完成了以下两项工作：

（1）Feign 使用远程方法调用的实际参数替换掉 RequestTemplate 模板实例中的参数，生成最终的 HTTP 请求。

（2）将 HTTP 请求通过 feign.Client 客户端实例发送到 Provider 服务端。

总之，Feign 根据注解生成动态代理 RPC 客户端实例和 HTTP Request 请求，大大简化了 HTTP 远程 API 的调用。

使用 Feign 进行开发，开发人员既可以使用注解的方式定制本地 JDK 动态代理实例，又可以通过注解的方式调整 Request 请求模板，结合起来，使得整个远程 RPC 调用的工作变得非常轻松和容易。

总体来说，Feign 整体运行流程大致如下：

（1）通过应用启动类上的@EnableFeignClients 注解开启 Feign 的装配和远程代理实例创建。

在@EnableFeignClients 注解源码中可以看到导入了 FeignClientsRegistrar 类，该类用于扫描@FeignClient 注解过的 RPC 接口。

（2）通过对@FeignClient 注解 RPC 接口扫描创建远程调用的动态代理实例。

FeignClientsRegistrar 类会进行包扫描，扫描所有包下@FeignClient 注解过的接口，创建 RPC 接口的 FactoryBean 工厂类实例，并将这些 FactoryBean 注入 Spring IOC 容器中。

如果应用某些地方需要注入 RPC 接口的实例（比如被@Resource 引用），Spring 就会通过注册的 FactoryBean 工厂类实例的 getObject()方法获取 RPC 接口的动态代理实例。

在创建 RPC 接口的动态代理实例时，Feign 会为每一个 RPC 接口创建一个调用处理器，也会为接口的每一个 RPC 方法创建一个方法处理器，并且将方法处理器缓存在调用处理器的 dispatch 映射成员中。

在创建动态代理实例时，Feign 也会通过 RPC 方法的注解为每一个 RPC 方法生成一个 RequesTemplate 请求模板实例，RequestTemplate 中包含请求的所有信息，如请求 URL、请求类型（如 GET）、请求参数等。

（3）发生 RPC 调用时，通过动态代理实例类完成远程 Provider 的 HTTP 调用。

当动态代理实例类的方法被调用时，Feign 会根据 RPC 方法的反射实例从调用处理器的

dispatch 成员中取得方法处理器，然后由 MethodHandler 方法处理器开始 HTTP 请求处理。

MethodHandler 会结合实际的调用参数，通过 RequesTemplate 模板实例生成 Request 请求实例。最后，将 Request 请求实例交给 feign.Client 客户端实例进一步完成 HTTP 请求处理。

（4）在完成远程 HTTP 调用前需要进行客户端负载均衡的处理。

在 Spring Cloud 微服务架构中，同一个 Provider 微服务一般都会运行多个实例，所以说客户端的负载均衡能力其实是必选项，而不是可选项。

生产环境下，Feign 必须和 Ribbon 结合在一起使用，所以方法处理器 MethodHandler 的客户端 client 成员必须是具备负载均衡能力的 LoadBalancerFeignClient 类型，而不是完成 HTTP 请求提交的 ApacheHttpClient 等类型。只有在负载均衡计算出最佳的 Provider 实例之后，才能开始 HTTP 请求的提交。

在 LoadBalancerFeignClient 内部有一个 delegate 委托成员，其类型可能为 feign.client.Default、ApacheHttpClient、OkHttpClient 等，最终由该 delegate 客户端委托成员完成 HTTP 请求的提交。

至此，整体的 Feign 运作流程大家应该都比较熟悉了。其实，上面介绍的大致逻辑和前面介绍的模拟 Feign RPC 执行流程类似，只是 Feign 实际的运作流程的每一个环节更加细致和复杂。

3.4.2 RPC 动态代理容器实例的 FactoryBean 工厂类

为了方便 Feign 的 RPC 客户端动态代理实例的使用，还需要将其注册到 Spring IOC 容器，以方便使用者通过@Resource 或@Autoware 注解将其注入其他的依赖属性。

一般情况下，Spring 通过@Service 等注解进行 Bean 实例化的配置，但是在某些情况下（比如在 Bean 实例化时）需要大量的配置信息，默认的 Bean 实例化机制是无能为力的。为此，Spring 提供了一个 org.springframework.bean.factory.FactoryBean 工厂接口，用户可以通过该接口在 Java 代码中实现定制 Bean 实例化的逻辑。

FactoryBean 在 Spring 框架中占用重要的地位，Spring 自身就提供了 70 多个 FactoryBean 的实现。它们隐藏了一些复杂 Bean 实例化的细节，给上层应用带来了便利。FactoryBean 注册到容器之后，从 Spring 上下文通过 ID 或者类型获取 IOC 容器 Bean 时，获取的实际上是 FactoryBean 的 getObject() 返回的对象，而不是 FactoryBean 本身。

Feign 的 RPC 客户端动态代理 IOC 容器实例只能通过 FactoryBean 方式创建，原因有两点：代理对象为通过 JDK 反射机制动态创建的 Bean，不是直接定义的普通实现类；它配置的属性值比较多，而且是通过 @FeignClient 注解配置完成的。

所以，Feign 提供了一个用于获取 RPC 容器实例的工厂类，名为 FeignClientFactoryBean 类。工厂类 FeignClientFactoryBean 的部分源码如下：

```
    package org.springframework.cloud.openfeign;
    ...
    class FeignClientFactoryBean implements FactoryBean<Object>,
InitializingBean, ApplicationContextAware {
        private Class<?> type; //RPC 接口的 class 对象
        private String name;  //RPC 接口配置的远程 provider 微服务名称，如 demo-provider
        private String url;   //RPC 接口配置的 url 值，由 @FeignClient 注解负责配置
        private String path;  //RPC 接口配置的 path 值，由 @FeignClient 注解负责配置
```

```
        private boolean decode404;
        private ApplicationContext applicationContext;
        private Class<?> fallback;
        private Class<?> fallbackFactory;
        ...
        //获取 IOC 容器的 Feign.Builder 建造者 Bean
        protected Builder feign(FeignContext context) {
            FeignLoggerFactory loggerFactory = this.get(context,
FeignLoggerFactory.class);
            Logger logger = loggerFactory.create(this.type);

           //从 IOC 容器获取 Feign.Builder 实例
           //并且设置编码器、解码器、日志器、方法解析器
            Builder builder = ((Builder)this.get(context, Builder.class))
                        .logger(logger)
                        .encoder((Encoder)this.get(context, Encoder.class))
                        .decoder((Decoder)this.get(context, Decoder.class))
                        .contract((Contract)this.get(context,Contract.class));
            this.configureFeign(context, builder);
            return builder;
        }

        //通过 ID 或者类型获取 IOC 容器 Bean 时调用
        public Object getObject() throws Exception {
            //委托到 getTarget 方法
            return this.getTarget();
        }

        //委托方法：获取 RPC 动态代理 Bean
        <T> T getTarget() {
             FeignContext context = (FeignContext)this.applicationContext.
getBean(FeignContext.class);
             //获取 Feign.Builder 建造者实例
             Builder builder = this.feign(context);
             String url;
             ...
        }
        ...
    }
```

前面讲到，FeignClientsRegistrar 类会进行包扫描，扫描所有包下@FeignClient 注解过的接口，并创建 RPC 接口的 FactoryBean 工厂类实例，并将这些 FactoryBean 注入 Spring IOC 容器中。

FeignClientsRegistrar 类的 RPC 接口的 FactoryBean 工厂类实例的注册源码节选如下：

```
    class FeignClientsRegistrar implements ImportBeanDefinitionRegistrar, ... {
      ...
      //为每一个RPC客户端接口注册一个beanDefinition，其beanClass为FeignClientFactoryBean
```

```
    private void registerFeignClient(BeanDefinitionRegistry registry,
                        AnnotationMetadata  annotationMetadata,
                Map<String, Object> attributes) {
        String className = annotationMetadata.getClassName();
        BeanDefinitionBuilder definition =

BeanDefinitionBuilder.genericBeanDefinition(FeignClientFactoryBean.class);
        this.validate(attributes);
        //RPC 接口配置的 url 值
        definition.addPropertyValue("url", this.getUrl(attributes));
        //RPC 接口配置的 path 值
        definition.addPropertyValue("path", this.getPath(attributes));
        String name = this.getName(attributes);
        definition.addPropertyValue("name", name);      //RPC 接口配置的远程
provider 名称
        definition.addPropertyValue("type", className); //RPC 接口的全路径类名
        definition.addPropertyValue("decode404",
attributes.get("decode404"));
        definition.addPropertyValue("fallback",
attributes.get("fallback"));
        definition.addPropertyValue("fallbackFactory",
attributes.get("fallbackFactory"));
        definition.setAutowireMode(2);
        //别名
        String alias = name + "FeignClient";
        AbstractBeanDefinition beanDefinition = definition.getBeanDefinition();
        //RPC 接口配置的 primary 值
        boolean primary = (Boolean)attributes.get("primary");
        beanDefinition.setPrimary(primary);
        String qualifier = this.getQualifier(attributes);
        if (StringUtils.hasText(qualifier)) {
           alias = qualifier;
        }

     BeanDefinitionHolder holder = new BeanDefinitionHolder(beanDefinition,
className, new String[]{alias});
        BeanDefinitionReaderUtils.registerBeanDefinition(holder, registry);
      }
   }
```

FeignClientsRegistrar 类的 registerFeignClient()方法为扫描到的每一个 RPC 客户端接口注册一个 beanDefinition 实例（Bean 的），其中的 beanClass 为 FeignClientFactoryBean。

registerFeignClient()方法的 attributes 参数值来自于 RPC 客户端接口@FeignClient 注解所配置的值，在该方法上设置断点，在 uaa-provider 启动时可以看到的 attributes 参数的具体信息如图 3-19 所示。

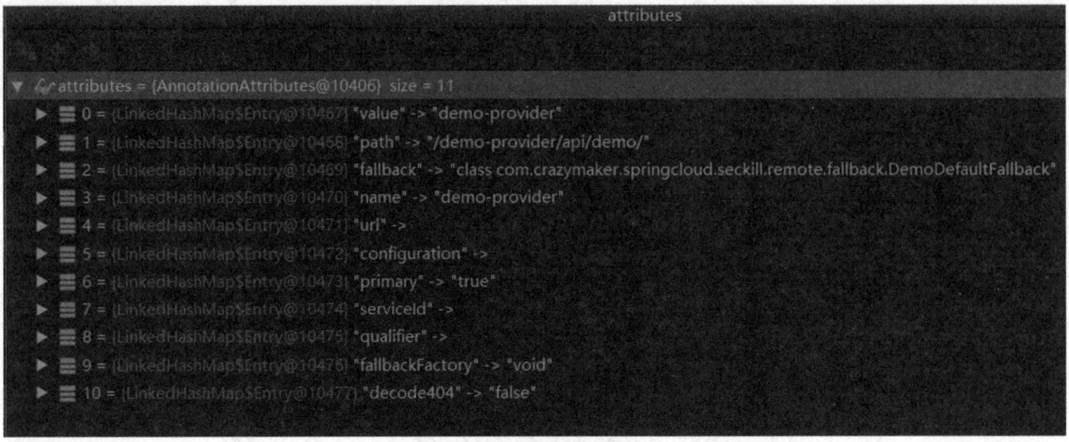

```
attributes
▼ attributes = {AnnotationAttributes@10406} size = 11
  ▶ 0 = {LinkedHashMap$Entry@10467} "value" -> "demo-provider"
  ▶ 1 = {LinkedHashMap$Entry@10468} "path" -> "/demo-provider/api/demo/"
  ▶ 2 = {LinkedHashMap$Entry@10469} "fallback" -> "class com.crazymaker.springcloud.seckill.remote.fallback.DemoDefaultFallback"
  ▶ 3 = {LinkedHashMap$Entry@10470} "name" -> "demo-provider"
  ▶ 4 = {LinkedHashMap$Entry@10471} "url" ->
  ▶ 5 = {LinkedHashMap$Entry@10472} "configuration" ->
  ▶ 6 = {LinkedHashMap$Entry@10473} "primary" -> "true"
  ▶ 7 = {LinkedHashMap$Entry@10474} "serviceId" ->
  ▶ 8 = {LinkedHashMap$Entry@10475} "qualifier" ->
  ▶ 9 = {LinkedHashMap$Entry@10476} "fallbackFactory" -> "void"
  ▶ 10 = {LinkedHashMap$Entry@10477} "decode404" -> "false"
```

图 3-19　registerFeignClient()方法的 attributes 参数值

3.4.3　Feign.Builder 建造者容器实例

当从 Spring IOC 容器获取 RPC 接口的动态代理实例时，也就是当 FeignClientFactoryBean 的 getObject()方法被调用时，其调用的 getTarget()方法首先从 IOC 容器获取配置好的 Feign.Builder 建造者容器实例，然后通过 Feign.Builder 建造者容器实例的 target()方法完成 RPC 动态代理实例的创建。

说　明
这里将 Builder 翻译为建造者，以便同构造器进行区分。

Feign.Builder 建造者容器实例在自动配置类 FeignClientsConfiguration 中完成配置，通过其源码可以看到，配置类的 feignBuilder(...)方法通过调用 Feign.builder()静态方法创建了一个建造者容器实例。

自动配置类 FeignClientsConfiguration 的部分源码如下：

```
package org.springframework.cloud.openfeign;
//省略 import
//Feign 客户端的配置类
@Configuration
public class FeignClientsConfiguration {
    //容器实例：请求结果解码器
    @Bean
    @ConditionalOnMissingBean
    public Decoder feignDecoder() {
        return new OptionalDecoder(new ResponseEntityDecoder(
new SpringDecoder(this.messageConverters)));
}

    //容器实例：请求编码器
    @Bean
    @ConditionalOnMissingBean
    public Encoder feignEncoder() {
        return new SpringEncoder(this.messageConverters);
```

```
        }

        //容器实例：请求重试实例，如果没有定制，就默认返回NEVER_RETRY（不重试）实例
        @Bean
        @ConditionalOnMissingBean
        public Retryer feignRetryer() {
            return Retryer.NEVER_RETRY;
    }

        //容器实例：Feign.Builder客户端建造者实例，以“请求重试实例”作为参数进行初始化
        @Bean
        @Scope("prototype")
        @ConditionalOnMissingBean
        public Builder feignBuilder(Retryer retryer) {
            return Feign.builder().retryer(retryer);
        }
    ...
    }
```

Feign.Builder类是feign.Feign抽象类的一个内部类，作为Feign默认的建造者。Feign.Builder类的部分源码如下：

```
    package feign;
    ...

    public abstract class Feign {
      ...

      //建造者方法
      public static Builder builder() {
        return new Builder();
      }

      //内部类：建造者类
      public static class Builder {
    ...
    //创建RPC客户端的动态代理实例
     public <T> T target(Target<T> target) {
          return build().newInstance(target);
    }

    //建造方法
    public  Feign  build() {
         //方法处理器工厂的实例
         SynchronousMethodHandler.Factory  synchronousMethodHandlerFactory =
              new SynchronousMethodHandler.Factory(client,
                   retryer,
                   requestInterceptors,
                   logger,
                   logLevel, decode404);

         //RPC方法解析器
         ParseHandlersByName  handlersByName = new ParseHandlersByName
(contract, options, encoder, decoder, errorDecoder,
synchronousMethodHandlerFactory);
         //反射式Feign实例
```

```
        return new ReflectiveFeign(handlersByName, invocationHandlerFactory);
      }
    }
```

当 FeignClientFactoryBean 工厂类的 getObject()方法被调用后，通过 Feign.Builder 容器实例的 target()方法完成 RPC 动态代理实例的创建。

Feign.Builder 的 target()实例方法首先调用内部的 build()方法创建一个 Feign 实例，然后通过该实例的 newInstance(...)方法创建最终的 RPC 动态代理实例。默认情况下，所创建的 Feign 实例为 ReflectiveFeign 类型，二者的关系如图 3-20 所示。

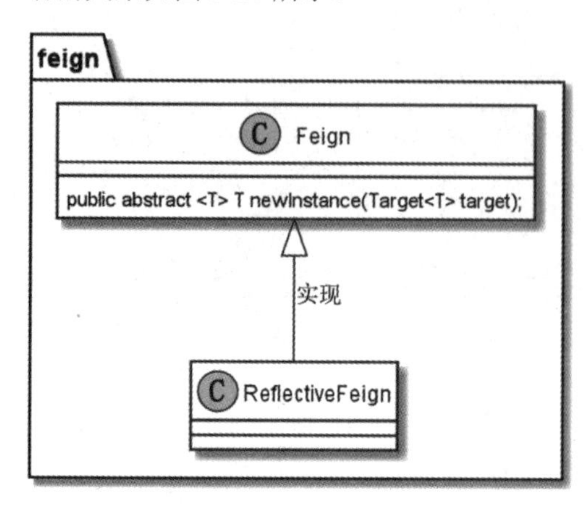

图 3-20　Feign 和 ReflectiveFeign 二者之间的关系

这里通过单步断点演示一下。通过开发调试工具（如 IDEA）在 Feign.Builder 的 target(...)方法唯一的一行代码上设置一个断点，然后以调试模式启动 uaa-provider 服务，在工程启动的过程中可以看到断点所在的语句会被执行到。

断点被执行到之后，通过 IDEA 的 Evaluate 工具计算一下 target()方法运行时的 target 实参值，可以看到，它的实参值就是对 DemoClient 远程接口信息的一种二次封装，如图 3-21 所示。

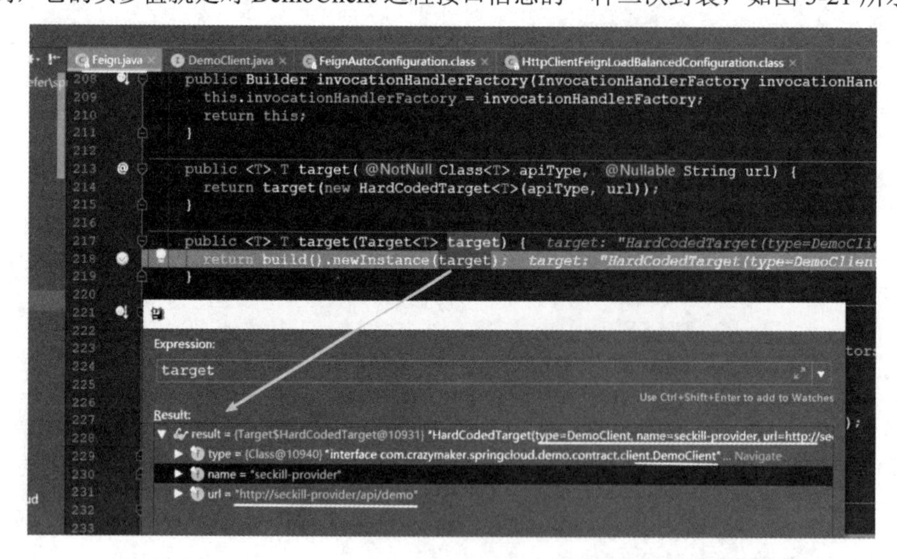

图 3-21　DemoClient 动态代理实例创建时的 target()方法处的断点信息

总结一下，当从 Spring 容器获取 RPC 接口的动态代理实例时，对应的 FeignClientFactoryBean 的 getObject()方法会被调用到，然后通过 Feign.Builder 建造者容器实例的 target()方法创建 RPC 接口的动态代理实例，并缓存到 Spring IOC 容器中。

3.4.4　默认的 RPC 动态代理实例的创建流程

默认情况下，Feign.Builder 建造者实例的 target()方法会调用自身的 build()方法创建一个 ReflectiveFeign（反射式 Feign）实例，然后调用该实例的 newInstance()方法创建远程接口最终的 JDK 动态代理实例。

ReflectiveFeign（反射式 Feign）类的实例的 newInstance()方法创建 RPC 动态代理实例的具体步骤是什么呢？先看看 ReflectiveFeign 的源码，具体如下：

```
package feign;
//省略 import

public class ReflectiveFeign extends Feign {
   //方法解析器
private final ParseHandlersByName targetToHandlersByName;
//调用处理器工厂
private final InvocationHandlerFactory factory;
   ...

  //创建 RPC 客户端动态代理实例
  public <T> T newInstance(Target<T> target) {
    //方法解析：方法名和方法处理器的映射
    Map<String, MethodHandler> nameToHandler =
targetToHandlersByName.apply(target);
//方法反射对象和方法处理器的映射
    Map<Method, MethodHandler> methodToHandler = new LinkedHashMap<Method,
MethodHandler>();
    ...
//创建一个 InvocationHandler 调用处理器
    InvocationHandler handler = factory.create(target, methodToHandler);

//最后调用 JDK 的 Proxy.newProxyInstance 创建代理对象
T proxy = (T) Proxy.newProxyInstance(
target.type().getClassLoader(), new Class<?>[]{target.type()}, handler);
     ...
    //返回代理对象
    return proxy;
  }
```

终于看到 Feign 动态代理类实例的创建逻辑了，以上默认的 Feign RPC 动态代理客户端实例的创建流程和前面介绍的模拟动态代理 RPC 客户端实例的创建流程大致相似。

简单来说，默认的 Feign RPC 动态代理客户端实例的创建流程大致为以下 4 步：

（1）方法解析。

解析远程接口中的所有方法，为每一个方法创建一个 MethodHandler 方法处理器，然后进行方法名称和方法处理器的 Key-Value（键-值）映射 nameToHandler。

（2）创建方法反射实例和方法处理器的映射。

通过方法名称和方法处理器的映射 nameToHandler 创建一个方法反射实例到方法处理器的 Key-Value 映射 methodToHandler，作为方法远程调用时的分发处理映射实例。

（3）创建一个 JDK 调用处理器。

主要以 methodToHandler 为参数，创建一个 InvocationHandler 调用处理器实例。

（4）创建一个动态代理对象。

调用 JDK 的 Proxy.newProxyInstance()方法创建一个动态代理实例，它的参数有 3 个：RPC 远程接口的类装载器、RPC 远程接口的 Class 实例以及上一步创建的 InvocationHandler 调用处理器实例。

远程接口的 RPC 动态代理实例的创建流程如图 3-22 所示。

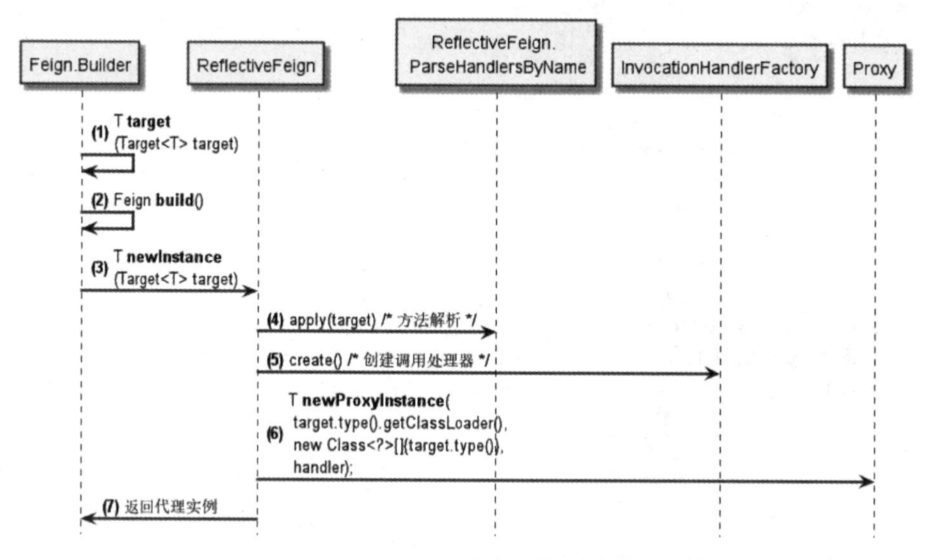

图 3-22　远程接口的 RPC 动态代理实例的创建流程

以上创建 RPC 动态代理客户端实例的 4 个步骤是需要理解和掌握的重点内容，后面的介绍会根据这 4 个步骤展开。

在 ReflectiveFeign.newInstance()方法中首先调用了 ParseHandlersByName.apply()方法，解析 RPC 接口中的所有 RPC 方法配置（通过 Contract 解析），然后为每个 RPC 方法创建一个对应的 MethodHandler 方法处理器。

默认的 ParseHandlersByName 方法解析器是 ReflectiveFeign（反射式 Feign）类的一个内部类，它的源码如下：

```
package feign;
//省略 import
public class ReflectiveFeign extends Feign {
  ...
  //内部类：方法解析器
  static final class ParseHandlersByName {
    //同步方法处理器工厂
```

```
        private final SynchronousMethodHandler.Factory factory;
    ...
        //RPC 接口元数据解析
    public Map<String, MethodHandler> apply(Target  key) {
          //解析 RPC 方法元数据，返回一个方法元数据列表
         List<MethodMetadata> metadata =
                     contract.parseAndValidatateMetadata(key.type());
         Map<String, MethodHandler> result =
                     new LinkedHashMap<String, MethodHandler>();
          //迭代 RPC 方法元数据列表
         for (MethodMetadata md : metadata) {
           ...
          //通过方法处理器工厂 factory 创建 SynchronousMethodHandler 同步方法处理实例
            result.put(md.configKey(),
                  factory.create(key, md, buildTemplate, options, decoder,
errorDecoder));
         }
         return result;
       }
     }
```

通过以上源码可以看到，方法解析器 ParseHandlersByName 创建方法处理器的过程是通过方法处理器工厂类实例 factory 的 create()方法完成的。而默认的方法处理器工厂类 Factory 定义在 SynchronousMethodHandler 类中，其代码如下：

```
package feign;
//省略 import
final class SynchronousMethodHandler implements MethodHandler {
...
  static class Factory {
    public MethodHandler create(
      Target<?> target, MethodMetadata md,
      feign.RequestTemplate.Factory buildTemplateFromArgs,
      Options options, Decoder decoder, ErrorDecoder errorDecoder)
    {
       return new SynchronousMethodHandler(
         target, this.client, this.retryer, this.requestInterceptors,
         this.logger, this.logLevel, md, buildTemplateFromArgs, options,
         decoder, errorDecoder, this.decode404);
     }
...
}
```

通过以上源码可以看出，通过默认方法处理器工厂类 Factory 的 create()方法创建的正是同步方法处理器 SynchronousMethodHandler 的实例。

接下来，简单介绍一下 FeignInvocationHandler 调用处理器的创建。和方法处理器类似，它的创建也是通过工厂模式完成的。默认的 InvocationHandler 实例是通过 InvocationHandlerFactory 工厂类完成的。该工厂类的源码大致如下：

```
package feign;
```

```
    //调用处理器工厂接口
    public interface InvocationHandlerFactory {
      InvocationHandler create(Target target, Map<Method, MethodHandler>
dispatch);
    ...
      //默认实现类
      static final class Default implements InvocationHandlerFactory {
        //通过内部类 FeignInvocationHandler 构造一个默认的调用处理器
        @Override
        public InvocationHandler create(Target target, Map<Method, MethodHandler>
dispatch) {
            return new ReflectiveFeign.FeignInvocationHandler(target, dispatch);
        }
      }
    }
```

在上面的源码中，调用处理器工厂 InvocationHandlerFactory 仅仅是一个接口，只定义了一个唯一的 create()方法，用于创建 InvocationHandler 调用处理器实例。

InvocationHandlerFactory 工厂类提供了一个默认的实现类——Default 内部类，其 create()方法所创建的调用处理器实例就是前文反复提及的，也就是做过重点介绍的 Feign 的默认调用处理器类 FeignInvocationHandler 类的实例。

3.4.5 Contract 远程调用协议规则类

在通过 ReflectiveFeign.newInstance()方法创建本地 JDK Proxy 实例时，首先需要调用方法解析器 ParseHandlersByName 的 apply()方法，获取方法名和方法处理器的映射。

在 ParseHandlersByName.apply()方法中，需要通过 Contract 协议规则类将远程调用 Feign 接口中的所有方法配置和注解解析成一个 List <MethodMetadata>方法元数据列表。

Contract 协议规则类与方法解析器、调用处理器的关系如图 3-23 所示。

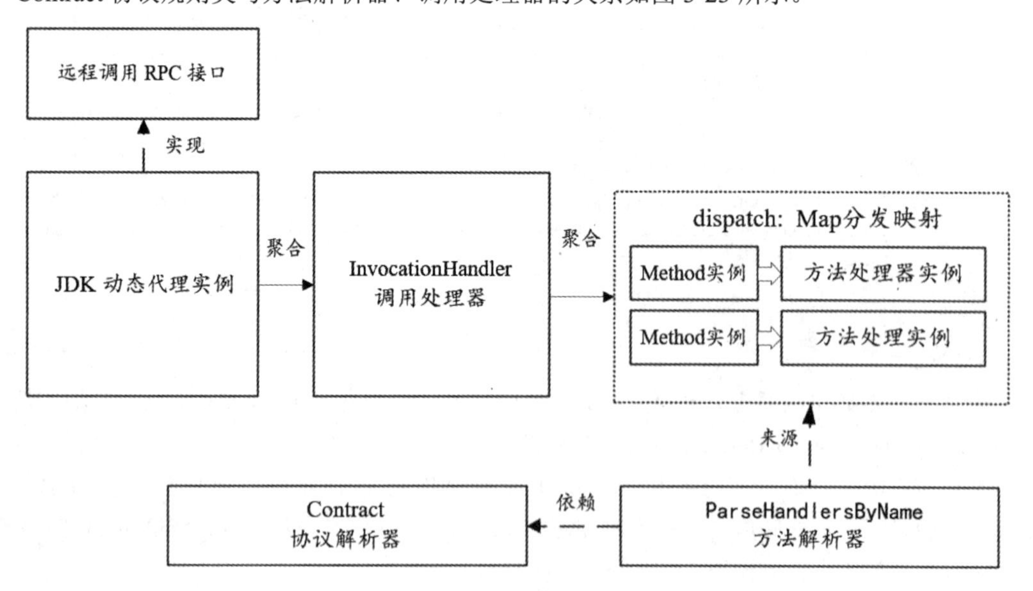

图 3-23　Contract 协议规则类与方法解析器、调用处理器的关系

关于 RPC 接口的配置解析类，Spring Cloud Feign 中有两个协议规则解析类：一个为 Feign 默认协议规则解析类（DefaultContract）；另一个为 SpringMvcContract 协议规则解析类，后者用于解析使用了 Spring MVC 规则配置的 RPC 方法。

Spring Cloud Feign 的协议规则解析如图 3-24 所示。

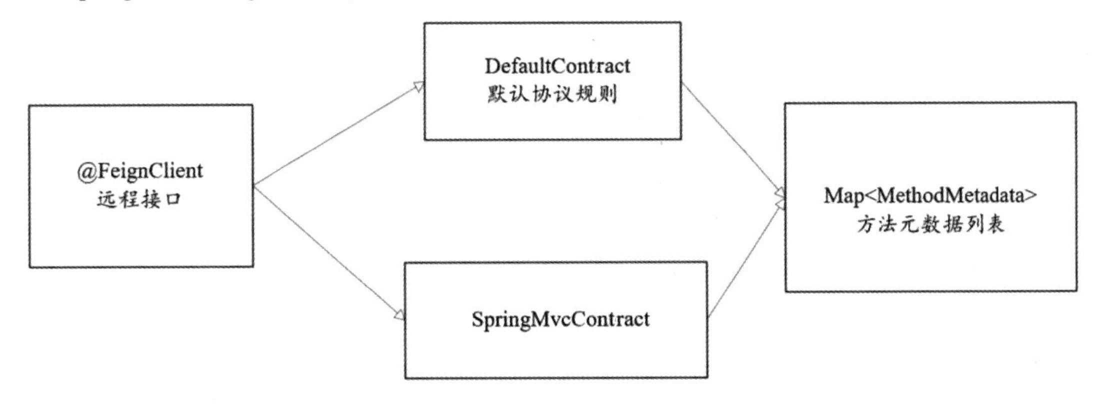

图 3-24　Feign 的 Contract 的协议规则解析示意图

Feign 有一套自己的默认协议规则，定义了一系列 RPC 方法的配置注解，用于 RPC 方法所对应的 HTTP 请求相关的参数。下面是一个官方的简单实例：

```
public interface GitHub {

  @RequestLine("GET /repos/{owner}/{repo}/contributors")
  List<Contributor> getContributors(@Param("owner") String owner,
@Param("repo") String repository);

  class Contributor {
    String login;
    int contributions;
  }
}
```

实例中的@RequestLine 注解是一个 Feign 默认的配置注解，用于配置 HTTP 的 Method 请求类型和 URI 请求路径。

为了降低学习成本，Spring Cloud 并没有推荐采用 Feign 自己的协议规则注解来进行 RPC 接口配置，而是推荐部分 Spring MVC 协议规则注解来进行 RPC 接口的配置，并且通过 SpringMvcContract 协议规则解析类进行解析。

采用 Spring MVC 协议规则注解进行 RPC 接口配置的好处为：对开发人员来说，远程调用 RPC 方法的注解配置和对应的服务端 REST 接口的注解配置可以基本保持一致，这样就降低了开发人员的学习成本和维护成本。

3.5 Feign 远程调用的执行流程

由于 Feign 中生成 RPC 接口 JDK 动态代理实例涉及的 InvocationHandler 调用处理器有多种，导致 Feign 远程调用的执行流程稍微有所区别，但是远程调用执行流程的主要步骤是一致的。这里主要介绍与两类 InvocationHandler 调用处理器相关的 RPC 执行流程：

（1）与默认的调用处理器 FeignInvocationHandler 相关的 RPC 执行流程。

（2）与 Hystrix 调用处理器 HystrixInvocationHandler 相关的 RPC 执行流程。

还是以 uaa-provider 启动过程中的 DemoClient 接口的动态代理实例的执行过程为例演示和分析远程调用的执行流程。

3.5.1 与 FeignInvocationHandler 相关的远程调用执行流程

FeignInvocationHandler 是默认的调用处理器，如果进行特殊的配置，那么 Feign 将默认使用此调用处理器。

结合 uaa-provider 服务中 DemoClient 的动态代理实例的 hello()方法远程调用执行过程，这里详细介绍与 FeignInvocationHandler 相关的远程调用执行流程，如图 3-25 所示。

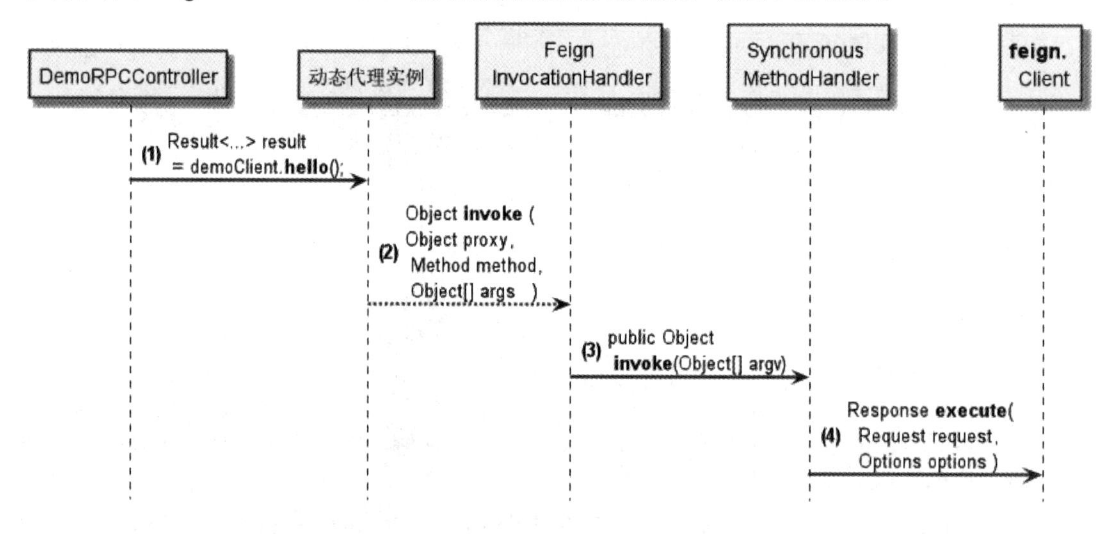

图 3-25 与 FeignInvocationHandler 相关的远程调用执行流程

整体的远程调用执行流程大致分为 4 步，具体如下：

（1）通过 Spring IOC 容器实例完成动态代理实例的装配。

前文讲到，Feign 在启动时会为加上了@FeignClient 注解的所有远程接口（包括 DemoClient 接口）创建一个 FactoryBean 工厂实例，并注册到 Spring IOC 容器。

然后在 uaa-provider 的 DemoRPCController 控制层类中，通过@Resource 注解从 Spring IOC 容器找到 FactoryBean 工厂实例，通过其 getObject()方法获取到动态代理实例，装配给 DemoRPCController 实例的成员变量 demoClient。

在需要进行hello()远程调用时，直接通过demoClient成员变量调用JDK动态代理实例的hello()方法。

（2）执行InvocationHandler调用处理器的invoke(...)方法。

前面讲到，JDK动态代理实例的方法调用过程是通过委托给InvocationHandler调用处理器完成的，故在调用demoClient的hello()方法时，会调用到它的调用处理器FeignInvocationHandler实例的invoke(...)方法。

大家知道，FeignInvocationHandler实例内部保持了一个远程调用方法反射实例和方法处理器的dispatch映射。FeignInvocationHandle在它的invoke(...)方法中会根据hello()方法的Java反射实例在dispatch映射对象中找到对应的MethodHandler方法处理器，然后由后者完成实际的HTTP请求和结果的处理。

（3）执行MethodHandler方法处理器的invoke(...)方法。

通过前面关于MethodHandler方法处理器的组件介绍，大家都知道，feign默认的方法处理器为SynchronousMethodHandler同步调用处理器，它的invoke(...)方法主要通过内部feign。Client类型的client成员实例完成远程URL请求执行和获取远程结果。

feign.Client客户端有多种类型，不同的类型完成URL请求处理的具体方式不同。

（4）通过feign.Client客户端成员完成远程URL请求执行和获取远程结果。

如果MethodHandler方法处理器client成员实例是默认的feign.Client.Default实现类，就通过JDK自带的HttpURLConnnection类完成远程URL请求执行和获取远程结果。

如果MethodHandler方法处理器实例的client客户端是ApacheHttpClient客户端实现类，就使用ApacheHttpClient开源组件完成远程URL请求执行和获取远程结果。

如果MethodHandler方法处理器实例的client客户端是LoadBalancerFeignClient负载均衡客户端实现类，就使用Ribbon结算出最佳的Provider节点，然后由内部的delegate委托客户端成员去请求Provider服务，完成URL请求处理。

以上4步基本上就是Spring Cloud中的Feign远程调用的执行流程。

然而，默认的基于FeignInvocationHandler调用处理器的执行流程在运行机制和调用性能上都满足不了生产环境的要求，大致原因有以下两点：

（1）在远程调用过程中没有异常的熔断监测和恢复机制。

（2）没有用到高性能的HTTP连接池技术。

接下来将为大家介绍一种结合Hystrix进行RPC保护的远程调用处理流程。在该流程中所使用的InvocationHandler调用处理器叫作HystrixInvocationHandler调用处理器。

这里作为铺垫，首先为大家介绍HystrixInvocationHandler调用处理器本身的具体实现。

3.5.2 与HystrixInvocationHandler相关的远程调用执行流程

HystrixInvocationHandler调用处理器类位于feign.hystrix包中，其字节码文件不是处于feign核心包feign-core-*.jar中，而是在扩展包feign-hystrix-*.jar中。这里的*表示的是与Spring Cloud版本配套的版本号，当Spring Cloud的版本为Finchley.RELEASE时，feign-core和feign-hystrix

两个 JAR 包的版本号都为 9.5.1。

HystrixInvocationHandler 是具备 RPC 保护能力的调用处理器，它实现了 InvocationHandler 接口，对接口的 invoke(...)抽象方法的实现如下：

```
    package feign.hystrix;
    //省略 import
    final class HystrixInvocationHandler implements InvocationHandler {
    ...
    //... Map 映射：Key 为 RPC 方法的反射实例，value 为方法处理器
    private final Map<Method, MethodHandler> dispatch;
    ...

    public Object invoke(Object proxy, final Method method, final Object[] args)
throws Throwable {
          //创建一个 HystrixCommand 命令，对同步方法调用器进行封装
          HystrixCommand<Object> hystrixCommand =
              new HystrixCommand<Object>
              ( (Setter)this.setterMethodMap.get(method) )
    {
                      protected Object run() throws Exception {
                         try {
    SynchronousMethodHandler
handler=HystrixInvocationHandler.this.dispatch.get(method);
                            return handler.invoke(args);
                         } catch (Exception var2) {
                            throw var2;
                         } catch (Throwable var3) {
                            throw (Error)var3;
                         }
                      }
                      protected Object getFallback() {
                         //省略 HystrixCommand 的异常回调
                      }
                 };

           //根据 method 的返回值类型，或返回 hystrixCommand，或直接执行
           if (this.isReturnsHystrixCommand(method)) {
            return hystrixCommand;
           } else if (this.isReturnsObservable(method)) {
            return hystrixCommand.toObservable();
           } else if (this.isReturnsSingle(method)) {
                return hystrixCommand.toObservable().toSingle();
           } else {
               //直接执行
               return this.isReturnsCompletable(method) ?
           hystrixCommand.toObservable().toCompletable() :
hystrixCommand.execute();
           }
           ...
    }
```

HystrixInvocationHandler 调用处理器与默认调用处理器 FeignInvocationHandler 有一个共同点：都有一个非常重要的 Map 类型成员 dispatch 映射，保存着 RPC 方法反射实例到 MethodHandler

方法处理器的映射。

在源码中，HystrixInvocationHandler 的 invoke(...)方法会创建 hystrixCommand 命令实例，对从 dispatch 获取的 SynchronousMethodHandler 实例进行封装，然后对 RPC 方法实例 method 进行判断，判断是直接返回 hystrixCommand 命令实例，还是立即执行其 execute()方法。默认情况下，都是立即执行它的 execute()方法。

HystrixCommand 具备熔断、隔离、回退等能力，如果它的 run()方法执行发生异常，就会执行 getFallback()失败回调方法，这一点后面会详细介绍。

回到 uaa-provider 服务中 DemoClient 动态代理实例的 hello()方法的具体执行过程，在执行命令处理器 hystrixCommand 实例的 run()方法时，步骤如下：

（1）根据 RPC 方法 DemoClient.hello()的反射实例在 dispatch 映射对象中找到对应的方法处理器 MethodHandler 实例。

（2）调用 MethodHandler 方法处理器的 invoke(...)方法完成实际的 hello()方法所配置的远程 URL 的 HTTP 请求和结果的处理。

如果 MethodHandler 内的 RPC 调用出现异常，比如远程 server 宕机、网络延迟太大而导致请求超时、远程 server 来不及响应等，hystrixCommand 命令器就会调用失败回调方法 getFallback() 返回回退结果。

而 hystrixCommand 的 getFallback()方法最终会调用配置在 RPC 接口@FeignClient 注解的 fallback 属性上的失败回退类中对应的回退方法，执行业务级别的失败回退处理。

使用 HystrixInvocationHandler 方法处理器进行远程调用，总体流程与使用默认的方法处理器 FeignInvocationHandler 进行远程调用大致是相同的。

以 uaa-provider 模块的 DemoClient 中 hello()方法的远程调用执行过程为例，进行整体流程的展示，具体的时序图如图 3-26 所示。

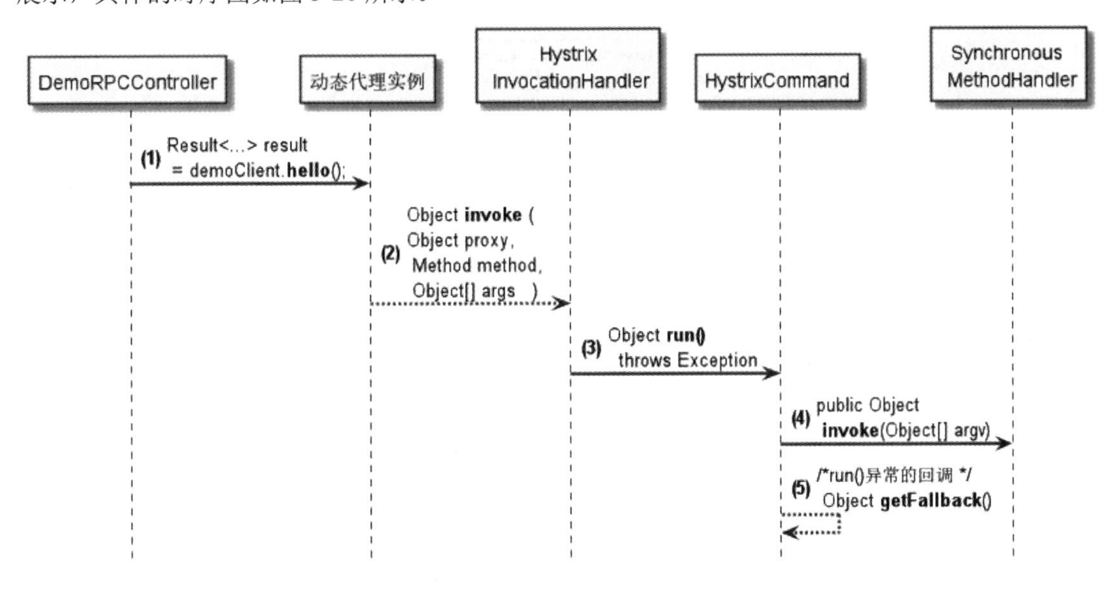

图 3-26 与 HystrixInvocationHandler 相关的远程调用执行流程

总体来说，使用 HystrixInvocationHandler 处理器的执行流程与使用 FeignInvocationHandler 默认的调用处理器相比大致是相同的。不同的是，HystrixInvocationHandler 增加了 RPC 的保护机制。

3.5.3 Feign 远程调用的完整流程及其特性

Feign 是一个声明式的 RPC 调用组件，它整合了 Ribbon 和 Hystrix，使得服务调用更加简单。Feign 提供了 HTTP 请求的模板，通过编写简单的接口和方法注解就可以定义好 HTTP 请求的参数、格式、地址等信息。Feign 极大地简化了 RPC 远程调用，大家只需要像调用普通方法一样就可以完成 RPC 远程调用。

Feign 远程调用的核心是通过一系列封装和处理，将以 JAVA 注解方式定义的 RPC 方法最终转换成 HTTP 请求，然后将 HTTP 请求的响应结果解码成 POJO 对象返回给调用者。

Feign 远程调用的完整流程如图 3-27 所示。

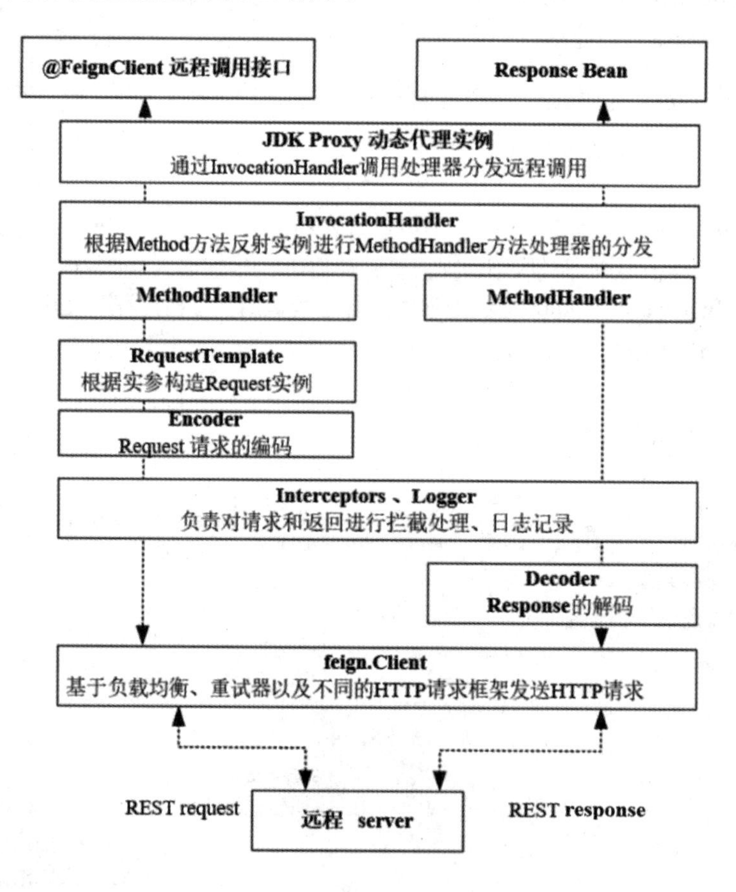

图 3-27 Feign 远程调用的完整流程

从图 3-27 可以看到，Feign 通过对 RPC 注解的解析将请求模板化。当实际调用时传入参数，再根据参数应用到请求模板上，进而转化成真正的 Request 请求。

通过 Feign 及其动态代理机制，Java 开发人员不用再通过 HTTP 框架封装 HTTP 请求报文的方式完成远程服务的 HTTP 调用。

Spring Cloud Feign 具有如下特性：

（1）可插拔的注解支持，包括 Feign 注解和 Spring MVC 注解。

（2）支持可插拔的 HTTP 编码器和解码器。

（3）支持 Hystrix 和它的 RPC 保护机制。

（4）支持 Ribbon 的负载均衡。

（5）支持 HTTP 请求和响应的压缩。

总体来说，使用 Spring Cloud Feign 组件本身整合了 Ribbon 和 Hystrix，可设计一套稳定可靠的弹性客户端调用方案，避免整个系统出现雪崩效应。

3.6　HystrixFeign 动态代理实例的创建流程

Spring Cloud 中使用 Hystrix 进行 RPC 保护基本是必选项，所以这里重点介绍 HystrixFeign 相关的动态代理实例的创建流程。

HystrixInvocationHandler 具体的替换过程通过 HystrixFeign.Builder 建造者容器实例的 build() 方法来完成。

3.6.1　HystrixFeign.Builder 建造者容器实例

首先，复习一下 Feign 中 JDK 代理实例创建的整体流程。前面讲到，Feign 中默认的远程接口的 JDK 动态代理实例创建是通过 Feign.Builder 建造者容器实例的 target(...)方法来完成的。而 target(...)方法的第一步是通过自身的 build()方法来构造一个 ReflectiveFeign（反射式 Feign）实例，第二步是通过反射式 Feign 实例的 newInstance()方法创建真正的 JDK Proxy 代理实例。

HystrixFeign 有自己的建造者类 HystrixFeign.Builder 类，该类继承了 feign.Feign.Builder 默认的建造者，重写了它获得 Feign 实例的 build()方法。

HystrixFeign 的关键源码如下：

```
package feign.hystrix;
//省略 import
public final class HystrixFeign {
   public HystrixFeign() {
   }
   //创建一个新的 HystrixFeign.Builder 实例
   public static HystrixFeign.Builder builder() {
      return new HystrixFeign.Builder();
 }
   //HystrixFeign 的建造者类
   //继承了 Feign 默认的建造者，重写了 build()方法
   public static final class Builder extends feign.Feign.Builder {
      public Feign build() {
         return this.build((FallbackFactory)null);
```

```
        }

        //重载的build方法替换了基类的invocationHandlerFactory
        //然后调用基类的build()方法建造一个ReflectiveFeign（反射式Feign）的实例
        Feign build(final FallbackFactory<?> nullableFallbackFactory) {
            super.invocationHandlerFactory(new InvocationHandlerFactory() {
            //实现InvocationHandlerFactory的create方法
            public InvocationHandler create(Target target, Map<Method,
MethodHandler> dispatch)
            {
                //返回的是HystrixInvocationHandler
                return new HystrixInvocationHandler(
    target, dispatch, Builder.this.setterFactory, nullableFallbackFactory);
                }
            });
            super.contract(new HystrixDelegatingContract(this.contract));
            return super.build();
        }
    }
}
```

HystrixFeign.Builder类继承了默认的feign.Feign.Builder建造者类，创建一个匿名的调用处理器工厂实例，该工厂在创建调用处理器时使用HystrixInvocationHandler替换基类中用到的默认调用处理器FeignInvocationHandler。

另外，在HystrixFeign.Builder重载的build()方法中，最终返回的仍然是基类的build()方法，当然返回的还是一个ReflectiveFeign（反射式Feign）的实例。

注意，HystrixFeign并不是Feign的子类，这一点不像Feign的子类ReflectiveFeign，所以在创建RPC动态代理实例时仍然会用到ReflectiveFeign. newInstance()方法。

在通过ReflectiveFeign. newInstance()方法创建RPC动态代理实例时，会通过调用处理器工厂的create()方法创建InvocationHandler调用处理器实例，而此时被替换过的处理器工厂将创建带RPC保护功能的HystrixInvocationHandler类型的调用处理器。

3.6.2 配置HystrixFeign.Builder建造者容器实例

使用HystrixFeign.Builder实例替换feign.Feign.Builder实例，在FeignClientsConfiguration中自动配置类的源码完成。相关的自动配置类FeignClientsConfiguration的部分源码如下：

```
package org.springframework.cloud.openfeign;
//省略import
@Configuration
public class FeignClientsConfiguration {
...

    @Configuration
    @ConditionalOnClass({HystrixCommand.class, HystrixFeign.class})
```

```
    protected static class HystrixFeignConfiguration {
        protected HystrixFeignConfiguration() {
        }
        //创建一个 HystrixFeign.Builder 类型的 Spring IOC 实例
        @Bean
        @Scope("prototype")
        @ConditionalOnMissingBean
        @ConditionalOnProperty(
            name = {"feign.hystrix.enabled"}
        )
        public Builder feignHystrixBuilder() {
            return HystrixFeign.builder();
        }
    }
}
```

通过上面的源码可以看出，创建了一个 HystrixFeign.Builder 类型的 Spring IOC 实例，实质上必须同时满足两个条件：

（1）在类路径中同时存在 HystrixCommand.class 和 HystrixFeign.class 两个类。

（2）应用的配置文件中存在着 feign.hystrix.enabled 的配置项。

满足以上条件，feignHystrixBuilder()会调用 HystrixFeign.builder()静态方法创建一个新的 HystrixFeign.Builder 类型的 Spring IOC 实例。

HystrixFeign.Builder 容器实例注册之后，在创建 JDK 动态代理实例时，基类 Feign.Builder 建造者的 target()方法会调用子类 HystrixFeign.Builder 实例的 build()方法来完成调用处理器工厂 InvocationHandlerFactory 实例的替换。

3.7 feign.Client 客户端容器实例

前面介绍了常用的 Feign 客户端实现类，大致如下：

（1）Client.Default 类：默认的实现类，使用 JDK 的 HttpURLConnnection 类提交 HTTP 请求。

（2）ApacheHttpClient 类：该客户端类在内部使用 Apache HttpClient 开源组件提交 HTTP 请求。

（3）OkHttpClient 类：该客户端类在内部使用 OkHttp3 开源组件提交 HTTP 请求。

（4）LoadBalancerFeignClient 类：内部使用 Ribbon 负载均衡技术完成 HTTP 请求处理。

Feign 在启动时有两个与 feign.Client 客户端实例相关的自动配置类，根据多种条件组合装配不同类型的 feign.Client 客户端实例到 Spring IOC 容器，这两个自动配置类为 FeignRibbonClientAutoConfiguration 和 FeignAutoConfiguration。

3.7.1 装配 LoadBalancerFeignClient 负载均衡容器实例

详细来看，Feign 涉及的与 Client 相关的两个自动配置类具体如下：

（1）org.springframework.cloud.openfeign.ribbon.FeignRibbonClientAutoConfiguration：此自动配置类能够配置具有负载均衡能力的FeignClient容器实例。

（2）org.springframework.cloud.openfeign.FeignAutoConfiguration：此自动配置类只能配置原始的FeignClient客户端容器实例。

事实上，第一个自动配置类FeignRibbonClientAutoConfiguration在容器的装配次序上优先于第二个自动配置类FeignAutoConfiguration。

为了达到高可用，Spring Cloud中一个微服务提供者至少应该部署两个以上节点，从这个角度来说，LoadBalancerFeignClient容器实例已经成为事实上的标配。

具体可以参见FeignRibbonClientAutoConfiguration源码，节选如下：

```
import com.netflix.loadbalancer.ILoadBalancer;
...
@ConditionalOnClass({ILoadBalancer.class, Feign.class})
@Configuration
@AutoConfigureBefore({FeignAutoConfiguration.class})  //本配置类具备优先权
@EnableConfigurationProperties({FeignHttpClientProperties.class})
@Import({
HttpClientFeignLoadBalancedConfiguration.class,//配置：包装ApacheHttpClient实例的负载均衡客户端
OkHttpFeignLoadBalancedConfiguration.class, //配置：包装OkHttpClient实例的负载均衡客户端
DefaultFeignLoadBalancedConfiguration.class  //配置：包装Client.Default实例的负载均衡客户端
})
public class FeignRibbonClientAutoConfiguration {
    //空的构造器
    public FeignRibbonClientAutoConfiguration() {
    }
...
}
```

从源码中可以看到，FeignRibbonClientAutoConfiguration的自动配置有两个前提条件：

（1）当前的类路径中存在ILoadBalancer.class接口。

（2）当前的类路径中存在Feign.class接口。

在这里重点讲一下ILoadBalancer.class接口，它处于ribbon的JAR包中。如果需要在类路径中导入该JAR包，就需要在Maven的pom.xml文件中增加ribbon的相关依赖，具体如下：

```
<!--ribbon-->
<dependency>
    <groupId>org.springframework.cloud</groupId>
    <artifactId>spring-cloud-starter-netflix-ribbon</artifactId>
</dependency>
```

为了加深大家对客户端负载均衡的理解，这里将ILoadBalancer.class接口的两个重要的抽象

方法列出来，具体如下：

```
package com.netflix.loadbalancer;
import java.util.List;
public interface ILoadBalancer {
     //通过负载均衡算法计算 server 服务器
Server chooseServer(Object var1);
//取得全部的服务器
List<Server> getAllServers();
...
}
```

FeignRibbonClientAutoConfiguration 自动配置类并没有直接配置 LoadBalancerFeignClient 容器实例，而是使用@Import 注解。通过导入其他配置类的方式完成 LoadBalancerFeignClient 客户端容器实例的配置。

分别导入了以下 3 个自动配置类：

（1）HttpClientFeignLoadBalancedConfiguration.class：该配置类负责配置一个包装 ApacheHttpClient 实例的 LoadBalancerFeignClient 负载均衡客户端容器实例。

（2）OkHttpFeignLoadBalancedConfiguration.class：该配置类负责配置一个包装 OkHttpClient 实例的 LoadBalancerFeignClient 负载均衡客户端容器实例。

（3）DefaultFeignLoadBalancedConfiguration.class：该配置类负责配置一个包装 Client.Default 实例的 LoadBalancerFeignClient 负载均衡客户端容器实例。

3.7.2 装配 ApacheHttpClient 负载均衡容器实例

首先来看如何配置一个包装 ApacheHttpClient 实例的负载均衡客户端容器实例。这个 IOC 实例的配置由 HttpClientFeignLoadBalancedConfiguration 自动配置类完成，其源码节选如下：

```
@Configuration
@ConditionalOnClass({ApacheHttpClient.class})
@ConditionalOnProperty(
   value = {"feign.httpclient.enabled"},
   matchIfMissing = true
)
class HttpClientFeignLoadBalancedConfiguration {
   //空的构造器
   HttpClientFeignLoadBalancedConfiguration() {
   }

   @Bean
   @ConditionalOnMissingBean({Client.class})
public Client feignClient(
CachingSpringLoadBalancerFactory cachingFactory,
SpringClientFactory clientFactory, HttpClient httpClient)
{
```

```
        ApacheHttpClient delegate = new ApacheHttpClient(httpClient);
        return new LoadBalancerFeignClient(delegate, cachingFactory,
clientFactory); //进行包装
    }
  ...
```

首先来看源码中的 feignClient()方法，分为两步：

（1）创建一个 ApacheHttpClient 类型的 feign.Client 客户端实例，该实例的内部使用 Apache httpclient 开源组件完成 HTTP 请求处理。

（2）创建一个 LoadBalancerFeignClient 负载均衡客户端实例，将 ApacheHttpClient 实例包装起来，然后返回该包装实例，作为 feign.Client 类型的 Spring IOC 容器实例。

接下来介绍 HttpClientFeignLoadBalancedConfiguration 类上的两个重要注解：@ConditionalOnClass (ApacheHttpClient.class)和@ConditionalOnProperty(value = "feign.httpclient.enabled", matchIfMissing = true)。

这两个条件的含义为：

（1）必须满足 ApacheHttpClient.class 在当前的类路径中存在。

（2）必须满足工程配置文件中 feign.httpclient.enabled 配置项的值为 true。

如果以上两个条件同时满足，HttpClientFeignLoadBalancedConfiguration 自动配置工作就会启动。

具体如何验证呢？首先在应用配置文件中将配置项 feign.httpclient.enabled 的值设置为 false，然后在 HttpClientFeignLoadBalancedConfiguration 的 feignClient()方法内的某行设置断点，重新启动项目，注意观察，会发现整个启动过程中断点没有被命中。

接下来，将配置项 feign.httpclient.enabled 的值设置为 true，再一次启动项目，发现断点被命中。由此可见，验证 HttpClientFeignLoadBalancedConfiguration 自动配置类被启动。

为了满足@ConditionalOnClass(ApacheHttpClient.class)的条件要求，需要为 pom 文件加上 feign-httpclient 和 httpclient 组件相关的 Maven 依赖，具体如下：

```
    <dependency>
        <groupId>io.github.openfeign</groupId>
        <artifactId>feign-httpclient</artifactId>
        <version>9.5.1</version>
        <!--<version>${feign-httpclient.version}</version>-->
    </dependency>
<dependency>
      <groupId>org.apache.httpcomponents</groupId>
      <artifactId>httpclient</artifactId>
      <version>${httpclient.version}</version>
    </dependency>
```

对于 feign.httpclient.enabled 配置项来说，@ConditionalOnProperty 的 matchIfMissing 属性值默认为 true，也就是说，这个属性在默认情况下就为 true。

3.7.3　装配 OkHttpClient 负载均衡容器实例

接下来看如何配置一个包装 OkHttpClient 实例的负载均衡客户端容器实例。这个 IOC 实例的配置，由 OkHttpFeignLoadBalancedConfiguration 自动配置类负责完成，其源码节选如下：

```
    @Configuration
    @ConditionalOnClass({OkHttpClient.class})
    @ConditionalOnProperty("feign.okhttp.enabled")
    class OkHttpFeignLoadBalancedConfiguration {
       //空的构造器
       OkHttpFeignLoadBalancedConfiguration () {
       }

       @Bean
       @ConditionalOnMissingBean({Client.class})
    public Client feignClient(
    CachingSpringLoadBalancerFactory cachingFactory,
    SpringClientFactory clientFactory, HttpClient httpClient)
    {
          OkHttpClient delegate = new OkHttpClient (httpClient);
          return new LoadBalancerFeignClient(delegate, cachingFactory,
clientFactory); //进行包装
       }
    ...
    }
```

首先来看源码中的 feignClient()方法，分为两步：

（1）创建一个 OkHttpClient 类型的客户端实例，该实例的内部使用 OkHttp3 开源组件来完成 HTTP 请求处理。

（2）创建一个 LoadBalancerFeignClient 负载均衡客户端实例，将 OkHttpClient 实例包装起来，然后返回 LoadBalancerFeignClient 客户端实例作为 feign.Client 客户端 IOC 容器实例。

接下来介绍 OkHttpFeignLoadBalancedConfiguration 类上的两个重要的注解：@ConditionalOnClass(OkHttpClient.class)和@ConditionalOnProperty("feign.okhttp.enabled")。

这两个条件的含义为：

（1）必须满足 OkHttpClient.class 在当前类路径中存在。

（2）必须满足工程配置文件中 feign.okhttp.enabled 配置项的值为 true。

如果以上两个条件同时满足，OkHttpFeignLoadBalancedConfiguration 自动配置工作就会启动。

为了满足@ConditionalOnClass(OkHttpClient.class)的条件要求，由于 OkHttpClient.class 类的位置处于 feign-okhttp 相关的 JAR 包中，因此需要在 pom 文件加上 feign-okhttp 和 okhttp3 相关的 Maven 依赖，具体如下：

```
<!--OkHttp -->
<dependency>
```

```
        <groupId>com.squareup.okhttp3</groupId>
        <artifactId>okhttp</artifactId>
    </dependency>

    <!--feign-okhttp -->
    <dependency>
        <groupId>io.github.openfeign</groupId>
        <artifactId>feign-okhttp</artifactId>
    </dependency>
```

对于 feign.okhttp.enabled 配置项的设置，在默认情况下就为 false。也就是说，如果需要使用 feign-okhttp，就一定需要进行特别的配置，工程配置文件的配置项大致如下：

```
feign.httpclient.enabled=false
feign.okhttp.enabled=true
```

3.7.4 装配 Client.Default 负载均衡容器实例

最后来看如何配置一个包装 Client.Default 客户端实例的负载均衡容器实例。这个 IOC 实例的配置由 DefaultFeignLoadBalancedConfiguration 自动配置类完成。该配置类也就是 FeignRibbonClientAutoConfiguration 配置类通过@import 注解导入的第 3 个配置类。

DefaultFeignLoadBalancedConfiguration 的源码节选如下：

```
package org.springframework.cloud.openfeign.ribbon;
//省略 import

@Configuration
class DefaultFeignLoadBalancedConfiguration {
    DefaultFeignLoadBalancedConfiguration() {
    }

    @Bean
    @ConditionalOnMissingBean
public Client feignClient(CachingSpringLoadBalancerFactory cachingFactory,
                                        SpringClientFactory clientFactory)
    {
        return new LoadBalancerFeignClient( new
Default((SSLSocketFactory)null, (HostnameVerifier)null), cachingFactory,
clientFactory);
    }
}
```

通过源码可以看出，如果前面两个客户端自动配置类的条件没有满足，IOC 容器中没有 feign.Client 客户端容器实例，就创建一个默认的客户端实例：

（1）创建一个 Client.Default 默认客户端实例，该实例将使用 HttpURLConnnection 完成请求处理。

（2）创建一个 LoadBalancerFeignClient 负载均衡客户端实例，将 Client.Default 实例包装起来，然后返回 LoadBalancerFeignClient 客户端实例，作为 feign.Client 类型的 Spring IOC 容器实例。

最后小结一下本章的内容。本章通过对 Spring Cloud 中 Feign 核心原理和实现机制的解读，帮助大家深入彻底地了解 Spring Cloud 的底层原理。

本章层层递进，抽丝剥茧，着重介绍了远程接口的 JDK Proxy 代理实例的创建和 Feign 远程接口调用的执行两大流程。

本章虽然借助了 Spring Cloud 的源码，但并没有在源码中迷失，更加注重原理的分析和阐述。最终让大家既学习了 Spring Cloud 的原理，又阅读了 Spring Cloud 的源码，并且可以通过源码的学习领悟一些 Java 高手编程所用到的设计模式和代码组织方式。

第 4 章

RxJava 响应式编程框架

在 Spring Cloud 框架中涉及的 Ribbon 和 Hystrix 两个重要的组件都使用了 RxJava 响应式编程框架，其作为重要的编程基础知识，特开辟一章对 RxJava 的使用进行详细的介绍。

Hystrix 和 Ribbon 的代码中大量运用了 RxJava 的 API，对于有 RxJava 基础的同学，学习 Hystrix 和 Ribbon 并不是一件难事。如果不懂 RxJava，对于 Hystrix 和 Ribbon 的学习就会令人头疼不已。

4.1 从基础原理讲起：观察者模式

本书的重要特色，从基础原理讲起。只有了解了基础原理，大家对新的知识，特别是复杂的知识才能更加容易地理解和掌握。

RxJava 是基于观察者模式实现的，这里先带领大家复习一下观察者模式的基础原理和经典实现。当然，这也是 Java 工程师面试必备的一个重要知识点。

4.1.1 观察者模式的基础原理

观察者模式是常用的设计模式之一，是所有 Java 工程师必须掌握的设计模式。观察者模式也叫发布订阅模式。

此模式的角色中有一个可观察的主题对象 Subject，有多个观察者 Observer 去关注它。当 Subject 的状态发生变化时，会自动通知这些 Observer 订阅者，令 Observer 做出响应。

在整个观察者模式中一共有 4 个角色：Subject（抽象主题、抽象被观察者）、Concrete Subject（具体主题、具体被观察者）、Observer（抽象观察者）以及 ConcreteObserver（具体观察者）。

观察者模式的 4 个角色以及它们之间的关系如图 4-1 所示。

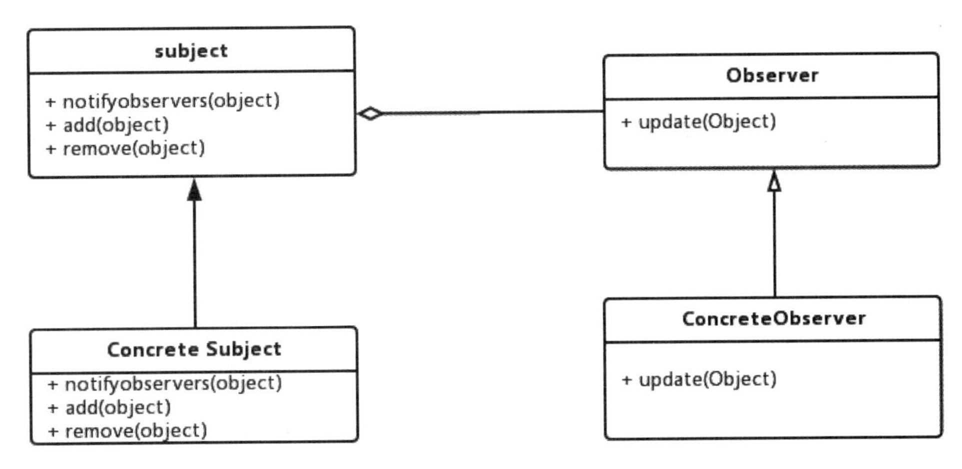

图 4-1　观察者模式的 4 个角色以及它们之间的关系

观察者模式中 4 个角色的介绍如下：

（1）Subject（抽象主题）：Subject 抽象主题的主要职责之一为维护 Observer 观察者对象的集合，集合里的所有观察者都订阅过该主题。Subject 抽象主题负责提供一些接口，可以增加、删除和更新观察者对象。

（2）ConcreteSubject（具体主题）：ConcreteSubject 用于保持主题的状态，并且在主题的状态发生变化时给所有注册过的观察者发出通知。具体来说，ConcreteSubject 需要调用 Subject（抽象主题）基类的通知方法给所有注册过的观察者发出通知。

（3）Observer（抽象观察者）：观察者的抽象类定义更新接口，使得被观察者可以在收到主题通知的时候更新自己的状态。

（4）ConcreteObserver（具体观察者）：实现抽象观察者 Observer 所定义的更新接口，以便在收到主题的通知时完成自己状态的真正更新。

4.1.2　观察者模式的经典实现

首先来看 Subject 主题类的代码实现：它将所有订阅过自己的 Observer 观察者对象保存在一个集合中，然后提供一组方法完成 Observer 观察者的新增、删除和通知。

Subject 主题类的参考代码实现如下：

```
package com.crazymaker.demo.observerPattern;
import lombok.extern.slf4j.Slf4j;
import java.util.ArrayList;
import java.util.List;
@Slf4j
public class Subject {
    //保存订阅过自己的观察者对象
    private List<Observer> observers = new ArrayList<>();

    //观察者对象订阅
    public void add(Observer observer) {
```

```
        observers.add(observer);
       log.info( "add an observer");
    }

    //观察者对象注销
    public void remove(Observer observer) {
        observers.remove(observer);
        log.info( "remove an observer");
    }

    //通知所有注册的观察者对象
    public void notifyObservers(String newState) {
        for (Observer observer : observers) {
            observer.update(newState);
        }
    }
}
```

接着来看 ConcreteSubject 具体主题类：它首先拥有一个成员用于保持主题的状态，并且在主题的状态变化时调用基类 Subject（抽象主题）的通知方法给所有注册过的观察者发出通知。

```
package com.crazymaker.demo.observerPattern;

import lombok.extern.slf4j.Slf4j;
@Data
@Slf4j
public class ConcreteSubject extends Subject {

    private String state; //保持主题的状态

    public void change(String newState) {
        state = newState;
        log.info( "change state :" + newState);
        //状态发生改变，通知观察者
        notifyObservers(newState);
    }
}
```

然后来看一下观察者 Observer 接口，它抽象出了一个观察者自身的状态更新方法。

```
package com.crazymaker.demo.observerPattern;
public interface Observer {
    void update(String newState);  //状态更新的方法
}
```

接着来看 ConcreteObserver 具体观察者类：它首先接收主题的通知，实现抽象观察者 Observer 所定义的 update 接口，以便在收到主题的状态发生变化时完成自己的状态更新。

```
package com.crazymaker.demo.observerPattern;
```

```
import lombok.extern.slf4j.Slf4j;

@Slf4j
public class ObserverA implements Observer {

    //观察者状态
    private String observerState;

    @Override
    public void update(String newState) {
        //更新观察者状态，让它与主题的状态一致
        observerState = newState;
        log.info( "观察者的当前状态为："+observerState);
}
}
```

4 个角色的实现代码已经介绍完了。如何使用观察者模式呢？步骤如下：

```
package com.crazymaker.demo.observerPattern;

public class ObserverPatternDemo {
    public static void main(String[] args) {
        //第一步：创建主题
        ConcreteSubject mConcreteSubject = new ConcreteSubject();
        //第二步：创建观察者
        Observer observerA = new ObserverA();
        Observer ObserverB = new ObserverA();
        //第三步：主题订阅
        mConcreteSubject.add(observerA);
        mConcreteSubject.add(ObserverB);
        //第四步：主题状态变更
        mConcreteSubject.change("倒计时结束，开始秒杀");
    }
}
```

运行示例程序，结果如下：

```
    22:46:03.548 [main] INFO  c.c.d.o.ConcreteSubject - change state:倒计时结束，
开始秒杀
    22:46:03.548 [main] INFO  c.c.d.o.ObserverA -观察者的当前状态为：倒计时结束，开
始秒杀
    22:46:03.548 [main] INFO  c.c.d.o.ObserverA - 观察者的当前状态为：倒计时结束，开
始秒杀
```

4.1.3　RxJava 中的观察者模式

RxJava 是基于观察者模式设计的。RxJava 中的 Observable 类和 Subscriber 类分别对应观察者模式中的 Subject（抽象主题）和 Observer（抽象观察者）两个角色。

在 RxJava 中，Observable 和 Subscriber 通过 subscribe()方法实现订阅关系，如图 4-2 所示。

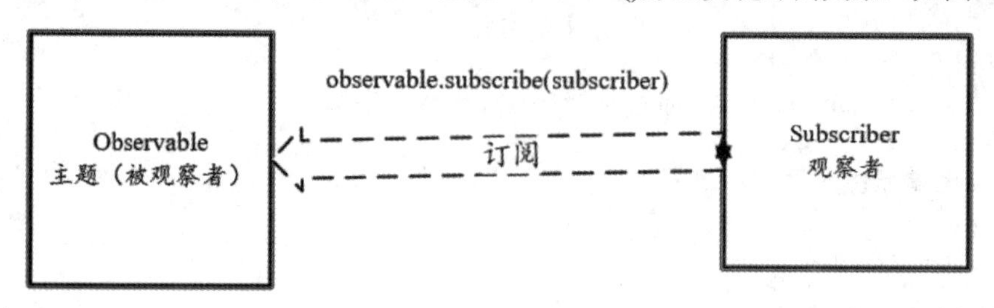

图 4-2 RxJava 通过 subscribe()方法实现订阅关系

在 RxJava 中，Observable 和 Subscriber 之间通过 emitter.onNext(...)弹射的方式实现主题的消息发布，如图 4-3 所示。

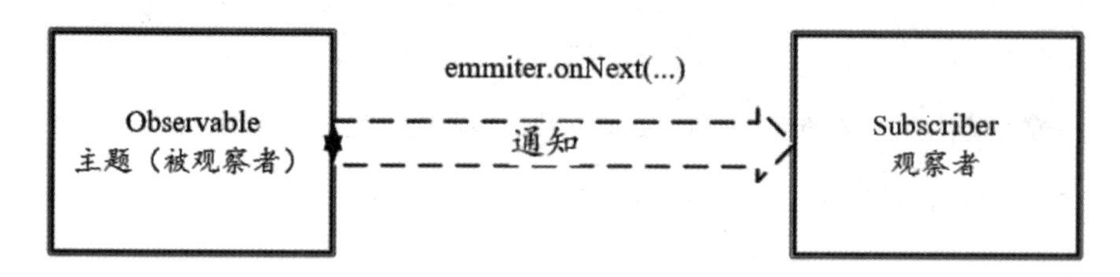

图 4-3 RxJava 通过 emitter.onNext()弹射主题消息

RxJava 中主题的消息发布方式之一是通过内部的弹射器 Emitter 完成。Emitter 除了使用 onNext() 方法弹射消息之外，还定义了两个特殊的通知方法：onCompleted()和 onError()。

（1）onCompleted()：表示消息序列弹射完结。

RxJava 主题(可观察者)中的 Emitter 可以不只发布(弹射)一个消息,可以重复使用其 onNext()方法弹射一系列消息（或事件），这一系列消息组成一个序列。在绝大部分场景下，Observable 内部有一个专门的 Queue（队列）来负责缓存消息序列。当 Emitter 明确不会再有新的消息弹射出来时，需要触发 onCompleted()方法，作为消息序列的结束标志。

RxJava 主题（可观察者）的 Emitter 弹射器所弹出的消息序列也可以称为消息流。

（2）onError()：表示主题的消息序列异常终止。

如果 Observable 在事件处理过程中出现异常，Emitter 的 onError()就会被触发，同时消息序列自动终止，不允许再有消息弹射出来。

RxJava 的一个简单使用示例代码如下：

```
package com.crazymaker.demo.observerPattern;
//省略 import
@Slf4j
public class RxJavaObserverDemo {

    /**
     *演示 RxJava 中的 Observer 模式
     */
    @Test
```

```
    public void rxJavaBaseUse() {
        //被观察者（主题）
        Observable observable = Observable.create(
                new Action1<Emitter<String>>() {
                    @Override
                    public void call(Emitter<String> emitter) {
                        emitter.onNext("apple");
                        emitter.onNext("banana");
                        emitter.onNext("pear");
                        emitter.onCompleted();
                    }
                },Emitter.BackpressureMode.NONE);

        //订阅者（观察者）
        Subscriber<String> subscriber = new Subscriber<String>() {
            @Override
            public void onNext(String s) {
                log.info("onNext: {}", s);
            }

            @Override
            public void onCompleted() {
                log.info("onCompleted");
            }

            @Override
            public void onError(Throwable e) {
                log.info("onError");
            }
        };
        //订阅：Observable与Subscriber之间依然通过subscribe()进行关联
        observable.subscribe(subscriber);
    }

}
```

运行这个示例程序，结果如下：

```
11:29:07.555 [main] INFO  c.c.d.o.RxJavaObserverDemo - onNext: apple
11:29:07.564 [main] INFO  c.c.d.o.RxJavaObserverDemo - onNext: banana
11:29:07.564 [main] INFO  c.c.d.o.RxJavaObserverDemo - onNext: pear
11:29:07.564 [main] INFO  c.c.d.o.RxJavaObserverDemo - onCompleted
```

通过代码和运行接口可以看出：被观察者 Observable 与观察者 Subscriber 产生关联通过 subscribe()方法完成。当订阅开始时，Observable 主题便开始发送事件。

通过代码还可以看出：Subscriber 有 3 个回调方法，其中 onNext(String s)回调方法用于响应 Observable 主题正常的弹射消息，onCompleted()回调方法用于响应 Observable 主题的结束消息，

onError(Throwable e)回调方法用于响应 Observable 主题的异常消息。

在一个消息序列中，Emitter 弹射器的 onCompleted()正常结束和 onError()异常终止只能调用一个，并且必须是消息序列中最后一个被发送的消息。换句话说，Emitter 的 onCompleted()和 onError()两个方法是互斥的，在消息序列中调用了其中一个，就不可以再调用另一个。

通过示例可以看出，RxJava 与经典的观察者模式不同。在 RxJava 中，主题内部有一个弹射器的角色，而经典的观察者模式中，主题所发送的是单个消息，并不是一个消息序列。

在 RxJava 中，Observable 主题还会负责消息序列缓存，这一点像经典的生产者/消费者模式。在经典的生产者/消费者模式中，生产者生产数据后放入缓存队列，自己不进行处理，而消费者从缓存队列里拿到所要处理的数据，完成逻辑处理。从这一点来说，RxJava 借鉴了生产者消费者模式的思想。

4.1.4 RxJava 的不完整回调

Java 8 引入函数式编程方式大大地提高了编码效率。但是，Java 8 的函数式编程有一个非常重要的要求：需要函数式接口作为支撑。什么是函数式接口呢？指的是有且只有一个抽象方法的接口，比如 Java 中内置的 Runnable 接口。

RxJava 的一大特色是支持函数式的编程。由于标准的 Subscriber 观察者接口有 3 个抽象方法，当然就不是一个函数式接口，因此直接使用 Subscriber 观察者接口是不支持函数式编程的。

RxJava 为了支持函数式编程，另外定义了几个函数式接口，比较重要的有 Action0 和 Action1。

1. Action0 回调接口

这是一个无参数、无返回值的函数式接口，源码如下：

```
package rx.functions;

/**
 *A zero-argument action.
 */
public interface Action0 extends Action {
    void call();
}
```

Action0 接口的 call()方法无参数、无返回值，它的具体使用场景对应于 Subscriber 观察者中的 onCompleted()回调方法的使用场景，因为 Subscriber 的 onCompleted()回调方法也是无参数、无返回值的。

2. Action1 回调接口

这是一个有一个参数、泛型、无返回值的函数式接口，源码如下：

```
package rx.functions;

/**
 *A one-argument action.
```

```
 *@param <T> the first argument type
 */
public interface Action1<T> extends Action {
   void call(T t);
}
```

Action1 回调接口主要有以下两种用途：

（1）作为函数式编程替代使用 Subscriber 的 onNext()方法的传统编程，前提是 Action1 回调接口的泛型类型与 Subscriber 的 onNext()回调方法的参数类型保持一致。

（2）作为函数式编程替代使用 Subscriber 的 onErrorAction（Throwable e）方法的传统编程，前提是 Action1 回调接口的泛型类型与 Subscriber 的 onErrorAction()回调方法的参数类型保持一致。

Action1 接口承担的主要是观察者（订阅者）角色，所以 RxJava 为主题类提供了重载的 subscribe(Action1 action) 订阅方法，可以接收一个 Action1 回调接口的实现对象作为弹射消息序列的订阅者。

下面使用不完整回调实现 4.1.3 节的例子，大家可以对比一下。具体的源码如下：

```
package com.crazymaker.demo.observerPattern;
//省略 import
@Slf4j
public class RxJavaObserverDemo {

    /**
     *演示 RxJava 中的不完整观察者
     */
    @Test
    public void rxJavaActionDemo() {
      //被观察者（主题）
      Observable observable = Observable.create(
              new Action1<Emitter<String>>() {
                  @Override
                  public void call(Emitter<String> emitter) {
                      emitter.onNext("apple");
                      emitter.onNext("banana");
                      emitter.onNext("pear");
                      emitter.onCompleted();
                  }
              },Emitter.BackpressureMode.NONE);

       Action1<String> onNextAction = new Action1<String>() {
           @Override
           public void call(String s) {
               log.info(s);
           }
       };
       Action1<Throwable> onErrorAction = new Action1<Throwable>() {
           @Override
           public void call(Throwable throwable) {
```

```
                log.info("onError,Error Info is:" + throwable.getMessage());
            }
        };
        Action0 onCompletedAction = new Action0() {
            @Override
            public void call() {
                log.info("onCompleted");
            }
        };
        log.info("第 1 次订阅：");
        //根据 onNextAction 来定义 onNext()
        observable.subscribe(onNextAction);

        log.info("第 2 次订阅：");
        //根据 onNextAction 来定义 onNext()，根据 onErrorAction 来定义 onError()
        observable.subscribe(onNextAction, onErrorAction);

        log.info("第 3 次订阅：");
        //根据 onNextAction 来定义 onNext()，根据 onErrorAction 来定义 onError()
        //根据 onCompletedAction 来定义 onCompleted()
        observable.subscribe(onNextAction, onErrorAction,
onCompletedAction);
    }
}
```

运行这个示例程序，结果如下：

```
11:06:22.015 [main] INFO  c.c.d.o.RxJavaObserverDemo - 第 1 次订阅:
11:06:22.015 [main] INFO  c.c.d.o.RxJavaObserverDemo - apple
11:06:22.015 [main] INFO  c.c.d.o.RxJavaObserverDemo - banana
11:06:22.015 [main] INFO  c.c.d.o.RxJavaObserverDemo - pear
11:06:22.015 [main] INFO  c.c.d.o.RxJavaObserverDemo - 第 2 次订阅:
11:06:22.015 [main] INFO  c.c.d.o.RxJavaObserverDemo - apple
11:06:22.016 [main] INFO  c.c.d.o.RxJavaObserverDemo - banana
11:06:22.016 [main] INFO  c.c.d.o.RxJavaObserverDemo - pear
11:06:22.016 [main] INFO  c.c.d.o.RxJavaObserverDemo - 第 3 次订阅:
11:06:22.016 [main] INFO  c.c.d.o.RxJavaObserverDemo - apple
11:06:22.016 [main] INFO  c.c.d.o.RxJavaObserverDemo - banana
11:06:22.016 [main] INFO  c.c.d.o.RxJavaObserverDemo - pear
11:06:22.016 [main] INFO  c.c.d.o.RxJavaObserverDemo - onCompleted
```

在上面的代码中， observable 被订阅了 3 次，由于没有异常消息，因此从输出中只能看到正常消息和结束消息。

总之，RxJava 提供的 Action0 回调接口和 Action1 回调接口可以看作 Subscriber 观察者接口的阉割版本和函数式编程版本。使用 RxJava 的不完整回调观察者接口并结合 Java 8 的函数式编程，能够编写出更为简洁和灵动的代码。

4.1.5 RxJava 的函数式编程

有了 Action0 和 Action1 这两个函数式接口，就可以使用 RxJava 进行函数式编程了。下面使用函数式编程的风格实现 4.1.4 节的例子，大家对比一下。

```
public class RxJavaObserverDemo {
    ...
    /**
     *演示 RxJava 中的 Lamda 表达式实现
     */
    @Test
    public void rxJavaActionLamda() {
        Observable<String> observable =
                            Observable.just("apple", "banana", "pear");
        log.info("第 1 次订阅: ");
        //使用 Action1 函数式接口来实现 onNext 回调
        observable.subscribe(s -> log.info(s));

        log.info("第 2 次订阅: ");
        //使用 Action1 函数式接口来实现 onNext 回调
        //使用 Action1 函数式接口来实现 onError 回调
        observable.subscribe(
               s -> log.info(s),
               e -> log.info("Error Info is:" + e.getMessage()));
        log.info("第 3 次订阅: ");

        //使用 Action1 函数式接口来实现 onNext 回调
        //使用 Action1 函数式接口来实现 onError 回调
        //使用 Action0 函数式接口来实现 onCompleted 回调
        observable.subscribe(
               s -> log.info(s),
               e -> log.info("Error Info is:" + e.getMessage()),
               () -> log.info("onCompleted 弹射结束"));
    }
}
```

运行这个示例程序，输出的结果和 4.1.4 节的示例程序的输出结果是一致的，所以这里不再赘述。对比 4.1.4 节的程序可以看出，RxJava 的函数式编程比普通的 Java 编程简洁很多。

实际上，在 RxJava 源码中，Observable 类的 subscribe()订阅方法的重载版本中使用的是一个 ActionSubscriber 包装类实例，对 3 个函数式接口实例进行包装。所以，最终的消息订阅者还是一个 Subscriber 类型的实例。

下面是 Observable 类的一个重载的 subscribe(...)订阅方法的源码，具体如下：

```
public final Subscription subscribe(final Action1<? super T> onNext,
    final Action1<Throwable> onError, final Action0 onCompleted)
{
       if (onNext == null) {
          throw new IllegalArgumentException("onNext can not be null");
       }
```

```
        if (onError == null) {
            throw new IllegalArgumentException("onError can not be null");
        }
        if (onCompleted == null) {
            throw new IllegalArgumentException("onComplete can not be null");
        }
        //通过包装类进行包装
        return subscribe(new ActionSubscriber<T>(onNext, onError,
onCompleted));
    }
```

上面的源码中用到的 ActionSubscriber 类是 Subscriber 接口的一个实现类，主要用于包装 3 个函数式接口的实现。

4.1.6 RxJava 的操作符

RxJava 的操作符实质上是为了方便数据流的操作，是 RxJava 为 Observable 主题所定义的一系列函数。

RxJava 的操作符按照其作用具体可以分为以下几类：

（1）创建型操作符：创建一个可观察对象 Observable 主题对象，并根据输入参数弹射数据。

（2）过滤型操作符：从 Observable 弹射的消息流中过滤出满足条件的消息。

（3）转换型操作符：对 Observable 弹射的消息执行转换操作。

（4）聚合型操作符：对 Observable 弹射的消息流进行聚合操作，比如统计数量等。

4.2 创建型操作符

创建型操作符用于创建一个可观察对象 Observable 主题对象并弹出数据。RxJava 的创建型操作符比较多，大致如下：

（1）create( )：使用函数从头创建一个 Observable 主题对象。

（2）defer( )：只有当订阅者订阅才创建 Observable 主题对象，为每个订阅创建一个新的 Observable 主题对象。

（3）range( )：创建一个弹射指定范围的整数序列的 Observable 主题对象。

（4）interval( )：创建一个按照给定的时间间隔弹射整数序列的 Observable 主题对象。

（5）timer( )：创建一个在给定的延时之后弹射单个数据的 Observable 主题对象。

（6）empty( )：创建一个什么都不做直接通知完成的 Observable 主题对象。

（7）error( )：创建一个什么都不做直接通知错误的 Observable 主题对象。

（8）never( )：创建一个不弹射任何数据的 Observable 主题对象。

接下来以 just、from、range、interval、defer 五个操作符为例进行介绍。

4.2.1　just 操作符

Observable 的 just 操作符用于创建一个 Observable 主题，并且会将实参数据弹射出来。just 操作符可接收多个实参，所有实参都将被逐一弹射。

just 操作符的演示代码如下：

```
package com.crazymaker.demo.rxJava.basic;
import lombok.extern.slf4j.Slf4j;
import org.junit.Test;
import rx.Observable;
@Slf4j
public class CreaterOperatorDemo {
    /**
     *演示 just 的基本使用
     */
    @Test
    public void justDemo() {
        //发送一个字符串"hello world"
        Observable.just("hello world")
                .subscribe(s -> log.info("just string->" + s));
        //逐一发送 1,2,3,4 四个整数
        Observable.just(1, 2, 3, 4)
                .subscribe(i -> log.info("just int->" + i));
    }

}
```

运行之后的结果大致如下：

```
    20:53:17.653 [main] INFO  c.c.d.r.b.CreaterOperatorDemo - just string->hello
world
    20:53:17.658 [main] INFO  c.c.d.r.b.CreaterOperatorDemo - just int->1
    20:53:17.659 [main] INFO  c.c.d.r.b.CreaterOperatorDemo - just int->2
    20:53:17.659 [main] INFO  c.c.d.r.b.CreaterOperatorDemo - just int->3
    20:53:17.659 [main] INFO  c.c.d.r.b.CreaterOperatorDemo - just int->4
```

说　明

just 操作符只是简单的原样弹射，如果实参是数组或者 Iterable 迭代器对象，数组或 Iterable 就会被当作单个数据弹射。

虽然 just 操作符可以弹射多个数据，但是上限为 9 个。

4.2.2　from 操作符

from 操作符以数组、Iterable 迭代器等对象作为输入，创建一个 Observable 主题对象，然后将实参（如数组、Iterable 迭代器等）中的数据元素逐一弹射出去。

from 操作符的演示代码如下：

```
...
@Slf4j
public class CreaterOperatorDemo {
    /***演示 from 的基本使用  */
    @Test
    public void fromDemo() {
        //逐一发送一个数组中的每一个元素
        String[] items = {"a", "b", "c", "d", "e", "f"};
        Observable.from(items)
                .subscribe(s -> log.info("just string->" + s));

        //逐一发送迭代器中的每一个元素
        Integer[] array = {1, 2, 3, 4};
        List<Integer> list = Arrays.asList(array);
        Observable.from(list)
               .subscribe(i -> log.info("just int->" + i));
}
...
}
```

运行上述演示代码，结果如下：

```
21:10:18.537 [main] INFO  c.c.d.r.b.CreaterOperatorDemo - just string->a
21:10:18.540 [main] INFO  c.c.d.r.b.CreaterOperatorDemo - just string->b
21:10:18.540 [main] INFO  c.c.d.r.b.CreaterOperatorDemo - just string->c
21:10:18.540 [main] INFO  c.c.d.r.b.CreaterOperatorDemo - just string->d
21:10:18.540 [main] INFO  c.c.d.r.b.CreaterOperatorDemo - just string->e
21:10:18.541 [main] INFO  c.c.d.r.b.CreaterOperatorDemo - just string->f
21:10:18.543 [main] INFO  c.c.d.r.b.CreaterOperatorDemo - just int->1
21:10:18.544 [main] INFO  c.c.d.r.b.CreaterOperatorDemo - just int->2
21:10:18.544 [main] INFO  c.c.d.r.b.CreaterOperatorDemo - just int->3
21:10:18.545 [main] INFO  c.c.d.r.b.CreaterOperatorDemo - just int->4
```

从以上输出可以看出，from()操作将传入的数组或 Iterable 拆分成单个元素依次弹射出去。

4.2.3 range 操作符

range 操作符以一组整数范围作为输入，创建一个 Observable 主题对象并弹射该整数范围内包含的所有整数。

range 操作符的演示代码如下：

```
package com.crazymaker.demo.rxJava.basic;
...
@Slf4j
public class CreaterOperatorDemo {
    /**演示 range 的基本使用 */
```

```
    @Test
    public void rangeDemo() {
        //逐一发一组范围内的整数序列
        Observable.range(1, 10)
                .subscribe(i -> log.info("just int->" + i));
    }
}
```

运行上述演示代码，输出的结果如下：

```
21:24:50.507 [main] INFO  c.c.d.r.b.CreaterOperatorDemo - just int->1
21:24:50.513 [main] INFO  c.c.d.r.b.CreaterOperatorDemo - just int->2
21:24:50.513 [main] INFO  c.c.d.r.b.CreaterOperatorDemo - just int->3
21:24:50.513 [main] INFO  c.c.d.r.b.CreaterOperatorDemo - just int->4
21:24:50.513 [main] INFO  c.c.d.r.b.CreaterOperatorDemo - just int->5
21:24:50.513 [main] INFO  c.c.d.r.b.CreaterOperatorDemo - just int->6
21:24:50.513 [main] INFO  c.c.d.r.b.CreaterOperatorDemo - just int->7
21:24:50.513 [main] INFO  c.c.d.r.b.CreaterOperatorDemo - just int->8
21:24:50.514 [main] INFO  c.c.d.r.b.CreaterOperatorDemo - just int->9
21:24:50.514 [main] INFO  c.c.d.r.b.CreaterOperatorDemo - just int->10
```

Observable.range(1,10)表示弹射在区间[1,10]范围内的数据，其范围包含区间的上限和下限。

4.2.4 interval 操作符

interval 操作符创建一个 Observable 主题对象（消息流），该消息流会按照固定时间间隔发射整数序列。interval 操作符的演示代码如下：

```
package com.crazymaker.demo.rxJava.basic;
...

@Slf4j
public class OtherOperatorDemo
{

    /**
     *演示 interval 转换
     */
    @Test
    public void intervalDemo() throws InterruptedException
    {
        Observable
                .interval(100, TimeUnit.MILLISECONDS)
                .subscribe(aLong -> log.info(aLong.toString()));

        Thread.sleep(Integer.MAX_VALUE);
    }
...
```

```
}
```

演示代码中的 interval 操作符的弹射间隔时间为 100 毫秒。运行这个演示程序，输出的结果如下：

```
[RxComputationScheduler-1] INFO  c.c.d.r.b.OtherOperatorDemo - 0
[RxComputationScheduler-1] INFO  c.c.d.r.b.OtherOperatorDemo - 1
[RxComputationScheduler-1] INFO  c.c.d.r.b.OtherOperatorDemo - 2
[RxComputationScheduler-1] INFO  c.c.d.r.b.OtherOperatorDemo - 3
[RxComputationScheduler-1] INFO  c.c.d.r.b.OtherOperatorDemo - 4
...
```

4.2.5 defer 操作符

just、from、range 以及其他创建操作符都是在创建主题时弹射数据，而不是在被订阅时弹射数据。而 defer 操作符在创建主题时并不弹射数据，它会一直等待，直到有观察者订阅才会弹射数据。

defer 操作符的演示代码如下：

```
package com.crazymaker.demo.rxJava.defer;
...
@Slf4j
public class SimpleDeferDemo
{

    /**
     *演示 defer 延迟创建操作符
     */
    @Test
    public void deferDemo()
    {
        AtomicInteger foo = new AtomicInteger(100);
        Observable observable = Observable.just(foo.get());
        /**
         *延迟创建
         */
        Observable dObservable = Observable.defer(
                                    () -> Observable.just(foo.get()));

        /**
         *修改对象的值
         */
        foo.set(200);
        /**
         *有观察者订阅
         */
        observable.subscribe(
```

```
                integer -> log.info("just emit {}", String.valueOf(integer));
        /**
         *有观察者订阅
         */
        dObservable.subscribe(
            integer -> log.info("defer just emit {}", String.valueOf(integer));

    }
}
```

运行这个演示程序，输出的结果如下：

```
[main] INFO  c.c.d.r.defer.SimpleDeferDemo - just emit 100
[main] INFO  c.c.d.r.defer.SimpleDeferDemo - defer just emit 200
```

实质上，通过 defer 创建的主题，在观察者订阅时会创建一个新的 Observable 主题。因此，尽管每个订阅者都以为自己订阅的是同一个 Observable，事实上每个订阅者获取的是独立的消息序列。

4.3　过滤型操作符

本节介绍 RxJava 的两个过滤型操作符：filter 操作符和 distinct 操作符。

4.3.1　filter 操作符

filter 操作符用于判断 Observable 弹射的每一个消息是否满足条件。如果满足条件，就继续向下游的观察者传递；如果不满足条件，就过滤掉。filter 操作符的处理流程如图 4-4 所示。

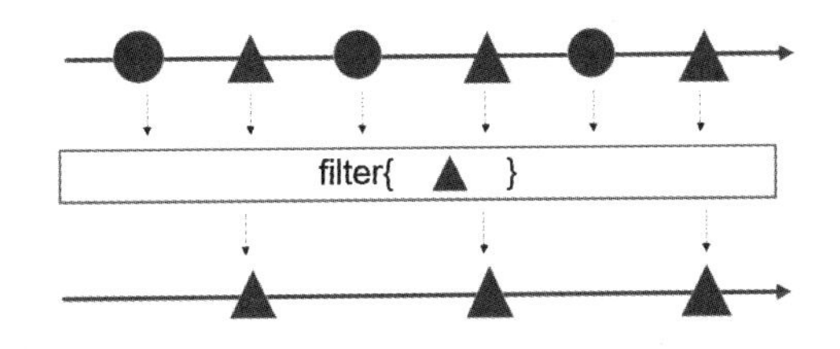

图 4-4　filter 操作符的处理流程

filter 操作符使用 Func1 函数式接口传入判断条件，其演示代码如下：

```
package com.crazymaker.demo.rxJava.basic;
...
@Slf4j
public class FilterOperatorDemo {

    /**
     *演示 filter 的基本使用
```

```
     */
    @Test
    public void filterDemo() {
        //通过 filter 筛选能被 5 整除的数
        Observable.range(1, 20)
                .filter(new Func1<Integer, Boolean>() {
                    @Override
                    public Boolean call(Integer integer) {
                        return integer % 5 == 0;
                    }
                })
                .subscribe(i -> log.info("filter int->" + i));
    }
}
```

上述演示代码首先通过 rang 操作符弹射一个范围为[1,20]的整数序列，然后通过 filter 操作符对弹射的数据进行筛选，筛选出能被 5 整除的数。

运行这个演示程序，输出的结果如下：

```
21:45:40.579 [main] INFO  c.c.d.r.b.FilterOperatorDemo - filter int->5
21:45:40.584 [main] INFO  c.c.d.r.b.FilterOperatorDemo - filter int->10
21:45:40.584 [main] INFO  c.c.d.r.b.FilterOperatorDemo - filter int->15
21:45:40.585 [main] INFO  c.c.d.r.b.FilterOperatorDemo - filter int->20
```

上面的演示代码，如果使用 Lambda 表达式进行改写，那么改写后的代码如下：

```
    //使用 Lambda 形式演示 filter 的基本使用
    @Test
    public void filterDemoLambda() {
        //通过 filter 筛选出能被 5 整除的数
        Observable.range(1, 20)
                .filter(integer -> integer%5==0)
                .subscribe(i -> log.info("filter int->" + i));
    }
```

4.3.2 distinct 操作符

distinct 操作符用于在消息流中过滤掉重复的元素，过滤规则为：只允许还没有被弹射过的元素弹射出去。distinct 操作符的处理流程如图 4-5 所示。

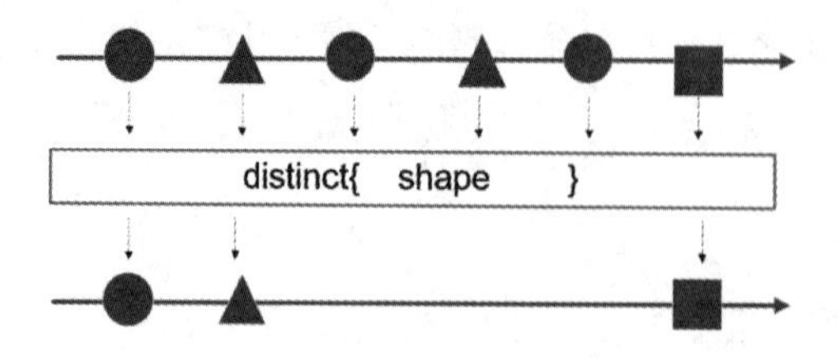

图 4-5 distinct 操作符的处理流程

下面是一个简单的 distinct 操作符的使用实例：

```
package com.crazymaker.demo.rxJava.basic;
//省略 import
@Slf4j
public class FilterOperatorDemo {

    /**
     *演示 distinct 基本使用
     */
    @Test
    public void distinctDemo() {

        Observable.just("apple", "pair", "banana", "apple", "pair")
                .distinct()  //使用 distinct 过滤重复元素
                .subscribe(s -> log.info("distinct s->" + s));
    }
}
```

运行这个演示程序，输出的结果如下：

```
15:05:32.229 [main] INFO  c.c.d.r.b.FilterOperatorDemo - distinct s->apple
15:05:32.234 [main] INFO  c.c.d.r.b.FilterOperatorDemo - distinct s->pair
15:05:32.234 [main] INFO  c.c.d.r.b.FilterOperatorDemo - distinct s->banana
```

从输出的结果可以看出，由于消息流前面已经被弹射过了，因此消息流后面的 "apple"、"pair" 两个元素被过滤了。

4.4　转换型操作符

本节介绍 RxJava 的 3 个转换型操作符：map 操作符、flatMap 操作符和 scan 操作符。

4.4.1　map 操作符

map 操作符接受一个转换函数，对 Observable 弹射的消息流中的每一个元素应用该转换函数，转换之后的结果从消息流弹出。map 操作符返回的消息流由转换函数执行转换之后的结果组成。

map 操作符的处理流程如图 4-6 所示。

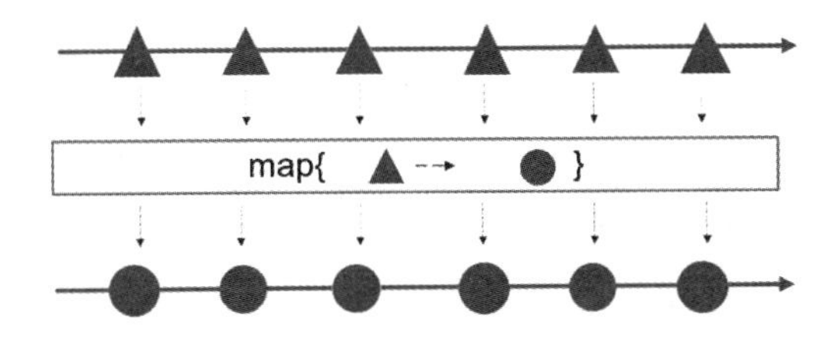

图 4-6　map 操作符的处理流程

map 操作符需要接收一个函数式接口 Function<T,R> 的对象，该对象实现了接口的 apply(T) 方法，此方法负责对接收到的实参进行转换，返回转换之后的新值。

map 操作符的使用实例如下：

```
package com.crazymaker.demo.rxJava.basic;
//省略 import
@Slf4j
public class TransformationDemo
{
   /**
   *演示 map 转换
   */
    @Test
    public void mapDemo()
    {
        Observable.range(1, 4)
                .map(i -> i *i)
                .subscribe(i -> log.info(i.toString()));
    }
  ...
}
```

运行这个演示程序，输出的结果如下：

```
[main] INFO  c.c.d.r.b.TransformationDemo - 1
[main] INFO  c.c.d.r.b.TransformationDemo - 4
[main] INFO  c.c.d.r.b.TransformationDemo - 9
[main] INFO  c.c.d.r.b.TransformationDemo - 16
```

map 操作符从消息流中取一个值，然后返回另一个值，转换的逻辑是一对一的，而 flatMap 操作符的逻辑并不是如此。

4.4.2 flatMap 操作符

flatMap 操作符将输入消息流的任意数量的元素（零项或无穷项）打包成一个新的 Observable 主题然后弹出。

flatMap 操作符的处理流程如图 4-7 所示。

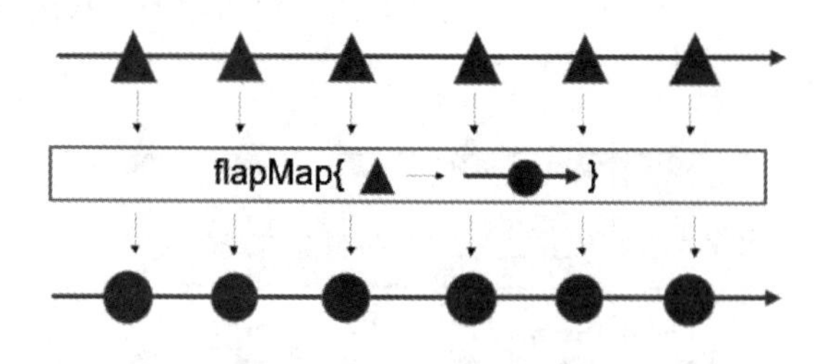

图 4-7 flatMap 操作符的处理流程

flatMap 操作符将一个弹射数据的 Observable 流变换为一个弹射 Observable 主题对象的新流，

新流所弹出的主题对象（元素）会包含源流中的一个或者多个数据元素，其特点如下：

（1）flatMap 转换是一对一类型或者一对多类型的，原来弹射了几个数据，转换之后可以是更多个数据。

（2）flatMap 转换同样可以改变弹射的数据类型。

（3）flatMap 转换后的数据还是会逐个发射给下游的 Subscriber 来接收，表面上就像这些数据是由一个 Observable 发射的一样，其实是多个 Observable 发射然后合并的。

一个简单的 flatMap 操作符的使用实例如下：

```
package com.crazymaker.demo.rxJava.basic;
//省略 import
@Slf4j
public class TransformationDemo
{
    ...
    /**
     *演示 flapMap 转换
     */
    @Test
    public void flapMapDemo()
    {
        /**
         *注意 flatMap 中的 just 创建的是一个新流
         */
        Observable.range(1, 4)
                .flatMap(i -> Observable.just(i *i, i *i + 1))
                .subscribe(i -> log.info(i.toString()));
    }
}
```

运行这个演示程序，输出的结果如下：

```
[main] INFO  c.c.d.r.b.TransformationDemo - 1
[main] INFO  c.c.d.r.b.TransformationDemo - 2
[main] INFO  c.c.d.r.b.TransformationDemo - 4
[main] INFO  c.c.d.r.b.TransformationDemo - 5
[main] INFO  c.c.d.r.b.TransformationDemo - 9
[main] INFO  c.c.d.r.b.TransformationDemo - 10
[main] INFO  c.c.d.r.b.TransformationDemo - 16
[main] INFO  c.c.d.r.b.TransformationDemo - 17
```

由于在转换的过程中 flatMap 操作符创建了新的 Observable 主题对象，因此其可以被归类为创建型操作符。一个更复杂的 flatMap 操作符的使用实例如下：

```
package com.crazymaker.demo.rxJava.basic;
//省略 import
@Slf4j
```

```
public class TransformationDemo
{
    ...
    /**
     *演示一个稍微复杂的 flapMap 转换
     */
    @Test
    public void flapMapDemo2()
    {
        Observable.range(1, 4)
                .flatMap(i -> Observable.range(1, i).toList())
                .subscribe(list -> log.info(list.toString()));
    }

}
```

在这个使用实例中，flatMap 把输入流的元素通过 range 创建型操作符转成一个 Observable 对象，然后调用其 toList()方法转换成包装单个 List 元素的新 Observable 主题对象并弹出。运行这个演示程序，输出的结果如下：

```
[main] INFO  c.c.d.r.b.TransformationDemo - [1]
[main] INFO  c.c.d.r.b.TransformationDemo - [1, 2]
[main] INFO  c.c.d.r.b.TransformationDemo - [1, 2, 3]
[main] INFO  c.c.d.r.b.TransformationDemo - [1, 2, 3, 4]
```

4.4.3 scan 操作符

scan 操作符对一个 Observable 流序列的每一项数据应用一个累积函数，然后将这个函数的累积结果弹射出去。除了第一项之外，scan 操作符会将上一个数据项的累积结果作为下一个数据项在应用累积函数时的输入，所以 scan 操作符有点类似递归操作。

假定累积函数为一个简单的累加函数，然后使用 scan 操作符对 1~5 的数据流序列进行扫描，它的执行流程如图 4-8 所示。

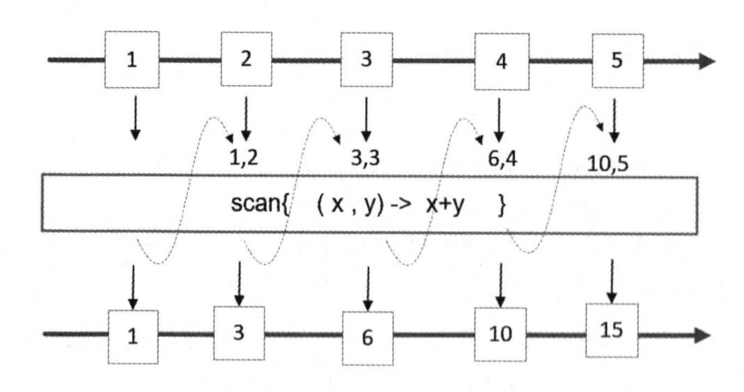

图 4-8 使用 scan 操作符对 1~5 的数据流序列进行累加扫描

使用 scan 操作符对 1~5 的数据流序列进行扫描，并使用累加函数进行累加，参考如下的实现代码：

```
package com.crazymaker.demo.rxJava.basic;
//省略 import
@Slf4j
public class TransformationDemo
{
    /**演示 scan 操作符扫描*/
    @Test
    public void scanDemo()
    {
        /**定义一个 accumulator 累积函数 */
        Func2<Integer, Integer, Integer> accumulator = new Func2<Integer,
Integer, Integer>()
        {
            @Override
            public Integer call(Integer input1, Integer input2)
            {
                log.info(" {} + {} = {}  ", input1, input2, input1 + input2);
                return input1 + input2;
            }
        };

        /**
         *使用 scan 进行流扫描
         */
        Observable.range(1, 5)
                .scan(accumulator)
                .subscribe(new Action1<Integer>()
                {
                    @Override
                    public void call(Integer sum)
                    {
                        log.info(" 累加的结果: {} ", sum);
                    }
                });
    }

}
```

运行以上代码，输出的结果节选如下：

```
[main] INFO  c.c.d.r.b.TransformationDemo -  累加的结果: 1
[main] INFO  c.c.d.r.b.TransformationDemo -  1 + 2 = 3
[main] INFO  c.c.d.r.b.TransformationDemo -  累加的结果: 3
[main] INFO  c.c.d.r.b.TransformationDemo -  3 + 3 = 6
[main] INFO  c.c.d.r.b.TransformationDemo -  累加的结果: 6
[main] INFO  c.c.d.r.b.TransformationDemo -  6 + 4 = 10
[main] INFO  c.c.d.r.b.TransformationDemo -  累加的结果: 10
[main] INFO  c.c.d.r.b.TransformationDemo -  10 + 5 = 15
[main] INFO  c.c.d.r.b.TransformationDemo -  累加的结果: 15
```

以上实例中，scan 操作符对原 Observable 流所弹射的第一项数据 1 应用了 accumulator 累积函数，然后将累积函数的结果 1 作为输出流的第一项数据弹射出去；接下来，它将第一个结果连同原始 Observable 流的第二项数据 2 一起，再填充给 accumulator 累积函数，之后将累积结果 3 作为输出流的第二项数据弹射出去。scan 操作符持续重复这个过程，不断对原流进行累积，直到其最后一个数据项的累积结果从输出流弹射出去。

4.5 聚合操作符

本节介绍 RxJava 的两个聚合型操作符：count 操作符和 reduce 操作符。

4.5.1 count 操作符

count 操作符用来对源 Observable 流的数据项进行计数，最后将总数弹射出来；如果源流弹射错误，就会将错误直接报出来；在源 Observable 流没有终止前，count 操作符是不会弹射统计数据的。

使用 count 操作符对数据流序列进行计数，具体的执行流程如图 4-9 所示。

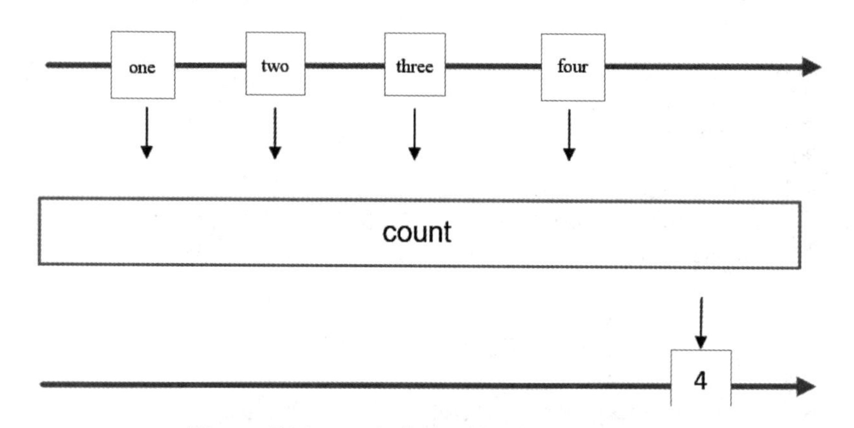

图 4-9 使用 count 操作符对数据流序列进行计数

下面是一个使用 count 操作符的简单例子，代码如下：

```
package com.crazymaker.demo.rxJava.basic;
//省略 import
@Slf4j
public class AggregateDemo
{
    /**
     *演示 count 计数操作符
     */
    @Test
    public void countDemo()
    {
        String[] items = {"one", "two", "three", "four"};
        Integer count = Observable
                .from(items)
```

```
                .count()
                .toBlocking().single();
        log.info("计数的结果为 {}",count);
    }

}
```

运行以上代码，输出的结果节选如下：

```
[main] INFO  c.c.d.r.basic.AggregateDemo - 计数的结果为 4
```

可以看出，count 操作符将一个 Observable 源流转换成一个弹射单个值的 Observable 输出流，输出流的唯一数据项的值为原始 Observable 流所弹射的数据项数量。

在上面的代码中，为了获取 count 输出流中的数据项，使用了 toBlocking()和 single()两个操作符。其中，Observable.toBlocking()操作返回了一个 BlockingObservable 阻塞型实例，该类型不是一种新的数据流，仅仅是对源 Observable 的包装，只是该类型会阻塞当前线程，一直等待直到内部的源 Observable 弹射了自己想要的数据。BlockingObservable.single()方法表示阻塞当前线程，直到从封装的源 Observable 获取到唯一的弹射数据元素项，如果 Observable 源流弹射出的数据元素不止一个，single()方法就会抛出异常。

4.5.2　reduce 操作符

Reduce（归约）操作符对一个 Observable 流序列的每一项应用一个归约函数，最后将流的最终归约计算结果弹射出去。除了第一项之外，reduce 操作符会将上一个数据项应用归约函数的结果作为下一个数据项在应用归约函数时的输入。所以，和 scan 操作符一样，reduce 操作符也有点类似递归操作。

假定归约函数为一个简单的累加函数，然后使用 reduce 操作符对 1~5 的数据流序列进行归约，其具体的归约流程如图 4-10 所示。

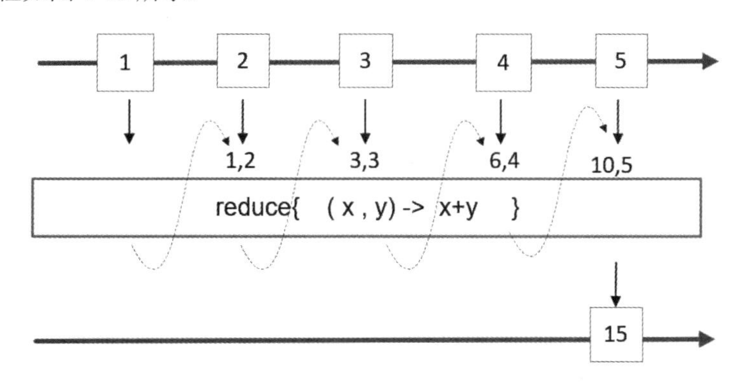

图 4-10　reduce 操作符对 1~5 的数据流序列的归约流程

使用 reduce 操作符实现对 1~5 的数据流序列的归约，参考如下的实现代码：

```
package com.crazymaker.demo.rxJava.basic;
//省略 import
```

```
@Slf4j
public class AggregateDemo
{
    /**
     *演示 reduce 操作符
     */
    @Test
    public void reduceDemo()
    {
        /**
         *定义一个 accumulator 归约函数
         */
        Func2<Integer, Integer, Integer> accumulator =
                                   new Func2<Integer, Integer, Integer>()
        {
            @Override
            public Integer call(Integer input1, Integer input2)
            {
                log.info(" {} + {} = {}  ", input1, input2, input1 + input2);
                return input1 + input2;
            }
        };


        /**
         *使用 reduce 进行流归约
         */
        Observable.range(1, 5)
                .reduce(accumulator)
                .subscribe(new Action1<Integer>()
                {
                    @Override
                    public void call(Integer sum)
                    {
                        log.info(" 归约的结果: {} ", sum);
                    }
                });
    }
}
```

运行以上代码，输出的结果节选如下：

```
[main] INFO  c.c.d.r.basic.AggregateDemo -  1 + 2 = 3
[main] INFO  c.c.d.r.basic.AggregateDemo -  3 + 3 = 6
[main] INFO  c.c.d.r.basic.AggregateDemo -  6 + 4 = 10
[main] INFO  c.c.d.r.basic.AggregateDemo -  10 + 5 = 15
[main] INFO  c.c.d.r.basic.AggregateDemo -  归约的结果: 15
```

以上实例代码中，reduce 操作符对原始 Observable 流所弹射的第一项数据 1 应用归约函数，得到中间结果 1；然后将第一个中间结果 1 连同原始流的第二项数据 2 一起填充给 accumulator 归约函数，得到中间结果 3。reduce 持续对原始流进行迭代，一直到原始流的最后一个数据项 5，reduce 将 5 连同中间结果 10 一起填充给 accumulator 归约函数，得到最终结果 15。最后，reduce 会将最终结果 15 作为输出流的数据项弹射出去。

reduce 操作符与前面介绍的 scan 操作符很类似，只是 scan 会弹出每次计算的中间结果，而 reduce 只会弹出最后的结果。

4.6　其他操作符

本节介绍 RxJava 其他比较常用的操作符：take 操作符和 window 操作符。

4.6.1　take 操作符

take 操作符用于根据索引在源流上进行元素的挑选操作，挑选源流上的 n 个元素。如果源流序列中的项少于指定索引，就抛出错误。

take 操作符的处理流程如图 4-11 所示。

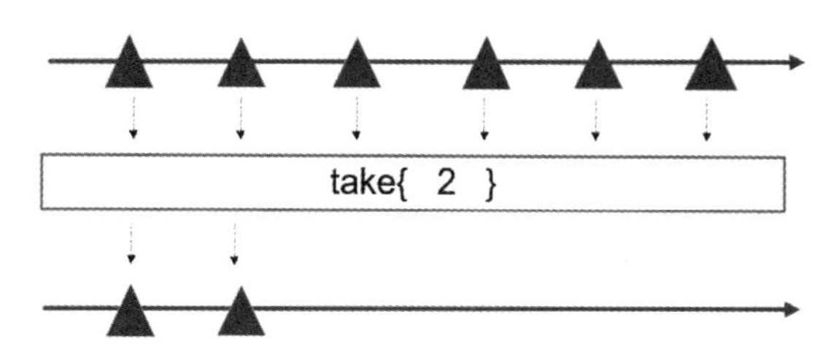

图 4-11　take 操作符的处理流程

下面是一个使用 take 操作符完成 10 秒倒计时的演示实例，代码如下：

```
package com.crazymaker.demo.rxJava.basic;
...

@Slf4j
public class OtherOperatorDemo
{
    ...
    /**
     *演示 take 操作符
      *这是一个 10 秒倒计时实例
     */
    @Test
    public void takeDemo() throws InterruptedException
    {
        Observable.interval(1, TimeUnit.SECONDS)  //设置执行间隔
```

```
                .take(10) //10 秒倒计时
                .map(aLong -> 10 - aLong)
                .subscribe(aLong -> log.info(aLong.toString()));
        Thread.sleep(Integer.MAX_VALUE);
    }

}
```

运行这个演示程序，输出的结果如下：

```
[RxComputationScheduler-1] INFO  c.c.d.r.b.OtherOperatorDemo - 10
[RxComputationScheduler-1] INFO  c.c.d.r.b.OtherOperatorDemo - 9
[RxComputationScheduler-1] INFO  c.c.d.r.b.OtherOperatorDemo - 8
[RxComputationScheduler-1] INFO  c.c.d.r.b.OtherOperatorDemo - 7
[RxComputationScheduler-1] INFO  c.c.d.r.b.OtherOperatorDemo - 6
[RxComputationScheduler-1] INFO  c.c.d.r.b.OtherOperatorDemo - 5
[RxComputationScheduler-1] INFO  c.c.d.r.b.OtherOperatorDemo - 4
[RxComputationScheduler-1] INFO  c.c.d.r.b.OtherOperatorDemo - 3
[RxComputationScheduler-1] INFO  c.c.d.r.b.OtherOperatorDemo - 2
[RxComputationScheduler-1] INFO  c.c.d.r.b.OtherOperatorDemo - 1
```

skip操作符与take操作符类似，也是用于根据索引在源流上进行元素的挑选操作，只是take是取前n个元素，而skip是跳过前n个元素。注意，如果序列中的项少于指定索引，那么两个函数都抛出错误。

4.6.2 window操作符

RxJava的窗口可以理解为固定数量（或者固定时间间隔）的元素分组。假定通过window操作符以固定数量n进行窗口划分，一旦流上弹射的元素的数量足够一个窗口的数量n，那么输出流上将弹出一个新的元素，输出元素是一个Observable主题对象，该主题包含源流窗口之内的n个元素。

使用window操作符创建固定数量窗口（滚动窗口）的处理流程如图4-12所示。

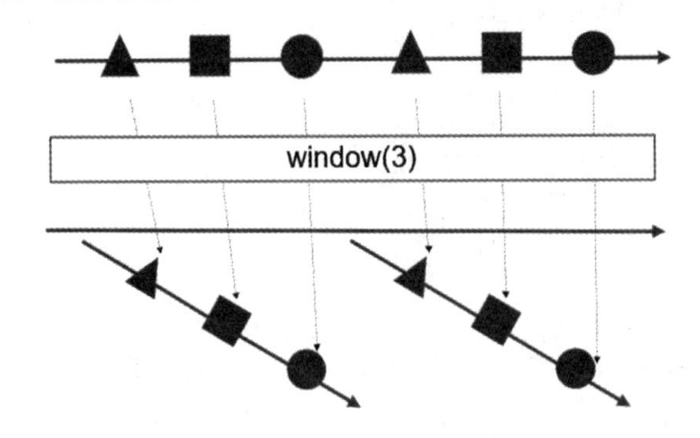

图4-12 使用window操作符创建固定数量窗口（滚动窗口）

一个使用window操作符以固定数量进行元素分组的示例程序如下：

```
package com.crazymaker.demo.rxJava.basic;
```

```
//省略 import
@Slf4j

public class WindowDemo
{

    /**
     *演示 window 创建操作符创建滚动窗口
     */
    @Test
    public void simpleWindowObserverDemo()
    {
        List<Integer> srcList = Arrays.asList(10, 11, 20, 21, 30, 31);
        Observable.from(srcList)
                .window(3) //以固定数量分组
                .flatMap(o -> o.toList())
                .subscribe(list -> log.info(list.toString()));
}
...
}
```

运行这个演示程序，输出的结果如下：

```
[main] INFO  c.c.d.rxJava.basic.WindowDemo - [10, 11, 20]
[main] INFO  c.c.d.rxJava.basic.WindowDemo - [21, 30, 31]
```

在使用 window 进行分组时，不同窗口的元素还可以重叠，可以理解成滑动窗口。

创建重叠窗口使用函数 window(int count, int skip)，其中第一个参数为窗口的元素个数，第二个参数为下一个窗口跳过的元素个数。使用 window 操作符创建重叠窗口的处理流程如图 4-13 所示。

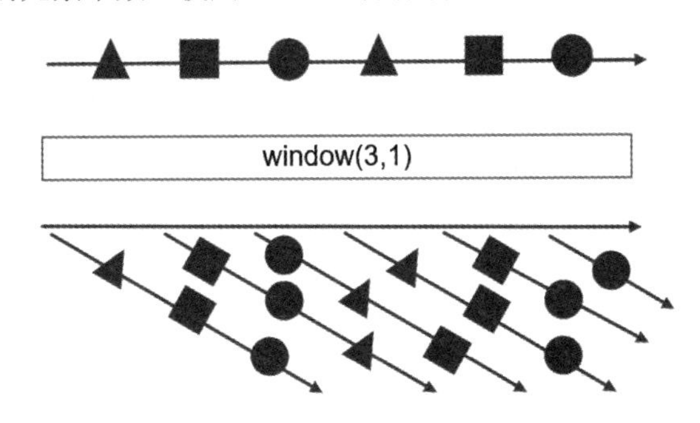

图 4-13　使用 window 操作符创建重叠窗口（滑动窗口）

使用 window 操作符以固定数量创建重叠窗口的示例程序如下：

```
package com.crazymaker.demo.rxJava.basic;
//省略 import
@Slf4j
```

```
public class WindowDemo
{
   ...
   /**
     *演示 window 创建操作符创建滑动窗口
     */
    @Test
    public void windowObserverDemo()
    {

        List<Integer> srcList = Arrays.asList(10, 11, 20, 21, 30, 31);
        Observable.from(srcList)
                .window(3, 1)
                .flatMap(o -> o.toList())
                .subscribe(list -> log.info(list.toString()));
    }
  ...
  }
```

运行这个演示程序，输出的结果如下：

```
[main] INFO  c.c.d.rxJava.basic.WindowDemo - [10, 11, 20]
[main] INFO  c.c.d.rxJava.basic.WindowDemo - [11, 20, 21]
[main] INFO  c.c.d.rxJava.basic.WindowDemo - [20, 21, 30]
[main] INFO  c.c.d.rxJava.basic.WindowDemo - [21, 30, 31]
[main] INFO  c.c.d.rxJava.basic.WindowDemo - [30, 31]
[main] INFO  c.c.d.rxJava.basic.WindowDemo - [31]
```

RxJava 的窗口还可以按照固定时间间隔进行分组。一个使用 window 操作符以固定时间间隔创建不重叠窗口（滚动窗口）的示例程序如下：

```
package com.crazymaker.demo.rxJava.basic;
//省略 import

@Slf4j

public class WindowDemo
{
    ...
    /**
     *演示 window 创建操作符创建时间窗口
     */
    @Test
    public void timeWindowObserverDemo() throws InterruptedException
    {

        Observable eventStream = Observable
                .interval(100, TimeUnit.MILLISECONDS);
```

```
        eventStream.window(300, TimeUnit.MILLISECONDS)
                .flatMap(o -> ((Observable<Integer>) o).toList())
                .subscribe(list -> log.info(list.toString()));

        Thread.sleep(Integer.MAX_VALUE);
    }
    ...
}
```

在此示例中，window 操作符以 300ms（毫秒）的固定间隔划分出非重叠窗口，每个窗口保持 300 毫秒的时间，从而确保输入流 eventStream 接收到 3 个值，直到停止。

运行这个演示程序，输出的结果如下：

```
[RxComputationScheduler-1] INFO  c.c.d.rxJava.basic.WindowDemo - [0, 1]
[RxComputationScheduler-1] INFO  c.c.d.rxJava.basic.WindowDemo - [2, 3, 4]
[RxComputationScheduler-1] INFO  c.c.d.rxJava.basic.WindowDemo - [5, 6, 7]
[RxComputationScheduler-1] INFO  c.c.d.rxJava.basic.WindowDemo - [8, 9, 10]
...
```

4.7 RxJava 的 Scheduler 调度器

顾名思义，Scheduler 是一种用来对 RxJava 流操作进行调度的类，从 Scheduler 的工厂方法可以获取现有调度器的实现，如下：

（1）Schedulers.io()：用于获取内部的 ioScheduler 调度器实例。

（2）Schedulers. newThread ()：用于获取内部的 newThreadScheduler 调度器实例，该调度器为 RxJava 流操作创建一个新线程。

（3）Schedulers. computation()：用于获取内部的 computationScheduler 调度器实例。

（4）Schedulers.trampoline ()：使用当前线程立即执行 RxJava 流操作。

（5）Schedulers. single ()：使用 RxJava 内置的单例线程执行 RxJava 流操作。

关于以上 5 个获取调度器的方法具体介绍如下：

（1）Schedulers.io()：获取内部的 ioScheduler 调度器实例主要用于 IO 密集型的流操作，例如读写 SD 卡文件、查询数据库、访问网络等。此调度器具有线程缓存机制，在接收到任务后，先检查线程缓存池中是否有空闲的线程，如果有就复用，如果没有就创建新的线程，并加入 IO 专用线程池中，如果专用线程池每次都没有空闲线程可用，就可以无上限地创建新线程。

（2）Schedulers.newThread()：每执行一个 RxJava 流操作创建一个新的线程，不具有线程缓存机制，因为创建一个新的线程比复用一个线程更耗时耗力，Schedulers.newThread()的效率没有 Schedulers.io()的效率高。

（3）Schedulers.computation()：获取内部的具有固定线程池的内部 computationScheduler 调度器实例，用于执行 CPU 密集型的流操作，线程数大小为 CPU 的核数。不可以用于 I/O 操作，例如不能用于XML/JSON文件的解析、Bitmap图片的压缩取样等，因为I/O操作会浪费CPU时间。

（4）Schedulers.trampoline()：如果要在当前线程执行流操作，而当前线程有任务在执行，就会等当前任务执行完之后再接着执行流操作。

（5）Schedulers.single()：RxJava拥有一个专用的线程单例，此调度器负责的所有流操作都在这个线程中执行，当此线程中有任务执行时，其他任务将会按照先进先出的顺序依次排队。

一个简单的调度器使用实例的代码如下：

```
package com.crazymaker.demo.rxJava.basic;
import lombok.extern.slf4j.Slf4j;
import org.junit.Test;
import rx.Observable;
import rx.Subscriber;
import rx.schedulers.Schedulers;
@Slf4j
public class SchedulerDemo {
    /**
     *演示 Schedulers 的基本使用
     */
    @Test
    public void testScheduler() throws InterruptedException {
        //被观察者
        Observable observable = Observable.create(
                new Observable.OnSubscribe<String>() {
                    @Override
                    public void call(Subscriber<? super String> subscriber) {
                        for (int i = 0; i < 5; i++) {
                            log.info("produce ->" + i);
                            subscriber.onNext(String.valueOf(i));
                        }
                        subscriber.onCompleted();
                    }
                });

        //订阅 Observable 与 Subscriber 之间依然通过 subscribe()进行关联
        observable
                //使用具有线程缓存机制的可复用线程
                .subscribeOn(Schedulers.io())
                //每执行一个任务创建一个新的线程
                .observeOn(Schedulers.newThread())
                .subscribe(s -> {
                    log.info("consumer ->" + s);
                });

        Thread.sleep(Integer.MAX_VALUE);
    }
```

```
}
```

运行这个演示程序，输出的部分结果如下：

```
17:04:17.922 [RxIoScheduler-2] INFO  c.c.d.r.b.SchedulerDemo - produce ->0
17:04:17.932 [RxIoScheduler-2] INFO  c.c.d.r.b.SchedulerDemo - produce ->1
17:04:17.932 [RxNewThreadScheduler-1] INFO  c.c.d.r.b.SchedulerDemo -
consumer ->0
17:04:17.933 [RxIoScheduler-2] INFO  c.c.d.r.b.SchedulerDemo - produce ->2
17:04:17.933 [RxNewThreadScheduler-1] INFO  c.c.d.r.b.SchedulerDemo -
consumer ->1
17:04:17.933 [RxIoScheduler-2] INFO  c.c.d.r.b.SchedulerDemo - produce ->3
17:04:17.933 [RxNewThreadScheduler-1] INFO  c.c.d.r.b.SchedulerDemo -
consumer ->2
17:04:17.933 [RxIoScheduler-2] INFO  c.c.d.r.b.SchedulerDemo - produce ->4
17:04:17.933 [RxNewThreadScheduler-1] INFO  c.c.d.r.b.SchedulerDemo -
consumer ->3
17:04:17.933 [RxNewThreadScheduler-1] INFO  c.c.d.r.b.SchedulerDemo -
consumer ->4
```

通过上面的代码可以看出，RxJava 提供了两个方法来改变流操作的调度器：

（1）subscribeOn()：主要改变的是弹射的线程。

（2）observeOn()：主要改变的是订阅的线程。

在 RxJava 中，创建操作符创建的 Observable 主题的弹射任务，将由其后最近的 subscribeOn() 所设置的调度器负责执行。

在 RxJava 中，Observable 主题的下游消费型操作（如流转换等）的线程调度，将由其前面最近的 observeOn()所设置的调度器负责。observeOn()可以多次设置，每一次设置都对下一次 observeOn()设置之前的流操作产生作用。

4.8 背压

本节首先介绍什么是背压（Backpressure）问题，然后介绍背压问题的几种应对模式。

4.8.1 什么是背压问题

当上下游的流操作处于不同的线程时，如果上游弹射数据的速度快于下游接收处理数据的速度，对于那些没来得及处理的数据就会造成积压，这些数据既不会丢失，又不会被垃圾回收机制回收，而是存放在一个异步缓存池中，如果缓存池中的数据一直得不到处理，越积越多，最后就会造成内存溢出，这便是响应式编程中的背压问题。

一个存在背压问题的演示实例代码如下：

```
package com.crazymaker.demo.rxJava.basic;
```

```
//省略 import
@Slf4j
public class BackpressureDemo {
    /**
     *演示不使用背压
     */
    @Test
    public void testNoBackpressure() throws InterruptedException {
        //被观察者（主题）
        Observable observable = Observable.create(
                new Observable.OnSubscribe<String>() {
                    @Override
                    public void call(Subscriber<? super String> subscriber) {
                        //循环 10 次
                        for (int i = 0;i<10 ; i++) {
                             log.info("produce ->" + i);
                            subscriber.onNext(String.valueOf(i));
                        }
                    }
                });

        //观察者
        Action1<String> subscriber = new Action1<String>() {
          public   void call(String s){
                try {
                    //每消费一次间隔 50 毫秒
                    Thread.sleep(50);
                } catch (InterruptedException e) {
                    e.printStackTrace();
                }
                log.info("consumer ->" + s);
            }
        };

      //订阅:observable 与 subscriber 之间依然通过 subscribe()进行关联
        observable
                .subscribeOn(Schedulers.io())
                .observeOn(Schedulers.newThread())
                .subscribe(subscriber);

        Thread.sleep(Integer.MAX_VALUE);
    }
}
```

在实例代码中，observable 发射操作执行在一条通过 Schedulers.io()调度器获取的 IO 线程上，而观察者 subscriber 的消费操作执行在另一条通过 Schedulers.newThread()调度器获取的新线程上。

observable流不断发送数据，累积发送10次；观察者subscriber每隔50毫秒接收一条数据。

运行上面的演示程序后，输出的结果如下：

```
17:56:17.719 [RxIoScheduler-2] INFO  c.c.d.r.b.BackpressureDemo - produce ->0
17:56:17.723 [RxIoScheduler-2] INFO  c.c.d.r.b.BackpressureDemo - produce ->1
17:56:17.723 [RxIoScheduler-2] INFO  c.c.d.r.b.BackpressureDemo - produce ->2
17:56:17.723 [RxIoScheduler-2] INFO  c.c.d.r.b.BackpressureDemo - produce ->3
17:56:17.723 [RxIoScheduler-2] INFO  c.c.d.r.b.BackpressureDemo - produce ->4
17:56:17.723 [RxIoScheduler-2] INFO  c.c.d.r.b.BackpressureDemo - produce ->5
17:56:17.723 [RxIoScheduler-2] INFO  c.c.d.r.b.BackpressureDemo - produce ->6
17:56:17.723 [RxIoScheduler-2] INFO  c.c.d.r.b.BackpressureDemo - produce ->7
17:56:17.723 [RxIoScheduler-2] INFO  c.c.d.r.b.BackpressureDemo - produce ->8
17:56:17.723 [RxIoScheduler-2] INFO  c.c.d.r.b.BackpressureDemo - produce ->9
    17:56:17.774 [RxNewThreadScheduler-1] INFO  c.c.d.r.b.BackpressureDemo -
consumer ->0
    17:56:17.824 [RxNewThreadScheduler-1] INFO  c.c.d.r.b.BackpressureDemo -
consumer ->1
    17:56:17.875 [RxNewThreadScheduler-1] INFO  c.c.d.r.b.BackpressureDemo -
consumer ->2
    17:56:17.925 [RxNewThreadScheduler-1] INFO  c.c.d.r.b.BackpressureDemo -
consumer ->3
    17:56:17.976 [RxNewThreadScheduler-1] INFO  c.c.d.r.b.BackpressureDemo -
consumer ->4
    17:56:18.027 [RxNewThreadScheduler-1] INFO  c.c.d.r.b.BackpressureDemo -
consumer ->5
    17:56:18.078 [RxNewThreadScheduler-1] INFO  c.c.d.r.b.BackpressureDemo -
consumer ->6
    17:56:18.129 [RxNewThreadScheduler-1] INFO  c.c.d.r.b.BackpressureDemo -
consumer ->7
    17:56:18.179 [RxNewThreadScheduler-1] INFO  c.c.d.r.b.BackpressureDemo -
consumer ->8
    17:56:18.230 [RxNewThreadScheduler-1] INFO  c.c.d.r.b.BackpressureDemo -
consumer ->9
```

上面的程序有一个特点：生产者observable弹射数据的速度大于下游消费者subscriber接收处理数据的速度，但是由于数据量小，因此上面的程序运行起来没有出现问题。

简单修改一下生产者，将原来的弹射10条改成无限制地弹射，代码如下：

```
//被观察者（主题）
        Observable observable = Observable.create(
                new Observable.OnSubscribe<String>() {
                    @Override
                    public void call(Subscriber<? super String> subscriber) {
                        //无限制地循环
                        for (int i = 0;  ; i++) {
                            //log.info("produce ->" + i);
                            subscriber.onNext(String.valueOf(i));
```

```
                }
            }
        });
```

再次运行该演示程序后，抛出的异常如下：

```
    Caused by: rx.exceptions.MissingBackpressureException
    at rx.internal.operators.OperatorObserveOn$ObserveOnSubscriber.onNext
(OperatorObserveOn.java:160)
    at rx.internal.operators.OperatorSubscribeOn$SubscribeOnSubscriber.onNext
(OperatorSubscribeOn.java:74)
    at com.crazymaker.demo.rxJava.basic.BackpressureDemo$1.call
(BackpressureDemo.java:24)
    at com.crazymaker.demo.rxJava.basic.BackpressureDemo$1.call
(BackpressureDemo.java:19)
    at rx.Observable.unsafeSubscribe(Observable.java:10327)
    at rx.internal.operators.OperatorSubscribeOn$SubscribeOnSubscriber.call
(OperatorSubscribeOn.java:100)
    at rx.internal.schedulers.CachedThreadScheduler$EventLoopWorker$1.call
(CachedThreadScheduler.java:230)
        ... 9 more
```

异常原因：由于上游 observable 流弹射数据的速度远远大于下游通过 subscriber 接收的速度，导致 observable 用于暂存弹射数据的队列空间耗尽，造成上游数据积压。

4.8.2 背压问题的几种应对模式

如何应对背压问题呢？在创建主题时可以使用 Observable 类的一个重载的 create 方法设置具体的背压模式，该方法的源代码如下：

```
    public static <T> Observable<T> create(Action1<Emitter<T>> emitter,
Emitter.BackpressureMode backpressure) {
         return unsafeCreate(new OnSubscribeCreate<T>(emitter, backpressure));
    }
```

此方法的第二个参数用于指定一种背压模式。背压模式有多种，比较常用的有“最近模式” Emitter.BackpressureMode.LATEST。这种模式的含义为：如果消费跟不上，那么仅仅缓存最近弹射出来的数据，将老旧一点的数据直接丢弃。

使用“最近模式”背压，改写 4.8.1 节的测试用例，代码如下：

```
    /**
     *演示使用“最近模式”背压
     */
    @Test
    public void testBackpressure() throws InterruptedException {
        //主题实例，使用背压
        Observable observable = Observable.create(
```

```
            new Action1<Emitter<String>> () {
                @Override
                public void call(Emitter<String> emitter) {
                    //无限循环
                    for (int i = 0; ; i++) {
                        //log.info("produce ->" + i);
                        emitter.onNext(String.valueOf(i));
                    }
                }
            }, Emitter.BackpressureMode.LATEST);

    //订阅者（观察者）
    Action1<String> subscriber = new Action1<String>() {
        public void call(String s) {
            try {
                //每消费一次间隔 50 毫秒
                Thread.sleep(3);
            } catch (InterruptedException e) {
                e.printStackTrace();
            }
            log.info("consumer ->" + s);
        }

    };

    //订阅: observable 与 subscriber 之间依然通过 subscribe()进行关联

    observable
            .subscribeOn(Schedulers.io())
            .observeOn(Schedulers.newThread())
            .subscribe(subscriber);

    Thread.sleep(Integer.MAX_VALUE);
}
```

运行这个演示程序，部分输出的结果节选如下：

```
    18:51:54.736 [RxNewThreadScheduler-1] INFO  c.c.d.r.b.BackpressureDemo -
consumer ->0
    18:51:54.745 [RxNewThreadScheduler-1] INFO  c.c.d.r.b.BackpressureDemo -
consumer ->1
    //省略部分输出
    18:51:55.217 [RxNewThreadScheduler-1] INFO  c.c.d.r.b.BackpressureDemo -
consumer ->123
    18:51:55.220 [RxNewThreadScheduler-1] INFO  c.c.d.r.b.BackpressureDemo -
consumer ->124
    18:51:55.224 [RxNewThreadScheduler-1] INFO  c.c.d.r.b.BackpressureDemo -
consumer ->125
    18:51:55.228 [RxNewThreadScheduler-1] INFO  c.c.d.r.b.BackpressureDemo -
```

```
consumer ->126
    18:51:55.232 [RxNewThreadScheduler-1] INFO  c.c.d.r.b.BackpressureDemo -
consumer ->127
    18:51:55.236 [RxNewThreadScheduler-1] INFO  c.c.d.r.b.BackpressureDemo -
consumer ->7337652
    18:51:55.240 [RxNewThreadScheduler-1] INFO  c.c.d.r.b.BackpressureDemo -
consumer ->7337653
    18:51:55.244 [RxNewThreadScheduler-1] INFO  c.c.d.r.b.BackpressureDemo -
consumer ->7337654
    //省略部分输出
    18:51:55.595 [RxNewThreadScheduler-1] INFO  c.c.d.r.b.BackpressureDemo -
consumer ->7337747
    18:51:55.598 [RxNewThreadScheduler-1] INFO  c.c.d.r.b.BackpressureDemo -
consumer ->14161628
```

从输出的结果可以看到，上游主题连续不断地弹射，下游订阅者在接收完127后直接跳到了7337652，其间弹射出来的几百万数据（相对旧一点的数据）就直接被丢弃了。

除了Emitter.BackpressureMode.LATEST“最近模式”外，RxJava在Emitter<T>接口中通过一个枚举常量定义了以下几种背压模式：

```
enum BackpressureMode {
        /**
         *No backpressure is applied（无背压模式）
         *可能导致 rx.exceptions.MissingBackpressureException 异常
         *或者 IllegalStateException 异常
         */
        NONE,
        /**
         *如果消费者跟不上，就抛出 rx.exceptions.MissingBackpressureException 异常
         */
        ERROR,
        /**
         *缓存所有的 onNext 方法弹射出来的消息，等待消费者慢慢地消费
         */
        BUFFER,
        /**
         *如果下游消费跟不上，就丢弃 onNext 方法弹射出来的新消息
         */
        DROP,
        /**
         *如果消费者跟不上，就丢掉旧的消息，缓存 onNext 方法弹射出来的新消息
         */
        LATEST
    }
```

对于以上RxJava背压模式，介绍如下：

（1）BackpressureMode.DROP：在这种模式下，Observable 主题使用固定大小为 128 的缓冲区。如果下游订阅者无法处理，流的第一个元素就会缓存下来，后续的会被丢弃。

（2）BackpressureMode.LATEST：这种模式与 BackpressureMode.DROP 类似，并且 Observable 主题也使用固定大小为 128 的缓冲区。BackpressureMode.LATEST 的缓存策略不同，使用最新的弹出元素替换缓冲区缓存的元素。当消费者可以处理下一个元素时，它收到的是 Observable 最近一次弹出的元素。

（3）BackpressureMode.NONE 和 BackpressureMode.ERROR：在这两种模式中发送的数据不使用背压。如果上游 observable 主题弹射数据的速度大于下游通过 subscriber 接收的速度，造成上游数据积压，就会抛出 MissingBackpressureException 异常。

（4）BackpressureMode.BUFFER：在这种模式下，有一个无限的缓冲区（初始化时是 128），下游消费不了的元素全部会放到缓冲区中。如果缓冲区中持续地积累，就会导致内存耗尽，抛出 OutOfMemoryException 异常。

第 5 章

Hystrix RPC 保护的原理

本章从 Spring Cloud 架构中 RPC 保护的目标开始介绍，为大家揭开 Hystrix RPC 核心原理的神秘面纱，让大家在使用 Hystrix 和对其进行配置时做到知其然，更知其所以然。

5.1 RPC 保护的目标

在分布式多节点集群架构系统内部，在节点之间进行 RPC 保护的目标如下：

（1）避免整个系统出现级联失败而雪崩，这是非常重要的目标。

在 RPC 调用过程中，需要防止由单个服务的故障而耗尽整个服务集群的线程资源，避免分布式环境里大量级联失败。

（2）RPC 调用能够相互隔离。

为每一个目标服务维护着一个线程池（或信号量），即使其中某个目标服务的调用资源被耗尽，也不会影响对其他服务的 RPC 调用。当目标服务的线程池（或信号量）被耗尽时，拒绝 RPC 调用。

（3）能够快速地降级和恢复。

当 RPC 目标服务故障时，能够快速和优雅地降级；当 RPC 目标服务失效后又恢复正常时，快速恢复。

（4）能够对 RPC 调用提供接近实时的监控和警报。

监控信息包括请求成功、请求失败、请求超时和线程拒绝。如果对特定服务 RPC 调用的错误百分比超过阈值，后续的 RPC 调用就会自动失败，一段时间内停止对该服务的所有请求。

前面已经介绍 Spring Cloud 在调用处理器中是使用 HystrixCommand 命令封装 RPC 调用，从而实现 RPC 保护。

5.2 HystrixCommand 简介

Hystrix 使用命令模式并结合 RxJava 的响应式编程和滑动窗口技术实现了对外部服务 RPC 调用的保护。

Hystrix 实现了 HystrixCommand 和 HystrixObservableCommand 两个命令类，用于封装需要保护的 RPC 调用。由于其中的 HystrixObservableCommand 命令不具备同步执行的能力，只具备异步执行能力，而 HystrixCommand 命令却都具备，并且 Spring Cloud 中重点使用 HystrixCommand 命令，因此本章将以 HystrixCommand 命令为重点介绍 Hystrix 的原理和使用。

5.2.1 HystrixCommand 的使用

如果不是在 Spring Cloud 的开发环境中使用 HystrixCommand 命令，就需要增加其 Maven 的依赖坐标，设置如下：

```
<dependency>
  <groupId>com.netflix.hystrix</groupId>
  <artifactId>hystrix-core</artifactId>
  </dependency>
```

独立使用 HystrixCommand 命令主要有以下两个步骤：

（1）继承 HystrixCommand 类，将正常的业务逻辑实现在继承的 run 方法中，将回退的业务逻辑实现在继承的 getFallback 方法中。

（2）使用 HystrixCommand 类提供的启动方法启动命令的执行。

HystrixCommand 命令的 run 方法是异步调用（或者同步调用）时被调度时执行的方法，getFallback 方法是当 run 执行异常（或超时等）时的回退方法。

使用 HystrixCommand 命令时，需要通过它的启动方法（如 execute）来启动其执行，这个过程有点像使用 Thread 时通过 start 方法启动 run 方法的执行。

HystrixCommand 命令的完整执行过程比较复杂，简化版本的 HystrixCommand 命令的执行过程如图 5-1 所示。

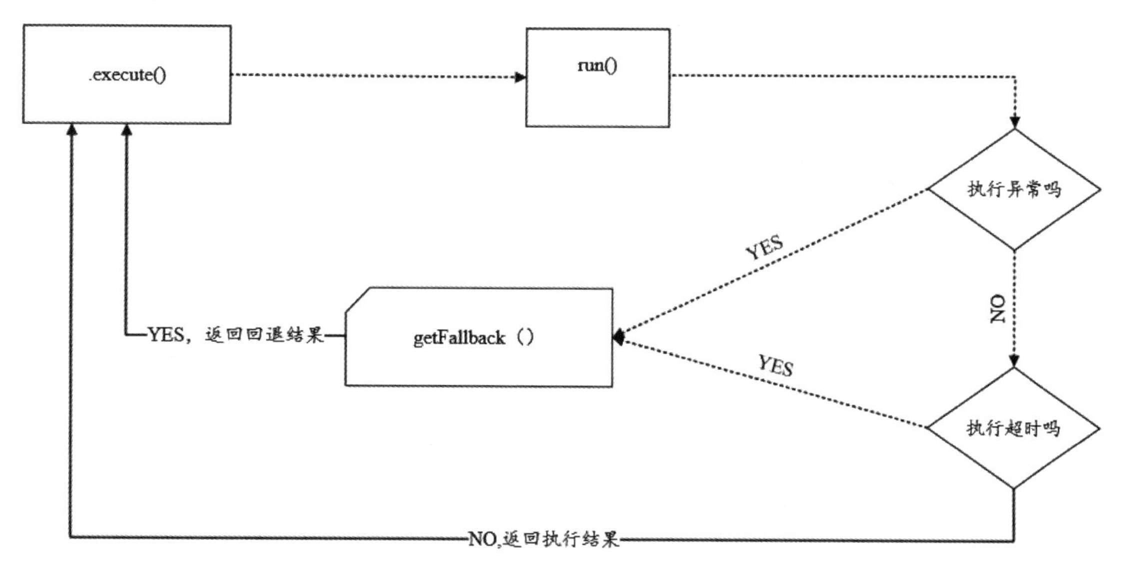

图 5-1　简化版本的 HystrixCommand 命令的执行过程

下面通过继承HystrixCommand创建一个简单的HTTP请求命令，并且对HTTP请求过程中执行的总次数、失败的总次数进行统计，具体的代码如下：

```
package com.crazymaker.demo.hystrix;
//省略 import

@Slf4j
public class HttpGetterCommand extends HystrixCommand<String>
{

    private String url;
    //run 方法是否执行
    private boolean hasRun = false;
    //执行的次序
    private int index;
    //执行的总次数，线程安全
    private static AtomicInteger total = new AtomicInteger(0);

    //失败的总次数，线程安全
    private static AtomicInteger failed = new AtomicInteger(0);

    public HttpGetterCommand(String url, Setter setter)
    {
        super(setter);
        this.url = url;
    }

    @Override
    protected String run() throws Exception
    {
        hasRun = true;
        index = total.incrementAndGet();
        log.info("req{} begin...", index);
        String responseData = HttpRequestUtil.simpleGet(url);
        log.info(" req{} end: {}", index, responseData);
        return "req" + index + ":" + responseData;
    }

    @Override
    protected String getFallback()
    {
        //是否直接失败
        boolean isFastFall = !hasRun;
        if (isFastFall)
        {
            index = total.incrementAndGet();
        }
```

```
        if (super.isCircuitBreakerOpen())
        {
            HystrixCommandMetrics.HealthCounts hc =
                                    super.getMetrics().getHealthCounts();
            log.info("window totalRequests: {},errorPercentage:{}",
                    hc.getTotalRequests(),     //滑动窗口总的请求数
                    hc.getErrorPercentage()); //滑动窗口出错比例
        }

        //熔断器是否打开
        boolean isCircuitBreakerOpen = isCircuitBreakerOpen();
        log.info("req{} fallback: 熔断{},直接失败 {}, 失败次数{}",
                index,
                isCircuitBreakerOpen,
                isFastFall,
                failed.incrementAndGet());

        return "req" + index + ":调用失败";
    }

}
```

以上自定义的 HTTP 请求命令 HttpGetterCommand 继承了 HystrixCommand，并且实现了该基类的 run 和 getFallback 两个方法。在构造函数中，使用 HystrixCommand.Setter 配置实例对该基类的实例进行了初始化。

HttpGetterCommand 的测试用例代码如下：

```
package com.crazymaker.demo.hystrix;
...
@Slf4j
public class HystryxCommandExcecuteDemo
{

  /***测试 HttpGetterCommand  */
    @Test
    public void testHttpGetterCommand() throws Exception
    {
        /**
         *构造配置实例
         */
        HystrixCommand.Setter setter = HystrixCommand.Setter
                .withGroupKey(HystrixCommandGroupKey.Factory.asKey("group-1"))
                .andCommandKey(HystrixCommandKey.Factory.asKey("command-1"))
                .andThreadPoolKey(HystrixThreadPoolKey.Factory.asKey("thread
Pool-1"));
      /**测试 HttpGetterCommand */
        String result =new HttpGetterCommand(HELLO_TEST_URL, setter)
```

```
                                        .execute();
        log.info("result={}", result);

    }
}
```

用例中首先构造了一个配置实例 setter，配置了非常基础的命令组 Key（GroupKey）、命令 Key（CommandKey）、线程池 Key（ThreadPoolKey）3 个配置项，然后创建了 HttpGetterCommand 实例并使用 execute() 执行该命令，执行的结果大致如下：

```
    [hystrix-testThreadPool-1] INFO  c.c.d.h.HttpGetterCommand - req1 begin...
    [hystrix-testThreadPool-1] INFO  c.c.d.h.HttpGetterCommand - req1 fallback: 
熔断 false,直接失败 false，失败次数 1
    [main] INFO  c.c.d.h.HystryxCommandExcecuteDemo - result=req1:调用失败
```

这里的 HttpGetterCommand 实例所请求的地址是一个常量，其值如下：

```
    /**
     *演示用地址： demo-provider 的 REST 接口  /api/demo/hello/v1
     *根据实际的地址调整
     */
    public static final String HELLO_TEST_URL =
            "http://crazydemo.com:7700/demo-provider/api/demo/hello/v1";
```

为了演示启动请求失败的过程，这里特意没有启动 demo-provider 服务，所以从上面的执行结果中可以看到，由于 HTTP 请求失败，因此 getFallback()回退方法被成功地执行了。

5.2.2 HystrixCommand 的配置内容和方式

HystrixCommand 命令的配置方式之一是使用 HystrixCommand.Setter 配置实例进行配置，简单的配置实例如下：

```
    HystrixCommand.Setter setter = HystrixCommand.Setter
                .withGroupKey(HystrixCommandGroupKey.Factory.asKey("group-1"))
                .andCommandKey(HystrixCommandKey.Factory.asKey("command-1"))
                .andThreadPoolKey(HystrixThreadPoolKey.Factory.asKey("thread
Pool-1"));
```

其中涉及以下 3 个配置项：

（1）CommandKey：该命令的名称。

（2）GroupKey：该命令属于哪一个组，以帮助我们更好地组织命令。

（3）ThreadPoolKey：该命令所属线程池的名称，相同的线程池名称会共享同一线程池，若不进行配置，则默认使用 GroupKey 作为线程池名称。

除此之外，还可以通过 HystrixCommand.Setter 配置实例，整体设置一些其他的属性集合，如：

（1）CommandProperties：与命令执行相关的一些属性集，包括降级设置、熔断器的配置、隔离策略以及一些监控指标配置项等。

（2）ThreadPoolProperties：与线程池相关的一些属性集，包括线程池大小、排队队列的大小等。

由于本书的很多用例要用到 HystrixCommand.Setter 配置实例，因此专门写了一个方法获取配置实例，它的源码如下：

```
package com.crazymaker.demo.hystrix;
...
@Slf4j
public class SetterDemo
{

    public static HystrixCommand.Setter buildSetter(
        String groupKey,
        String commandKey,
        String threadPoolKey)
    {
        /**
         *与命令执行相关的一些属性集
         */
        HystrixCommandProperties.Setter commandSetter =
                HystrixCommandProperties.Setter()
                //至少有 3 个请求，熔断器才达到熔断触发的次数阈值
                .withCircuitBreakerRequestVolumeThreshold(3)
                //熔断器中断请求 5 秒后会进入 half-open 状态，尝试放行
                .withCircuitBreakerSleepWindowInMilliseconds(5000)
                //错误率超过 60%，快速失败
                .withCircuitBreakerErrorThresholdPercentage(60)
                //启用超时
                .withExecutionTimeoutEnabled(true)
                //执行的超时时间，默认为 1000ms
                .withExecutionTimeoutInMilliseconds(5000)
                //可统计的滑动窗口内的 buckets 数量，用于熔断器和指标发布
                .withMetricsRollingStatisticalWindowBuckets(10)
                //可统计的滑动窗口的时间长度
                //这段时间内的执行数据用于熔断器和指标发布
                .withMetricsRollingStatisticalWindowInMilliseconds(10000);

        /**
         *线程池配置
         */
        HystrixThreadPoolProperties.Setter poolSetter =
                HystrixThreadPoolProperties.Setter()
                //这里我们设置了线程池大小为 5
                .withCoreSize(5)
                .withMaximumSize(5);
```

```
        /**
         *与线程池相关的一些属性集
         */
        HystrixCommandGroupKey hGroupKey = HystrixCommandGroupKey.Factory.
asKey(groupKey);
        HystrixCommandKey hCommondKey = HystrixCommandKey.Factory.
asKey(commandKey);
        HystrixThreadPoolKey hThreadPoolKey = HystrixThreadPoolKey.Factory.
asKey(threadPoolKey);
        HystrixCommand.Setter outerSetter = HystrixCommand.Setter
                .withGroupKey(hGroupKey)
                .andCommandKey(hCommondKey)
                .andThreadPoolKey(hThreadPoolKey)
                .andCommandPropertiesDefaults(commandSetter)
                .andThreadPoolPropertiesDefaults(poolSetter);
        return outerSetter;
    }

}
```

以上代码中涉及的配置项比较多，后面都会介绍。

HystrixCommand 命令的配置方式之二是使用 Hystrix 提供的 ConfigurationManager 配置管理类的工厂实例对 HystrixCommand 命令的执行参数进行配置。下面是一个简单的实例：

```
 //熔断器的请求次数阈值：大于 3 次请求
        ConfigurationManager
                .getConfigInstance()
                .setProperty("hystrix.command.default.circuitBreaker.
requestVolumeThreshold", 3);
```

Spring Cloud Hystrix 所使用的正是这种配置方法。

5.3 HystrixCommand 命令的执行方法

前面讲到，独立使用 HystrixCommand 命令主要有以下两个步骤：

（1）继承 HystrixCommand 类，将正常的业务逻辑实现在继承的 run 方法中，将回退的业务逻辑实现在继承的 getFallback 方法中。

（2）使用 HystrixCommand 类提供的执行启动方法启动命令的执行。

HystrixCommand 提供了 4 个执行启动的方法：execute()、queue()、observe()和 toObservable()。

5.3.1 execute()方法

HystrixCommand 的 execute()方法以同步堵塞方式执行 run()。一旦开始执行该命令，当前线程就会阻塞，直到该命令返回结果，然后才能继续执行下面的逻辑。

HystrixCommand 的 execute()方法的使用示例如下：

```
package com.crazymaker.demo.hystrix;
...
@Slf4j
public class HystryxCommandExcecuteDemo
{
    public static final int COUNT = 5;
    /**
     *测试同步执行
     */
    @Test
    public void testExecute() throws Exception
    {
        /**
         *使用统一配置类
         */
        HystrixCommand.Setter setter = SetterDemo.buildSetter(
                "group-1",
                "testCommand",
                "testThreadPool");
        /**
         *循环 5 次
         */
        for (int i = 0; i < COUNT; i++)
        {
            String result =
                    new HttpGetterCommand(HELLO_TEST_URL, setter).execute();
            log.info("result={}", result);
        }
        Thread.sleep(Integer.MAX_VALUE);
    }
}
```

运行测试用例前需要启动 demo-provider 实例，确保其 REST 接口/api/demo/hello/v1 可以正常访问。执行上面的程序，输出的主要结果如下：

```
    08:20:05.488 [hystrix-testThreadPool-1] INFO  c.c.d.h.HttpGetterCommand - 
第 1 次请求-> begin...
    08:20:08.698 [hystrix-testThreadPool-1] INFO  c.c.d.h.HttpGetterCommand - 
第 1 次请求-> end!
    08:20:08.708 [main] INFO  c.c.d.h.CommandTester - 第 1 次请求的结果:
{"status":200,"msg":"操作成功","data":{"hello":"world"}}
    08:20:08.710 [hystrix-testThreadPool-2] INFO  c.c.d.h.HttpGetterCommand - 
第 2 次请求-> begin...
    08:20:10.741 [hystrix-testThreadPool-2] INFO  c.c.d.h.HttpGetterCommand - 
```

```
第 2 次请求-> end!
    08:20:10.744 [main] INFO  c.c.d.h.CommandTester - 第 2 次请求的结果:
{"status":200,"msg":"操作成功","data":{"hello":"world"}}
    08:20:10.751 [hystrix-testThreadPool-3] INFO  c.c.d.h.HttpGetterCommand -
第 3 次请求-> begin...
    08:20:12.766 [hystrix-testThreadPool-3] INFO  c.c.d.h.HttpGetterCommand -
第 3 次请求-> end!
    08:20:12.767 [main] INFO  c.c.d.h.CommandTester - 第 3 次请求的结果:
{"status":200,"msg":"操作成功","data":{"hello":"world"}}
    //省略后面的重复请求输出
```

从结果中可以看出，Hystrix 会从线程池中取一个线程来执行 HttpGetterCommand 命令的 run() 方法，命令执行过程中，main 线程一直在等待其返回值。

5.3.2 queue()方法

HystrixCommand 的 queue()方法以异步非阻塞方式执行 run()方法，该方法直接返回一个 Future 对象。可通过 Future.get()拿到 run()的返回结果，但 Future.get()是阻塞执行的。

HystrixCommand 的 queue()方法的使用示例程序如下：

```
package com.crazymaker.demo.hystrix;
...

@Slf4j
public class HystryxCommandExcecuteDemo
{

    @Test
    public void testQueue() throws Exception {
        /**
         *使用统一配置
         */
        HystrixCommand.Setter setter = getSetter(
                "group-1",
                "testCommand",
                "testThreadPool");
        List<Future<String>> flist = new LinkedList<>();

        /**
         *同时发起 5 个异步的请求
         */
        for (int i = 0; i < COUNT; i++) {
            Future<String> future = new HttpGetterCommand(TEST_URL,
setter).queue();
            flist.add(future);
        }
        /**
```

```
         *统一获取异步请求的结果
         */
        Iterator<Future<String>> it = flist.iterator();
        int count = 1;
        while (it.hasNext()) {
            Future<String> future = it.next();
            String result = future.get(10, TimeUnit.SECONDS);
            log.info("第{}次请求的结果: {}", count++, result);
        }
        Thread.sleep(Integer.MAX_VALUE);
    }
}
```

运行这个示例程序前需要启动 demo-provider 实例，确保它的 REST 接口/api/demo/hello/v1 可以正常访问。执行这个示例程序，主要的输出结果如下：

```
    08:30:54.618 [hystrix-testThreadPool-2] INFO  c.c.d.h.HttpGetterCommand -
第 3 次请求-> begin...
    08:30:54.618 [hystrix-testThreadPool-1] INFO  c.c.d.h.HttpGetterCommand -
第 4 次请求-> begin...
    08:30:54.618 [hystrix-testThreadPool-4] INFO  c.c.d.h.HttpGetterCommand -
第 5 次请求-> begin...
    08:30:54.618 [hystrix-testThreadPool-3] INFO  c.c.d.h.HttpGetterCommand -
第 2 次请求-> begin...
    08:30:54.618 [hystrix-testThreadPool-5] INFO  c.c.d.h.HttpGetterCommand -
第 1 次请求-> begin...
    08:30:58.358 [hystrix-testThreadPool-2] INFO  c.c.d.h.HttpGetterCommand -
第 3 次请求-> end!
    08:30:58.358 [hystrix-testThreadPool-3] INFO  c.c.d.h.HttpGetterCommand -
第 2 次请求-> end!
    08:30:58.358 [hystrix-testThreadPool-1] INFO  c.c.d.h.HttpGetterCommand -
第 4 次请求-> end!
    08:30:58.358 [hystrix-testThreadPool-4] INFO  c.c.d.h.HttpGetterCommand -
第 5 次请求-> end!
    08:30:58.358 [hystrix-testThreadPool-5] INFO  c.c.d.h.HttpGetterCommand -
第 1 次请求-> end!
    08:30:58.364 [main] INFO  c.c.d.h.CommandTester - 第 1 次请求的结果:
{"status":200,"msg":"操作成功","data":{"hello":"world"}}
    08:30:58.365 [main] INFO  c.c.d.h.CommandTester - 第 2 次请求的结果:
{"status":200,"msg":"操作成功","data":{"hello":"world"}}
    08:30:58.365 [main] INFO  c.c.d.h.CommandTester - 第 3 次请求的结果:
{"status":200,"msg":"操作成功","data":{"hello":"world"}}
    08:30:58.365 [main] INFO  c.c.d.h.CommandTester - 第 4 次请求的结果:
{"status":200,"msg":"操作成功","data":{"hello":"world"}}
    08:30:58.365 [main] INFO  c.c.d.h.CommandTester - 第 5 次请求的结果:
{"status":200,"msg":"操作成功","data":{"hello":"world"}}
```

实际上，前面介绍的 HystrixCommand 的 execute() 方法是在内部使用 queue().get()的方式完成同步调用的。

5.3.3 observe()方法

HystrixCommand 的 observe()方法会返回一个响应式编程 Observable 主题，可以为该主题对象注册上 Subscriber 观察者回调实例，或者注册上 Action1 不完全回调实例来响应式处理命令的执行结果。

HystrixCommand 的 observe()方法的使用示例程序如下：

```
package com.crazymaker.demo.hystrix;
...
@Slf4j
public class HystryxCommandExcecuteDemo
{
    @Test
    public void testObserve() throws Exception
    {
        /**
         *使用统一配置类
         */
        HystrixCommand.Setter setter = SetterDemo.buildSetter(
                "group-1",
                "testCommand",
                "testThreadPool");

        Observable<String> observe = new HttpGetterCommand(HELLO_TEST_URL,
setter).observe();
        Thread.sleep(1000);
        log.info("订阅尚未开始！");
        //订阅 3 次
        observe.subscribe(result -> log.info("onNext result={}", result),
     error -> log.error("onError error={}", error));

        observe.subscribe(result -> log.info("onNext result ={}", result),
    error -> log.error("onError error={}", error));
        observe.subscribe(
                result -> log.info("onNext result={}", result),
                error -> log.error("onError error ={}", error),
                () -> log.info("onCompleted called"));
        Thread.sleep(Integer.MAX_VALUE);
    }

}
```

运行这个示例程序前需要启动 demo-provider 实例，确保其 REST 接口/api/demo/hello/v1 可以正常访问。执行这个示例程序，主要的输出结果如下：

```
    [hystrix-testThreadPool-1] INFO  c.c.d.h.HttpGetterCommand - req1 begin...
    [main] INFO  c.c.d.h.HystryxCommandExcecuteDemo - 订阅尚未开始!
    [hystrix-testThreadPool-1] INFO  c.c.d.h.HttpGetterCommand -  req1 end:
{"respCode":0,"respMsg":"操作成功","datas":{"hello":"world"}}
    [hystrix-testThreadPool-1] INFO  c.c.d.h.HystryxCommandExcecuteDemo -
onNext result=req1:{"respCode":0,"respMsg":"操作成功
","datas":{"hello":"world"}}
    [hystrix-testThreadPool-1] INFO  c.c.d.h.HystryxCommandExcecuteDemo -
onNext result =req1:{"respCode":0,"respMsg":"操作成功
","datas":{"hello":"world"}}
    [hystrix-testThreadPool-1] INFO  c.c.d.h.HystryxCommandExcecuteDemo -
onNext result=req1:{"respCode":0,"respMsg":"操作成功
","datas":{"hello":"world"}}
    [hystrix-testThreadPool-1] INFO  c.c.d.h.HystryxCommandExcecuteDemo -
onCompleted called
```

通过执行结果可以看出，如果 HystrixCommand 的 run()方法执行成功，就会触发订阅者的 onNext() 和 onCompleted() 回调方法，如果执行异常，就会触发订阅者的 onError() 回调方法。

调用 HystrixCommand 的 observe()方法会返回一个热主题（Hot Observable）。什么是热主题呢？就是无论主题是否存在观察者订阅，都会自动触发执行它的 run()方法。另外还有一点，observe()方法所返回的主题可以重复订阅。

5.3.4 toObservable()方法

HystrixCommand 的 toObservable()方法会返回一个响应式编程 Observable 主题。同样可以为该主题对象注册上 Subscriber 观察者回调实例，或者注册上 Action1 不完全回调实例，来响应式处理命令的执行结果。不过，与 observe()返回的主题不同，Observable 主题返回的是冷主题，并且只能被订阅一次。

HystrixCommand 的 toObservable ()方法的使用示例程序如下：

```
package com.crazymaker.demo.hystrix;
...
@Slf4j
public class HystryxCommandExcecuteDemo
{

    @Test
    public void testToObservable() throws Exception
    {
        /**
         *使用统一配置类
         */
        HystrixCommand.Setter setter = SetterDemo.buildSetter(
                "group-1",
```

```
                "testCommand",
                "testThreadPool");

        for (int i = 0; i < COUNT; i++)
        {
            Thread.sleep(2);

            new HttpGetterCommand(HELLO_TEST_URL, setter)
                    .toObservable()
                    .subscribe(result -> log.info("result={}", result),
                            error -> log.error("error={}", error)
                    );
        }
        Thread.sleep(Integer.MAX_VALUE);
    }

}
```

运行这个示例前需要启动demo-provider实例，确保它的REST接口/api/demo/hello/v1可以正常访问。执行这个示例程序，主要的输出结果如下：

```
[hystrix-testThreadPool-5] INFO  c.c.d.h.HttpGetterCommand - req3 begin...
[hystrix-testThreadPool-1] INFO  c.c.d.h.HttpGetterCommand - req2 begin...
[hystrix-testThreadPool-3] INFO  c.c.d.h.HttpGetterCommand - req4 begin...
[hystrix-testThreadPool-2] INFO  c.c.d.h.HttpGetterCommand - req1 begin...
[hystrix-testThreadPool-4] INFO  c.c.d.h.HttpGetterCommand - req5 begin...
[hystrix-testThreadPool-4] INFO  c.c.d.h.HttpGetterCommand -  req5 end:
{"respCode":0,...}
[hystrix-testThreadPool-1] INFO  c.c.d.h.HttpGetterCommand -  req2 end:
{"respCode":0, ...}
[hystrix-testThreadPool-3] INFO  c.c.d.h.HttpGetterCommand -  req4 end:
{"respCode":0, ...}
[hystrix-testThreadPool-2] INFO  c.c.d.h.HttpGetterCommand -  req1 end:
{"respCode":0, ...}
[hystrix-testThreadPool-5] INFO  c.c.d.h.HttpGetterCommand -  req3 end:
{"respCode":0, ...}
[hystrix-testThreadPool-1] INFO  c.c.d.h.HystryxCommandExcecuteDemo -
result=req2:{ ...}
[hystrix-testThreadPool-3] INFO  c.c.d.h.HystryxCommandExcecuteDemo -
result=req4:{ ...}
[hystrix-testThreadPool-5] INFO  c.c.d.h.HystryxCommandExcecuteDemo -
result=req3:{ ...}
[hystrix-testThreadPool-4] INFO  c.c.d.h.HystryxCommandExcecuteDemo -
result=req5:{ ...}
[hystrix-testThreadPool-2] INFO  c.c.d.h.HystryxCommandExcecuteDemo -
```

```
result=req1:{ ...}
```

什么是冷主题（Cold Observable）？就是在获取主题的时候不会立即触发执行，只有在观察者订阅时才会执行内部的 HystrixCommand 命令的 run()方法。

toObservable()方法和 observe()方法之间的区别如下：

（1）observe()和 toObservable()虽然都返回了 Observable 主题，但是 observe()返回的是热主题，toObservable()返回的是冷主题。

（2）observe()返回的主题可以被多次订阅，而 toObservable()返回的主题只能被单次订阅。

在使用 @HystrixCommand 注解时，observe()方法对应的执行模式为 EAGER，toObservable()方法对应的执行模式为 LAZY，具体如下：

```
//此注解使用 observe()方法来获取主题
@HystrixCommand(observableExecutionMode = ObservableExecutionMode.EAGER)
//此注解使用 toObservable()方法来获取冷主题
@HystrixCommand(observableExecutionMode = ObservableExecutionMode.LAZY)
```

由于本书侧重结合 Spring Cloud 介绍 Hystrix 核心原理，并没有涉及@HystrixCommand 注解的单独使用，因此不对@HystrixCommand 注解进行详细介绍。

5.3.5　HystrixCommand 的执行方法之间的关系

实际上，Hystrix 内部总是以 Observable 的形式作为响应式的调用，不同执行命令方法只是进行了相应 Observable 转换。Hystrix 的核心类 HystrixCommand 尽管只返回单个结果，但是确实是基于 RxJava 的 Observable 主题类来实现的。

前面介绍到，获取 HystrixCommand 命令的结果可以使用 execute()、queue()、observe()和 toObservable()这 4 个方法，它们之间的关系如图 5-2 所示。

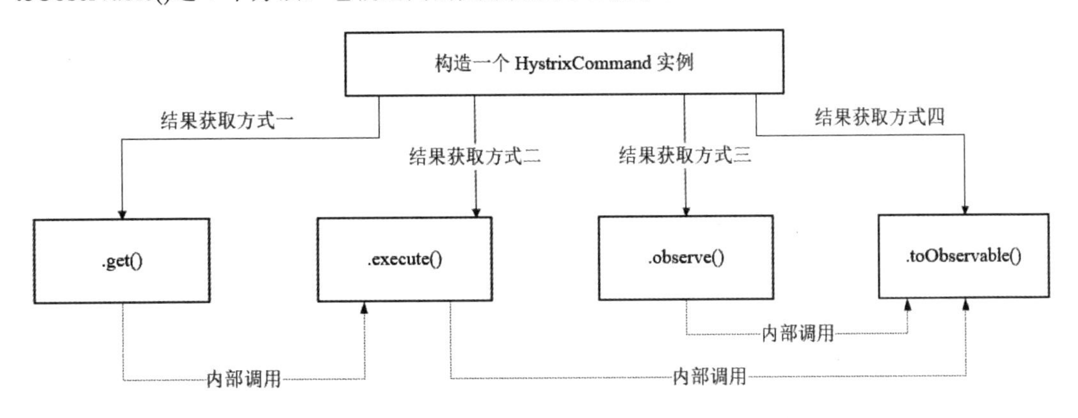

图 5-2　4 个方法之间的关系

execute()、queue()、observe()和 toObservable()这 4 个方法之间的调用关系如下：

（1）toObservable()返回一个冷主题，订阅者可以订阅结果。

（2）observe()首先调用 toObservable()获得一个冷主题，再创建一个 ReplaySubject 重复主题

去订阅该冷主题，然后将重复主题转化为热主题。因此，调用 observe()会自动触发执行 run()/construct()方法。

（3）queue()调用了 toObservable().toBlocking().toFuture()。详细来说，queue()首先通过 toObservable()来获得一个冷主题，然后通过 toBlocking()将该冷主题转换成 BlockingObservable 阻塞主题，该主题可以把数据以阻塞的方式发出来，最后通过 toFuture 方法把 BlockingObservable 阻塞主题转换成一个 Future 异步回调实例，并且返回该 Future 实例。但是，queue()自身并不会阻塞，消费者可以自己决定如何处理 Future 的异步回调操作。

（4）execute()调用了 queue().get()，阻塞消费者的线程，同步获取 Future 异步回调实例的结果。

除了定义 HystrixCommand 这个具备同步获取结果的命令处理器之外，Hystrix 还定义了另一个只具备响应式编程能力的命令处理器 HystrixObservableCommand，该命令没有实现 execute()和 queue()两个方法，仅仅实现了 observe()和 toObservable()两个方法，如图 5-3 所示。

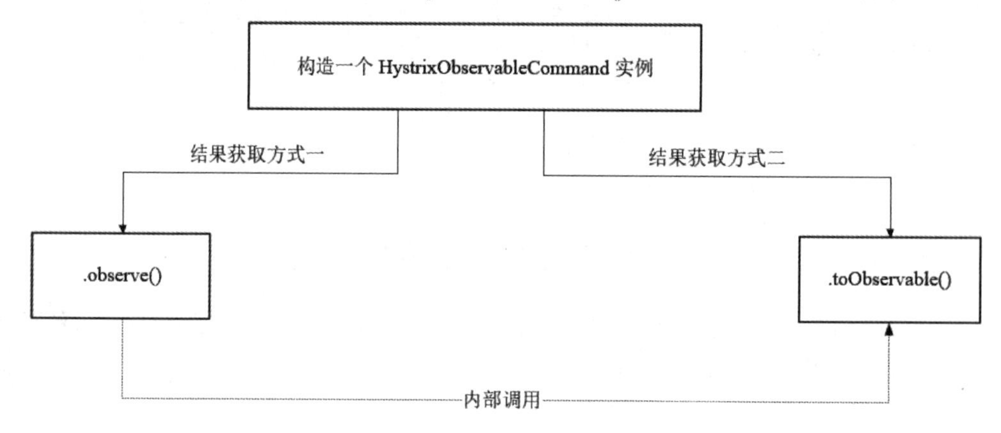

图 5-3　HystrixObservableCommand 纯响应式命令处理器的执行方法

5.4　RPC 保护之舱壁模式

本节为大家介绍 RPC 保护的重要方法——舱壁模式，并且重点介绍 Hystrix 线程池隔离、信号量隔离的具体配置方式。

5.4.1　什么是舱壁模式

船舶工业为了使船不容易沉没，使用舱壁将船舶划分为几个部分，以便在船体破坏的情况下可以将船舶各个部分密封起来。泰坦尼克号沉没的主要原因之一就是它的舱壁设计不合理，水可以通过上面的甲板进入舱壁的顶部，导致整个船体淹没。

在 RPC 调用过程中，使用舱壁模式可以保护有限的系统资源不被耗尽。在一个基于微服务的应用程序中，通常需要调用多个服务提供者的接口才能完成一个特定任务。不使用舱壁模式，所有的 RPC 调用都从同一个线程池中获取线程，一个具体的实例如图 5-4 所示。在该实例中，服务提供者 Provider A 对依赖的 Provider B、Provider C、Provider D 的所有 RPC 调用都从公共的线程池获取线程。

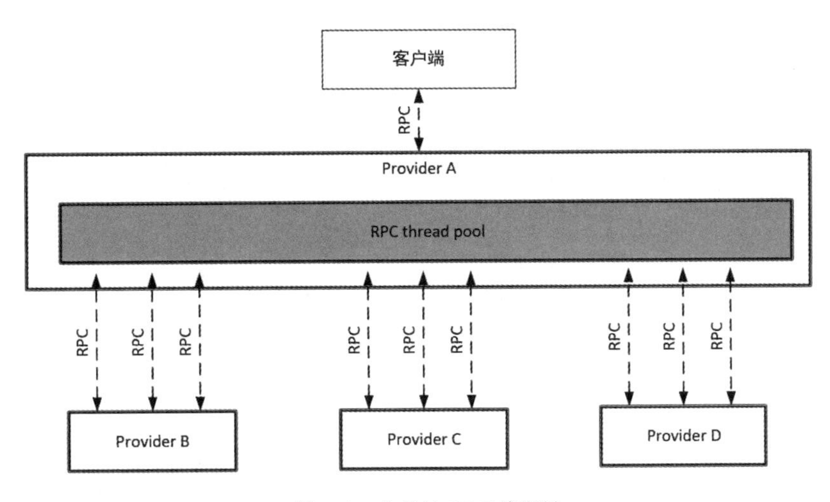

图 5-4 公共的 RPC 线程池

在高服务器请求的情况下，对某个性能较低的服务提供者的 RPC 调用很容易“霸占”整个公共的 RPC 线程池，对其他性能正常的服务提供者的 RPC 调用往往需要等待线程资源的释放。最后，整个 Web 容器（Tomcat）会崩溃。现在假定 Provider A 的 RPC 线程个数为 1000，且并发量非常大，其中有 500 个线程来执行 Provider B 的 RPC 调用，此时剩下的服务 Provider C、Provider D 总共可用的线程为 500 个。如果 Provider B 不小心宕机了，那么这 500 个线程都会超时，随着并发量的增大，剩余的 500 个线程估计也会被 Provider B 的 RPC 耗尽，然后 Provider A 进入瘫痪状态，最终导致整个系统的所有服务都不可用，这就是服务的雪崩效应。

为了最大限度地减少 Provider 之间的相互影响，一个更好的做法是：对于不同的服务提供者可以设置不同的 RPC 调用线程池，让不同 RPC 通过专门的线程池请求到各自的 Provider 服务提供者，像舱壁一样对 Provider 进行隔离。对于不同的服务提供者设置不同的 RPC 调用线程池，这种模式被称为舱壁模式，如图 5-5 所示。

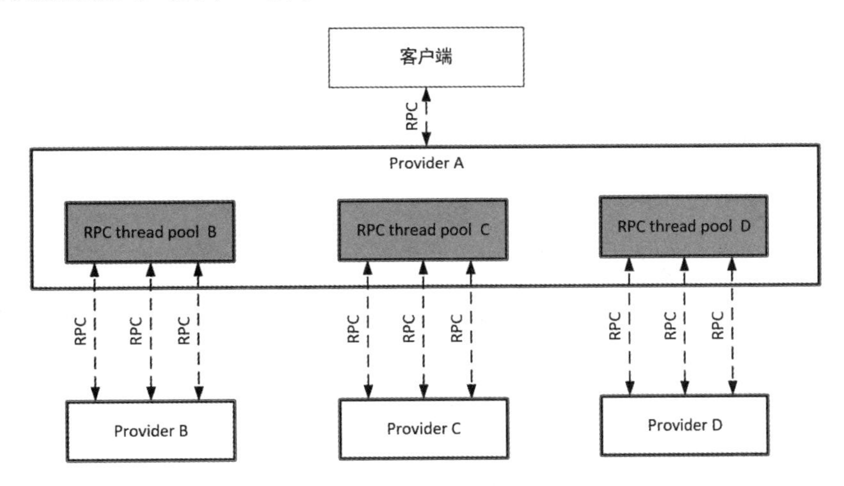

图 5-5 舱壁模式的 RPC 线程池

使用舱壁可以避免对单个 Provider 的 RPC 消耗掉所有资源，从而防止由于某一个服务性能低而引起的级联故障和雪崩效应。在 Provider A 中，假定对服务 Provider B 的 RPC 调用分配专门的线程池 Thread Pool B，其中有 10 个线程，只要对 Provider B 的 RPC 并发量超过 10，后续的 RPC 就降级服务，即使服务 Provider B 挂了，最多导致 Thread Pool B 不可用，而不会影响系统中对其他服务的 RPC。

一般来说，RPC 线程与 Web 容器的 IO 线程也是需要隔离的。如图 5-6 所示，当 Provider A 的用户请求涉及 Provider B 和 Provider C 的 RPC 时，Provider A 的 IO 线程会将任务交给对应的 RPC 线程池里面的 RPC 线程来执行，Provider A 的 IO 线程就可以去干别的事情去了，当 RPC 线程执行完远程调用的任务之后，就会将调用的结果返回给 IO 线程。如果 RPC 线程池耗尽了，IO 线程池也不会受到影响，从而实现 RPC 线程与 Web 容器的 IO 线程的相互隔离。

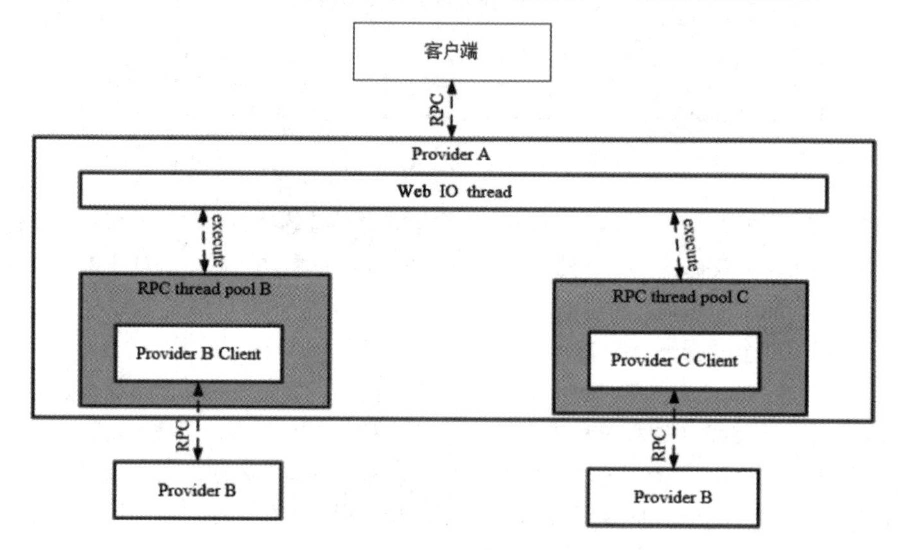

图 5-6 RPC 线程与 Web 容器的 IO 线程相互隔离

Hystrix 提供了两种 RPC 隔离方式：线程池隔离和信号量隔离。由于信号量隔离不太适合使用在 RPC 调用的场景，因此这里重点介绍线程池隔离。虽然线程在就绪状态、运行状态、阻塞状态、终止状态间转变时需要由操作系统调度，这会带来一定的性能消耗，但是 Netflix 详细评估了使用异步线程和同步线程带来的性能差异，结果表明在 99%的情况下异步线程带来的延迟仅仅几毫秒，这种性能的损耗对于用户程序来说完全是可以接受的。

5.4.2 Hystrix 线程池隔离

Hystrix 既可以为 HystrixCommand 命令默认创建一个线程池，又可以关联上一个指定的线程池。每一个线程池都有一个 Key，名为 Thread Pool Key（线程池名）。如果没有为 HystrixCommand 指定线程池，Hystrix 就会为 HystrixCommand 创建一个与 Group Key（命令组 Key）同名的线程池，当然，如果与 Group Key 同名的线程池已经存在，就直接进行关联。也就是说，默认情况下，HystrixCommand 命令的 Thread Pool Key 与 Group Key 是相同的。总体来说，线程池是 Hystrix 中 RPC 调用隔离的关键，所有的监控、调用、缓存等都围绕线程池展开。

如果要指定线程池，可以通过如下代码在 Setter 中定制线程池的 Key 和属性：

```
/**
*在 Setter 实例中指定线程池的 Key 和属性
```

```
*/
HystrixCommand.Setter rpcPool1_setter = HystrixCommand.Setter
        .withGroupKey(HystrixCommandGroupKey.Factory.asKey("group1"))
        .andCommandKey(HystrixCommandKey.Factory.asKey("command1"))

.andThreadPoolKey(HystrixThreadPoolKey.Factory.asKey("threadPool1"))
.andThreadPoolPropertiesDefaults(
                HystrixThreadPoolProperties.Setter()
                        .withCoreSize(10)    //配置线程池里的线程数
                        .withMaximumSize(10)
        );
```

然后，可以通过 HystrixCommand 或者 HystrixObservableCommand 的构造函数将 Setter 配置实例传入：

```
@Slf4j
public class HttpGetterCommand extends HystrixCommand<String>
{
   private String url;
   ...
   public HttpGetterCommand(String url, Setter setter)
   {
      super(setter);
      this.url = url;
  }
  ...
}
```

HystrixThreadPoolKey 是一个接口，它有一个辅助工厂类 Factory，其 asKey(String)方法专门用于创建一个线程池的 Key，示例代码如下：

```
HystrixThreadPoolKey.Factory.asKey("threadPoolN")
```

下面是一个完整的线程池隔离的演示例子：创建两个线程池 threadPool1 和 threadPool2，然后通过这两个线程池发起简单的 RPC 远程调用，其中通过 threadPool1 线程池访问一个错误连接 ERROR_URL，通过 threadPool2 访问一个正常连接 HELLO_TEST_URL。在实验过程中，可以通过调整 RPC 的次数多次运行程序，然后通过结果查看线程池的具体隔离效果。

线程池隔离实例的代码如下：

```
package com.crazymaker.demo.hystrix;
//省略 import

@Slf4j
public class IsolationStrategyDemo
{
    /**
     *测试:线程池隔离
     */
```

```
    @Test
    public void testThreadPoolIsolationStrategy() throws Exception
    {

        /**
         *RPC 线程池 1
         */
        HystrixCommand.Setter rpcPool1_Setter = HystrixCommand.Setter
                .withGroupKey(HystrixCommandGroupKey.Factory.asKey("group1"))
                .andCommandKey(HystrixCommandKey.Factory.asKey("command1"))
                .andThreadPoolKey(HystrixThreadPoolKey.Factory.asKey("thread
Pool1"))
                .andCommandPropertiesDefaults(HystrixCommandProperties.Setter()
                        .withExecutionTimeoutInMilliseconds(5000)  //配置执行时
间上限
                ).andThreadPoolPropertiesDefaults(
                        HystrixThreadPoolProperties.Setter()
                                .withCoreSize(10)    //配置线程池里的线程数
                                .withMaximumSize(10)
                );


        /**
         *RPC 线程池 2
         */
        HystrixCommand.Setter rpcPool2_Setter = HystrixCommand.Setter
                .withGroupKey(HystrixCommandGroupKey.Factory.asKey("group2"))
                .andCommandKey(HystrixCommandKey.Factory.asKey("command2"))
                .andThreadPoolKey(HystrixThreadPoolKey.Factory.asKey("thread
Pool2"))
                .andCommandPropertiesDefaults(HystrixCommandProperties.Setter()
                        .withExecutionTimeoutInMilliseconds(5000)  //配置执行时
间上限
                ).andThreadPoolPropertiesDefaults(
                        HystrixThreadPoolProperties.Setter()
                                .withCoreSize(10)    //配置线程池里的线程数
                                .withMaximumSize(10)
                );

        /**
         *访问一个错误连接，让 threadpool1 耗尽
         */
        for (int j = 1; j <= 5; j++)
        {

            new HttpGetterCommand(ERROR_URL, rpcPool1_Setter)
```

```
                .toObservable()
                .subscribe(s -> log.info(" result:{}", s));
        }

        /**
         *访问一个正确连接，观察 threadpool2 是否正常
         */
        for (int j = 1; j <= 5; j++)
        {

            new HttpGetterCommand(HELLO_TEST_URL, rpcPool2_Setter)
                .toObservable()
                .subscribe(s -> log.info(" result:{}", s));
        }
        Thread.sleep(Integer.MAX_VALUE);

    }
}
```

运行这个示例程序，输出的结果部分节选如下：

```
[hystrix-threadPool1-4] INFO  c.c.d.h.HttpGetterCommand - req1 begin...
[hystrix-threadPool1-3] INFO  c.c.d.h.HttpGetterCommand - req4 begin...
[hystrix-threadPool2-3] INFO  c.c.d.h.HttpGetterCommand - req10 begin...
[hystrix-threadPool2-5] INFO  c.c.d.h.HttpGetterCommand - req7 begin...
[hystrix-threadPool1-5] INFO  c.c.d.h.HttpGetterCommand - req9 begin...
[hystrix-threadPool2-1] INFO  c.c.d.h.HttpGetterCommand - req6 begin...
[hystrix-threadPool1-1] INFO  c.c.d.h.HttpGetterCommand - req8 begin...
[hystrix-threadPool1-2] INFO  c.c.d.h.HttpGetterCommand - req2 begin...
[hystrix-threadPool2-4] INFO  c.c.d.h.HttpGetterCommand - req5 begin...
[hystrix-threadPool2-2] INFO  c.c.d.h.HttpGetterCommand - req3 begin...
[hystrix-threadPool1-1] INFO  c.c.d.h.HttpGetterCommand - req8 fallback: 熔
断 false,直接失败 false
[hystrix-threadPool1-4] INFO  c.c.d.h.HttpGetterCommand - req1 fallback: 熔
断 false,直接失败 false
[hystrix-threadPool1-2] INFO  c.c.d.h.HttpGetterCommand - req2 fallback: 熔
断 false,直接失败 false
[hystrix-threadPool1-3] INFO  c.c.d.h.HttpGetterCommand - req4 fallback: 熔
断 false,直接失败 false
[hystrix-threadPool1-5] INFO  c.c.d.h.HttpGetterCommand - req9 fallback: 熔
断 false,直接失败 false
...
[hystrix-threadPool2-4] INFO  c.c.d.h.HttpGetterCommand -  req5 end:
{"respCode":0,"respMsg":"操作成功...}
[hystrix-threadPool2-2] INFO  c.c.d.h.HttpGetterCommand -  req3 end:
{"respCode":0,"respMsg":"操作成功...}
[hystrix-threadPool2-3] INFO  c.c.d.h.HttpGetterCommand -  req10 end:
```

```
{"respCode":0,"respMsg":"操作成功...}
    [hystrix-threadPool2-1] INFO c.c.d.h.HttpGetterCommand - req6 end:
{"respCode":0,"respMsg":"操作成功...}
    [hystrix-threadPool2-5] INFO c.c.d.h.HttpGetterCommand - req7 end:
{"respCode":0,"respMsg":"操作成功...}
    ...
```

从上面的输出结果可以看出：threadPool1 的线程使用和 threadPool2 的线程使用是完全相互独立和相互隔离的，无论 threadPool1 是否耗尽，threadPool2 的线程都可以正常发起 RPC 请求。

默认情况下，在 Spring Cloud 中，Hystrix 会为每一个 Command Group Key 自动创建一个同名的线程池。而在 Hystrix 客户端，每一个 RPC 目标 Provider 的 Command Group Key 默认值为它的应用名称（Application Name），比如，demo-provider 服务的 Command Group Key 默认值为它的名称 demo-provider。所以，如果某个 Provider（如 uaa-provider）需要发起对 demo-provider 的远程调用，那么 Hystrix 为该 Provider 创建的 RPC 线程池的名称默认为 demo-provider，专门用于对 demo-provider 的 REST 服务进行 RPC 调用和隔离，如图 5-7 所示。

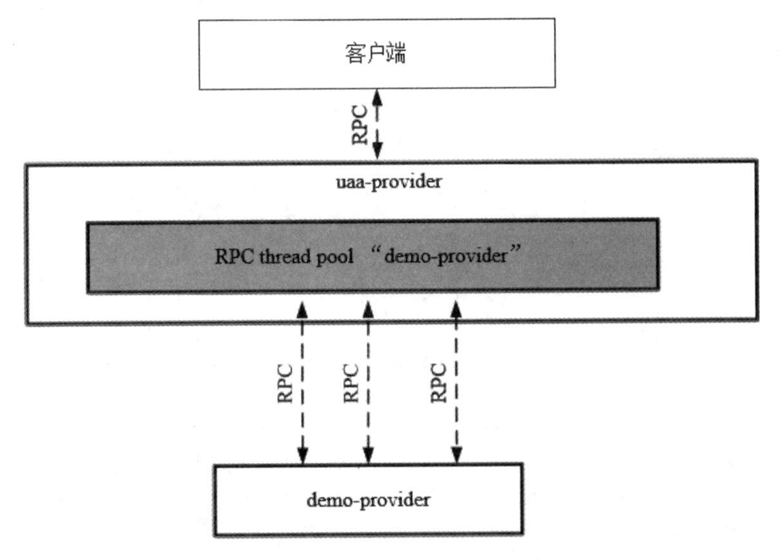

图 5-7 对 demo-provider 服务进行 RPC 调用的专用线程池

5.4.3 Hystrix 线程池隔离配置

在 Spring Cloud 服务提供者中，如果需要使用 Hystrix 线程池进行 RPC 隔离，就可以在应用的配置文件中进行相应的配置。下面是 demo-provider 的 RPC 线程池配置的实例：

```
hystrix:
  threadpool:
    default:
      coreSize: 10              #线程池核心线程数
      maximumSize: 20           #线程池最大线程数
      allowMaximumSizeToDivergeFromCoreSize: true    #线程池 maximumSize 最大线
程数是否生效
```

```
      keepAliveTimeMinutes: 10    #设置可空闲时间，单位为分钟
  command:
    default:                      #全局默认配置
      execution:                  #RPC 隔离的相关配置
        isolation:
          strategy: THREAD        #配置请求隔离的方式，这里为线程池方式
          thread:
         timeoutInMilliseconds: 100000  #RPC 执行的超时时间，默认为 1000 毫秒
         interruptOnTimeout: true    #发生超时后是否中断方法的执行，默认值为 true
```

对上面的实例中用到的与 Hystrix 线程池有关的配置项介绍如下：

（1）hystrix.threadpool.default.coreSize：设置线程池的核心线程数。

（2）hystrix.threadpool.default.maximumSize：设置线程池的最大线程数，起作用的前提是 allowMaximumSizeToDivergeFromCoreSize 的属性值为 true。maximumSize 属性值可以等于或者大于 coreSize 值，当线程池的线程不够用时，Hystrix 会创建新的线程，直到线程数达到 maximumSize 的值，创建的线程为非核心线程。

（3）hystrix.threadpool.default.allowMaximumSizeToDivergeFromCoreSize：该属性允许 maximumSize 起作用。

（4）hystrix.threadpool.default.keepAliveTimeMinutes：该属性设置非核心线程的存活时间，如果某个非核心线程的空闲超过 keepAliveTimeMinutes 设置的时间，非核心线程就会被释放。其单位为分钟，默认值为 1，默认情况下，表示非核心线程空闲 1 分钟后释放。

（5）hystrix.command.default.execution.isolation.strategy：该属性设置 RPC 远程调用 HystrixCommand 命令的隔离策略。它有两个可选值：THREAD 和 SEMAPHORE，默认值为 THREAD。THREAD 表示使用线程池进行 RPC 隔离，SEMAPHORE 表示通过信号量来进行 RPC 隔离和限制并发量。

（6）hystrix.command.default.execution.isolation.thread.timeoutInMilliseconds：设置调用者等待 HystrixCommand 命令执行的超时限制，超过此时间，HystrixCommand 被标记为 TIMEOUT，并执行回退逻辑。超时会作用在 HystrixCommand.queue()，即使调用者没有调用 get()去获得 Future 对象。

以上配置是 application 应用级别的默认线程池配置，覆盖的范围为系统中的所有 RPC 线程池。有时需要为特定的 Provider 服务提供者进行特殊的配置，比如当某个 Provider 接口访问的并发量非常大，是其他 Provider 的几十倍，它的远程调用需要更多的 RPC 线程时，就可以单独为其进行专门的 RPC 线程池配置。作为示例，在 demo-Provider 中对 uaa-Provider 的 RPC 线程池配置如下：

```
hystrix:
  threadpool:
    default:
      coreSize: 10        #线程池核心线程数
      maximumSize: 20     #线程池最大线程数
      allowMaximumSizeToDivergeFromCoreSize: true   #线程池最大线程数是否有效
    uaa-provider:
      coreSize: 20        #线程池核心线程数
```

```
maximumSize: 100   #线程池最大线程数
allowMaximumSizeToDivergeFromCoreSize: true   #线程池最大线程数是否有效
```

上面的配置中使用了 hystrix.threadpool.uaa-provider 配置项前缀，其中 uaa-provider 部分为 RPC 线程池的 Thread Pool Key，也就是默认的 Command Group Key。

在调用处理器 HystrixInvocationHandler 的 invoke(...)方法内设置断点，在调试时，通过查看 hystrixCommand 对象的值可以看出，demo-provider 中针对服务提供者 uaa-provider 的 RPC 线程池配置已经生效，如图 5-8 所示。

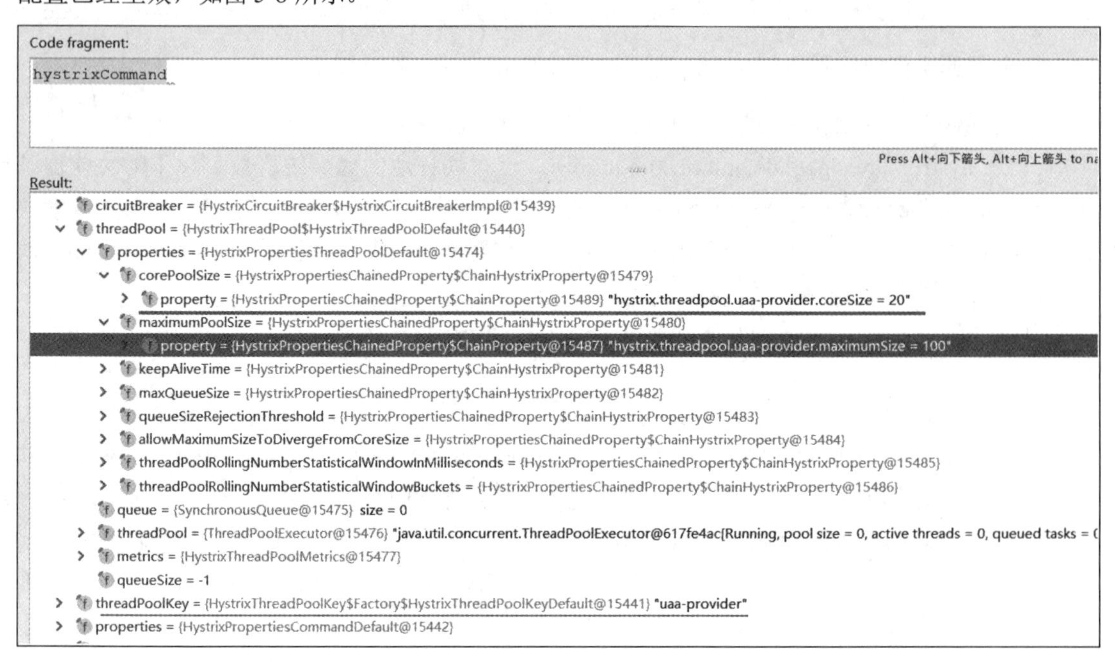

图 5-8 针对 uaa-provider 的 RPC 线程池配置已经生效

5.4.4 Hystrix 信号量隔离

除了使用线程池进行资源隔离之外，Hystrix 还可以使用信号量机制完成资源隔离。信号量所起到的作用就像一个开关，而信号量的值就是每个命令的并发执行数量，当并发数高于信号量的值时就不再执行命令。比如，如果 Provider A 的 RPC 信号量大小为 10，那么它同时只允许有 10 个 RPC 线程来访问服务 Provider A，其他的请求都会被拒绝，从而达到资源隔离和限流保护的作用。

Hystrix 信号量机制不提供专用的线程池，也不提供额外的线程，在获取到信号量之后，执行 HystrixCommand 命令逻辑的线程还是之前 Web 容器的 IO 线程。

信号量可以细分为 run 执行信号量和 fallback 回退信号量。

IO 线程在执行 HystrixCommand 命令之前需要抢到 run 执行信号量，成功之后才允许执行 HystrixCommand.run()方法。如果争抢失败，就准备回退，但是在执行 HystrixCommand.getFallback()回退方法之前，还需要争抢 fallback 回退信号量，成功之后才允许执行 HystrixCommand.getFallback()回退方法。如果都获取失败，操作就会直接终止。

在图 5-9 所示的例子中，假设有 5 个 Web 容器的 IO 线程并发进行 RPC 远程调用，但是执行信号量的大小为 3，也就是只有 3 个 IO 线程能够真正地抢到 run 执行信号量，这些线程才能发起 RPC 调用。剩下的两个 IO 线程准备回退，去抢 fallback 回退信号量，争抢成功后执行 HystrixCommand.getFallback()回退方法。

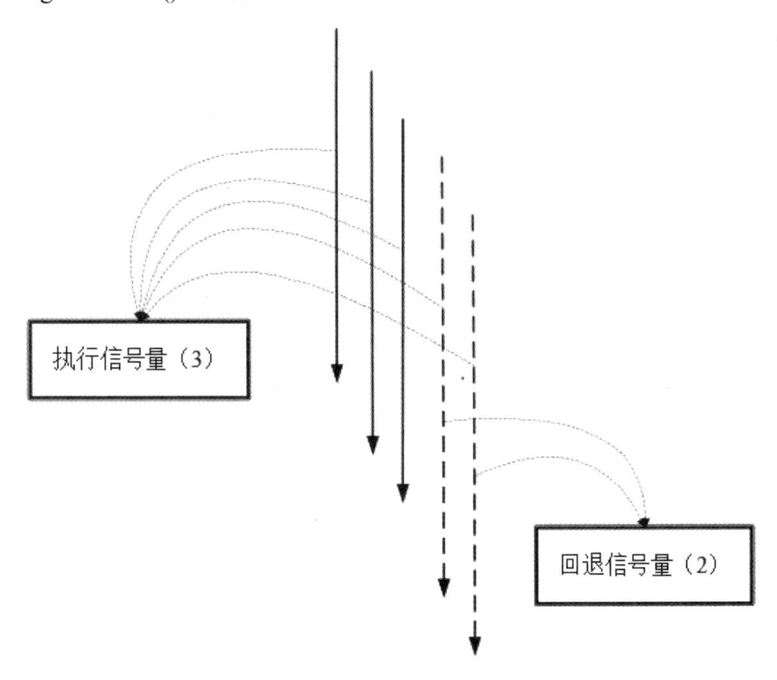

图 5-9　5 个 Web 容器的 IO 线程争抢信号量

下面是一个模拟 Web 容器进行 RPC 调用的演示程序，其中使用一个拥有 50 个线程的线程池模拟 Web 容器的 IO 线程池，并使用随书编写的 HttpGetterCommand 命令模拟 RPC 调用。实验之前，需要提前启动 demo-provider 服务的 REST 接口/api/demo/hello/v1。

为了演示信号量隔离，演示程序所设置的 run 执行信号量和 fallback 回退信号量都为 4，并且通过 IO 线程池同时提交了 50 个模拟的 RPC 调用去争抢这些信号量，演示程序的代码如下：

```
package com.crazymaker.demo.hystrix;

//省略 import

@Slf4j
public class IsolationStrategyDemo
{

    /**
     *测试：信号量隔离
     */
    @Test
    public void testSemaphoreIsolationStrategy() throws Exception
    {
```

```
        /**
         *命令属性实例
         */
        HystrixCommandProperties.Setter commandProperties =
HystrixCommandProperties.Setter()
                .withExecutionTimeoutInMilliseconds(5000)  //配置时间上限
                .withExecutionIsolationStrategy(
                        //隔离策略为信号量隔离
                        HystrixCommandProperties.ExecutionIsolationStrategy
.SEMAPHORE
                )
                //HystrixCommand.run()方法允许的最大请求数
                .withExecutionIsolationSemaphoreMaxConcurrentRequests(4)
                //HystrixCommand.getFallback()方法允许的最大请求数目
                .withFallbackIsolationSemaphoreMaxConcurrentRequests(4);

        /**
         *命令的配置实例
         */
        HystrixCommand.Setter setter = HystrixCommand.Setter
                .withGroupKey(HystrixCommandGroupKey.Factory.asKey("group1"))
                .andCommandKey(HystrixCommandKey.Factory.asKey("command1"))
                .andCommandPropertiesDefaults(commandProperties);

        /**
         *模拟Web容器的IO线程池
         */
        ExecutorService mock_IO_threadPool =
                                Executors.newFixedThreadPool(50);

        /**
         *模拟Web容器收到50并发请求
         */
        for (int j = 1; j <= 50; j++)
        {
            mock_IO_threadPool.submit(() ->
            {
                /**
                 *RPC调用
                 */
                new HttpGetterCommand(HELLO_TEST_URL, setter)
                        .toObservable()
                        .subscribe(s -> log.info(" result:{}", s));
            });
        }
        Thread.sleep(Integer.MAX_VALUE);
```

```
        }
    }
```

执行此演示实例之前需要提前启动 crazydemo.com（指向 127.0.0.1）主机上的 demo-provider 服务提供者。demo-provider 启动之后再执行上面的演示程序，运行的结果节选如下：

```
    [pool-2-thread-35] INFO  c.c.d.h.HttpGetterCommand - req3 fallback:熔断 false,
直接失败 true,失败次数 3
    [pool-2-thread-45] INFO  c.c.d.h.HttpGetterCommand - req4 fallback:熔断 false,
直接失败 true,失败次数 4
    [pool-2-thread-7] INFO  c.c.d.h.HttpGetterCommand - req2 fallback:熔断 false,
直接失败 true,失败次数 2
    [pool-2-thread-15] INFO  c.c.d.h.HttpGetterCommand - req1 fallback:熔断 false,
直接失败 true,失败次数 1
    [pool-2-thread-35] INFO c.c.d.h.IsolationStrategyDemo - result:req3:调用失败
    ...
    [pool-2-thread-27] INFO  c.c.d.h.HttpGetterCommand - req7 begin...
    [pool-2-thread-18] INFO  c.c.d.h.HttpGetterCommand - req6 begin...
    [pool-2-thread-13] INFO  c.c.d.h.HttpGetterCommand - req5 begin...
    [pool-2-thread-48] INFO  c.c.d.h.HttpGetterCommand - req8 begin...
    [pool-2-thread-18] INFO  c.c.d.h.HttpGetterCommand -  req6 end:
{"respCode":0,"respMsg":"操作成功...}
    [pool-2-thread-48] INFO  c.c.d.h.HttpGetterCommand -  req8 end:
{"respCode":0,"respMsg":"操作成功...}
    [pool-2-thread-27] INFO  c.c.d.h.HttpGetterCommand -  req7 end:
{"respCode":0,"respMsg":"操作成功...}
    [pool-2-thread-13] INFO  c.c.d.h.HttpGetterCommand -  req5 end:
{"respCode":0,"respMsg":"操作成功...}
    [pool-2-thread-13] INFO  c.c.d.h.IsolationStrategyDemo -
result:req5:{"respCode":0,"respMsg":"操作成功...}
    ...
```

通过结果可以看出：

（1）执行 RPC 远程调用的线程就是模拟 IO 线程池中的线程。

（2）虽然提交了 50 个 RPC 调用，但是只有 4 个 RPC 调用抢到了执行信号量，分别为 req5、req6、req7、req8。

（3）虽然失败了 46 个 RPC 调用，但是只有 4 个 RPC 调用抢到了回退信号量，分别为 req1、req2、req3、req4。

使用信号量进行 RPC 隔离是有自身弱点的。实际 RPC 远程调用最终是由 Web 容器的 IO 线程来完成，这样就带来了一个问题，由于 RPC 远程调用是一种耗时的操作，如果 IO 线程被长时间占用，就会导致 Web 容器请求处理能力下降，甚至会在一段时间内因为 IO 线程被占满而造成 Web 容器无法对新的用户请求及时响应，最终导致 Web 容器崩溃。所以，信号量隔离机制不适用于 RPC 隔离。但是，对于一些非网络的 API 调用或者耗时很小的 API 调用，信号量隔离机制的效率比线程池隔离机制的效率更高。

再来看信号量的配置，这一次使用代码的方式进行命令属性配置，涉及 Hystrix 命令属性配置器 HystrixCommandProperties.Setter()的实例方法如下：

（1）withExecutionIsolationSemaphoreMaxConcurrentRequests(int)：此方法设置执行信号量的大小，也就是 HystrixCommand.run()方法允许的最大请求数。如果达到最大请求数，后续的请求就会被拒绝。

在 Web 容器中，抢占信号量的线程应该是容器（比如 Tomcat）IO 线程池中的一小部分，所以信号量的数量不能大于容器线程池的大小，否则就起不到保护作用。执行信号量的大小默认值为 10。

如果使用属性配置而不是代码的方式进行配置，那么以上代码配置所对应的配置项为：

```
hystrix.command.default.execution.isolation.semaphore.maxConcurrentRequests
```

（2）withFallbackIsolationSemaphoreMaxConcurrentRequests (int)：此方法设置回退信号量的大小，也就是 HystrixCommand.getFallback()方法允许的最大请求数。如果达到最大请求数，后续的回退请求就会被拒绝。

如果使用属性配置而不是代码的方式进行配置，那么以上代码配置所对应的配置项为：

```
hystrix.command.default.fallback.isolation.semaphore.maxConcurrentRequests
```

最后介绍信号量隔离与线程池隔离的区别，分别从调用线程、开销、异步、并发量 4 个维度进行对比，具体如表 5-1 所示。

表5-1 调用线程、开销、异步、并发量4个维度的对比

	线程池隔离	信号量隔离
调用线程	RPC 线程与 Web 容器 IO 线程相互隔离	RPC 线程与 Web 容器 IO 线程相同
开销	存在请求排队、线程调度、线程上下文切换等开销	无线程切换，开销低
异步	支持	不支持
并发量	最大线程池大小	最大信号量上限，且最大信号量需要小于 IO 线程数

5.5 RPC 保护之熔断器模式

熔断器的工作机制为：统计最近 RPC 调用发生错误的次数，然后根据统计值中的失败比例等信息决定是否允许后面的 RPC 调用继续，或者快速地失败回退。熔断器的 3 种状态如下：

（1）closed：熔断器关闭状态，这也是熔断器的初始状态，此状态下 RPC 调用正常放行。

（2）open：失败比例到一定的阈值之后，熔断器进入开启状态，此状态下 RPC 将会快速失败，执行失败回退逻辑。

（3）half-open：在打开一定时间之后（睡眠窗口结束），熔断器进入半开启状态，小流量尝

试进行 RPC 调用放行。如果尝试成功，熔断器就变为 closed 状态，RPC 调用正常；如果尝试失败，熔断器就变为 open 状态，RPC 调用快速失败。

熔断器状态之间相互转换的逻辑关系如图 5-10 所示。

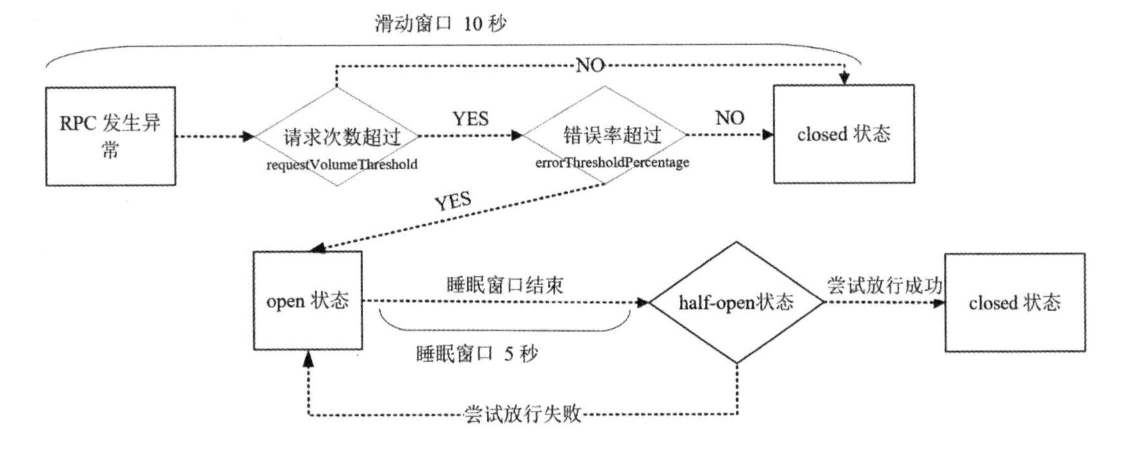

图 5-10　熔断器状态之间的转换关系详细图

5.5.1　熔断器状态变化的演示实例

为了观察熔断器的状态变化，这里通过继承 HystrixCommand 类特别设计了一个能够设置运行时长的自定义命令类 TakeTimeDemoCommand，通过设置其运行占用时间 takeTime 成员的值可以控制其运行过程中是否超时。演示实例的代码如下：

```
package com.crazymaker.demo.hystrix;
//省略 import

@Slf4j
public class CircuitBreakerDemo
{
    //执行的总次数，线程安全
    private static AtomicInteger total = new AtomicInteger(0);

    /**
     *内部类：一个能够设置运行时长的自定义命令类
     */
    static class TakeTimeDemoCommand extends HystrixCommand<String>
    {

        //run 方法是否执行
        private boolean hasRun = false;
        //执行的次序
        private int index;
        //运行的占用时间
        long takeTime;
```

```
    public TakeTimeDemoCommand(long takeTime, Setter setter)
    {
        super(setter);
        this.takeTime = takeTime;
    }

    @Override
    protected String run() throws Exception
    {
        hasRun = true;
        index = total.incrementAndGet();

        Thread.sleep(takeTime);
        HystrixCommandMetrics.HealthCounts hc =
                              super.getMetrics().getHealthCounts();
        log.info("succeed- req{}:熔断器状态: {}, 失败率: {}%",
                    index, super.isCircuitBreakerOpen(),
                    hc.getErrorPercentage());
        return "req" + index + ":succeed";
    }

    @Override
    protected String getFallback()
    {
        //是否直接失败
        boolean isFastFall = !hasRun;
        if (isFastFall)
        {
            index = total.incrementAndGet();
        }
        HystrixCommandMetrics.HealthCounts hc =
                          super.getMetrics().getHealthCounts();
        log.info("fallback- req{}:熔断器状态: {}, 失败率: {}%",
                    index, super.isCircuitBreakerOpen(),
                    hc.getErrorPercentage());
        return "req" + index + ":failed";
    }

}

/**
 *测试用例：熔断器熔断
 */

@Test
```

```
    public void testCircuitBreaker() throws Exception
    {
        /**
         *命令参数配置
         */
        HystrixCommandProperties.Setter propertiesSetter =
                HystrixCommandProperties.Setter()
                        //至少有 3 个请求，熔断器才达到熔断触发的次数阈值
                        .withCircuitBreakerRequestVolumeThreshold(3)
                        //熔断器中断请求 5 秒后会进入 half-open 状态，尝试放行
                        .withCircuitBreakerSleepWindowInMilliseconds(5000)
                        //错误率超过 60%，快速失败
                        .withCircuitBreakerErrorThresholdPercentage(60)
                        //启用超时
                        .withExecutionTimeoutEnabled(true)
                        //执行的超时时间，默认为 1000 毫秒（ms），这里设置为 500 毫秒
                        .withExecutionTimeoutInMilliseconds(500)
                        //可统计的滑动窗口内的 buckets 数量，用于熔断器和指标发布
                        .withMetricsRollingStatisticalWindowBuckets(10)
                        //可统计的滑动窗口的时间长度
                        //这段时间内的执行数据用于熔断器和指标发布
                        .withMetricsRollingStatisticalWindowInMilliseconds(10
000);

        HystrixCommand.Setter rpcPool = HystrixCommand.Setter
                .withGroupKey(HystrixCommandGroupKey.Factory.asKey("group-1"
))
                .andCommandKey(HystrixCommandKey.Factory.asKey("command-1"))
                .andThreadPoolKey(HystrixThreadPoolKey.Factory.asKey("thread
Pool-1"))
                .andCommandPropertiesDefaults(propertiesSetter);

        /**
         *首先设置运行时间为 800 毫秒，大于命令的超时限制 500 毫秒
         */
        long takeTime = 800;
        for (int i = 1; i <= 10; i++)
        {

            TakeTimeDemoCommand command =
                    new TakeTimeDemoCommand(takeTime, rpcPool);
            command.execute();

            //健康信息
            HystrixCommandMetrics.HealthCounts hc =
                    command.getMetrics().getHealthCounts();
```

```
                if (command.isCircuitBreakerOpen())
                {
                    /**
                     *熔断之后，设置运行时间为 300 毫秒，小于命令的超时限制 500 毫秒
                     */
                    takeTime = 300;
                    log.info("============  熔断器打开了，等待休眠期（默认 5 秒）结束");

                    /**
                     *等待 7 秒之后，再一次发起请求
                     */
                    Thread.sleep(7000);
                }

            }

            Thread.sleep(Integer.MAX_VALUE);

        }
    }
```

上面的演示程序中，有以下配置器的命令配置需要重点说明一下：

（1）通过 withExecutionTimeoutInMilliseconds（int）方法将默认为 1000 毫秒的执行超时上限设置为 500 毫秒，也就是说，只要 TakeTimeDemoCommand.run()的执行时间超过 500 毫秒，就会触发 Hystrix 超时回退。

（2）通过 withCircuitBreakerRequestVolumeThreshold（int）方法将熔断器触发熔断的最少请求次数的默认值 20 次改为了 3 次，这样更容易测试。

（3）通过 withCircuitBreakerErrorThresholdPercentage（int）方法设置错误率阈值百分比的值为 60，在滑动窗口时间内，当错误率超过此值时，熔断器进入 open 状态，所有请求都会触发失败回退（fallback），错误率阈值百分比的默认值为 50。

执行上面的演示实例，运行的结果节选如下：

```
    [HystrixTimer-1] INFO  c.c.d.h.CircuitBreakerDemo - fallback- req1:熔断器状
态：false，失败率：0%
    [HystrixTimer-1] INFO  c.c.d.h.CircuitBreakerDemo - fallback- req2:熔断器状
态：false，失败率：100%
    [HystrixTimer-2] INFO  c.c.d.h.CircuitBreakerDemo - fallback- req3:熔断器状
态：false，失败率：100%
    [HystrixTimer-1] INFO  c.c.d.h.CircuitBreakerDemo - fallback- req4:熔断器状
态：true，失败率：100%
    [main] INFO  c.c.d.h.CircuitBreakerDemo - ============  熔断器打开了，等待休眠
期（默认 5 秒）结束
    [hystrix-threadPool-1-5] INFO  c.c.d.h.CircuitBreakerDemo - succeed- req5:
熔断器状态：true，失败率：100%
    [hystrix-threadPool-1-6] INFO  c.c.d.h.CircuitBreakerDemo - succeed- req6:
```

```
熔断器状态：false，失败率：0%
    [hystrix-threadPool-1-7] INFO  c.c.d.h.CircuitBreakerDemo - succeed- req7:
熔断器状态：false，失败率：0%
    [hystrix-threadPool-1-8] INFO  c.c.d.h.CircuitBreakerDemo - succeed- req8:
熔断器状态：false，失败率：0%
    [hystrix-threadPool-1-9] INFO  c.c.d.h.CircuitBreakerDemo - succeed- req9:
熔断器状态：false，失败率：0%
    [hystrix-threadPool-1-10] INFO  c.c.d.h.CircuitBreakerDemo - succeed- req10:
熔断器状态：false，失败率：0%
```

从上面的执行结果可以看出，在第 4 次请求 req4 时，熔断器才达到熔断触发的次数阈值 3，由于前 3 次皆为超时失败，失败率同时也大于阈值 60%，因此第 4 次请求执行之后，熔断器状态为 open。

在命令的熔断器打开后，熔断器默认会有 5 秒的睡眠等待时间，在这段时间内的所有请求直接执行回退方法；5 秒之后，熔断器会进入 half-open 状态，尝试放行一次命令执行，如果成功就关闭熔断器，状态转成 closed，否则熔断器回到 open 状态。

在上面的程序中，在熔断器熔断之后，演示程序将命令的运行时间 takeTime 改成了 300 毫秒，小于命令的超时限制 500 毫秒。在等待 7 秒（相当于 7000 毫秒）之后，演示程序再一次发起请求，从运行结果可以看到，第 5 次请求 req5 执行成功了，这是一次 half-open 状态的尝试放行，请求成功之后，熔断器的状态转成了 open，后续请求将继续放行。注意，演示程序的第 5 次请求 req5 后的熔断器状态值反应在第 6 次请求 req6 的执行输出中。

5.5.2　熔断器和滑动窗口的配置属性

熔断器的配置包含滑动窗口的配置和熔断器自身的配置。Hystrix 的健康统计是通过滑动窗口来完成的，其熔断器的状态变化也依据滑动窗口的统计数据，所以这里先介绍滑动窗口的配置。先来看两个概念：滑动窗口和时间桶（Bucket）。

1. 滑动窗口

可以这么来理解滑动窗口：一位乘客坐在正在行驶的列车的靠窗座位上，列车行驶的公路两侧种着一排挺拔的白杨树，随着列车的前进，路边的白杨树迅速从窗口滑过，我们用每棵树来代表一个请求，用列车的行驶代表时间的流逝，列车上的这个窗口就是一个典型的滑动窗口，这个乘客能通过窗口看到的白杨树的数量就是滑动窗口要统计的数据。

2. 时间桶

时间桶是统计滑动窗口数据时的最小单位。同样类比列车窗口，在列车速度非常快时，如果每掠过一棵树就统计一次窗口内树的数据，显然开销非常大，如果乘客将窗口分成 N 份，前进时列车每掠过窗口的 N 分之一就统计一次数据，开销就大大地减小了。简单来说，时间桶就是滑动窗口的 N 分之一。

熔断器的设置，代码方式可以使用 HystrixCommandProperties.Setter()配置器来完成，参考 5.5.1 节的实例，把自定义的 TakeTimeDemoCommand 中的 Setter()配置器的相关参数配置如下：

```
/**
 *命令参数配置
 */
HystrixCommandProperties.Setter propertiesSetter =
        HystrixCommandProperties.Setter()
                //至少有 3 个请求，熔断器才达到熔断触发的次数阈值
                .withCircuitBreakerRequestVolumeThreshold(3)
                //熔断器中断请求 5 秒后会进入 half-open 状态，尝试放行
                .withCircuitBreakerSleepWindowInMilliseconds(5000)
                //错误率超过 60%，快速失败
                .withCircuitBreakerErrorThresholdPercentage(60)
                //启用超时
                .withExecutionTimeoutEnabled(true)
                //执行的超时时间，默认为 1000 毫秒，这里设置为 500 毫秒
                .withExecutionTimeoutInMilliseconds(500)
                //可统计的滑动窗口内的时间桶数量，用于熔断器和指标发布
                .withMetricsRollingStatisticalWindowBuckets(10)
                //可统计的滑动窗口的时间长度
                //这段时间内的执行数据用于熔断器和指标发布
                .withMetricsRollingStatisticalWindowInMilliseconds(10000);
```

在以上配置中，与熔断器的滑动窗口相关的配置具体含义如下：

（1）在滑动窗口中，最少有 3 个请求才会触发断路，默认值为 20 个。

（2）错误率达到 60%时才可能触发断路，默认值为 50%。

（3）断路之后的 5000 毫秒内，所有请求都直接调用 getFallback()进行回退降级，不会调用 run()方法；5000 毫秒过后，熔断器变为 half-open 状态。

以上 TakeTimeDemoCommand 的熔断器滑动窗口的状态转换关系如图 5-11 所示。

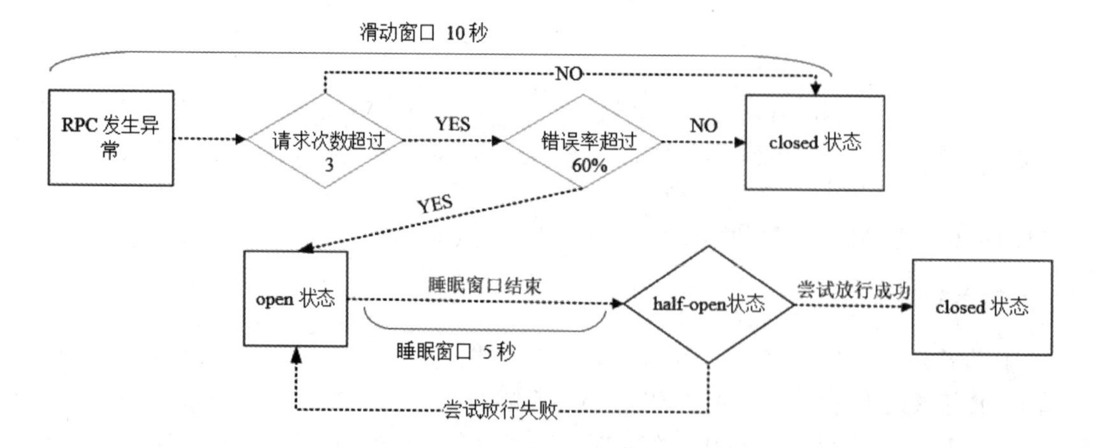

图 5-11 TakeTimeDemoCommand 的熔断器健康统计滑动窗口的状态转换关系图

大家已经知道，Hystrix 熔断器的配置除了代码方式外，还有 properties 文本属性配置的方式；另外，Hystrix 熔断器相关的滑动窗口不止一个基础的健康统计滑动窗口，还包含一个百分比命令

执行时间统计滑动窗口，两个窗口都可以进行配置。

下面以文本属性配置方式为主，对 Hystrix 基础的健康统计滑动窗口的配置进行详细介绍。

（1）hystrix.command.default.metrics.rollingStats.timeInMilliseconds：设置健康统计滑动窗口的持续时间（以毫秒为单位），默认值为 10 000 毫秒。熔断器的打开会根据一个滑动窗口的统计值来计算，若滑动窗口时间内的错误率超过阈值，则熔断器将进入 open 状态。滑动窗口将被进一步细分为时间桶，滑动窗口的统计值等于窗口内所有时间桶的统计信息的累加，每个时间桶的统计信息包含请求成功（success）、失败（failure）、超时（timeout）、被拒（rejection）的次数。

此选项通过代码方式配置时所对应的函数如下：

```
HystrixCommandProperties.Setter().withMetricsRollingStatisticalWindowInMi
lliseconds(int)
```

（2）hystrix.command.default.metrics.rollingStats.numBuckets：设置健康统计滑动窗口被划分的时间桶的数量，默认值为 10。若滑动窗口的持续时间为默认的 10 000 毫秒，在默认情况下，一个时间桶的时间即 1 秒。若要做定制化的配置，则所设置的 numBuckets（时间桶数量）的值和 timeInMilliseconds（滑动窗口时长）的值有关联关系，必须符合 timeInMilliseconds % numberBuckets == 0 的规则，否则会抛出异常。例如，二者的关联关系为 70 000（滑动窗口 70 秒）% 700（桶数）==0 是可以的，但是 70 000（滑动窗口 70 秒）% 600（桶数）== 400 将抛出异常。

此选项通过代码方式配置时所对应的函数如下：

```
HystrixCommandProperties.Setter().withMetricsRollingStatisticalWindowBuckets
(int)
```

（3）hystrix.command.default.metrics.healthSnapshot.intervalInMilliseconds：设置健康统计滑动窗口拍摄运行状况统计指标的快照的时间间隔。什么是拍摄运行状况统计指标的快照呢？就是计算成功和错误百分比这些影响熔断器状态的统计数据。

拍摄快照的时间间隔的单位为毫秒，默认值为 500 毫秒。由于统计指标的计算是一个消耗 CPU 的操作（即 CPU 密集型操作），也就是说，高频率地计算错误百分比等健康统计数据会占用很多 CPU 资源，因此在高并发 RPC 流量大的应用场景下可以适当调大拍摄快照的时间间隔。

此选项通过代码方式配置时所对应的函数如下：

```
HystrixCommandProperties.Setter().withMetricsHealthSnapshotIntervalInMilliseconds
(int)
```

Hystrix 熔断器相关的滑动窗口不止一个基础的健康统计滑动窗口，还包含一个百分比命令执行时间统计滑动窗口。什么是“百分比命令执行时间”统计滑动窗口呢？该滑动窗口主要用于统计 1%、10%、50%、90%、99% 等一系列比例的命令执行平均耗时，主要用于生成统计图表。

带 hystrix.command.default.metrics.rollingPercentile 前缀的配置项专门用于配置百分比命令执行时间统计滑动窗口。下面以文本属性配置方式为主对 Hystrix“百分比命令执行时间”统计滑动窗口的配置进行详细介绍。

（1）hystrix.command.default.metrics.rollingPercentile.enabled：该配置项用于设置百分比命令执行时间统计滑动窗口是否生效，命令的执行时间是否被跟踪，并且计算各个百分比（如 1%、

10%、50%、90%、99.5%等）的平均时间。该配置项默认为true。

（2）hystrix.command.default.metrics.rollingPercentile.timeInMilliseconds：设置百分比命令执行时间统计滑动窗口的持续时间（以毫秒为单位），默认值为60 000毫秒。当然，此滑动窗口进一步被细分为时间桶，以便提高统计的效率。

本选项通过代码方式配置时所对应的函数如下：

```
HystrixCommandProperties.Setter().withMetricsRollingPercentileWindowInMilliseconds
(int)
```

（3）hystrix.command.default.metrics.rollingPercentile.numBuckets：设置百分比命令执行时间统计滑动窗口被划分的时间桶的数量，默认值为6。此滑动窗口的默认持续时间为60 000毫秒，在默认情况下，一个时间桶的时间即10秒。若要做定制化的配置，则此窗口所设置的numBuckets（时间桶数量）的值和timeInMilliseconds（滑动窗口时长）的值有关联关系，必须符合timeInMilliseconds（滑动窗口时长）% numberBuckets == 0 的规则，否则将抛出异常。

本选项通过代码方式配置时所对应的函数如下：

```
HystrixCommandProperties.Setter().withMetricsRollingPercentileWindowBuckets
(int)
```

（4）hystrix.command.default.metrics.rollingPercentile.bucketSize：设置百分比命令执行时间统计滑动窗口的时间桶内最大的统计次数，若bucketSize为100，而桶的时长为1秒，这1秒里有500次执行，则只有最后100次执行的信息会被统计到桶里。增加此配置项的值会导致内存开销及其他计算开销上升，该配置项的默认值为100。

本选项通过代码方式配置时所对应的函数如下：

```
HystrixCommandProperties.Setter().withMetricsRollingPercentileBucketSize (int)
```

以上是Hystrix熔断器相关的滑动窗口的配置，接下来介绍熔断器本身的配置。

带hystrix.command.default.circuitBreaker前缀的配置项专门用于对熔断器本身进行配置。下面以文本属性配置方式为主，对Hystrix熔断器的配置进行详细介绍。

（1）hystrix.command.default.circuitBreaker.enabled：该配置用来确定是否启用熔断器，默认值为true。

本选项通过代码方式配置时所对应的函数如下：

```
HystrixCommandProperties.Setter().withCircuitBreakerEnabled (boolean)
```

（2）hystrix.command.default.circuitBreaker.requestVolumeThreshold：该配置用于设置熔断器触发熔断的最少请求次数。如果设置为20，那么当一个滑动窗口时间内（比如10秒）收到19个请求时，即使19个请求都失败，熔断器也不会打开变成open状态，默认值为20。

此选项通过代码方式配置时所对应的函数如下：

```
HystrixCommandProperties.Setter().withCircuitBreakerRequestVolumeThreshold(int)
```

（3）hystrix.command.default.circuitBreaker.errorThresholdPercentage：该配置用于设置错误率阈值，当健康统计滑动窗口的错误率超过此值时，熔断器进入open状态，所有请求都会触发失败回退（fallback），错误率阈值百分比的默认值为 50。

本选项通过代码方式配置时所对应的函数如下：

```
HystrixCommandProperties.Setter().withCircuitBreakerErrorThresholdPercentage
(int)
```

（4）hystrix.command.default.circuitBreaker.sleepWindowInMilliseconds：此配置项指定熔断器打开后经过多长时间允许一次请求尝试执行。熔断器打开时，Hystrix 会在经过一段时间后就放行一条请求，如果这条请求执行成功，就说明此时服务很可能已经恢复正常，会将熔断器关闭，如果这条请求执行失败，就认为目标服务依然不可用，熔断器继续保持打开状态。

该配置用于设置熔断器的睡眠窗口，具体指定熔断器打开之后过多长时间才允许一次请求尝试执行，默认值为 5000 毫秒，表示当熔断器开启后，5000 毫秒内会拒绝所有的请求，5000 毫秒之后，熔断器才会进入 half-open 状态。

此选项通过代码方式配置时所对应的函数如下：

```
HystrixCommandProperties.Setter().withCircuitBreakerSleepWindowInMillisec
onds (int)
```

（5）hystrix.command.default.circuitBreaker.forceOpen：如果配置为 true，熔断器就会被强制打开，所有请求将被触发失败回退（fallback）。此配置的默认值为 false。

此选项通过代码方式配置时所对应的函数如下：

```
HystrixCommandProperties.Setter().withCircuitBreakerForceOpen (boolean)
```

下面是本书随书实例 demo-provider 中有关熔断器的配置，节选如下：

```
hystrix:
  ...
  command:
    ...
    default:                                    #全局默认配置
      circuitBreaker:                           #熔断器相关配置
        enabled: true                           #是否启动熔断器，默认为 true
        requestVolumeThreshold: 20              #启用熔断器功能窗口时间内的最小请求数
        sleepWindowInMilliseconds: 5000    #指定熔断器打开后多长时间内允许一次请
求尝试执行
        errorThresholdPercentage:50 #窗口时间内超过 50%的请求失败后就会打开熔断器
      metrics:
        rollingStats:
          timeInMilliseconds: 6000
          numBuckets: 10
    UserClient#detail(Long):   #独立接口配置，格式为： 类名#方法名（参数类型列表）
      circuitBreaker:                           #熔断器相关配置
        enabled: true                           #是否使用熔断器，默认为 true
```

```
      requestVolumeThreshold: 20         #窗口时间内的最小请求数
      sleepWindowInMilliseconds:5000     #打开后允许一次尝试的睡眠时间，默认配置为5秒
      errorThresholdPercentage: 50       #窗口时间内熔断器开启的错误比例，默认配置为50
    metrics:
      rollingStats:
        timeInMilliseconds: 10000        #滑动窗口时间
        numBuckets: 10                   #滑动窗口的时间桶数
```

使用文本格式配置时，可以对熔断器的参数值进行默认配置，也可以对特定的 RPC 接口进行个性化配置。对熔断器的参数值进行配置时使用 hystrix.command.default 默认前缀，对特定的 RPC 接口进行个性化配置时使用 hystrix.command.FeignClient#Method 格式的前缀。在上面的演示例子中，对远程客户端 Feign 接口 UserClient 中的 detail(Long)方法做了个性化的熔断器配置，其配置项的前缀如下：

```
hystrix.command.UserClient#detail(Long)
```

5.5.3 Hystrix 命令的执行流程

在获取 HystrixCommand 命令的执行结果时，无论是使用 execute()、toObservable()方法，还是使用 observe()方法，最终都会通过执行 HystrixCommand.toObservable()订阅执行结果和返回。在 Hystrix 内部，调用 toObservable()方法返回一个观察的主题，当 Subscriber 订阅者订阅主题后，HystrixCommand 会弹射一个事件，然后通过一系列的判断，顺序依次是缓存是否命中、熔断器是否打开、线程池是否占满，开始执行实际的 HystrixCommand.run()方法。该方法的实现主要为异步处理的业务逻辑，如果在这其中任何一个环节出现错误或者抛出异常，就会回退到 getFallback()方法进行服务降级处理，当降级处理完成之后，会将结果返回给实际的调用者。

HystrixCommand 的工作流程总结起来大致如下：

（1）判断是否使用缓存响应请求，若启用了缓存，且缓存可用，则直接使用缓存响应请求。Hystrix 支持请求缓存，但需要用户自定义启动。

（2）判断熔断器是否开启，如果熔断器处于 open 状态，则跳到第（5）步。

（3）若使用线程池进行请求隔离，则判断线程池是否已占满，若已满则跳到第（5）步；若使用信号量进行请求隔离，则判断信号量是否耗尽，若耗尽则跳到第（5）步。

（4）使用 HystrixCommand.run()方法执行具体业务逻辑，如果执行失败或者超时，就跳到第（5）步，否则跳到第（6）步。

（5）执行 HystrixCommand.getFallback()服务降级处理逻辑。

（6）返回请求响应。

以上流程如图 5-12 所示。

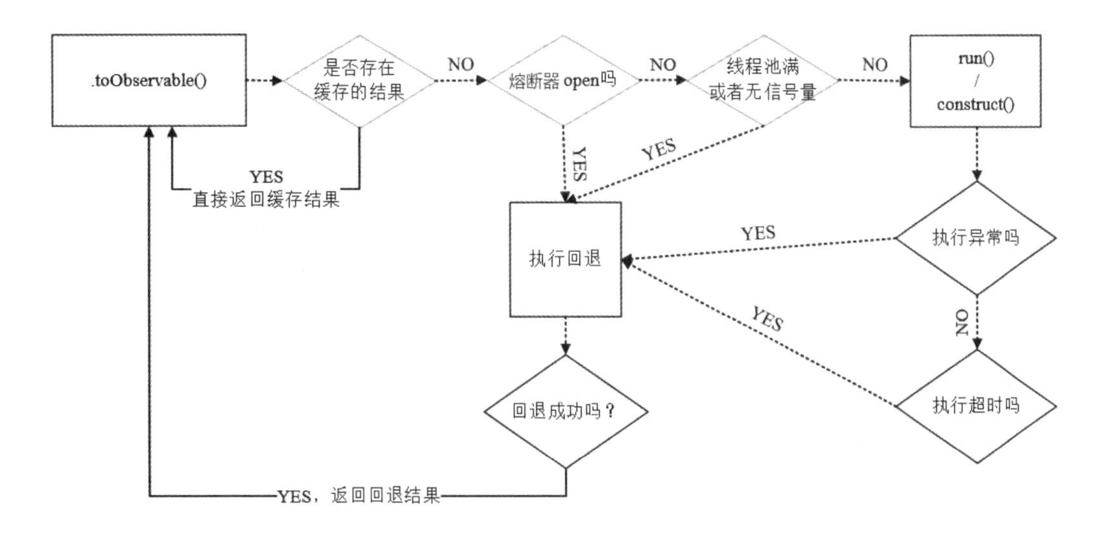

图 5-12　HystrixCommand 的执行流程示意图

什么场景下会触发 fallback 方法呢？见表 5-2。

表5-2　触发fallback方法的场景

名　字	说　明	触发 fallback
EMIT	直接弹出最终结果	NO
SUCCESS	执行完成，没有错误	NO
FAILURE	执行抛出异常	YES
TIMEOUT	执行开始，但没有在允许的时间内完成	YES
BAD_REQUEST	执行抛出 HystrixBadRequestException	NO
SHORT_CIRCUITED	熔断器打开，不尝试执行	YES
THREAD_POOL_REJECTED	线程池拒绝，不尝试执行	YES
SEMAPHORE_REJECTED	信号量拒绝，不尝试执行	YES

5.6　RPC 监控之滑动窗口的实现原理

Hystrix 通过滑动窗口的数据结构来统计调用的指标数据，并且大量使用了 RxJava 响应式编程操作符。滑动窗口的本质就是不断变换的数据流，因此滑动窗口的实现非常适合使用观察者模式以及响应式编程模式去完成。最终，RxJava 便成了 Hystrix 滑动窗口实现的框架选择。Hystrix 滑动窗口的核心实现是使用 RxJava 的 window 操作符（算子）来完成的。使用 RxJava 实现滑动窗口还有一大好处就是可以依赖 RxJava 的线程模型来保证数据写入和聚合的线程安全。

Hystrix 滑动窗口的原理和实现逻辑非常复杂，所以在深入学习之前先看一个 Hystrix 滑动窗口模拟实现示例。

5.6.1 Hystrix 健康统计滑动窗口的模拟实现

下面总体介绍一下 Hystrix 健康统计滑动窗口的执行流程。

首先，HystrixCommand 命令器的执行结果（失败、成功）会以事件的形式通过 RxJava 事件流弹射出去，形成命令完成事件流。

然后，桶计数流以事件流作为来源，将事件流中的事件按照固定时间长度（桶时间间隔）划分成滚动窗口，并对时间桶滚动窗口内的事件按照类型进行累积，完成之后将桶数据弹射出去，形成桶计数流。

最后，桶滑动统计流以桶计数流作为来源，按照步长为 1、长度为设定的桶数（配置的滑动窗口桶数）的规则划分滑动窗口，并对滑动窗口内的所有桶数据按照各事件类型进行汇总，汇总成最终的窗口健康数据，并将其弹射出去，形成最终的桶滑动统计流，作为 Hystrix 熔断器进行状态转换的数据支撑。

以上介绍的 Hystrix 健康统计滑动窗口的执行流程如图 5-13 所示。

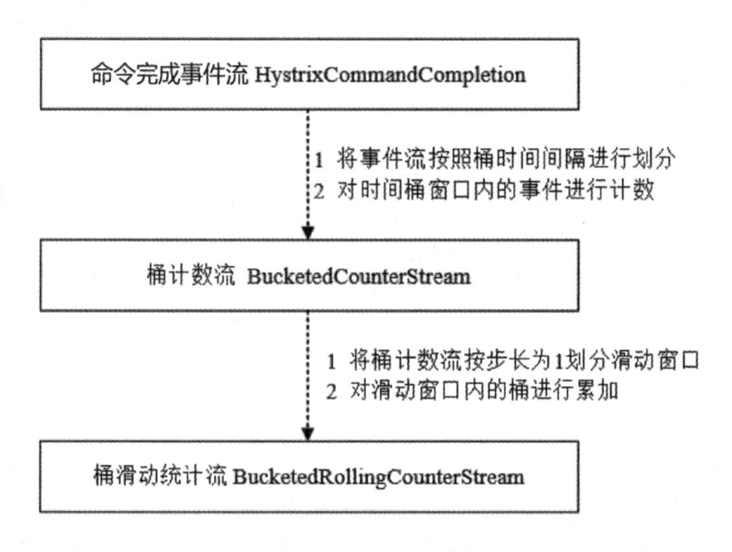

图 5-13 Hystrix 健康统计滑动窗口的执行流程

为了帮助大家学习 Hystrix 滑动窗口的执行流程，这里设计一个简单的 Hystrix 滑动窗口模拟实现用例，对 Hystrix 滑动窗口数据流的处理过程进行简化，只留下核心部分，简化的模拟执行流程如下：

首先，模拟 HystrixCommand 的事件发送机制，每 100 毫秒发送一个随机值（0 或 1），随机值为 0 代表失败，为 1 代表成功，模拟命令完成事件流。

其次，模拟 HystrixCommand 的桶计数流，以事件流作为来源，将事件流中的事件按照固定时间长度（300 毫秒）划分成时间桶滚动窗口，并对时间桶滚动窗口内值为 0 的事件进行累积，完成之后将累积数据弹射出去，形成桶计数流。

最后，模拟桶计数流作为来源，按照步长为 1、长度为设定的桶数（3）的规则划分滑动窗口，并对滑动窗口内的所有桶数据进行汇总，汇总成最终的失败统计数据，并将其弹射出去，形成最终的桶滑动统计流。

以上模拟 Hystrix 健康统计滑动窗口的执行流程如图 5-14 所示。

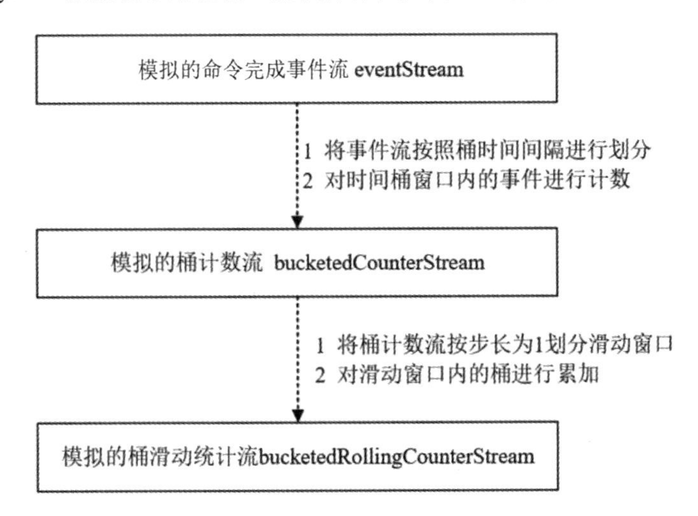

图 5-14　模拟的 Hystrix 健康统计滑动窗口简化版执行流程

简化的模拟 Hystrix 健康统计滑动窗口执行流程的实现代码如下：

```
package com.crazymaker.demo.rxJava.basic;
//省略 import
@Slf4j

public class WindowDemo
{

    /**
     *演示模拟 Hystrix 的健康统计 metric
     */
    @Test
    public void hystrixTimewindowDemo() throws InterruptedException
    {
        //创建 Random 类对象
        Random random = new Random();

        //模拟 Hystrix event 事件流，每 100 毫秒发送一个 0 或 1 随机值
        //随机值为 0 代表失败，随机值为 1 代表成功
        Observable eventStream = Observable
                .interval(100, TimeUnit.MILLISECONDS)
                .map(i -> random.nextInt(2));

        /**
         *完成桶内 0 值计数的聚合函数
         */
        Func1 reduceBucketToSummary =
                new Func1<Observable<Integer>, Observable<Long>>()
```

```
        {
            @Override
            public Observable<Long> call(Observable<Integer> eventBucket)
            {
                Observable<List<Integer>> olist = eventBucket.toList();
                Observable<Long> countValue = olist.map(list ->
                {
                    long count = list.stream().filter(i -> i == 0).count();
                    log.info("{} '0 count:{}", list.toString(), count);
                    return count;

                });
                return countValue;
            }
        };

        /**
         *桶计数流
         */
        Observable<Long> bucketedCounterStream = eventStream
                .window(300, TimeUnit.MILLISECONDS)
                .flatMap(reduceBucketToSummary);  //将时间桶进行聚合，统计事件值为
0 的个数

        /**
         *滑动窗口聚合函数
         */
        Func1 reduceWindowToSummary = new Func1<Observable<Long>,
Observable<Long>>()
        {
            @Override
            public Observable<Long> call(Observable<Long> eventBucket)
            {
                return eventBucket.reduce(new Func2<Long, Long, Long>()
                {
                    @Override
                    public Long call(Long bucket1, Long bucket2)
                    {
                        /**
                         *对窗口内的桶进行累加
                         */
                        return bucket1 + bucket2;
                    }
                });

            }
```

```
        };

        /**
         *桶滑动统计流
         */
        Observable bucketedRollingCounterStream = bucketedCounterStream
                .window(3, 1)
                .flatMap(reduceWindowToSummary);//将滑动窗口进行聚合
        bucketedRollingCounterStream.subscribe(sum -> log.info("滑动窗口的和:
{}", sum));
        Thread.sleep(Integer.MAX_VALUE);
    }
}
```

运行这个示例程序，输出的结果部分节选如下：

```
    [RxComputationScheduler-1] INFO  c.c.d.rxJava.basic.WindowDemo - [0, 0, 0] '0
count:3
    [RxComputationScheduler-1] INFO  c.c.d.rxJava.basic.WindowDemo - [0, 1, 1] '0
count:1
    [RxComputationScheduler-1] INFO  c.c.d.rxJava.basic.WindowDemo - [1, 0, 1] '0
count:1
    [RxComputationScheduler-1] INFO  c.c.d.rxJava.basic.WindowDemo - 滑动窗口的和: 5
    [RxComputationScheduler-1] INFO  c.c.d.rxJava.basic.WindowDemo - [0, 1, 0] '0
count:2
    [RxComputationScheduler-1] INFO  c.c.d.rxJava.basic.WindowDemo - 滑动窗口的和: 4
    [RxComputationScheduler-1] INFO  c.c.d.rxJava.basic.WindowDemo - [0, 1, 0] '0
count:2
    [RxComputationScheduler-1] INFO  c.c.d.rxJava.basic.WindowDemo - 滑动窗口的和: 5
    [RxComputationScheduler-1] INFO  c.c.d.rxJava.basic.WindowDemo - [1, 1, 1] '0
count:0
    [RxComputationScheduler-1] INFO  c.c.d.rxJava.basic.WindowDemo - 滑动窗口的和: 4
    [RxComputationScheduler-1] INFO  c.c.d.rxJava.basic.WindowDemo - [0, 1, 1] '0
count:1
    [RxComputationScheduler-1] INFO  c.c.d.rxJava.basic.WindowDemo - 滑动窗口的和: 3
    [RxComputationScheduler-1] INFO  c.c.d.rxJava.basic.WindowDemo - [1, 0, 0] '0
count:2
    [RxComputationScheduler-1] INFO  c.c.d.rxJava.basic.WindowDemo - 滑动窗口的和: 3
    [RxComputationScheduler-1] INFO  c.c.d.rxJava.basic.WindowDemo - [1, 1, 1] '0
count:0
    [RxComputationScheduler-1] INFO  c.c.d.rxJava.basic.WindowDemo - 滑动窗口的和: 3
    [RxComputationScheduler-1] INFO  c.c.d.rxJava.basic.WindowDemo - [1, 1, 0] '0
count:1
    [RxComputationScheduler-1] INFO  c.c.d.rxJava.basic.WindowDemo - 滑动窗口的和: 3
    [RxComputationScheduler-1] INFO  c.c.d.rxJava.basic.WindowDemo - [1, 1, 1] '0
count:0
    [RxComputationScheduler-1] INFO  c.c.d.rxJava.basic.WindowDemo - 滑动窗口的和: 1
```

在这个示例程序的代码中，eventStream 流通过 interval 操作符每 100 毫秒发送一个随机值（0 或 1），随机值为 0 代表失败，为 1 代表成功，模拟 HystrixCommand 的事件发送机制。

桶计数流 bucketedCounterStream 使用 window 操作符以 300 毫秒为一个时间桶窗口，将原始的事件流进行拆分，每个时间桶窗口的 3 事件聚合起来，输出一个新的 Observable（子流）。然后，bucketedCounterStream 通过 flapMap 操作将每一个 Observable 进行扁平化。

桶计数流 bucketedCounterStream 的处理过程如图 5-15 所示。

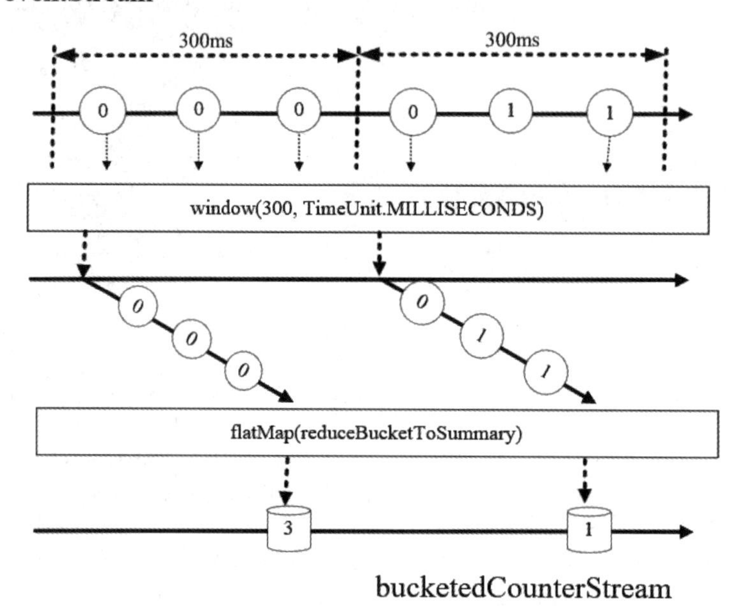

图 5-15　模拟的桶计数流 bucketedCounterStream 的处理过程

bucketedCounterStream 的 flapMap 扁平化操作是通过调用 reduceBucketToSummary 方法完成的，该方法首先将每一个时间桶窗口内的 Observable 子流内的元素序列转成一个列表（List），然后进行过滤（留下值为 0 事件）和统计，返回值为 0 的元素统计数量（失败数）。

接下来，需要对 bucketedCounterStream 桶计数进行汇总统计，形成滑动窗口的统计数据，这个工作由 bucketedRollingCounterStream 桶滑动统计流完成。

桶滑动统计流仍然使用 window 和 flatMap 两个操作符，先在输入流中通过 window 操作符按照步长为 1、长度为 3 的规则划分滑动窗口，每个滑动窗口的 3 统计数据被聚集起来，输出一个新的 Observable。然后通过 flatMap 扁平化操作符对每一个 Observable 进行聚合，计算出各元素的累加值。

模拟的桶滑动统计流 bucketedRollingCounterStream 的处理过程如图 5-16 所示。

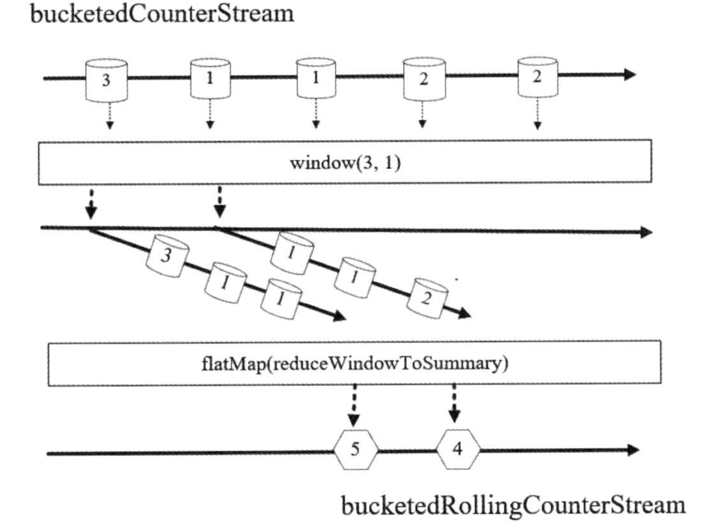

图 5-16　桶滑动统计流 bucketedRollingCounterStream 的处理过程

bucketedRollingCounterStream 的 flapMap 扁平化操作是通过调用 reduceWindowToSummary 方法完成的，该方法通过 RxJava 的 reduce 操作符进行“聚合”操作，将 Observable 子流中的 3 事件的累加结果计算出来。

5.6.2　Hystrix 滑动窗口的核心实现原理

在 Hystrix 中，业务逻辑以命令模式封装成了一个个命令（HystrixCommand），每个命令执行完成后都会发送命令完成事件（HystrixCommandCompletion）到 HystrixCommandCompletion Stream 命令完成事件流。HystrixCommandCompletion 是 Hystrix 中核心的事件，它可以代表某个命令执行成功、超时、异常等各种状态，与 Hystrix 熔断器的状态转换息息相关。

桶计数流 BucketedCounterStream 是一个抽象类，提供了基本的桶计数器实现。用户在使用 Hystrix 的时候一般都要配置两个值：timeInMilliseconds（滑动窗口的长度，时间间隔）和 numBuckets（滑动窗口中的桶数），每个桶对应的时间长度就是 bucketSizeInMs=timeInMilliseconds/ numBuckets ，该时间长度可以记为一个时间桶窗口 BucketedCounterStream 每隔一个时间桶窗口就把这段时间内的所有调用事件聚合到一个累积桶内。下面来看一下它的实现。

```
    protected BucketedCounterStream(final HystrixEventStream<Event>
inputEventStream, final int numBuckets, final int bucketSizeInMs,
final Func2<Bucket, Event, Bucket> appendRawEventToBucket) {
        this.numBuckets = numBuckets;
        this.reduceBucketToSummary = new Func1<Observable<Event>,
Observable<Bucket>>() {
            @Override
            public Observable<Bucket> call(Observable<Event> eventBucket) {
                return eventBucket.reduce(getEmptyBucketSummary(),
                        appendRawEventToBucket);
            }
        };
        ...
```

```
        this.bucketedStream = Observable.defer(new Func0<Observable<Bucket>>()
{
            @Override
            public Observable<Bucket> call() {
                return inputEventStream
                    .observe()
                    .window(bucketSizeInMs, TimeUnit.MILLISECONDS)
                    .flatMap(reduceBucketToSummary)
                    .startWith(emptyEventCountsToStart);
            }
        });
    }
```

BucketedCounterStream 的构造函数里接收 4 个参数：第一个参数 inputEventStream 是一个 HystrixCommandCompletionStream 命令完成事件流，每个 HystrixCommand 命令执行完成后，将发送的命令完成事件最终都通过 inputEventStream 弹射出来；第二个参数 numBuckets 为设置的滑动窗口中的桶数量；第三个参数 bucketSizeInMs 为每个桶对应的时间长度；第四个参数为将原始事件统计到累积桶（Bucket）的回调函数。

BucketedCounterStream 的核心是 window 操作符，它可以将原始的完成事件流按照时间桶的长度 bucketSizeInMs 进行拆分，并将这个时间段内的事件聚集起来，输出一个 Observable，然后通过 flapMap 操作将每一个 Observable 进行扁平化。

具体的 flapMap 扁平化操作是通过调用 reduceBucketToSummary 方法完成的，该方法通过 RxJava 的 reduce 操作符进行“聚合”操作，将 Observable 中的一串事件归纳成一个累积桶。

桶计数流 BucketedCounterStream 的处理过程如图 5-17 所示。

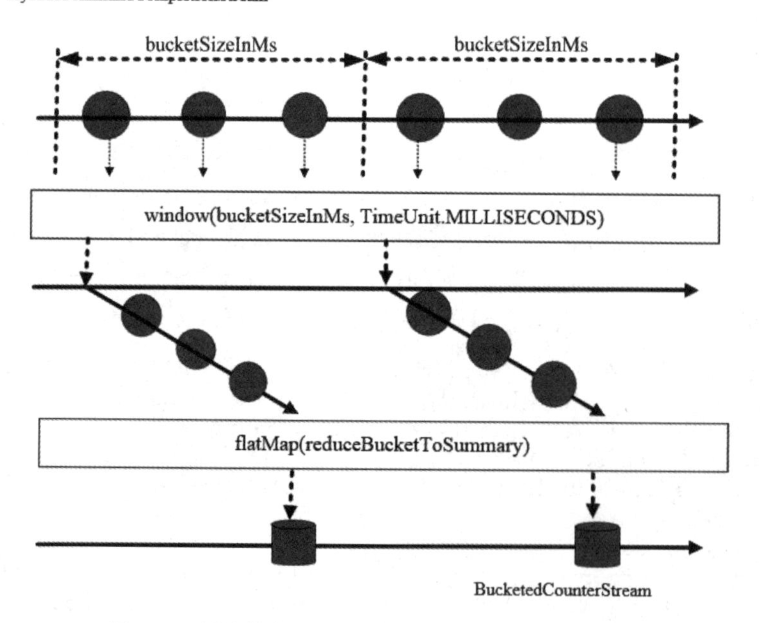

图 5-17 桶计数流 BucketedCounterStream 的处理过程

什么是累积桶呢？它是一个整型数组，数组的每一个元素用于存放相对应类型的事件的总数，如图 5-18 所示。

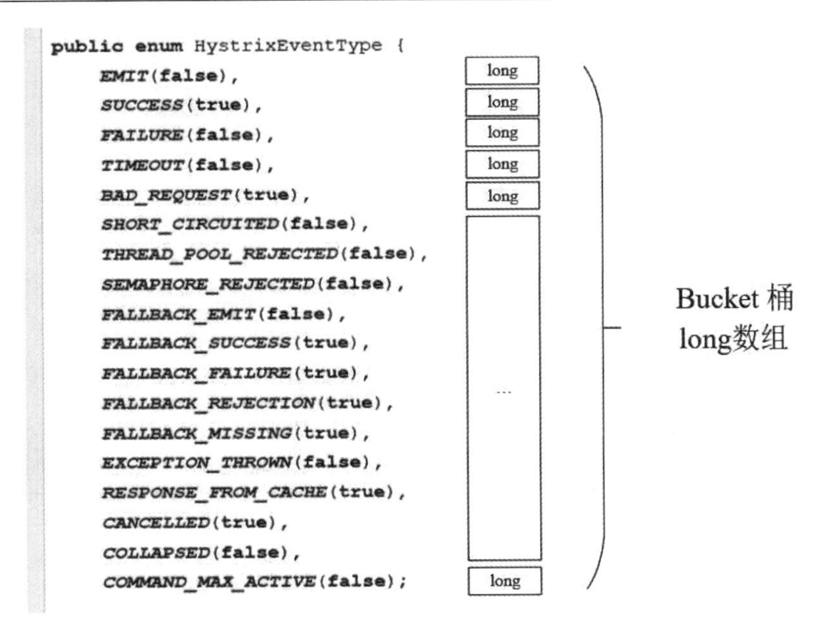

图 5-18 累积桶示意图

累积桶的数组元素所保存的各类事件总数是通过聚合函数 appendRawEventToBucket 进行累加得到的。累加的方式是：将数组元素的位置与事件类型相对应，将相同类型的事件总数累加到对应的数组位置上，从而统计出一个累积桶内的 SUCCESS 总数、FAILURE 总数等。

原始的累积桶是一个空桶，每一个元素的值为 0。获取原始桶的方法与具体的统计流子类相关，子类 HealthCountsStream 健康统计流获取原始空桶的函数如下：

```
public class HealthCountsStream ...{

//获取初始桶，返回一个全零数组，长度为事件类型总数
//数组的每一个元素用于存放对应类型的事件数量
    @Override
    long[] getEmptyBucketSummary() {
        return new long[HystrixEventType.values().length];
    }

}
```

桶计数流 BucketedCounterStream 将时间桶类的同类型事件总数（如 FAILURE、SUCCESS 总数）聚合到累积桶 Bucket 中，处理的最终结果是，源源不断的汇总数据组成了最终的桶计数流。

接下来，需要对熔断器的滑动窗口内的所有累积桶进行汇总统计，形成滑动窗口的统计数据，作为熔断器状态转换的依据，这个工作由 BucketedRollingCounterStream 桶滑动统计流完成。

BucketedRollingCounterStream 桶滑动统计流的数据来源正好是 BucketedCounterStream 桶计数流。桶滑动统计流仍然使用 window 和 flatMap 两个操作符，先在数据流中通过滑动窗口将一定数量的数据聚集成一个集合流，然后对每一个集合流进行聚合，如图 5-19 所示。

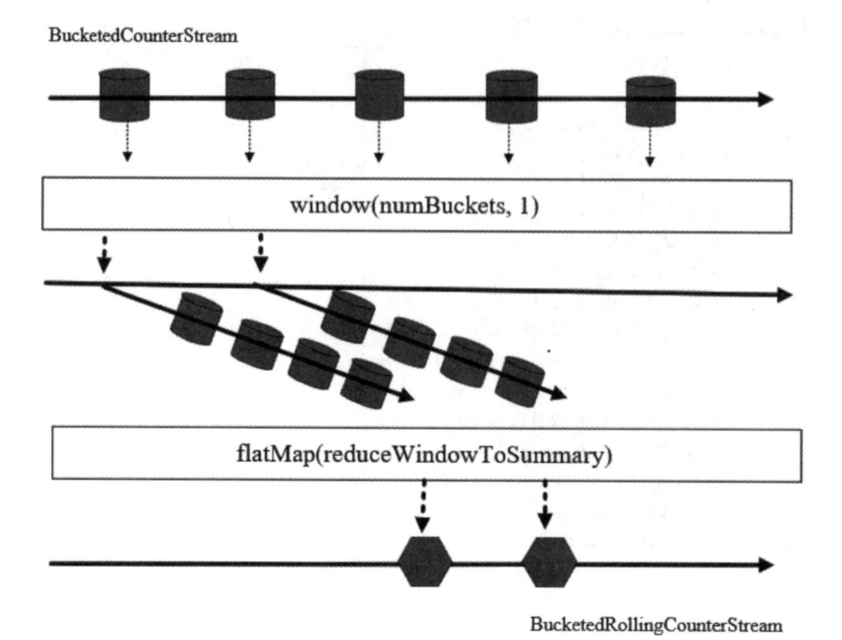

图 5-19 桶滑动统计流 BucketedRollingCounterStream 的处理过程

桶滑动统计流 BucketedRollingCounterStream 的核心源码如下：

```
public abstract class BucketedRollingCounterStream...{
   private Observable<Output> sourceStream;
   private final AtomicBoolean isSourceCurrentlySubscribed = new
AtomicBoolean(false);

   protected BucketedRollingCounterStream(
   HystrixEventStream<Event> stream, final int numBuckets, int
bucketSizeInMs,
      final Func2<Bucket, Event, Bucket> appendRawEventToBucket,
      final Func2<Output, Bucket, Output> reduceBucket)
   {
      super(stream, numBuckets, bucketSizeInMs, appendRawEventToBucket);
      Func1<Observable<Bucket>, Observable<Output>>reduceWindowToSummary =
         new Func1<Observable<Bucket>, Observable<Output>>() {
         @Override
         public Observable<Output> call(Observable<Bucket> window) {
            return window.scan(getEmptyOutputValue(),
                  reduceBucket).skip(numBuckets);
         }
      };
      this.sourceStream = bucketedStream.window(numBuckets, 1)
            .flatMap(reduceWindowToSummary)
            .doOnSubscribe(new Action0() {...})
            .share()
```

```
                .onBackpressureDrop();
    }
...
}
```

桶滑动统计流 BucketedRollingCounterStream 中的 window 操作符和 BucketedCounterStream 中的 window 操作符在版本上有所不同，它的第二个参数 skip=1 的意思是按照步长为 1 的间隔在输入数据流中持续滑动，不断聚集出 numBuckets 数量的输入对象，输出一个个 Observable，这才是滑动窗口的真正含义。而 BucketedCounterStream 流所用的 window 操作符，窗口与窗口之间没有重叠，严格来说，这才叫作滚动窗口操作符。

BucketedRollingCounterStream 流通过 window 操作符滑动生成一个个 Observable 后，再通过 flapMap 操作将每一个 Observable 进行扁平化，具体的 flapMap 扁平化操作通过调用自定义窗口归约方法 reduceWindowToSummary 来完成。注意，该窗口归约方法没有用 reduce 操作符，而是用了 scan + skip(numBuckets) 的组合。scan 和 reduce 一样都是聚合操作符，但是 scan 会将所有的中间结果弹出，而 reduce 操作符仅仅弹出最终结果。在 scan 弹出所有的中间结果和最终统计结果之后，后面的 skip(numBuckets) 操作将所有的中间结果跳过，剩下最终结果。这样做的好处是，如果桶里的元素个数不满足 numBuckets，就把这个不完整的窗口过滤掉。

最后，总结一下 Hystrix 各大流之间存在的继承关系，具体如下：

（1）最顶层的 BucketedCounterStream 桶计数流是一个抽象类，它提供了基本的桶计数器实现，按计算出来的 bucketSizeInMs 时间间隔将各种类型的事件数量聚合成桶。

（2）BucketedRollingCounterStream 抽象类在桶计数流的基础上实现滑动窗口内 numBuckets 个 Bucket（累积桶）的相同类型事件数的汇总，并聚合成指标数据。

（3）最底下一层的类则是各种具体的实现，比如 HealthCountsStream 最终会聚合成健康检查数据（HystrixCommandMetrics.HealthCounts），比如统计命令执行成功和失败的次数，供熔断器 HystrixCircuitBreaker 使用。

第6章

微服务网关与用户身份识别

在微服务分布式架构下，客户端（如浏览器）直接访问 Provider 服务提供者会存在以下问题：

（1）客户端需要进行负载均衡，从多个 Provider 中挑选最合适的微服务提供者。

（2）存在跨域请求时，服务端需要进行额外处理。

（3）每个服务需要进行独立的用户认证。

解决以上问题的手段就是使用微服务网关。微服务网关是微服务架构中不可或缺的部分，它统一解决 Provider 路由、均衡负载、权限控制等功能。微服务网关的功能如图 6-1 所示。

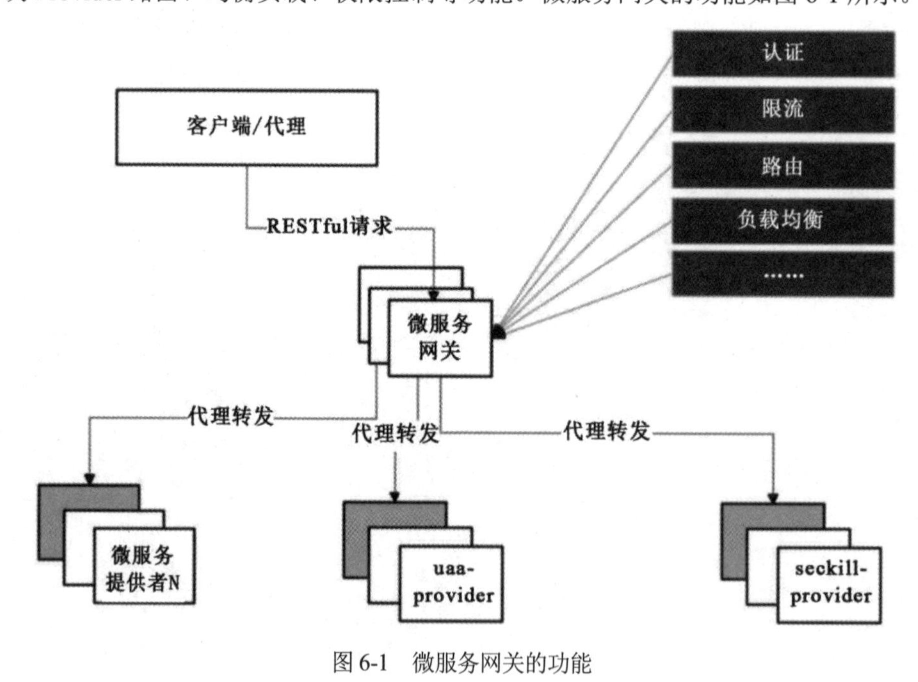

图 6-1　微服务网关的功能

微服务网关的实现框架有多种，Spring Cloud 全家桶中比较常用的有 Zuul 和 Spring Cloud Gateway 两大框架。虽然 Spring Cloud 官方推荐自家的 Spring Cloud Gateway 框架，但是，由于 Zuul 使用非常广泛且文档更加丰富，因此本书推荐使用 Zuul 作为生产场景的微服务网关，在高并发的使用场景中则推荐使用 Spring Cloud Gateway 框架作为网关。疯狂创客圈社群以图文博客的方式对 Spring Cloud Gateway 网关进行了详细介绍。

6.1 Zuul 的基础使用

Zuul 是 Netflix 公司的开源网关产品，可以和 Eureka、Ribbon、Hystrix 等组件配合使用。Zuul 的规则引擎和过滤器基本上可以用任何 JVM 语言编写，内置支持 Java 和 Groovy。

在 Spring Cloud 框架中，Zuul 的角色是网关，负责接收所有的 REST 请求（如网页端、App 端等），然后进行内部转发，是微服务提供者集群的流量入口。本书将 Zuul 称为内部网关，以便和 Nginx 外部网关相区分。

Zuul 的功能大致有：

（1）路由：将不同 REST 请求转发至不同的微服务提供者，其作用类似于 Nginx 的反向代理。同时，也起到了统一端口的作用，将很多微服务提供者的不同端口统一到了 Zuul 的服务端口。

（2）认证：网关直接暴露在公网上时，终端要调用某个服务，通常会把登录后的 token（令牌）传过来，网关层对 token 进行有效性验证。如果 token 无效（或没有 token），就不允许访问 REST 服务。可以结合 Spring Security 中的认证机制完成 Zuul 网关的安全认证。

（3）限流：高并发场景下瞬时流量不可预估，为了保证服务对外的稳定性，限流成为每个应用必备的一道安全防火墙。如果没有这道安全防火墙，那么请求的流量超过服务的负载能力时很容易造成整个服务的瘫痪。

（4）负载均衡：在多个微服务提供者之间按照多种策略实现负载均衡。

6.2 创建 Zuul 网关服务

Spring Cloud 对 Zuul 进行了整合与增强。Zuul 作为网关层，自身也是一个微服务，跟其他服务提供者一样都注册在 Eureka Server 上，可以相互发现。Zuul 能感知到哪些 Provider 实例在线，同时通过配置路由规则可以将 REST 请求自动转发到指定的后端微服务提供者。

新建 Zuul 网关服务项目时需要在启动类中添加注解@EnableZuulProxy，声明这是一个网关服务提供者。当然，也需要在 pom.xml 文件中手动添加如下依赖：

```
<dependency>
   <groupId>org.springframework.cloud</groupId>
   <artifactId>spring-cloud-starter-netflix-zuul</artifactId>
</dependency>
```

启动类的代码如下：

```
package com.crazymaker.springcloud.cloud.center.zuul;
...

@EnableAutoConfiguration(exclude = {SecurityAutoConfiguration.class})
@SpringBootApplication(scanBasePackages =
        {"com.crazymaker.springcloud.cloud.center.zuul",
                "com.crazymaker.springcloud.standard",
                "com.crazymaker.springcloud.user.info.contract"
        })
@EnableScheduling
@EnableHystrix
@EnableDiscoveryClient
//开启网关服务
@EnableZuulProxy
@EnableCircuitBreaker
public class ZuulServerApplication {
   public static void main(String[] args) {
      SpringApplication.run(ZuulServerApplication.class, args);
   }
}
```

6.2.1 Zuul 路由规则配置

作为反向代理，Zuul 需要通过路由规则将 REST 请求转发到上游的微服务 Provider。作为示例，下面列出 crazy-springcloud 脚手架中 Zuul 网关的路由规则配置：

```
#服务网关配置
zuul:
  ribbonIsolationStrategy: THREAD
  host:
    connect-timeout-millis: 600000
    socket-timeout-millis: 600000
  #路由规则
  routes:
      seckill-provider:
         path: /seckill-provider/**
         serviceId: seckill-provider
         strip-prefix: false
      message-provider:
         path: /message-provider/**
         serviceId: message-provider
         strip-prefix: false
      user-provider:
         path: /user-provider/**
         serviceId: user-provider
         strip-prefix: false
      backend-provider:
```

```
        path: /backend-provider/**
        serviceId: backend-provider
        strip-prefix: false
    generate-provider:
        path: /generate-provider/**
        serviceId: generate-provider
        strip-prefix: false
        sensitiveHeaders: Cookie,Set-Cookie,token,backend,Authorization
    demo-provider:
        path: /demo-provider/**
        serviceId: demo-provider
        strip-prefix: false
    urlDemo:
        path: /blog/**
        url: https://www.cnblogs.com
        sensitiveHeaders: Cookie,Set-Cookie,token,backend,Authorization
```

以上示例中，有两种方式的路由规则配置：（1）路由到直接 URL；（2）路由到微服务提供者。

先看第一种方式的路由规则配置：路由到直接 URL。在上述示例中，有一条名为 urlDemo 的路由规则，该规则匹配到格式为/blog/**的所有 URL 请求，直接转发到 https://www.cnblogs.com 的地址上。

比如，通过网关访问如下 URL：

```
http://127.0.0.1:7799/blog/crazymakercircle/p/9904544.html
```

此 URL 满足/blog/**的匹配规则，将被 Zuul 直接转发到上游的 URL 地址：

```
https://www.cnblogs.com/crazymakercircle/p/9904544.html
```

修改地址为疯狂创客圈的社群博客的实际地址，在浏览器中看到的 Zuul 转发结果如图 6-2 所示。

图 6-2　Zuul 直接转发到上游的 URL 地址

再看第二种方式的路由规则配置：路由到微服务提供者。

比如在上述代码中，有一条名为 user-provider 的路由规则，该规则将匹配/user-provider /**的所有 URL 请求，直接路由到名为 user-provider 的某个微服务提供者。

两种方式的区别如下：

（1）第一种方式使用 url 属性来指定直接的上游 URL 的前缀；第二种方式使用 serviceId 属性来指定上游服务提供者的名称。

（2）第二种方式需要结合 Eureka Client 客户端来实现动态的路由转发功能，启动类需要加上注解@EnableDiscoveryClient，只能用于 Spring Cloud 架构中。其实该注解也可以不加，因为网关注解 @EnableZuulProxy 已经默认进行了导入。

使用第二种方式，配置文件中增加 Eureka Client 客户端的相关配置如下：

```
eureka:
  client:
    serviceUrl:
      defaultZone: http://${EUREKA_ZONE_HOST:localhost}:7777/eureka/
  instance:
    prefer-ip-address: true  #访问路径可以显示 IP 地址
    instance-id: ${spring.cloud.client.ip-address}:${server.port}
    ip-address: ${spring.cloud.client.ip-address}
```

6.2.2 过滤敏感请求头部

在同一个系统中，在不同 Provider 之间共享请求头是可行的，但是，如果 Zuul 需要将请求转发到外部，可能不希望敏感的请求头泄露到外部的其他服务器。

防止请求头泄露的方式之一是，在 Zuul 的路由配置中指定要忽略的请求头列表，并且多个敏感头部之间可以用逗号隔开。下面是一个简单的实例：

```
spring:
  application:
    name: cloud-zuul
zuul:
  sensitiveHeaders: Cookie,Set-Cookie,token,backend,Authorization
```

大家知道，Cookie 经常用于在流量中缓存用户的会话、用户凭证等信息，对于外部系统而言是需要保密的，所以应该设置为敏感标题，不应该带往系统外部。

默认情况下，Zuul 转发请求时会把 header 清空，如果在微服务集群内部转发请求，上游 Provider 就会收不到任何头部。如果需要传递原始的 header 信息到最终的上游，就需要添加如下敏感头部设置：

```
zuul.sensitive-headers=
```

上面配置了敏感头部为空，YML 格式的配置也需要进行空配置，表示没有需要屏蔽的头部。上面是全局配置，也可对单个路由规则进行局部配置，格式如下：

```
zuul.routes.xxxapi-xxx.sensitiveHeaders=
```

比如 crazy-springcloud 脚手架中专门对外部的转发规则 urlDemo 进行了请求头的屏蔽，它的配置如下：

```
#服务网关路由规则
zuul:
  routes:
      urlDemo:
          path: /blog/**
          url: https://www.cnblogs.com
          sensitiveHeaders: Cookie,Set-Cookie,token,backend,Authorization
```

对于该规则自身而言，单个路由规则的局部配置会覆盖全局的设置。

6.2.3 路径前缀的处理

如果不进行任何配置，默认情况下 Zuul 会去掉路由的路径前缀。例如，从客户端发起一个请求：

```
http://crazydemo.com:7799/demo-provider/api/demo/hello/v1
```

在 Zuul 进行路由处理时，会去掉在路由规则清单中配置的路径前缀 demo-provider。处理之后，转发到上游的服务提供者的 URL 将变成下面的样子：

```
http://{provider-ip}:{provider-port}/api/demo/hello/v1
```

如果上游的微服务提供者没有配置路径前缀，Zuul 的这种默认处理和转发就不会有问题。但是，如果上游提供者配置了统一的路径前缀，而前缀被去掉，上游服务提供者就会报出 404 的错误，也就是找不到 URL 对应的资源。

比如，在 crazy-springcloud 脚手架中的所有服务提供者都是配有 context-path 路径前缀的，如此配置的优势之一是会使下游 Nginx 外部网关进行代理转发时更加灵活。

从微服务 demo-provider 的配置文件 src/main/resources/bootstrap.yml 可以看出，它的 context-path 路径前缀为/demo-provider，具体配置内容如下：

```
server:
  port: 7700
  servlet:
      context-path: /demo-provider
```

在 Zuul 进行路由处理时，如何保留请求 URL 中的路径前缀呢？具体来说，可以设置配置项 stripPrefix 的值为 false，确保路径前缀不会截取掉。stripPrefix 的值默认为 true。

demo-provider 的路由规则具体如下：

```
#服务网关路由规则
zuul:
  routes:
     demo-provider:
          path: /demo-provider/**
          serviceId: demo-provider
          strip-prefix: false
```

6.3 Zuul 过滤器

Spring Cloud Zuul 除了可以实现请求的路由功能外，还有一个重要的功能就是过滤器。Zuul 可以通过定义过滤器来实现请求的拦截和过滤，而它本身的大部分功能也是通过过滤器实现的。

6.3.1 Zuul 网关的过滤器类型

Zuul 中定义了 4 种标准过滤器类型，分别说明如下：

1. pre 类型的过滤器

此类型为请求路由之前调用的过滤器，可利用此类过滤器来实现身份验证、记录调试信息等。

2. route 类型的过滤器

此类型为发送请求到上游服务的过滤器，比如使用 Apache HttpClient 或 Netflix Ribbon 请求上游服务。

3. post 类型的过滤器

此类型为上游服务返回之后调用的过滤器，可用来为响应添加 HTTP 响应头、收集统计信息和指标、将响应回复给客户端。

4. error 类型的过滤器

此类型为在其他阶段发生错误时执行的过滤器。

除了默认的过滤器类型外，Zuul 还允许我们创建自定义的过滤器类型，例如可以定制一种 echo 类型的过滤器，直接在 Zuul 中生成响应，而不将请求转发到上游的服务。

Zuul 的请求处理流程如下：

（1）当外部请求到达 Zuul 网关时，首先会进入 pre 处理阶段，在这个阶段请求将被 pre 类型的过滤器处理，以完成再请求路由的前置过滤处理，比如请求的校验等。在完成 pre 类型的过滤处理之后，请求进入第二个阶段：route 路由请求转发阶段。

（2）在 route 路由请求转发阶段，请求将被 route 类型的过滤器处理，route 类型的过滤器将外部请求转发到上游的服务。当服务实例的结果返回之后，route 阶段完成，请求进入第三个阶段：post 处理阶段。

（3）在 post 处理阶段，请求将被 post 类型的过滤器处理，post 类型的过滤器在处理的时候不仅可以获取请求信息，还能获取服务实例的返回信息，所以 post 阶段可以对处理结果进行一些加工或转换等。

（4）还有一个特殊的阶段 error，在该阶段请求将被 error 类型的过滤器处理，在上述 3 个阶段发生异常时才会触发，但是 error 过滤器也能将最终结果返回给请求客户端。

Zuul 的请求处理流程如图 6-3 所示。

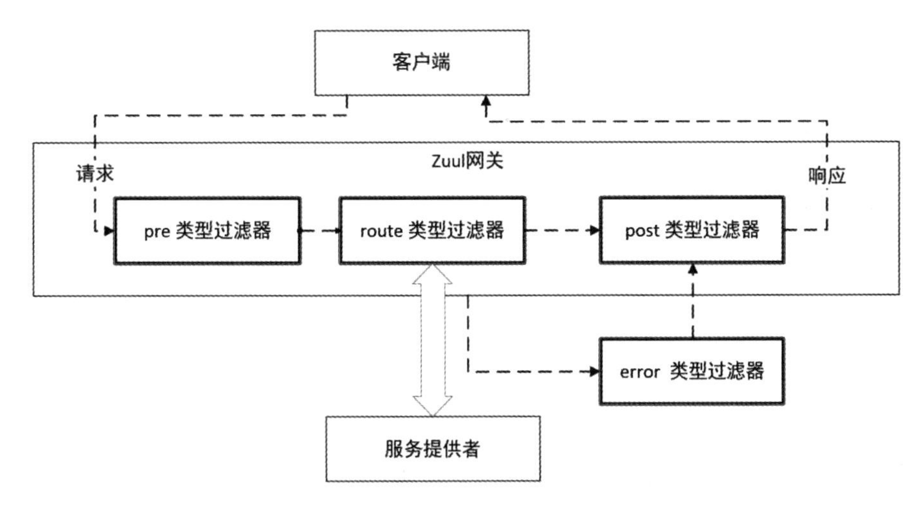

图 6-3 Zuul 的请求处理流程

Zuul 提供了一个动态读取、编译和运行过滤器的框架。过滤器不直接相互通信，而是通过 RequestContext 共享状态，RequestContext（请求上下文）实例对每个请求都是唯一的。

6.3.2 实战：用户的黑名单过滤

Zuul 提供了一个过滤器 ZuulFilter 抽象基类，可以作为自定义过滤器的父类。定制一个过滤器需要实现的父类方法有 4 个，具体如下。

1. filterType 方法

返回自定义过滤器的类型，以常量的形式定义在 FilterConstants 类中，具体代码如下：

```
package org.springframework.cloud.netflix.zuul.filters.support;
...

/**
 *@author Spencer Gibb
 */
public class FilterConstants {
    ...
    /**
     *异常过滤
     */
    public static final String ERROR_TYPE = "error";

    /**
     *后置过滤
     */
    public static final String POST_TYPE = "post";

    /**
```

```
     *前置过滤
     */
    public static final String PRE_TYPE = "pre";

    /**
     *路由过滤
     */
    public static final String ROUTE_TYPE = "route";
    ...
}
```

2. filterOrder方法

返回过滤器顺序，值越小优先级越高。

3. shouldFilter方法

返回过滤器是否生效的boolean值，返回true代表生效，返回false代表不生效。比如，在请求处理过程中，需要根据请求中是否携带某个参数来判断是否需要过滤时，可以用shouldFilter方法对请求进行参数判断，并返回一个相应的boolean值。

如果直接返回true，那么该过滤器总是生效。

4. run方法

过滤器的处理逻辑。在该函数中，可以进行当前的请求拦截和参数定制，也可以进行后续的路由定制，同时可以进行返回结果的定制，等等。

下面是根据请求参数username进行用户黑名单过滤的例子，如果username的参数值在黑名单中，就对请求进行拦截。具体的代码如下：

```
package com.crazymaker.springcloud.cloud.center.zuul.filter;

//省略import

/**
 *演示过滤器：黑名单过滤
 */
@Slf4j
@Component
public class DemoFilter extends ZuulFilter
{

    /**
     *示例所使用的黑名单：实际使用场景，需要从数据库或者其他来源获取
     */
    static List<String> blackList = Arrays.asList("foo", "bar", "test");

    /**过滤的执行类型*/
    @Override
    public String filterType()
```

```
    {
//pre：路由之前
//routing：路由之时
//post：路由之后
//error：发送错误调用
        return "pre";
    }

    /**
     *过滤的执行次序
     */
    @Override
    public int filterOrder()
    {
        return 0;
    }

    /**
     *这里是判断逻辑——是否要执行过滤，true 为跳过
     */
    @Override
    public boolean shouldFilter()
    {

        /***获取上下文*/

        RequestContext ctx = RequestContext.getCurrentContext();

        /***如果请求已经被其他的过滤器终止，本过滤器就不做处理*/
        if (!ctx.sendZuulResponse())
        {
            return false;
        }
        /**
         *获取请求
         */
        HttpServletRequest request = ctx.getRequest();

        /**
         *返回 true 表示需要执行过滤器的 run 方法
         */
        if (request.getRequestURI().startsWith("/ZuulFilter/demo"))
        {
            return true;
        }

        /**
         *返回 false 表示需要跳过此过滤器，不执行 run 方法
         */
        return false;
```

```
    }

    /**
     *过滤器的具体逻辑
     *通过请求中的用户名称参数判断是否在黑名单中
     */
    @Override
    public Object run()
    {
        RequestContext ctx = RequestContext.getCurrentContext();
        HttpServletRequest request = ctx.getRequest();

        /**
         *对用户名称进行判断
         *如果用户名称在黑名单中，就不再转发给后端的服务提供者
         */

        String username = request.getParameter("username");
        if (username != null && blackList.contains(username))
        {
            log.info(username + " is forbidden:" +
request.getRequestURL().toString());

            /**
             *终止后续的访问流程
             */
            ctx.setSendZuulResponse(false);
            try
            {
                ctx.getResponse().setContentType("text/html;charset=utf-8");
                ctx.getResponse().getWriter().write("对不起，您已经进入黑名单");
            } catch (Exception e)
            {
                e.printStackTrace();
            }
            return null;
        }
        return null;
    }

}
```

在上面的代码中，RequestContext.setSendZuulResponse(Boolean)方法在请求上下文中设置了标志位 sendZuulResponse 的值为 false，表示不需要后续处理。上下文 setSendZuulResponse 标志位的值通过 RequestContext.sendZuulResponse()方法获取。

Zuul 内置的几乎所有过滤器都会对该标志位进行判断，如果其值为 false，那么将不用对请求进行过滤处理。以非常重要的 route 类型 RibbonRoutingFilter 为例来看其 shouldFilter 方法的源码，具体代码如下：

```
package org.springframework.cloud.netflix.zuul.filters.route;
...
public class RibbonRoutingFilter extends ZuulFilter {
    ...
    @Override
    public boolean shouldFilter() {
        RequestContext ctx = RequestContext.getCurrentContext();
        return (ctx.getRouteHost() == null && ctx.get(SERVICE_ID_KEY) != null
                && ctx.sendZuulResponse());
    }
    ...
}
```

以上过滤器 RibbonRoutingFilter 的作用是通过结合 Ribbon 和 Hystrix 来向服务提供者实例发起请求，并将请求结果返回。它的判断条件中就有 sendZuulResponse 的标志位判断的部分，如果该值为 false，就不再发起请求。

6.4　Spring Security 原理和实战

Web 服务提供者的安全访问无疑是十分重要的，而 Spring Security 安全模块是保护 Web 应用的一个非常好的选择。

Spring Security 是 Spring 应用项目中的一个安全模块，特别是在 Spring Boot 项目中，Spring Security 默认为自动开启，可见其重要性。

在微服务架构下，建议仅将 Spring Security 组件应用于网关（如 Zuul），对于集群内部的微服务提供者，不建议启用 Spring Security 组件，因为重复的验证会降低请求处理的性能。本书配套的 crazy-springcloud 微服务脚手架就是这样做的。

如果需要为微服务提供者关闭 Spring Security 组件的自动启动，那么可以在启动类上添加以下注解：

```
@EnableEurekaClient
@SpringBootApplication(scanBasePackages = {
    ...
}, exclude = {SecurityAutoConfiguration.class})
```

或者可以在应用配置文件中将它的自动配置类排除，具体代码如下：

```
spring:
  autoconfigure:
    exclude: org.springframework.boot.autoconfigure.security.servlet.
SecurityAutoConfiguration
```

6.4.1　Spring Security 核心组件

Spring Security 核心组件有 Authentication（认证/身份验证）、AuthenticationProvider（认证

提供者）、AuthenticationManager（认证管理者）等。下面分别介绍。

1. Spring Security 核心组件之 Authentication

Authentication 直译是“认证”的意思，在 Spring Security 中，Authentication 接口用来表示凭证或者令牌，可以理解为用户的用户名、密码、权限等信息。Authentication 的代码如下：

```
public interface Authentication extends Principal, Serializable {

    //权限集合
    //可使用 AuthorityUtils.commaSeparatedStringToAuthorityList
("admin, ROLE_ADMIN")进行初始化
    Collection<? extends GrantedAuthority> getAuthorities();

    //用户名和密码认证时，可以理解为密码
    Object getCredentials();

    //认证时包含的一些详细信息，可以是一个包含用户信息的 POJO 实例
    Object getDetails();

    //用户名和密码认证时，可以理解为用户名
    Object getPrincipal();

    //是否认证通过，通过为 true
    boolean isAuthenticated();

    //设置是否认证通过
    void setAuthenticated(boolean isAuthenticated)
                                throws IllegalArgumentException;

}
```

下面对 Authentication 的方法进行说明，具体如下：

（1）getPrincipal 方法：Principal 直译为“主要演员、主角”，用于获取用户身份信息，可以是用户名，也可以是用户的 ID 等，具体的值需要依据具体的认证令牌实现类确定。

（2）getAuthorities 方法：用于获取用户权限集合，一般情况下获取到的是用户的权限信息。

（3）getCredentials 方法：直译为获取资格证书。用户名和密码认证时，通常情况下获取到的是密码信息。

（4）getDetails 方法：用于获取用户的详细信息。用户名和密码认证时，这部分信息可以是用户的 POJO 实例。

（5）isAuthenticated 方法：判断当前 Authentication 凭证是否已验证通过。

（6）setAuthenticated 方法：设置当前 Authentication 凭证是否已验证通过（true 或 false）。

在 Spring Security 中，Authentication 认证接口有很多内置的实现类，下面举例说明。

（1）UsernamePasswordAuthenticationToken：用于在用户名+密码认证的场景中作为验证的

凭证，该凭证（令牌）包含用户名+密码信息。

（2）RememberMeAuthenticationToken：用于“记住我”的身份认证场景。如果用户名+密码成功认证之后，在一定时间内不需要再输入用户名和密码进行身份认证，就可以使用RememberMeAuthenticationToken 凭证。通常是通过服务端发送一个 Cookie 给客户端浏览器，下次浏览器再访问服务端时，服务端能够自动检测客户端的 Cookie，根据 Cookie 值自动触发RememberMeAuthenticationToken 凭证/令牌的认证操作。

（3）AnonymousAuthenticationToken：对于匿名访问的用户，Spring Security 支持为其建立一个 AnonymousAuthenticationToken 匿名凭证实例存放在 SecurityContextHolder 中。

除了以上内置凭证类外，还可以通过实现 Authentication 定制自己的身份认证实现类。

2. Spring Security 核心组件之 AuthenticationProvider

AuthenticationProvider 是一个接口，包含两个函数 authenticate 和 supports，用于完成对凭证进行身份认证操作。

```
public interface AuthenticationProvider {

    //对实参 authentication 进行身份认证操作
    Authentication authenticate(Authentication authentication)
          throws AuthenticationException;

    //判断是否支持该 authentication
    boolean supports(Class<?> authentication);

}
```

AuthenticationProvider 接口的两个方法说明如下：

（1）authenticate 方法：表示认证的操作，对 authentication 参数对象进行身份认证操作。如果认证通过，就返回一个认证通过的凭证/令牌。通过源码中的注释可以知道，如果认证失败，就抛出异常。

（2）supports 方法：判断实参 authentication 是否为当前认证提供者所能认证的令牌。

在 Spring Security 中，AuthenticationProvider 接口有很多内置的实现类，下面举例说明。

（1）AbstractUserDetailsAuthenticationProvider：这是一个对 UsernamePasswordAuthenticationToken 类型的凭证/令牌进行验证的认证提供者类，用于“用户名+密码”验证的场景。

（2）RememberMeAuthenticationProvider：这是一个对 RememberMeAuthenticationToken 类型的凭证/令牌进行验证的认证提供者类，用于“记住我”的身份认证场景。

（3）AnonymousAuthenticationProvider：这是一个对 AnonymousAuthenticationToken 类型的凭证/令牌进行验证的认证提供者类，用于匿名身份认证场景。

此外，如果自定义了凭证/令牌，并且 Spring Security 的默认认证提供者类不支持该凭证/令牌，就可以通过实现 AuthenticationProvider 接口来扩展出自定义的认证提供者。

3. Spring Security 核心组件之 AuthenticationManager

AuthenticationManager 是一个接口，其唯一的 authenticate 验证方法是认证流程的入口，接收一个 Authentication 令牌对象作为参数。

```
public interface AuthenticationManager {
    //认证流程的入口
    Authentication authenticate(Authentication authentication)
            throws AuthenticationException;
}
```

AuthenticationManager 的一个实现类名为 ProviderManager，该类有一个 providers 成员变量，负责管理一个提供者清单列表，其源码如下：

```
public class ProviderManager implements AuthenticationManager,
MessageSourceAware, InitializingBean {
...
//提供者清单
    private List<AuthenticationProvider> providers =
Collections.emptyList();
//迭代提供者清单，找出支持令牌的提供者，交给提供者去执行令牌验证
    public Authentication authenticate(Authentication authentication)
            throws AuthenticationException {

        ...

    }

}
```

认证管理者 ProviderManager 在进行令牌验证时，会对提供者列表进行迭代，找出支持令牌的认证提供者，并交给认证提供者去执行令牌验证。如果该认证提供者的 supports 方法返回 true，就会调用该提供者的 authenticate 方法。如果验证成功，那么整个认证过程结束；如果不成功，那么继续处理列表中的下一个提供者。只要有一个验证成功，就会认证成功。

6.4.2 Spring Security 的请求认证处理流程

一个基础、简单的 Spring Security 请求认证的处理流程大致包括以下步骤：

（1）定制一个凭证/令牌类。

（2）定制一个认证提供者类和凭证/令牌类进行配套，并完成对自制凭证/令牌实例的验证。

（3）定制一个过滤器类，从请求中获取用户信息组装成定制凭证/令牌，交给认证管理者。

（4）定制一个 HTTP 的安全认证配置类（AbstractHttpConfigurer 子类），将上一步定制的过滤器加入请求的过滤处理责任链。

（5）定义一个 Spring Security 安全配置类（WebSecurityConfigurerAdapter 子类），对 Web 容器的 HTTP 安全认证机制进行配置。

为了演示，这里实现一个非常简单的认证处理流程，具体的功能如下：

当系统资源被访问时，过滤器从 HTTP 的 token 请求头获取用户名和密码，然后与系统中的用户信息进行匹配，如果匹配成功，就可以访问系统资源，否则返回 403 响应码，表示未授权。演示程序的代码位于本书配套源码的 demo-provider 模块中。

演示程序的第一步：定制一个凭证/令牌类，封装用户的用户名和密码。所定制的 DemoToken 令牌的代码如下：

```
package com.crazymaker.springcloud.demo.security;
//省略 import
public class DemoToken extends AbstractAuthenticationToken
{
    //用户名称
    private String userName;
     //密码
    private String password;

    ...
}
```

演示程序的第二步：定制一个认证提供者类和凭证/令牌类进行配套，并完成对自制凭证/令牌实例的验证。所定制的 DemoAuthProvider 类的代码如下：

```
public class DemoAuthProvider implements AuthenticationProvider
{
    public DemoAuthProvider()
    {
    }
    //模拟的数据源，实际场景从 DB 中获取
    private Map<String, String> map = new LinkedHashMap<>();

    //初始化模拟的数据源，放入两个用户
    {
        map.put("zhangsan", "123456" );
        map.put("lisi", "123456" );
    }

    //具体的验证令牌方法
    @Override
    public Authentication authenticate(Authentication authentication) throws
AuthenticationException
    {

        DemoToken token = (DemoToken) authentication;
        //从数据源 map 中获取用户密码
        String rawPass = map.get(token.getUserName());
```

```
        //验证密码，如果不相等，就抛出异常
        if (!token.getPassword().equals(rawPass))
        {
            token.setAuthenticated(false);
            throw new BadCredentialsException("认证有误：令牌校验失败" );
        }
        //验证成功
        token.setAuthenticated(true);
        return token;

    }

    /**
     *判断令牌是否被支持
     *@param authentication  这里仅仅DemoToken令牌被支持
     *@return
     */

    @Override
    public boolean supports(Class<?> authentication)
    {
        return authentication.isAssignableFrom(DemoToken.class);
    }

}
```

DemoAuthProvider模拟了一个简单的数据源并且加载了两个用户。在其authenticate验证方法中，将入参DemoToken令牌中的用户名和密码与模拟数据源中的用户信息进行匹配，若匹配成功，则验证成功。

演示程序的第三步：定制一个过滤器类，从请求中获取用户信息并组装成定制凭证/令牌，交给认证管理者。在生产场景中，认证信息一般为某个HTTP头部信息（如Cookie信息、Token信息等）。本演示程序中的过滤器类为DemoAuthFilter，从请求头中获取token字段，解析之后组装成DemoToken令牌实例，提交给AuthenticationManager进行验证。DemoAuthFilter的代码如下：

```
public class DemoAuthFilter extends OncePerRequestFilter
{
    //认证失败的处理器
    private AuthenticationFailureHandler failureHandler = new
AuthFailureHandler();
    ...
    //authenticationManager是认证流程的入口，接收一个Authentication令牌对象作为
参数
    private AuthenticationManager authenticationManager;

    @Override
protected void doFilterInternal(HttpServletRequest request,
```

```
    HttpServletResponse response, FilterChain filterChain) throws
ServletException, IOException
        {
            ...
            AuthenticationException failed = null;

            try
            {
               Authentication returnToken=null;
               boolean succeed=false;

             //从请求头中获取认证信息
               String token = request.getHeader
(SessionConstants.AUTHORIZATION_HEAD);
               String[] parts = token.split(",");

               //组装令牌
               DemoToken demoToken = new DemoToken(parts[0],parts[1]);

               //提交给 AuthenticationManager 进行令牌验证
               returnToken = (DemoToken) this.getAuthenticationManager()
.authenticate(demoToken);

               //获取认证成功标志
               succeed=demoToken.isAuthenticated();

               if (succeed)
               {
                   //认证成功，设置上下文令牌
                   SecurityContextHolder.getContext().setAuthentication
(returnToken);
                  //执行后续的操作
                  filterChain.doFilter(request, response);
                  return;
               }
            } catch (Exception e)
            {
               logger.error("认证有误", e);
               failed = new AuthenticationServiceException("请求头认证消息格式错误",e);
            }
            if(failed == null)
            {
               failed = new AuthenticationServiceException("认证失败");
            }
            //认证失败了
            SecurityContextHolder.clearContext();
```

```
            failureHandler.onAuthenticationFailure(request, response, failed);
        }
        ...
    }
```

为了使得过滤器能够生效，必须将过滤器加入 Web 容器的 HTTP 过滤处理责任链，此项工作可以通过实现一个 AbstractHttpConfigurer 配置类来完成。

演示程序的第四步：定制一个 HTTP 的安全认证配置类（AbstractHttpConfigurer 子类），将上一步定制的过滤器加入请求的过滤处理责任链。定制的 DemoAuthConfigurer 代码如下：

```
public class DemoAuthConfigurer<T extends DemoAuthConfigurer<T, B>, B
        extends HttpSecurityBuilder<B>> extends AbstractHttpConfigurer<T, B>
{
    //创建认证过滤器
    private DemoAuthFilter authFilter = new DemoAuthFilter();

    //将过滤器加入 http 过滤处理责任链
    @Override
    public void configure(B http) throws Exception
    {
        //获取 Spring Security 共享的 AuthenticationManager 认证管理者实例
        //将其设置到认证过滤器
        authFilter.setAuthenticationManager(http.getSharedObject
(AuthenticationManager.class));
        DemoAuthFilter filter = postProcess(authFilter);

        //将过滤器加入 http 过滤处理责任链
        http.addFilterBefore(filter, LogoutFilter.class);
    }

}
```

演示程序的第五步：定义一个 Spring Security 安全配置类（WebSecurityConfigurerAdapter 子类），对 Web 容器的 HTTP 安全认证机制进行配置。这一步有两项工作：一是应用 DemoAuthConfigurer 配置类；二是构造 AuthenticationManagerBuilder 认证管理者实例。定制类 DemoWebSecurityConfig 的代码如下：

```
@EnableWebSecurity
public class DemoWebSecurityConfig extends WebSecurityConfigurerAdapter
{

    //配置 HTTP 请求的安全策略，应用 DemoAuthConfigurer 配置类实例
    protected void configure(HttpSecurity http) throws Exception
    {
        http.csrf().disable()
    ...
                .and()
```

```
                //应用 DemoAuthConfigurer 配置类
                .apply(new DemoAuthConfigurer<>())
                .and()
                .sessionManagement().disable();
        }

        //配置认证 Builder，由其负责构造 AuthenticationManager 认证管理者实例
        //Builder 将构造 AuthenticationManager 实例，并且作为 HTTP 请求的共享对象存储
        //在代码中可以通过 http.getSharedObject(AuthenticationManager.class) 来获取
管理者实例
        @Override
        protected void configure(AuthenticationManagerBuilder auth) throws
Exception
        {
            //加入自定义的 Provider 认证提供者实例
            auth.authenticationProvider(demoAuthProvider());

        }

        //自定义的认证提供者实例
        @Bean("demoAuthProvider" )
        protected DemoAuthProvider demoAuthProvider()
        {
            return new DemoAuthProvider();
        }

    }
```

如何对以上自定义的安全认证机制进行验证呢？首先启动 demo-provider 服务，然后在浏览器中访问其 swagge-ui 界面，如图 6-4 所示。

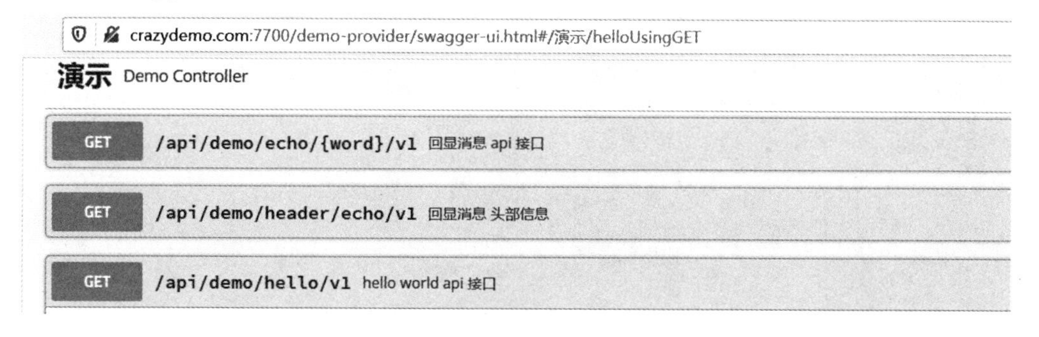

图 6-4　demo-provider 服务的 swagge-ui 界面

然后在 swagger-ui 界面访问/api/demo/hello/v1，发现认证失败，如图 6-5 所示。

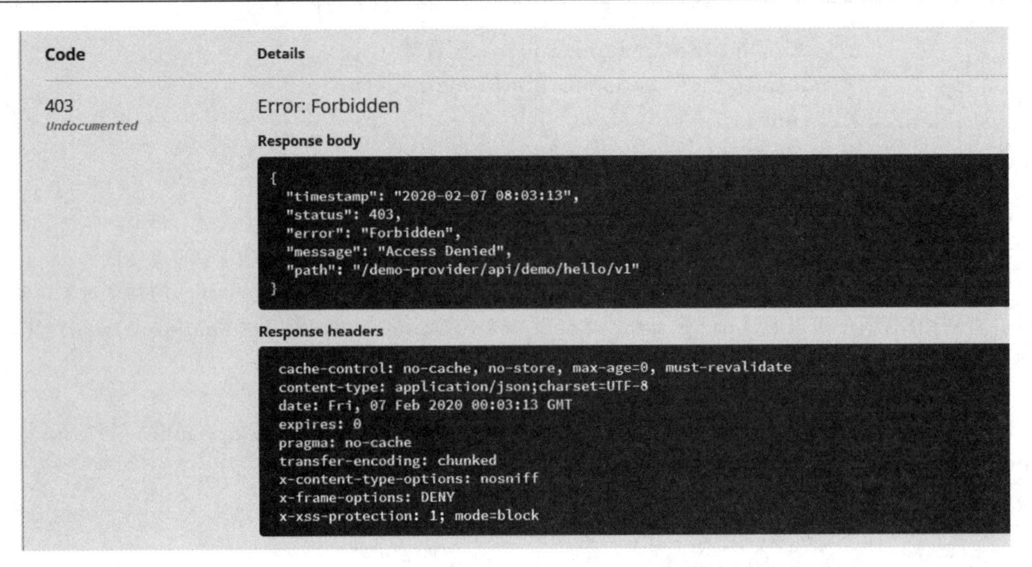

图 6-5　直接访问/api/demo/hello/v1 返回认证失败

这是由于前面所定义的 Spring Security 的请求认证处理流程已经生效。接下来在 swagger-ui 界面再一次访问/api/demo/hello/v1，不过这一次给 token 请求头输入了正确的用户名和密码，如图 6-6 所示。

图 6-6　给 token 请求头输入了正确的用户名和密码

最后，再一次访问/api/demo/hello/v1，发现请求的返回值已经正常，表明前面所定义的 Spring Security 的请求认证处理流程起到了对请求进行用户名和密码验证的作用。

6.4.3　基于数据源的认证流程

在大多数生产场景中，用户信息都存储在某个数据源（如数据库）中，认证过程中涉及从数据源加载用户信息的环节。Spring Security 为这种场景内置了一套解决方案，主要涉及几个内置类。

1. UsernamePasswordAuthenticationToken

此认证类实现了 Authentication 接口，主要封装用户输入的用户名和密码信息，提供给支持的认证提供者进行认证。

2. AbstractUserDetailsAuthenticationProvider

此认证提供者类与 UsernamePasswordAuthenticationToken 凭证/令牌类配套，但这是一个抽象类，具体的验证逻辑需要由子类完成。

此认证提供者类的常用子类为 DaoAuthenticationProvider 类，该类依赖一个 UserDetailsService 用户服务数据源，用于获取 UserDetails 用户信息，其中包括用户名、密码和所拥有的权限等。此认证提供者子类从数据源 UserDetailsService 中加载用户信息后，将待认证的令牌中的“用户名+密码”信息和所加载的数据源用户信息进行匹配和验证。

3. UserDetailsService

UserDetailsService 有一个 loadUserByUsername 方法，其作用是根据用户名从数据源中查询用户实体。一般情况下，可以实现一个定制的 UserDetailsService 接口的实现类来从特定的数据源获取用户信息。用户信息服务接口的源码如下：

```
    public interface UserDetailsService {

        //通过用户名从数据源加载用户信息
        UserDetails loadUserByUsername(String username) throws
UsernameNotFoundException;

    }
```

4. UserDetails

UserDetails 是一个接口，主要封装用户名、密码、是否过期、是否可用等信息。此接口的源码如下：

```
    public interface UserDetails extends Serializable {
        //权限集合
        Collection<? extends GrantedAuthority> getAuthorities();

        //密码，一般为密文
        String getPassword();

        //用户名
```

```
        String getUsername();

        //用户名是否未过期
        boolean isAccountNonExpired();

        //用户名是否未锁定
        boolean isAccountNonLocked();

        //用户密码是否未过期
        boolean isCredentialsNonExpired();

        //账号是否可用(可理解为是否删除)
        boolean isEnabled();
    }
```

UserDetails 接口的密码属性和 UsernamePasswordAuthenticationToken 的密码属性的区别在于：前者的密码来自数据源，是密文；后者的密码来自用户请求，是明文。明文和密文的匹配工作由 PasswordEncoder 加密器完成。

5. PasswordEncoder

PasswordEncoder 是一个负责明文加密、判断明文和密文匹配的接口，源码如下:

```
public interface PasswordEncoder {

    //对明文 rawPassword 加密
    String encode(CharSequence rawPassword);

    //判断 rawPassword 与 encodedPassword 是否匹配
    boolean matches(CharSequence rawPassword, String encodedPassword);

}
```

DaoAuthenticationProvider 提供者在验证之前会通过内部的 PasswordEncoder 加密器实例对令牌中的密码明文和 UserDetails 中的密码密文进行匹配。若匹配不成功，则令牌验证不通过。

PasswordEncoder 的内置实现类有多个，如 BCryptPasswordEncoder、Pbkdf2PasswordEncoder 等。其中 BCryptPasswordEncoder 比较常用，其采用 SHA-256 +密钥+盐的组合方式对密码明文进行 Hash 编码处理。注意，SHA-256 是 Hash 编码算法，不是加密算法。这里是对明文编码而不是加密，这是因为加密算法往往可以解密，只是解密的复杂度不同；而编码算法则不一样，其过程是不可逆的。密码明文编码之后，只有用户知道密码，甚至后台管理员都无法直接看到用户的密码明文。当用户忘记密码后，只能重置密码（通过手机验证码或者邮箱的形式）。所以，即使数据库泄露，黑客也很难破解密码。

推荐使用 BCryptPasswordEncoder 来进行密码明文的编码，本书配套的微服务脚手架中通过配置类配置了一个全局的加密器 IOC 容器实例，参考代码如下：

```
package com.crazymaker.springcloud.standard.config;
```

```
//省略 import

/**
 *密码加密器配置类
 */
@Configuration
public class DefaultPasswordConfig
{
    /**
     *装配一个全局的 Bean，用于密码加密和匹配
     *
     *@return  BCryptPasswordEncoder 加密器实例
     */
    @Bean
    public PasswordEncoder passwordEncoder()
    {
        return new BCryptPasswordEncoder();
    }
}
```

此类处于脚手架的 base-runtime 模块中，默认已经完成了 Bean 的装配，其他的模块只要直接通过@Resource 注解装配即可。

作为基于数据源的认证流程演示程序，这里简单改造 6.4.2 节的实例，使用基于数据源的请求认证方式完成认证处理，并且依据 6.4.2 节中认证流程的 5 个步骤进行说明。

演示程序的第一步：定制一个凭证/令牌类。

本演示程序直接使用 Spring Security 提供的 UsernamePasswordAuthenticationToken 认证类存放用户名+密码信息，故这里不再定制自己的凭证/令牌类。

演示程序的第二步：定制一个认证提供者类和凭证/令牌类进行配套。

本演示程序直接使用 Spring Security 提供的提供者实现类 DaoAuthenticationProvider，并在项目的 Spring Security 的启动配置类（本演示程序中为 DemoWebSecurityConfig 类）中创建该提供者的 Bean 实例。需要注意的是，该提供者有两个依赖：一个是 UserDetailsService 类型的用户信息服务实例；另一个是 PasswordEncoder 类型的加密器实例。

在项目的启动配置类中装配 DaoAuthenticationProvider 提供者容器实例的参考代码如下：

```
package com.crazymaker.springcloud.demo.config;
...
@EnableWebSecurity
public class DemoWebSecurityConfig extends WebSecurityConfigurerAdapter
{
    ...
    //注入全局 BCryptPasswordEncoder 加密器容器实例
    @Resource
    private PasswordEncoder  passwordEncoder;
    //注入数据源服务容器实例
```

```
    @Resource
    private DemoAuthUserService  demoUserAuthService;

    @Bean("daoAuthenticationProvider")
    protected AuthenticationProvider daoAuthenticationProvider() throws 
Exception
    {
        //创建一个数据源提供者
        DaoAuthenticationProvider daoProvider = new 
DaoAuthenticationProvider();

        //设置加密器
        daoProvider.setPasswordEncoder(passwordEncoder);

        //设置用户数据源服务
        daoProvider.setUserDetailsService(demoUserAuthService);
        return daoProvider;
    }
}
```

代码中所依赖的PasswordEncoder类的加密器IOC实例会注入base-runtime模块所装配的全局BCryptPasswordEncoder类的passwordEncoder Bean。代码中所依赖的数据源服务IOC实例的类是一个自定义的数据源服务类，名为DemoAuthUserService，核心代码如下：

```
package com.crazymaker.springcloud.demo.security;
//省略import

@Slf4j
@Service
public class DemoAuthUserService implements UserDetailsService
{
    //模拟的数据源，实际从DB中获取
    private Map<String, String> map = new LinkedHashMap<>();

    //初始化模拟的数据源，放入两个用户
    {
        map.put("zhangsan", "123456");
        map.put("lisi", "123456");
}

    /**
     *装载系统配置的加密器
     */
    @Resource
    private PasswordEncoder passwordEncoder;

    public UserDetails loadUserByUsername(String username)
```

```
            throws UsernameNotFoundException
        {

          //实际场景中需要从数据库加载用户
          //这里出于演示的目的，用 map 模拟真实的数据源
          String password = map.get(username);
          if (password == null)
          {
             return null;
          }

          if (null == passwordEncoder)
          {
             passwordEncoder = CustomAppContext.getBean
(PasswordEncoder.class);
          }

          /**
           *返回一个用户详细实例，包含用户名、加密后的密码、用户权限清单、用户角色
           */
          UserDetails userDetails = User.builder()
                  .username(username)
                  .password(passwordEncoder.encode(password))
                  .authorities(SessionConstants.USER_INFO)
                  .roles("USER")
                  .build();
          return userDetails;

        }
    }
```

Spring Security 的 DaoAuthenticationProvider 在验证令牌时，会将令牌中的密码明文和用户详细实例 UserDetails 中的密码密文通过其内部的 PasswordEncoder 加密器实例进行匹配。所以，UserDetails 中的密文在加密时用的加密器和 DaoAuthenticationProvider 中的认证加密器是同一种类型，需要使用同样的编码/加密算法，以保证能匹配成功。本演示程序中，由于二者使用的都是全局加密器 IOC 容器实例，因此加密器的类型和算法自然是一致的。

演示程序的第三步：定制一个过滤器类，从请求中获取用户信息组装成定制凭证/令牌，交给认证管理者。

这一步使用 6.4.2 节的 DemoAuthFilter 过滤器，仅进行简单的修改：从请求中获取 token 头部字段，解析之后组装成 UserDetails，然后构造一个“用户名+密码”类型的 UsernamePasswordAuthenticationToken 令牌实例，提交给 AuthenticationManager 进行验证。

```
package com.crazymaker.springcloud.demo.security;
//省略 import
```

```
    public class DemoAuthFilter extends OncePerRequestFilter
    {

        ...
        @Override
        protected void doFilterInternal(HttpServletRequest request,
        HttpServletResponse response, FilterChain filterChain)throws
ServletException, IOException
        {
            ...
            try
            {
                Authentication returnToken=null;
                boolean succeed=false;
                String token = request.getHeader(SessionConstants
.AUTHORIZATION_HEAD);
                String[] parts = token.split("," );

                //方式二：数据源认证演示
                UserDetails userDetails = User.builder()
                        .username(parts[0])
                        .password(parts[1])
                        .authorities(SessionConstants.USER_INFO)
                        .build();
                //创建一个用户名+密码的凭证，一般情况下，令牌中的密码需要明文
                Authentication userPassToken = new
UsernamePasswordAuthenticationToken(userDetails,
                        userDetails.getPassword(),
                        userDetails.getAuthorities());
                //进入认证流程
                returnToken =this.getAuthenticationManager()
.authenticate(userPassToken);
                succeed=userPassToken.isAuthenticated();

                if (succeed)
                {
                    //认证成功，设置上下文令牌
                    SecurityContextHolder.getContext()
.setAuthentication(returnToken);
                    //执行后续的操作
                    filterChain.doFilter(request, response);
                    return;
                }
            } catch (Exception e)
            {
                logger.error("认证有误", e);
```

```
            failed = new AuthenticationServiceException("请求头认证消息格式错误
",e );
          }
          ...
       }
     ...
   }
```

以上过滤器实现代码除了认证的令牌不同之外，其他的代码和 6.4.2 节基本是一致的。

演示程序的第四步：定制一个 HTTP 的安全认证配置类（AbstractHttpConfigurer 子类），将上一步定制的过滤器加入请求的过滤处理责任链。

演示程序的第五步：定义一个 Spring Security 安全配置类（WebSecurityConfigurerAdapter 子类），对 Web 容器的 HTTP 的安全认证机制进行配置。

第四步、第五步的实现代码和 6.4.2 节中第四步、第五步的实现代码是完全一致的，这里不再赘述。

完成以上五步后，一个基于数据源的认证流程就完成了。重启项目后，可以参考 6.4.2 节的自验证方法进行 Spring Security 的认证拦截验证。

6.5 JWT+Spring Security 进行网关安全认证

JWT 和 Spring Security 相结合进行系统安全认证是目前使用比较多的一种安全认证组合。疯狂创客圈 crazy-springcloud 微服务开发脚手架使用 JWT 身份令牌结合 Spring Security 的安全认证机制完成用户请求的安全权限认证。整个用户认证的过程大致如下：

（1）前台（如网页富客户端）通过 REST 接口将用户名和密码发送到 UAA 用户账号与认证微服务进行登录。

（2）UAA 服务在完成登录流程后，将 Session ID 作为 JWT 的负载（payload），生成 JWT 身份令牌后发送给前台。

（3）前台可以将 JWT 令牌存到 localStorage 或者 sessionStorage 中，当然，退出登录时，前端必须删除保存的 JWT 令牌。

（4）前台每次在请求微服务提供者的 REST 资源时，将 JWT 令牌放到请求头中。crazy-springcloud 脚手架做了管理端和用户端的前台区分，管理端前台的令牌头为 Authorization，用户端前台的令牌头为 token。

（5）在请求到达 Zuul 网关时，Zuul 会结合 Spring Security 进行拦截，从而验证 JWT 的有效性。

（6）Zuul 验证通过后才可以访问微服务所提供的 REST 资源。

需要说明的是，在 crazy-springcloud 微服务开发脚手架中，Provider 微服务提供者自身不需要进行单独的安全认证，Provider 之间的内部远程调用也是不需要安全认证的，安全认证全部由网关负责。严格来说，这套安全机制是能够满足一般的生产场景安全认证要求的。如果觉得这个安全级别不是太高，单个的 Provider 微服务也需要进行独立的安全认证，那么实现起来也是很容易的，只需要导入公共的安全认证模块 base-auth 即可。实际上早期的 crazy-springcloud 脚手架也是这样做的，后期发现这样做纯属多虑，而且大大降低了 Provider 服务提供者模块的可复用性和可移植性（这是微服务架构的巨大优势之一）。所以，crazy-springcloud 后来将整体架构调整为由网关（如 Zuul 或者 Nginx）负责安全认证，去掉了 Provider 服务提供者的安全认证能力。

6.5.1 JWT 安全令牌规范详解

JWT（JSON Web Token）是一种用户凭证的编码规范，是一种网络环境下编码用户凭证的 JSON 格式的开放标准（RFC 7519）。JWT 令牌的格式被设计为紧凑且安全的，特别适用于分布式站点的单点登录（SSO）、用户身份认证等场景。

一个编码之后的 JWT 令牌字符串分为三部分：header+payload+signature。这三部分通过点号“.”连接，第一部分常被称为头部（header），第二部分常被称为负载（payload），第三部分常被称为签名（signature)。

1. JWT 的 header

编码之前的 JWT 的 header 部分采用 JSON 格式，一个完整的头部就像如下的 JSON 内容：

```
{
    "typ":"JWT",
    "alg":"HS256"
}
```

其中，"typ"是 type（类型）的简写，值为"JWT"代表 JWT 类型；"alg"是加密算法的简写，值为"HS256" 代表加密方式为 HS256。

采用 JWT 令牌编码时，header 的 JSON 字符串将进行 Base64 编码，编码之后的字符串构成了 JWT 令牌的第一部分。

2. JWT 的 playload

编码之前的 JWT 的 playload 部分也是采用 JSON 格式，playload 是存放有效信息的部分，一个简单的 playload 就像如下的 JSON 内容：

```
{
    "sub":"session id",
    "exp":1579315717,
    "iat":1578451717
}
```

采用 JWT 令牌编码时，playload 的 JSON 字符串将进行 Base64 编码，编码之后的字符串构成了 JWT 令牌的第二部分。

3. JWT 的 signature

JWT 的第三部分是一个签名字符串，这一部分是将 header 的 Base64 编码和 payload 的 Base64 编码使用点号（.）连接起来之后，通过 header 声明的加密算法进行加密所得到的密文。为了保证安全，加密时需要加入盐（salt）。

下面是一个演示用例：用 Java 代码生成 JWT 令牌，然后对令牌的 header 部分字符串和 payload 部分字符串进行 Base64 解码，并输出解码后的 JSON。

```
package com.crazymaker.demo.auth;

//省略 import

@Slf4j
public class JwtDemo
{

    @Test
    public void testBaseJWT()
    {
        try
        {
            /**
             *JWT 的演示内容
             */
            String subject = "session id";
            /**
             *签名的加密盐
             */
            String salt = "user password";

            /**
             *签名的加密算法
             */
            Algorithm algorithm = Algorithm.HMAC256(salt);
            //签发时间
            long start = System.currentTimeMillis() - 60000;
            //过期时间，在签发时间的基础上加上一个有效时长
            Date end = new Date(start + SessionConstants.SESSION_TIME_OUT *1000);

            /**
             *获取编码后的 JWT 令牌
             */
            String token = JWT.create()
                    .withSubject(subject)
                    .withIssuedAt(new Date(start))
                    .withExpiresAt(end)
                    .sign(algorithm);

            log.info("token=" + token);
            //编码后输出 demo 为:
```

```
            //token=eyJ0eXAiOiJKV1QiLCJhbGciOiJIUzI1NiJ9.eyJzdWIiOiJzZXNza
W9uIGlkIiwiZXhwIjoxNTc5MzE1NzE3LCJpYXQiOjE1Nzg0NTE3MTd9.iANh9Fa0B_6H5TQ11bLCW
cEpmWxuCwa2Rt6rnzBWteI

            //以.分隔令牌
            String[] parts = token.split("\\." );

            /**
             *对第一部分和第二部分进行解码
             *解码后的第一部分：header
             */
            String headerJson =
                  StringUtils.newStringUtf8(Base64.decodeBase64(parts[0]));
            log.info("parts[0]=" + headerJson);
            //解码后的第一部分输出的示例为：
            //parts[0]={"typ":"JWT","alg":"HS256"}

            /**
             *解码后的第二部分：payload
             */
            String payloadJson;
            payloadJson = StringUtils.newStringUtf8
(Base64.decodeBase64(parts[1]));
            log.info("parts[1]=" + payloadJson);
            //输出的示例为：
            //解码后的第二部分：parts[1]={"sub":"session id","exp":1579315535,"iat":
1578451535}


        } catch (Exception e)
        {
            e.printStackTrace();
        }
    }
    ...
}
```

在编码前的 JWT 中，payload 部分 JSON 中的属性被称为 JWT 的声明。JWT 的声明分为两类：

（1）公有的声明（如 iat）。
（2）私有的声明（自定义的 JSON 属性）。

公有的声明也就是 JWT 标准中注册的声明，主要为以下 JSON 属性：

（1）iss：签发人。
（2）sub：主题。

（3）aud：用户。

（4）iat：JWT 的签发时间。

（5）exp：JWT 的过期时间，这个过期时间必须要大于签发时间。

（6）nbf：定义在什么时间之前该 JWT 是不可用的。

私有的声明是除了公有声明之外的自定义 JSON 字段，私有的声明可以添加任何信息，一般添加用户的相关信息或其他业务需要的必要信息。下面的 JSON 例子中的 uid、user_name、nick_name 等都是私有声明。

```
{
    "uid": "123...",
    "sub": "session id",
    "user_name": "admin",
    "nick_name": "管理员",
    "exp": 1579317358,
    "iat": 1578453358
}
```

下面是一个向 JWT 令牌添加私有声明的实例，代码如下：

```
package com.crazymaker.demo.auth;

//省略 import
@Slf4j
public class JwtDemo
{

    /**
     *测试私有声明
     */
    @Test
    public void testJWTWithClaim()
    {
        try
        {
            String subject = "session id";
            String salt = "user password";
            /**
             *签名的加密算法
             */
            Algorithm algorithm = Algorithm.HMAC256(salt);
            //签发时间
            long start = System.currentTimeMillis() - 60000;
            //过期时间，在签发时间的基础上加上一个有效时长
            Date end = new Date(start + SessionConstants.SESSION_TIME_OUT
*1000);
```

```
            /**
             *JWT 建造者
             */
            JWTCreator.Builder builder = JWT.create();
            /**
             *增加私有声明
             */
            builder.withClaim("uid", "123...");
            builder.withClaim("user_name", "admin");
            builder.withClaim("nick_name","管理员");
            /**
             *获取编码后的 JWT 令牌
             */
            String token =builder
                    .withSubject(subject)
                    .withIssuedAt(new Date(start))
                    .withExpiresAt(end)
                    .sign(algorithm);
            log.info("token=" + token);

            //以.分隔，这里需要转义
            String[] parts = token.split("\\." );

            String payloadJson;

            /**
             *解码 payload
             */
            payloadJson = StringUtils.newStringUtf8
(Base64.decodeBase64(parts[1]));
            log.info("parts[1]=" + payloadJson);
            //输出 demo 为：parts[1]=
            //{"uid":"123...","sub":"session id","user_name":"admin",
"nick_name":"管理员","exp":1579317358,"iat":1578453358}

        } catch (Exception e)
        {
            e.printStackTrace();
        }
    }
}
```

由于 JWT 的 payload 声明（JSON 属性）是可以解码的，属于明文信息，因此不建议添加敏感信息。

6.5.2　JWT+Spring Security 认证处理流程

实际开发中如何使用 JWT 进行用户认证呢？疯狂创客圈的 crazy-springcloud 开发脚手架将 JWT 令牌和 Spring Security 相结合，设计了一个公共的、比较方便复用的用户认证模块 base-auth。一般来说，在 Zuul 网关或者微服务提供者进行用户认证时导入这个公共的 base-auth 模块即可。

这里还是按照 6.4.2 节中请求认证处理流程的 5 个步骤介绍 base-auth 模块中 JWT 令牌的认证处理流程。

首先看第一步：定制一个凭证/令牌类，封装用户信息和 JWT 认证信息。

```
package com.crazymaker.springcloud.base.security.token;

//省略 import

public class JwtAuthenticationToken extends AbstractAuthenticationToken
{
    private static final long serialVersionUID = 3981518947978158945L;

    //封装用户信息：用户 id、密码
    private UserDetails userDetails;
    //封装的 JWT 认证信息
    private DecodedJWT decodedJWT;

    ...
}
```

再看第二步：定制一个认证提供者类和凭证/令牌类进行配套，并完成对自制凭证/令牌实例的验证。

```
package com.crazymaker.springcloud.base.security.provider;
//省略 import

public class JwtAuthenticationProvider implements AuthenticationProvider
{

    //用于通过 session id 查找用户信息
    private RedisOperationsSessionRepository sessionRepository;

    public JwtAuthenticationProvider(RedisOperationsSessionRepository
sessionRepository)
    {
        this.sessionRepository = sessionRepository;
    }

    @Override
    public Authentication authenticate(Authentication authentication) throws
AuthenticationException
    {
        //判断 JWT 令牌是否过期
```

```
        JwtAuthenticationToken jwtToken = (JwtAuthenticationToken)
authentication;
        DecodedJWT jwt =jwtToken.getDecodedJWT();
        if (jwt.getExpiresAt().before(Calendar.getInstance().getTime()))
        {
            throw new NonceExpiredException("认证过期");
        }

        //取得session id
        String sid = jwt.getSubject();
        //取得令牌字符串，此变量将用于验证是否重复登录
        String newToken = jwt.getToken();

        //获取session
        Session session = null;
        try
        {
            session = sessionRepository.findById(sid);
        } catch (Exception e)
        {
            e.printStackTrace();
        }
        if (null == session)
        {
            throw new NonceExpiredException("还没有登录,请登录系统! ");
        }
        String json = session.getAttribute(G_USER);
        if (StringUtils.isBlank(json))
        {
            throw new NonceExpiredException("认证有误,请重新登录");
        }

        //取得session中的用户信息
        UserDTO userDTO = JsonUtil.jsonToPojo(json, UserDTO.class);
        if (null == userDTO)
        {
            throw new NonceExpiredException("认证有误,请重新登录");
        }
        //判断是否在其他地方已经登录
        if (null == newToken || !newToken.equals(userDTO.getToken()))
        {
            throw new NonceExpiredException("您已经在其他的地方登录!");
        }

        String userID = null;

        if (null == userDTO.getUserId())
        {
            userID = String.valueOf(userDTO.getId());
        } else
```

```
            {
                userID = String.valueOf(userDTO.getUserId());
            }

            UserDetails userDetails = User.builder()
                    .username(userID)
                    .password(userDTO.getPassword())
                    .authorities(SessionConstants.USER_INFO)
                    .build();

            try
            {
                //用户密码的密文作为 JWT 的加密盐
                String encryptSalt = userDTO.getPassword();
                Algorithm algorithm = Algorithm.HMAC256(encryptSalt);
                //创建验证器
                JWTVerifier verifier = JWT.require(algorithm)
                        .withSubject(sid)
                        .build();
                //进行 JWTtoken 验证
                verifier.verify(newToken);
            } catch (Exception e)
            {
                throw new BadCredentialsException("认证有误：令牌校验失败，请重新登录", e);
            }
            //返回认证通过的 token，包含用户信息，如 user id 等
            JwtAuthenticationToken passedToken =
                    new JwtAuthenticationToken(userDetails, jwt,
userDetails.getAuthorities());
            passedToken.setAuthenticated(true);
            return passedToken;
        }

        //支持自定义的令牌 JwtAuthenticationToken
        @Override
        public boolean supports(Class<?> authentication)
        {
            return
authentication.isAssignableFrom(JwtAuthenticationToken.class);
        }

    }
```

JwtAuthenticationProvider 负责对传入的 JwtAuthenticationToken 凭证/令牌实例进行多方面的验证：（1）验证解码后的 DecodedJWT 实例是否过期；（2）由于本演示中 JWT 的 subject（主题）信息存放的是用户的 Session ID，因此还要判断会话是否存在；（3）使用会话中的用户密码作为盐，对 JWT 令牌进行安全性校验。

如果以上验证都顺利通过，就构建一个新的 JwtAuthenticationToken 令牌，将重要的用户信息（User ID）放入令牌并予以返回，供后续操作使用。

第三步：定制一个过滤器类，从请求中获取用户信息组装成 JwtAuthenticationToken 凭证/令牌，交给认证管理者。在 crazy-springcloud 脚手架中，前台有用户端和管理端的两套界面，所以，将认证头部信息区分成管理端和用户端两类：管理端的头部字段为 Authorization；用户端的认证信息头部字段为 token。

过滤器从请求中获取认证的头部字段，解析之后组装成 JwtAuthenticationToken 令牌实例，提交给 AuthenticationManager 进行验证。

```
    package com.crazymaker.springcloud.base.security.filter;
    //省略 import
    public class JwtAuthenticationFilter extends OncePerRequestFilter
    {
        ...
        @Override
        protected void doFilterInternal(HttpServletRequest request,
HttpServletResponse response, FilterChain filterChain)  throws ServletException,
IOException
    {
    ...

            Authentication passedToken = null;
            AuthenticationException failed = null;

            //从 HTTP 请求取得 JWT 令牌的头部字段
            String token = null;
            //用户端存放的 JWT 的 HTTP 头部字段为 token
            String sessionIDStore = SessionHolder.getSessionIDStore();
            if (sessionIDStore.equals(SessionConstants.SESSION_STORE))
            {
                token = request.getHeader(SessionConstants.AUTHORIZATION_HEAD);

            }
            //管理端存放的 JWT 的 HTTP 头部字段为 Authorization
            else if (sessionIDStore.equals
(SessionConstants.ADMIN_SESSION_STORE))
            {
                token = request.getHeader
(SessionConstants.ADMIN_AUTHORIZATION_HEAD);
            }
            //没有取得头部，报异常
            else
            {
                failed = new InsufficientAuthenticationException("请求头认证消息为
空" );
                unsuccessfulAuthentication(request, response, failed);
                return;
            }
```

```
            token = StringUtils.removeStart(token, "Bearer " );
            try
            {
                if (StringUtils.isNotBlank(token))
                {
                //组装令牌
                JwtAuthenticationToken authToken = new
JwtAuthenticationToken(JWT.decode(token));

                //提交给 AuthenticationManager 进行令牌验证，获取认证后的令牌
                passedToken = this.getAuthenticationManager()
.authenticate(authToken);

                 //取得认证后的用户信息，主要是用户 id
                 UserDetails details = (UserDetails) passedToken.getDetails();

                 //通过 details.getUsername()获取用户 id，并作为请求属性进行缓存
                 request.setAttribute(SessionConstants.USER_IDENTIFIER,
details.getUsername());
                } else
                {
                    failed = new InsufficientAuthenticationException("请求头认证消
息为空" );
                }
            } catch (JWTDecodeException e)
            {
               ...
            }
             ...
            filterChain.doFilter(request, response);
        }
        ...
    }
```

AuthenticationManager 将调用注册在内部的 JwtAuthenticationProvider 认证提供者，对 JwtAuthenticationToken 进行验证。

为了使得过滤器能够生效，必须将过滤器加入 HTTP 请求的过滤处理责任链，这一步可以通过实现一个 AbstractHttpConfigurer 配置类来完成。

第四步：定制一个 HTTP 的安全认证配置类（AbstractHttpConfigurer 子类），将上一步定制的过滤器加入请求的过滤处理责任链。

```
    package com.crazymaker.springcloud.base.security.configurer;
    ...
    public class JwtAuthConfigurer<T extends JwtAuthConfigurer<T, B>, B extends
HttpSecurityBuilder<B>> extends AbstractHttpConfigurer<T, B>
```

```
{

    private JwtAuthenticationFilter jwtAuthenticationFilter;

    public JwtAuthConfigurer()
    {
        //创建认证过滤器
        this.jwtAuthenticationFilter = new JwtAuthenticationFilter();
    }

    //将过滤器加入 http 过滤处理责任链
    @Override
    public void configure(B http) throws Exception
    {
        //获取 Spring Security 共享的 AuthenticationManager 实例
        //将其设置到 jwtAuthenticationFilter 认证过滤器
        jwtAuthenticationFilter.setAuthenticationManager(http.getSharedObje
        ct(AuthenticationManager.class));
        jwtAuthenticationFilter.setAuthenticationFailureHandler(new
AuthFailureHandler());

        JwtAuthenticationFilter filter =
postProcess(jwtAuthenticationFilter);
        //将过滤器加入 http 过滤处理责任链
        http.addFilterBefore(filter, LogoutFilter.class);
    }
    ...
}
```

第五步：定义一个 Spring Security 安全配置类（WebSecurityConfigurerAdapter 子类），对 Web 容器的 HTTP 安全认证机制进行配置。这是最后一步，有两项工作：一是在 HTTP 安全策略上应用 JwtAuthConfigurer 配置实例；二是构造 AuthenticationManagerBuilder 认证管理者实例。这一步可以通过继承 WebSecurityConfigurerAdapter 适配器来完成。

```
package com.crazymaker.springcloud.cloud.center.zuul.config;
...

@ConditionalOnWebApplication
@EnableWebSecurity()
public class ZuulWebSecurityConfig extends WebSecurityConfigurerAdapter
{
    //注入 session 存储实例，用于查找 session（根据 session id）
    @Resource
    RedisOperationsSessionRepository sessionRepository;

    //配置 HTTP 请求的安全策略，应用 DemoAuthConfigurer 配置类实例
    @Override
```

```
        protected void configure(HttpSecurity http) throws Exception
        {
            http.csrf().disable()
                    ...
                    .authorizeRequests()
                    .and()
                    .authorizeRequests().anyRequest().authenticated()
                    .and()
                    .formLogin().disable()
                    .sessionManagement().disable()
                    .cors()
                    .and()
                    //在 HTTP 安全策略上应用 JwtAuthConfigurer 配置类实例
                    .apply(new JwtAuthConfigurer<>())
    .tokenValidSuccessHandler(jwtRefreshSuccessHandler()).permissiveRequestUr
ls("/logout")
                    .and()
                    .logout().disable()
                    .sessionManagement().disable();
        }

        //配置认证 Builder，由其负责构造 AuthenticationManager 实例
        //Builder 所构造的 AuthenticationManager 实例将作为 HTTP 请求的共享对象
        //可以通过 http.getSharedObject(AuthenticationManager.class)来获取
        @Override
        protected void configure(AuthenticationManagerBuilder auth) throws
Exception
        {
            //在 Builder 实例中加入自定义的 Provider 认证提供者实例
            auth.authenticationProvider(jwtAuthenticationProvider());
        }

        //创建一个 JwtAuthenticationProvider 提供者实例
        @DependsOn({"sessionRepository"})
        @Bean("jwtAuthenticationProvider")
        protected AuthenticationProvider jwtAuthenticationProvider()
        {
            return new JwtAuthenticationProvider(sessionRepository);
        }
        ...
    }
```

至此，一个基于 JWT+Spring Security 的用户认证处理流程就定义完了。但是，此流程仅仅涉及 JWT 令牌的认证，没有涉及 JWT 令牌的生成。一般来说，JWT 令牌的生成需要由系统的 UAA（用户账号与认证）服务（或者模块）负责完成。

6.5.3 Zuul 网关与 UAA 微服务的配合

crazy-springcloud 脚手架通过 Zuul 网关和 UAA 微服务相互结合来完成整个用户的登录与认证闭环流程。二者的关系大致为：

（1）登录时，UAA 微服务负责用户名称和密码的验证并且将用户信息（包括令牌加密盐）放在分布式 Session 中，然后返回 JWT 令牌（含 Session ID）给前台。

（2）认证时，前台请求带上 JWT 令牌，Zuul 网关能根据令牌中的 Session ID 取出分布式 Session 中的加密盐，对 JWT 令牌进行验证。在 crazy-springcloud 脚手架的会话架构中，Zuul 网关必须能和 UAA 微服务进行会话的共享，如图 6-7 所示。

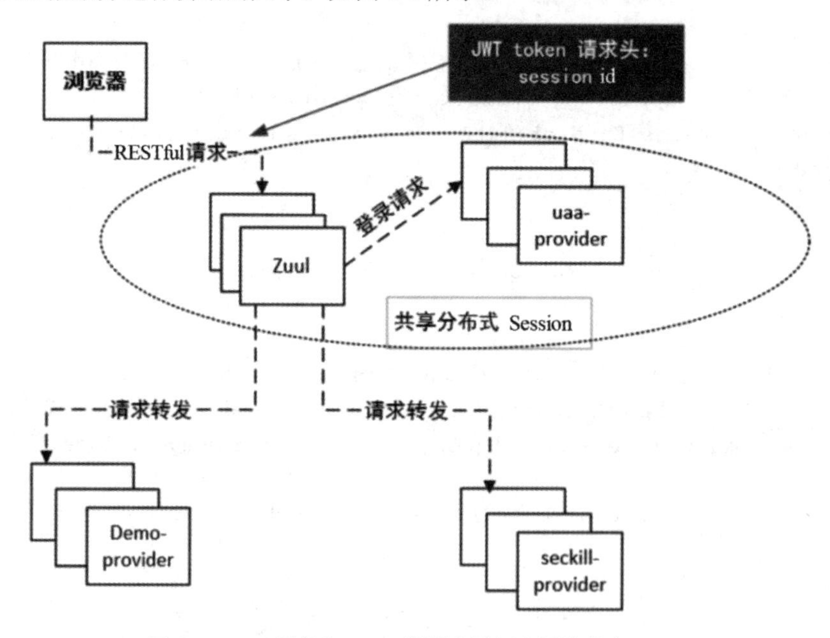

图 6-7　Zuul 网关和 UAA 微服务进行会话的共享

在 crazy-springcloud 的 UAA 微服务提供者 crazymaker-uaa 实现模块中，controller（控制层）的 REST 登录接口的定义如下：

```
@Api(value = "用户端登录与退出", tags = {"用户信息、基础学习 DEMO"})
@RestController
@RequestMapping("/api/session" )
public class SessionController
{
    //用户端会话服务
    @Resource
    private FrontUserEndSessionServiceImpl userService;

    //用户端的登录 REST 接口
    @PostMapping("/login/v1" )
    @ApiOperation(value = "用户端登录" )
    public RestOut<LoginOutDTO> login(@RequestBody LoginInfoDTO loginInfoDTO,
```

```
HttpServletRequest request, HttpServletResponse response)
        {
            //调用服务层登录方法获取令牌
            LoginOutDTO dto = userService.login(loginInfoDTO);
            response.setHeader("Content-Type", "text/html;charset=utf-8" );
            response.setHeader(SessionConstants.AUTHORIZATION_HEAD,
dto.getToken());
            return RestOut.success(dto);
        }
        ...

    }
```

用户登录时，在服务层，客户端会话服务 FrontUserEndSessionServiceImpl 负责从用户数据库中获取用户，然后进行密码验证。

```
    package com.crazymaker.springcloud.user.info.service.impl;
    //省略 import

    @Slf4j
    @Service
    public class FrontUserEndSessionServiceImpl
    {
        //Dao Bean，用于查询数据库用户
        @Resource
        UserDao userDao;

        //加密器
        @Resource
        private PasswordEncoder passwordEncoder;

        //缓存操作服务
        @Resource
        RedisRepository redisRepository;

        //Redis 会话存储服务
        @Resource
        private RedisOperationsSessionRepository sessionRepository;

        /**
         *登录处理
         *@param dto 用户名、密码
         *@return 登录成功的 dto
         */
        public LoginOutDTO login(LoginInfoDTO dto)
        {
            String username = dto.getUsername();
```

```
            //从数据库获取用户
            List<UserPO> list = userDao.findAllByUsername(username);

            if (null == list || list.size() <= 0)
            {
                throw BusinessException.builder().errMsg("用户名或者密码错误" );
            }
            UserPO userPO = list.get(0);

            //进行密码的验证
            //String encode = passwordEncoder.encode(dto.getPassword());
            String encoded = userPO.getPassword();
            String raw = dto.getPassword();
            boolean matched = passwordEncoder.matches(raw, encoded);
            if (!matched)
            {
                throw BusinessException.builder().errMsg("用户名或者密码错误" );
            }

            //设置session，方便Spring Security进行权限验证
            return setSession(userPO);

        }

        /**
         *1：将userid -> session id作为键-值对（Key-Value Pair）缓存起来，防止频繁创
建session
         *2：将用户信息保存到分布式Session
         *3：创建JWT token，提供给Spring Security进行权限验证
         *@param userPO用户信息
         *@return登录的输出信息
         */
        private LoginOutDTO setSession(UserPO userPO)
        {
            if (null == userPO)
            {
                throw BusinessException.builder().errMsg("用户不存在或者密码错误
" ).build();
            }

            /**
             *根据用户id查询之前保存的session id
             *防止频繁登录的时候session被大量创建
             */
            String uid = String.valueOf(userPO.getUserId());
```

```
        String sid = redisRepository.getSessionId(uid);

        Session session = null;
        try
        {
            /**
             *查找现有的 session
             */
            session = sessionRepository.findById(sid);
        } catch (Exception e)
        {
            //e.printStackTrace();
            log.info("查找现有的 session 失败，将创建一个新的 session" );
        }

        if (null == session)
        {
            session = sessionRepository.createSession();
            //新的 session id 和用户 id 一起作为键-值对进行保存
            //用户访问的时候可以根据用户 id 查找 session id
            sid = session.getId();
            redisRepository.setSessionId(uid, sid);
        }

        String salt = userPO.getPassword();
        //构建 JWT token
        String token = AuthUtils.buildToken(sid, salt);

        /**
         *将用户信息缓存到分布式 Session
         */
        UserDTO cacheDto = new UserDTO();
        BeanUtils.copyProperties(userPO, cacheDto);
        cacheDto.setToken(token);
        session.setAttribute(G_USER, JsonUtil.pojoToJson(cacheDto));

        LoginOutDTO outDTO = new LoginOutDTO();
        BeanUtils.copyProperties(cacheDto, outDTO);

        return outDTO;
    }
}
```

如果用户验证通过，那么前端会话服务 FrontUserEndSessionServiceImpl 在 setSession 方法中创建 Redis 分布式 Session（如果不存在旧 Session），然后将用户信息（密码为令牌的 salt）缓存起来。如果用户存在旧 Session，那么旧 Session 的 ID 将通过用户的 uid 查找到，然后通过

sessionRepository 找到旧 Session，做到在频繁登录的场景下不会导致 Session 被大量创建。

最终，uaa-provider 微服务将返回 JWT 令牌（subject 设置为 Session ID）给前台。由于 Zuul 网关和 uaa-provider 微服务共享分布式 Session，在进行请求认证时，Zuul 网关能通过 JWT 令牌中的 Session ID 取出分布式 Session 中的用户信息和加密盐，对 JWT 令牌进行验证。

6.5.4 使用 Zuul 过滤器添加代理请求的用户标识

完成用户认证后，Zuul 网关的代理请求将转发给上游的微服务 Provider 实例。此时，代理请求仍然需要带上用户的身份标识，而此时身份标识不一定是 Session ID，而是和上游的 Provider 强相关：

（1）如果 Provider 是将 JWT 令牌作为用户身份标识（和 Zuul 一样），那么 Zuul 网关将 JWT 令牌传给 Provider 微服务提供者。

（2）如果 Provider 是将 Session ID 作为用户身份标识，那么 Zuul 需要将 JWT 令牌的 subject 中的 Session ID 解析出来，然后传给 Provider 微服务提供者。

（3）如果 Provider 是将用户 ID 作为用户身份标识，那么 Zuul 既不能将 JWT 令牌传给 Provider，又不能将 Session ID 传给 Provider，而是要将会话中缓存的用户 ID 传给 Provider。

前两种用户身份标识的传递方案都要求 Provider 微服务和网关共享会话，而实际场景中，这种可能性不是 100%。另外，负责安全认证的网关可能不是 Zuul，而是性能更高的 OpenResty（甚至是 Kong），如果这样，共享 Session 技术难度就会更大。总之，为了使程序的可扩展性和可移植性更好，建议使用第三种用户身份标识的代理传递方案。

crazy-springcloud 脚手架采用的是第三种用户标识传递方案。JWT 令牌被验证成功后，网关的代理请求被加上"USER-ID"头，将用户 ID 作为用户身份标识添加到请求头部，传递给上游 Provider。这个功能使用了一个 Zuul 过滤器实现，代码如下：

```
package com.crazymaker.springcloud.cloud.center.zuul.filter;

//省略 import
@Component
@Slf4j
public class ModifyRequestHeaderFilter extends ZuulFilter
{

    /**
     *根据条件判断是否需要路由，是否需要执行该过滤器
     */
    @Override
    public boolean shouldFilter()
    {
        RequestContext ctx = RequestContext.getCurrentContext();
        HttpServletRequest request = ctx.getRequest();

        /**
         *存在用户端认证 token
         */
```

```
            String token = request.getHeader(SessionConstants
.AUTHORIZATION_HEAD);
            if (!StringUtils.isEmpty(token))
            {
                return true;
            }
            /**
             *存在管理端认证 token
             */
            token = request.getHeader(SessionConstants
.ADMIN_AUTHORIZATION_HEAD);
            if (!StringUtils.isEmpty(token))
            {
                return true;
            }
            return false;
        }

        /**
         *调用上游微服务之前修改请求头，加上 USER-ID 头
         *
         *@return
         *@throws ZuulException
         */
        @Override
        public Object run() throws ZuulException
        {
            RequestContext ctx = RequestContext.getCurrentContext();
            HttpServletRequest request = ctx.getRequest();
            //认证成功，请求的"USER-ID"（USER_IDENTIFIER）属性被设置
            String identifier = (String) request.getAttribute
(SessionConstants.USER_IDENTIFIER);
            //代理请求加上 "USER-ID" 头
            if (StringUtils.isNotBlank(identifier))
            {
                ctx.addZuulRequestHeader(SessionConstants.USER_IDENTIFIER,
identifier);
            }
            return null;
        }

        @Override
        public String filterType()
        {
            return FilterConstants.PRE_TYPE;
        }

        @Override
        public int filterOrder()
        {
```

```
        return 1;
    }

}
```

6.6 服务提供者之间的会话共享关系

一套分布式微服务集群可能会运行几个或者几十个网关（gateway），以及几十个甚至几百个 Provider 微服务提供者。如果集群的节点规模较小，那么在会话共享关系上，同一个用户在所有的网关和微服务提供者之间共享同一个分布式 Session 是可行的，如图 6-8 所示。

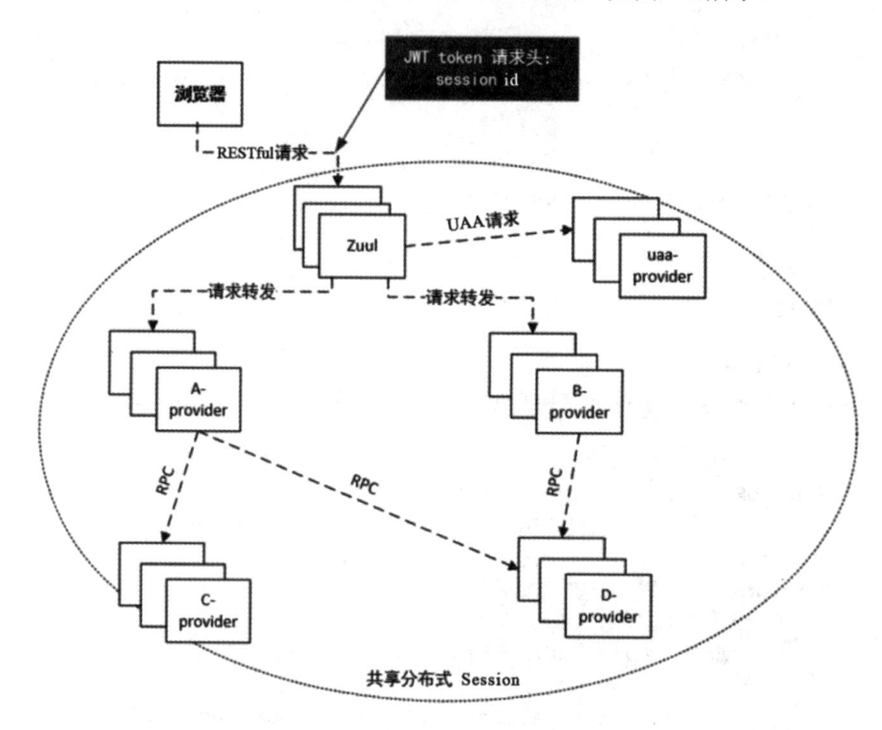

图 6-8 共享分布式 Session

如果集群的节点规模较大，分布式 Session 在 IO 上就会存在性能瓶颈。除此之外，还存在一个架构设计上的问题：在网关（如 Zuul）和微服务提供者之间传递 Session ID，并且双方依赖了相同的会话信息（如用户详细信息），将导致网关和微服务提供者、微服务提供者与微服务提供者之间的耦合度很高，这在一定程度上降低了微服务的移植性和复用性，违背了系统架构高内聚、低耦合的原则。

架构的调整方案是：缩小分布式 Session 的共享规模，网关（如 Zuul）和微服务提供者之间按需共享分布式 Session。网关和微服务提供者不再直接传递 Session ID 作为用户身份标识，而是改成传递用户 ID，如图 6-9 所示。

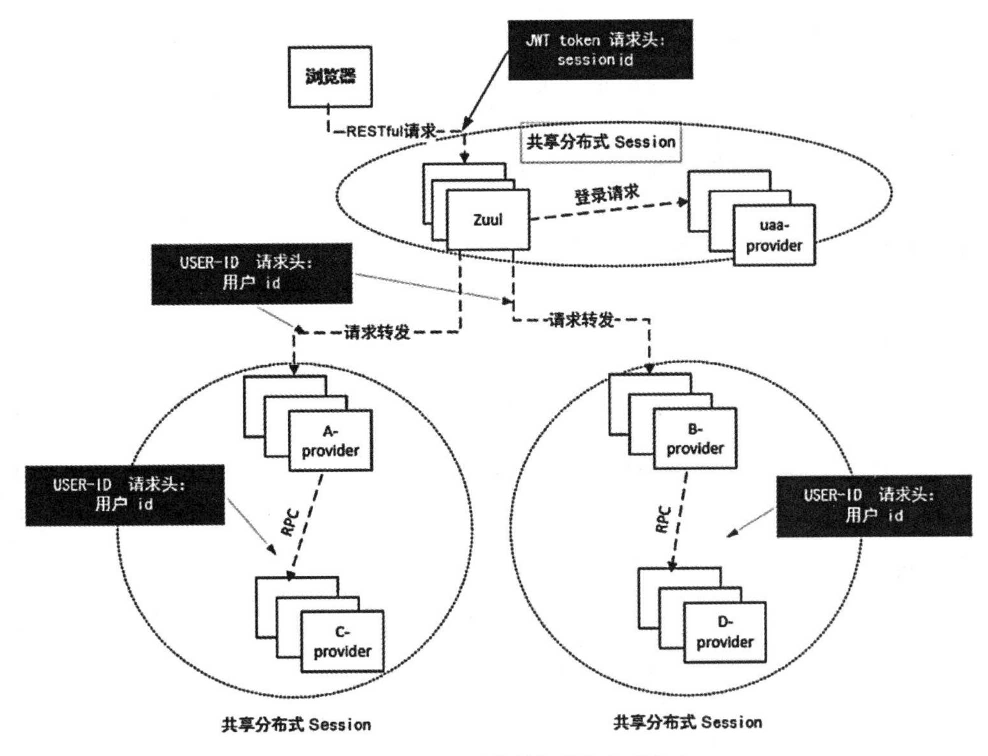

图 6-9　Session 共享的架构与实现方案

以上介绍的 Session 共享的架构，第一种可理解为全局共享，第二种可理解为局部按需共享。无论如何，Session 共享的架构与实现方案肯定不止以上两种，而且以上第二种方案也不一定是最优的。疯狂创客圈的 crazy-springcloud 脚手架对上面的第二种分布式 Session 架构方案提供了实现代码，供大家参考和学习。

6.6.1　分布式 Session 的起源和实现方案

HTTP 本身是一种无状态的协议，这就意味着每一次请求都需要进行用户的身份信息查询，并且需要用户提供用户名和密码来进行用户认证。为什么呢？服务端并不知道是哪个用户发出的请求。所以，为了能识别是哪个用户发出的请求，需要在服务端存储一份用户身份信息，并且在登录成功后将用户身份信息的标识传递给客户端，客户端保存好用户身份标识，在下次请求时带上该身份标识。然后，在服务端维护一个用户的会话，用户的身份信息保存在会话中。通常，对于传统的单体架构服务器，会话都是保存在内存中的，而随着认证用户增多，服务端的开销会明显增大。

大家都知道，单体架构模式最大的问题是没有分布式架构，无法支持横向扩展。在分布式微服务架构下，需要在服务节点之间进行会话的共享。解决方案是使用一个统一的 Session 数据库来保存会话数据并实现共享。当然，这种 Session 数据库一定不能是重量级的关系型数据库，而应该是轻量级的基于内存的高速数据库（如 Redis）。

在生产场景中，可以使用成熟稳定的 Spring Session 开源组件作为分布式 Session 的解决方案，不过 Spring Session 开源组件比较重，在简单的 Session 共享场景中可以自己实现一套相对简单的

Redis Session 组件，具体的实现方案可以参考疯狂创客圈的社群博客“RedisSession 自定义”一文。从学习角度来说，自制一套 RedisSession 方案可以帮助大家深入了解 Web 请求的处理流程，使得大家更容易学习 Spring Session 的核心原理。

Spring Session 作为独立的组件将 Session 从 Web 容器中剥离，存储在独立的数据库中，目前支持多种形式的数据库：内存数据库（如 Redis）、关系型数据库（如 MySQL）、文档型数据库（如 MogonDB）等。通过合理的配置，当请求进入 Web 容器时，Web 容器将 Session 的管理责任委托给 Spring Session，由 Spring Session 负责从数据库中存取 Session，若其存在，则返回，若其不存在，则新建并持久化至数据库中。

6.6.2 Spring Session 的核心组件和存储细节

这里先介绍 Spring Session 的 3 个核心组件：Session 接口、RedisSession 会话类、SessionRepository 存储接口。

1. Session 接口

Spring Session 单独抽象出 Session 接口，该接口是 Spring Session 对会话的抽象，主要是为了鉴定用户，为 HTTP 请求和响应提供上下文容器。Session 接口的主要方法如下：

（1）getId：获取 Session ID。
（2）setAttribute：设置会话属性。
（3）getAttribte：获取会话属性。
（4）setLastAccessedTime：设置会话过程中最近的访问时间。
（5）getLastAccessedTime：获取最近的访问时间。
（6）setMaxInactiveIntervalInSeconds：设置会话的最大闲置时间。
（7）getMaxInactiveIntervalInSeconds：获取最大闲置时间。
（8）isExpired：判断会话是否过期。

Spring Session 和 Tomcat 的 Session 在实现模式上有很大不同，Tomcat 中直接实现 Servlet 规范的 HttpSession 接口，而 Spring Session 中则抽象出单独的 Session 接口。问题是：Spring Session 如何处理自己定义的 Session 接口和 Servlet 规范的 HttpSession 接口的关系呢？Spring Session 定义了一个适配器类，可以将 Session 实例适配成 Servlet 规范中的 HttpSession 实例。

Spring Session 之所以要单独抽象出 Session 接口，主要是为了应对多种传输、存储场景下的会话管理，比如 HTTP 会话场景（HttpSession）、WebSocket 会话场景（WebSocket Session）、非 Web 会话场景（如 Netty 传输会话）、Redis 存储场景（RedisSession）等。

2. RedisSession 会话类

RedisSession 用于使用 Redis 进行会话属性存储的场景。在 RedisSession 中有两个非常重要的成员属性，分别说明如下：

（1）cached：实际上是一个 MapSession 实例，用于进行本地缓存，每次在进行 getAttribute 操作时优先从本地缓存获取，没有取到再从 Redis 中获取，以提升性能。而 MapSession 是由 Spring

Security Core 定义的一个通过内部的 HashMap 缓存键-值对的本地缓存类。

（2）delta：用于跟踪变化数据，目的是保存变化的 Session 的属性。

RedisSession 提供了一个非常重要的 saveDelta 方法，用于持久化 Session 至 Redis 中：当调用 RedisSession 中的 saveDelta 方法后，变化的属性将被持久化到 Redis 中。

3. SessionRepository 存储接口

SessionRepository 为管理 Spring Session 的存储接口，主要的方法如下：

（1）createSession：创建 Session 实例。
（2）findById(String id)：根据 id 查找 Session 实例。
（3）void delete(String id)：根据 id 删除 Session 实例。
（4）save(S session)：存储 Session 实例。

根据 Session 的实现类不同，Session 存储实现类分为很多种。RedisSession 会话的存储类为 RedisOperationsSessionRepository，由其负责 Session 数据到 Redis 数据库的读写。

接下来简单看一下 Redis 中的 Session 数据存储细节。RedisSession 在 Redis 缓存中的存储细节大致有 3 种 Key（根据版本不同可能不完全一致），分别如下：

```
spring:session:SESSION_KEY:sessions:0cefe354-3c24-40d8-a859-fe7d9d3c0dba
spring:session:SESSION_KEY:expires:33fdd1b6-b496-4b33-9f7d-df96679d32fe
spring:session:SESSION_KEY:expirations:1581695640000
```

第一种 Key（键）的 Value（值）用来存储 Session 的详细信息，Key 的最后部分为 Session ID，这是一个 UUID。这个 Key 的 Value 在 Redis 中是一个 hash 类型，内容包括 Session 的过期时间间隔、最近的访问时间、属性等。Key 的过期时间为 Session 的最大过期时间+5 分钟。如果设置的 Session 过期时间为 30 分钟，那么这个 Key 的过期时间为 35 分钟。

第二种 Key 用来表示 Session 在 Redis 中已经过期，这个键-值对不存储任何有用数据，只是为了表示 Session 过期而设置。

第三种 Key 存储过去一段时间内过期的 Session ID 集合。这个 Key 的最后部分是一个时间戳，代表计时的起始时间。这个 Key 的 Value 所使用的 Redis 数据结构是 set，set 中的元素是时间戳滚动至下一分钟计算得出的过期 Session Key（第二种 Key）。

6.6.3 Spring Session 的使用和定制

结合 Redis 使用 Spring Session 需要导入以下两个 Maven 依赖包：

```
<dependency>
    <groupId>org.springframework.session</groupId>
    <artifactId>spring-session-data-redis</artifactId>
</dependency>
<dependency>
    <groupId>org.springframework.session</groupId>
    <artifactId>spring-session-core</artifactId>
</dependency>
```

按照 Spring Session 官方文档的说明，在添加所需的依赖项后，可以通过以下配置启用基于 Redis 的分布式 Session：

```
@EnableRedisHttpSession
public class Config {
    //创建一个连接到默认 Redis （localhost: 6379）的 RedisConnectionFactory
    @Bean
    public LettuceConnectionFactory connectionFactory() {
        return new LettuceConnectionFactory();
    }
}
```

@EnableRedisHttpSession 注释创建一个名为 springSessionRepositoryFilter 的过滤器，它负责将原始的 HttpSession 替换为 RedisSession。为了使用 Redis 数据库，这里还创建了一个连接 Spring Session 到 Redis 服务器的 RedisConnectionFactory 实例，该实例连接的默认为 Redis，主机和端口分别为 localhost 和 6379。有关 Spring Session 的具体配置可参阅参考文档，地址为 https://www.springcloud.cc/spring-session.html。

在 crazy-springcloud 脚手架的共享 Session 架构中，网关和微服务提供者之间、微服务提供者和微服务提供者之间所传递的不是 Session ID 而是 User ID，所以目标 Provider 收到请求之后，需要通过 User ID 找到 Session ID，然后找到 RedisSession，最后从 Session 中加载缓存数据。整个流程需要定制 3 个过滤器，如图 6-10 所示。

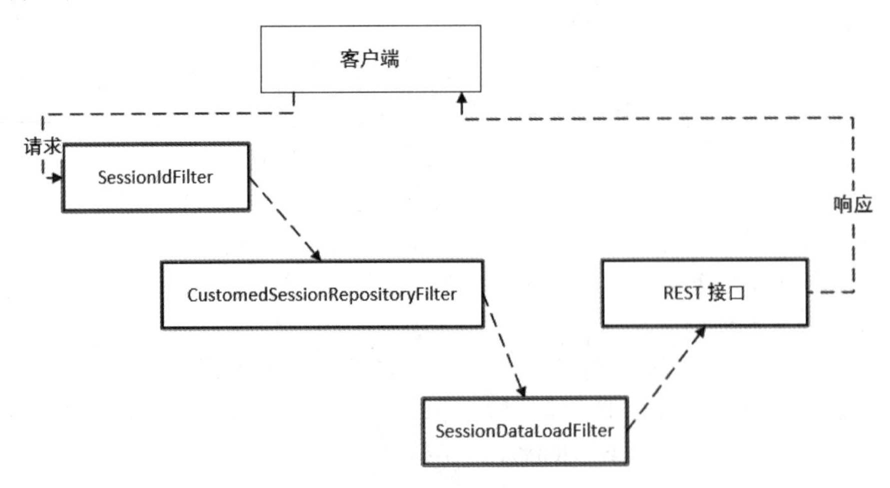

图 6-10 crazy-springcloud 脚手架共享 Session 架构中的过滤器

第一个过滤器叫作 SessionIdFilter，其作用是根据请求头中的用户身份标识 User ID 定位到分布式会话的 Session ID。

第二个过滤器叫作 CustomedSessionRepositoryFilter，这个类的源码来自 Spring Session，其主要的逻辑是将 request（请求）和 response（响应）进行包装，将 HttpSession 替换成 RedisSession。

第三个过滤器叫作 SessionDataLoadFilter，其判断 RedisSession 中的用户数据是否存在，如果是首次创建的 Session，就从数据库中将常用的用户数据加载到 Session，以便控制层的业务逻辑代码能够被高速访问。

在 crazy-springcloud 脚手架中，按照高度复用的原则，所有和会话有关的代码都封装在 base-session 基础模块中。如果某个 Provider 模块需要用到分布式 Session，只需要在 Maven 中引入 base-session 模块依赖即可。

6.6.4 通过用户身份标识查找 Session ID

通过用户身份标识（User ID）查找 Session ID 的工作是由 SessionIdFilter 过滤器完成的。在前面介绍的 UAA 提供者服务（crazymaker-uaa）中，用户的 User ID 和 Session ID 之间的绑定关系位于缓存 Redis 中。base-session 借鉴了同样的思路。当带着 User ID 的请求进来时，SessionIdFilter 会根据 User ID 去 Redis 查找绑定的 Session ID。如果查找成功，那么过滤器的任务完成；如果查找不成功，后面的两个过滤器就会创建新的 RedisSession，并将在 Redis 中缓存 User ID 和 Session ID 之间的绑定关系。

SessionIdFilter 的代码如下：

```
package com.crazymaker.springcloud.base.filter;

//省略 import

@Slf4j
public class SessionIdFilter extends OncePerRequestFilter
{

    public SessionIdFilter(RedisRepository redisRepository,
                       RedisOperationsSessionRepository sessionRepository)
    {
        this.redisRepository = redisRepository;
        this.sessionRepository = sessionRepository;
    }

    /**
     *RedisSession DAO
     */
    private RedisOperationsSessionRepository sessionRepository;

    /**
     *Redis DAO
     */
    RedisRepository redisRepository;

    /**
     *返回 true 代表不执行过滤器，false 代表执行
     */
    @Override
    protected boolean shouldNotFilter(HttpServletRequest request)
    {
```

```
            String userIdentifier =
request.getHeader(SessionConstants.USER_IDENTIFIER);
            if (StringUtils.isNotEmpty(userIdentifier))
            {
                return false;
            }

            return true;

        }

        /**
         *将 session userIdentifier（用户 id）转成 session id
         *
         *@param request 请求
         *@param response 响应
         *@param chain 过滤器链
         */
        @Override
        protected void doFilterInternal(HttpServletRequest request,
             HttpServletResponse response, FilterChain chain) throws IOException,
ServletException
        {
            /**
             *从请求头中获取 session userIdentifier（用户 id）
             */
            String userIdentifier =
request.getHeader(SessionConstants.USER_IDENTIFIER);
            SessionHolder.setUserIdentifer(userIdentifier);
            /**
             *在 Redis 中，根据用户 id 获取缓存的 session id
             */
            String sid = redisRepository.getSessionId(userIdentifier);

            if (StringUtils.isNotEmpty(sid))
            {
                /**
                 *判断分布式 Session 是否存在
                 */
                Session session = sessionRepository.findById(sid);
                if (null != session)
                {
                    //保存 session id 线程局部变量，供后面的过滤器使用
                    SessionHolder.setSid(sid);
                }
```

```
        }

        chain.doFilter(request, response);
    }
}
```

SessionIdFilter 过滤器中含有两个 DAO 层的成员：一个 RedisRepository 类型的 DAO 成员，负责根据 User ID 去 Redis 查找绑定的 Session ID；另一个 DAO 成员的类型为 Spring Session 专用的 RedisOperationsSessionRepository，负责根据 Session ID 去查找 RedisSession 实例，用于验证 Session 是否真正存在。

6.6.5　查找或创建分布式 Session

SessionIdFilter 过滤处理完成后，请求将进入下一个过滤器 CustomedSessionRepositoryFilter。这个类的源码来自 Spring Session，其主要的逻辑是将 request（请求）和 response（响应）进行包装，并将原始请求的 HttpSession 替换成 RedisSession。定制之后的过滤器稍微做了一点过滤条件的修改：如果请求头中携带了用户身份标识，就开启分布式 Session，否则不会进入分布式 Session 的处理流程。

CustomedSessionRepositoryFilter 的部分代码如下：

```
package com.crazymaker.springcloud.base.filter;
//省略 import
public class CustomedSessionRepositoryFilter<S extends Session> extends
OncePerRequestFilter
{
    //执行过滤
    @Override
    protected void doFilterInternal(HttpServletRequest request,
            HttpServletResponse response, FilterChain filterChain)
            throws ServletException, IOException
    {
        ...
        //包装上一个过滤器的 HttpServletRequest 请求至 SessionRepositoryRequest
Wrapper
        SessionRepositoryRequestWrapper wrappedRequest =
              new SessionRepositoryRequestWrapper(request, response, this.
servletContext);

        //包装上一个过滤器的 HttpServletResponse 响应至 SessionRepository
ResponseWrapper
        SessionRepositoryResponseWrapper wrappedResponse =
              new SessionRepositoryResponseWrapper(wrappedRequest,
response);

        try
        {
```

```
            filterChain.doFilter(wrappedRequest, wrappedResponse);
        } finally
        {
         //会话持久化到数据库
            wrappedRequest.commitSession();
        }
    }

    /**
     *返回true代表不执行过滤器，false代表执行
     */
    @Override
    protected boolean shouldNotFilter(HttpServletRequest request)
    {
        //如果请求中携带了用户身份标识
        if (null == SessionHolder.getUserIdentifer())
        {
            return true;
        }

        return false;
    }
    ...
}
```

SessionRepositoryFilter首先会根据一个sessionIds清单进行Session查找，查找失败才创建新的RedisSession。它会调用CustomedSessionIdResolver实例的resolveSessionIds方法获取sessionIds清单。

作为Session ID的解析器，CustomedSessionIdResolver的部分代码如下：

```
package com.crazymaker.springcloud.base.core;
...
@Data
public class CustomedSessionIdResolver implements HttpSessionIdResolver
{
    ...
    /**
     *解析session id，用于在Redis中进行Session查找
     *@param request 请求
     *@return session id列表
     */
    @Override
    public List<String> resolveSessionIds(HttpServletRequest request)
    {
        //获取第一个过滤器保存的session id
        String sid = SessionHolder.getSid();
        return (sid != null) ? Collections.singletonList(sid) :
```

```
Collections.emptyList();
        }

    ...
    }
```

CustomedSessionRepositoryFilter 会对 sessionIds 清单进行判断，然后根据结果进行分布式 Session 的查找或创建：

（1）如果清单中的某个 Session ID 对应的 Session 存在于 Redis，过滤器就会将分布式 RedisSession 查找出来作为当前 Session。

（2）如果清单为空，或者所有 Session ID 对应的 RedisSession 都不在于 Redis，过滤器就会创建一个新的 RedisSession。

6.6.6　加载高速访问数据到分布式 Session

CustomedSessionRepositoryFilter 处理完成后，请求将进入下一个过滤器 SessionDataLoadFilter。这个类的主要逻辑是加载需要高速访问的数据到分布式 Session，具体如下：

（1）获取前面的 SessionIdFilter 过滤器加载的 Session ID，用于判断 Session ID 是否变化。如果变化就表明旧的 Session 不存在或者旧的 Session ID 已经过期，需要更新 Session ID，并且在 Redis 中进行缓存。

（2）获取前面的 CustomedSessionRepositoryFilter 创建的 Session，如果是新创建的 Session，就加载必要的需要高速访问的数据，以提高后续操作的性能。需要高速访问的数据比较常见的有用户的基础信息、角色、权限等，还有一些基础的业务信息。

CustomedSessionRepositoryFilter 的部分代码如下：

```
    package com.crazymaker.springcloud.base.filter;
    ...
    @Slf4j
    public class SessionDataLoadFilter extends OncePerRequestFilter
    {
        UserLoadService userLoadService;
        RedisRepository redisRepository;
        public SessionDataLoadFilter(UserLoadService userLoadService,
RedisRepository redisRepository)
        {
            this.userLoadService = userLoadService;
            this.redisRepository = redisRepository;
        }
        ...

        @Override
        protected void doFilterInternal(HttpServletRequest request,
                                        HttpServletResponse response,
```

```
                                    FilterChain filterChain)
            throws ServletException, IOException
    {

        //获取前面的SessionIdFilter过滤器加载的session id
        String sid = SessionHolder.getSid();
        //获取前面的CustomedSessionRepositoryFilter创建的session,加载必要的数据
到session
        HttpSession session = request.getSession();

        /**
         *之前的session不存在
         */
        if (StringUtils.isEmpty(sid) || !sid.equals(request.getSession()
.getId()))
        {
            //取得当前的session id
            sid = session.getId();
            //user id和session id作为键-值保存到redis
            redisRepository.setSessionId(SessionHolder.getUserIdentifier(),
sid);
            SessionHolder.setSid(sid);
        }

        /**
         *获取session中的用户信息
         *为空表示用户第一次发起请求，加载用户信息到session中
         */
        if (null == session.getAttribute(G_USER))
        {
            String uid = SessionHolder.getUserIdentifier();
            UserDTO userDTO = null;

            if (SessionHolder.getSessionIDStore().
equals(SessionConstants.SESSION_STORE))
            {
                //用户端：装载用户端的用户信息
                userDTO = userLoadService.loadFrontEndUser
(Long.valueOf(uid));

            } else
            {
                //管理控制台：装载管理控制台的用户信息
                userDTO = userLoadService.loadBackEndUser(Long.valueOf(uid));

            }
```

```
            /**
             *将用户信息缓存起来
             */
            session.setAttribute(G_USER, JsonUtil.pojoToJson(userDTO));
        }

        /**
         *将 session 请求保存到 SessionHolder 的 ThreadLocal 本地变量中，方便统一获取
         */
        SessionHolder.setSession(session);
        SessionHolder.setRequest(request);
        filterChain.doFilter(request, response);
    }

    /**
     *返回 true 代表不执行过滤器，false 代表执行
     */
    @Override
    protected boolean shouldNotFilter(HttpServletRequest request)
    {
        if (null == SessionHolder.getUserIdentifier())
        {
            return true;
        }
        return false;
    }

}
```

第 7 章 Nginx/OpenResty 详解

Nginx（或 OpenResty）在生产场景中使用的广泛程度已经到了令人咂舌的地步。无论其实际的市场占用率如何，以笔者这些年所经历的项目来看，其使用率为 100%。

然而，笔者周围的大量开发人员对 Nginx（或 OpenResty）的了解程度都停留在基本配置的程度，对其核心原理和高性能配置了解不多。

本书不仅为大家解读 Nginx 的核心原理和高性能配置，还将介绍 Nginx+Lua 高并发实战编程，帮助大家掌握一个解决高并发问题的新利器。

7.1 Nginx 简介

Nginx 是一个高性能的 HTTP 和反向代理 Web 服务器，是由伊戈尔·赛索耶夫为俄罗斯访问量第二的 Rambler.ru 站点开发的 Web 服务器。Nginx 源代码以类 BSD 许可证的形式发布，其第一个公开版本 0.1.0 发布于 2004 年 10 月 4 日，2011 年 6 月 1 日发布了 1.0.4 版本。Nginx 因高稳定性、丰富的功能集、内存消耗少、并发能力强而闻名全球，目前得到非常广泛的使用，比如百度、京东、新浪、网易、腾讯、淘宝等都是 Nginx 的用户。Nginx 相关地址如下：

源码地址为 `https://trac.nginx.org/nginx/browser`。
官网地址为 `http://www.nginx.org/`。

Nginx 有以下 3 个主要社区分支：

（1）Nginx 官方版本：更新迭代比较快，并且提供免费版本和商业版本。

（2）Tengine：Tengine 是由淘宝网发起的 Web 服务器项目。它在 Nginx 的基础上针对大访问量网站的需求添加了很多高级功能和特性。Tengine 的性能和稳定性已经在大型的网站（如淘宝网、天猫商城等）得到了很好的检验。它的最终目标是打造一个高效、稳定、安全和易用的 Web 平台。

（3）OpenResty：2011 年，中国人章亦春老师把 LuaJIT VM 嵌入 Nginx 中，实现了 OpenResty 这个高性能服务端解决方案。OpenResty 是一个基于 Nginx 与 Lua 的高性能 Web 平台，其内部集成了大量精良的 Lua 库、第三方模块以及大多数的依赖项，用于方便地搭建能够处理超高并发、扩展性极高的动态 Web 应用、Web 服务和动态网关。

OpenResty 的目标是让 Web 服务直接跑在 Nginx 服务内部，充分利用 Nginx 的非阻塞 I/O 模型，不仅仅对 HTTP 客户端请求，甚至对远程后端（诸如 MySQL、PostgreSQL、Memcached 以及 Redis 等）都进行一致的高性能响应。

OpenResty 通过汇聚各种设计精良的 Nginx 模块（主要由 OpenResty 团队自主开发）从而将 Nginx 有效地变成一个强大的通用 Web 应用平台，使得 Web 开发人员和系统工程师可以使用 Lua 脚本语言调动 Nginx 支持的各种 C 以及 Lua 模块，快速构造出足以胜任 10KB 乃至 1000KB 以上单机并发连接的高性能 Web 应用系统。

通过以下 OpenResty 官网的链接地址可以查看到 OpenResty 支持的组件：

官网地址为 `https://openresty.org/cn/`。
组件地址为 `https://openresty.org/cn/components.html`。

7.1.1　正向代理与反向代理

这里先简明扼要地介绍什么正向代理和反向代理。正向代理和反向代理的用途都是代理服务中进行客户端请求的转发，但是区别还是很大的。

正向代理最大的特点是客户端非常明确要访问的服务器地址，如图 7-1 所示。

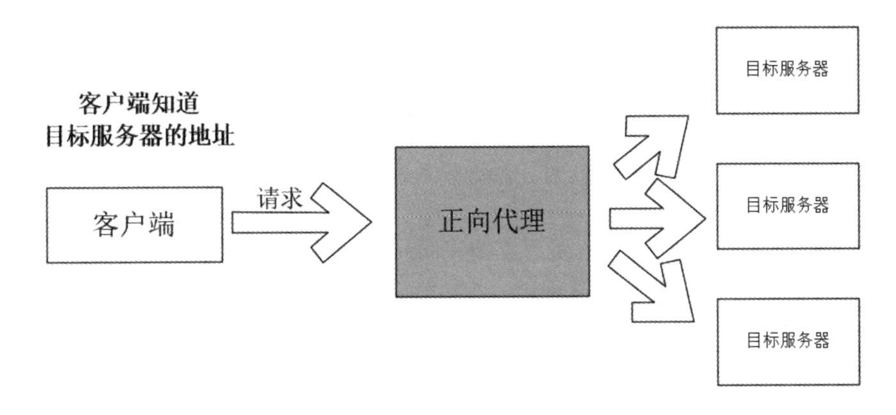

图 7-1　正向代理的特点

在正向代理服务器，客户端需要配置目标服务器信息，比如 IP 和端口。一般来说，正向代理服务器是一台和客户端网络连通的局域网内部的机器或者是可以打通两个隔离网络的双网卡机器。通过正向代理的方式，客户端的 HTTP 请求可以转发到之前与客户端网络不通的其他不同的目标服务器。

反向代理与正向代理相反，客户端不知道目标服务器的信息，代理服务器就像是原始的目标服务器，客户端不需要进行任何特别的设置。反向代理最大的特点是客户端不知道目标服务器地址，如图 7-2 所示。

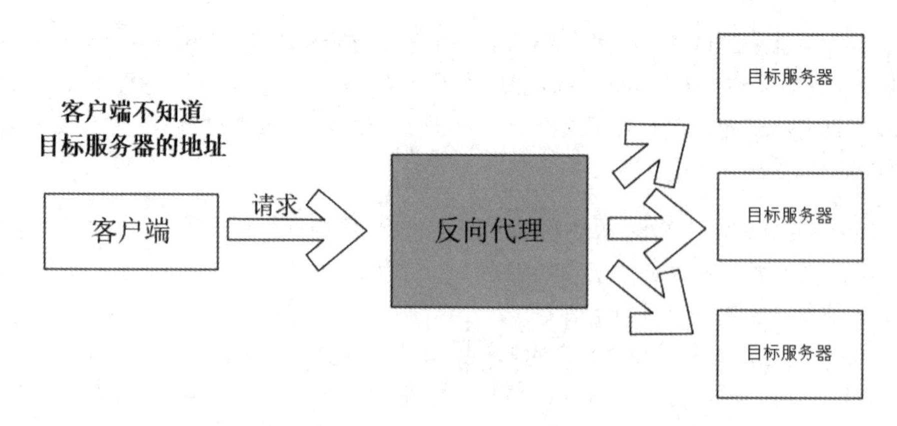

图 7-2 反向代理的特点

客户端向反向代理服务器直接发送请求，接着反向代理将请求转发给目标服务器，并将目标服务器的响应结果按原路返回给客户端。

正向代理和反向代理的使用场景说明：

（1）正向代理的主要场景是客户端。由于网络不通等物理原因，需要通过正向代理服务器这种中间转发环节顺利访问目标服务器。当然，也可以通过正向代理服务器对客户端某些详细信息进行一些伪装和改变。

（2）反向代理的主要场景是服务端。服务提供方可以通过反向代理服务器轻松实现目标服务器的动态切换，实现多目标服务器的负载均衡等。

通俗点来说，正向代理（如 Squid、Proxy）是对客户端的伪装，隐藏了客户端的 IP、头部或者其他信息，服务器得到的是伪装过的客户端信息；反向代理（如 Nginx）是对目标服务器的伪装，隐藏了目标服务器的 IP、头部或者其他信息，客户端得到的是伪装过的目标服务器信息。

7.1.2 Nginx 的启动与停止

Nginx 及其扩展（如 OpenResty）是目前主流的反向代理服务器。本书使用 OpenResty 作为演示的服务器，其下载、安装和使用教程可以参考疯狂创客圈社群的博客文章。

（1）文章一：Windows 平台 OpenResty 的安装和启动（图文死磕）

https://www.cnblogs.com/crazymakercircle/p/12111283.html

（2）文章二：Linux 平台 OpenResty 的安装（图文死磕）

https://www.cnblogs.com/crazymakercircle/p/12115651.html

（3）文章三：OpenResty 服务器下的 Lua 开发调试（图文死磕）

https://www.cnblogs.com/crazymakercircle/p/12112568.html

本书的案例主要在 Windows 系统上演示的，使用的是 32 位的 OpenResty 1.13.6.2 版本（用 64 位的版本进行 Lua 调试时会发生断点不能命中的情况）。

7.1.3 Nginx 的启动命令和参数详解

在 Windows 平台安装 OpenResty 并且设置 path 环境变量之后，就可以启动 OpenResty 了。OpenResty 的原始启动命令为 nginx，其参数有-v、-t、-p、-c、-s 等，使用说明如下：

（1）-v：表示查看 Nginx 的版本。

```
C:\dev\refer\LuaDemoProject\src> nginx -v
nginx version: openresty/1.13.6.2
```

（2）-c：指定一个新的 Nginx 配置文件来替换默认的 Nginx 配置文件。

```
//启动时，在 cmd 窗口切换到 src 目录，然后执行以下命令
C:\dev\refer\LuaDemoProject\src> nginx -p  ./  -c  nginx-debug.conf
```

（3）-t：表示测试 Nginx 的配置文件。如果不能确定 Nginx 配置文件的语法是否正确，就可以通过 Nginx 命令的-t 参数来测试。此参数代表不运行配置文件，只是测试配置文件。

```
C:\dev\refer\LuaDemoProject\src> nginx -t  -c nginx-debug.conf
nginx: the configuration file ./nginx-debug.conf syntax is ok
nginx: configuration file ./nginx-debug.conf test is successful
```

（4）-p：表示设置前缀路径。

```
C:\dev\refer\LuaDemoProject\src> nginx -p ./ -c nginx-debug.conf
```

在上面的命令中，“-p ./”表示将当前目录 C:\dev\refer\LuaDemoProject\src 作为前缀路径，也就是说，nginx-debug.conf 配置文件中所用到的相对路径都加上这个前缀。

（5）-s：表示给 Nginx 进程发送信号，包含 stop（停止）、reload（重写加载）。

```
//重启 Nginx 进程，发送 reload 信号
C:\dev\refer\LuaDemoProject\src>  nginx -p ./ -c nginx-debug.conf -s reload
//停止 Nginx 进程，发送 stop 信号
C:\dev\refer\LuaDemoProject\src>  nginx -p ./ -c nginx-debug.conf -s stop
```

7.1.4 Linux 下 OpenResty 的启动、停止脚本

为什么要专门介绍 Linux 系统下 OpenResty 的启动和停止脚本呢？

（1）在 Nginx/OpenResty 发布包中并没有提供好用的启动、停止脚本。

（2）掌握一些基础的脚本指令并能编写基础的运行脚本是 Java 工程师必备的基础能力，很多面试场景都会出现“你使用过哪些 Linux 操作指令”的面试题。

作为参考，这里提供一份笔者常用的 Linux 下 OpenResty/Nginx 的启动脚本，它公布在疯狂创客圈社群网盘上，它的内容如下：

```
#!/bin/bash

#设置 OpenResty 的安装目录
OPENRESTRY_PATH="/usr/local/openresty"
```

```
#设置 Nginx 项目的工作目录
PROJECT_PATH="/work/develop/LuaDemoProject/src/"

#设置项目的配置文件
#PROJECT_CONF="nginx-location-demo.conf"
PROJECT_CONF="nginx.conf"

echo "OPENRESTRY_PATH:$OPENRESTRY_PATH"
echo "PROJECT_PATH:$PROJECT_PATH"

#查找 Nginx 所有的进程 id
pid=$(ps -ef | grep -v 'grep' | egrep nginx| awk '{printf $2 " "}')
#echo "$pid"

if [ "$pid" != "" ]; then
   #如果已经在执行，就提示
   echo "openrestry/nginx is started already, and pid is $pid, operating
failed!"
else
   #如果没有执行，就启动
   $OPENRESTRY_PATH/nginx/sbin/nginx  -p ${PROJECT_PATH}  \
                                      -c ${PROJECT_PATH}/conf/${PROJECT_CONF}
   pid=$(ps -ef | grep -v 'grep' | egrep nginx| awk '{printf $2 " "}')
   echo "openrestry/nginx starting succeeded!"
   echo "pid is $pid "
fi
```

使用以上脚本之前，需要在脚本中配置 OpenResty/Nginx 的安装目录、项目的工作目录、项目的配置文件 3 个选项。配置完成后，在 Linux 的命令窗口执行 openresty-start.sh 启动脚本即可启动 OpenResty。

```
[root@localhostlinux]#/work/develop/LuaDemoProject/sh/linux
/openresty-start.sh
OPENRESTRY_PATH:/usr/local/openresty
PROJECT_PATH:/work/develop/LuaDemoProject/src/
openrestry/nginx starting succeeded!
pid is 31403 31409
```

下面简单介绍上面的 openresty-start.sh 脚本中主要用到的指令：

（1）echo 显示命令：用于显示信息到终端屏幕。

（2）ps 进程列表：用于显示在本地机器上当前运行的进程列表。

（3）grep 查找命令：用于查找文件里符合条件的字符串。

以上 3 个命令是经常用到的、非常基础的 Linux 命令。疯狂创客圈社群网盘中除了提供上面的 openresty-start.sh 脚本之外，还提供了另外 3 个有用的 OpenResty 操作脚本，具体如下：

（1）openresty-stop.sh 用于停止 OpenResty/Nginx。

（2）openresty-status.sh 用于输出 OpenResty/Nginx 的运行状态和进程信息。

（3）openresty-restart.sh 用于重启 OpenResty/Nginx。

7.1.5　Windows 下 OpenResty 的启动、停止脚本

除了提供 Linux 下的 Shell 脚本外，这里还为大家提供 Windows 脚本文件。Windows 下的脚本通常叫作批处理脚本，批处理脚本扩展名为.bat，包含一系列 DOS 命令。

作为参考，这里提供一份 Windows 下 OpenResty/Nginx 的启动、停止、重启、查看状态的脚本，大家可以在疯狂创客圈社群网盘下载，其中启动脚本 openresty-start.bat 的具体内容如下：

```
@echo off
rem 启动标志 flag=0 表示之前已经启动，flag=1 表示现在立即启动
set flag=0

rem 设置 OpenResty/Nginx 的安装目录
set installPath=E:/tool/openresty-1.13.6.2-win32

rem 设置 Nginx 项目的工作目录
set projectPath=C:/dev/refer/LuaDemoProject/src

rem 设置项目的配置文件
set PROJECT_CONF=nginx-location-demo.conf
rem set PROJECT_CONF=nginx.conf

echo installPath: %installPath%
echo project prefix path: %projectPath%
echo config file: %projectPath%/conf/%PROJECT_CONF%
echo openresty starting...

rem 查找 OpenResty/Nginx 进程信息，然后设置 flag 标志位
tasklist|find /i "nginx.exe" > nul
if %errorlevel%==0 (
echo "OpenResty/Nginx already running ! "
rem exit /b
) else set flag=1

rem 如果需要，就启动 OpenResty/Nginx
cd /d %installPath%
if %flag%==1 (
start nginx.exe -p "%projectPath%" -c "%projectPath%/conf/%PROJECT_CONF%"
ping localhost -n 2 > nul
)

rem 输出 OpenResty/Nginx 的进程信息
tasklist /fi "imagename eq nginx.exe"
tasklist|find /i "nginx.exe" > nul
if %errorlevel%==0 (
echo "OpenResty/Nginx  starting  succeeded!"
)
```

使用之前，在启动脚本 openresty-start.bat 中配置 OpenResty/Nginx 的安装目录、项目的工作目录、项目的配置文件这 3 个选项后，在 Windows CMD 命令窗口中执行 openresty-start.bat 启动脚本，即可启动 OpenResty。

```
PS C:\dev\refer\LuaDemoProject\sh\windows> .\openresty-start.bat
installPath: E:/tool/openresty-1.13.6.2-win32
```

```
project prefix path: C:/dev/refer/LuaDemoProject/src
config file: C:/dev/refer/LuaDemoProject/src/conf/nginx-location-demo.conf
openresty starting...
"OpenResty/Nginx already running ! "

映像名称                     PID 会话名              会话#       内存使用
========================= ======== ================ =========== ============
nginx.exe                    34264 Console                2       9,084 K
nginx.exe                    25912 Console                2       8,992 K
"OpenResty/Nginx  starting  succeeded!"
```

上面的.bat 批处理文件主要用到的指令简单介绍如下：

（1）rem 注释命令：一般用来给程序加上注释，该命令后的内容不被执行。
（2）echo 显示命令：用于显示信息到终端屏幕。
（3）cd 目录切换：用于切换当前的目录。
（4）tasklist 进程列表：用于显示在本地或远程机器上当前运行的进程列表。

除了上面的 openresty-start.bat 脚本外，针对 Windows 系统，本书的配套源码中还提供了 3 个有用的 OpenResty 操作批处理脚本，具体如下：

（1）openresty-stop.bat：用于停止 OpenResty/Nginx。
（2）openresty-status.bat：用于输出 OpenResty/Nginx 的运行状态和进程信息。
（3）openresty-restart.bat：用于重启 OpenResty/Nginx。

从提高效率的维度来说，这些脚本还是非常有用的。大家可从疯狂创客圈社群网盘自行下载、研究学习和定制使用。

7.2　Nginx 的核心原理

本节为大家介绍 Nginx 的核心原理，包含 Reactor 模型、Nginx 的模块化设计、Nginx 的请求处理阶段。

虽然本节的知识有一定的理论深度，但是与另一个有名的 Java 底层通信框架 Netty 在原理上有很多相似的地方。如果大家了解 Netty 的原理和 Reactor 模式，阅读本节将会更加轻松和愉快。

7.2.1　Reactor 模型

Nginx 对高并发 IO 的处理使用了 Reactor 事件驱动模型。Reactor 模型的基本组件包含事件收集器、事件发送器、事件处理器 3 个基本单元，其核心思想是将所有要处理的 I/O 事件注册到一个中心 I/O 多路复用器上，同时主线程/进程阻塞在多路复用器上，一旦有 I/O 事件到来或者准备就绪（文件描述符或 Socket 可读、写），多路复用器返回并将事先注册的相应 I/O 事件分发到对应的处理器中。

在 Reactor 模式中，事件收集器、事件发送器、事件处理器这 3 个基本单元的职责分别如下：

（1）事件收集器：负责收集 Worker 进程的各种 I/O 请求。

（2）事件发送器：负责将 I/O 事件发送到事件处理器。

（3）事件处理器：负责各种事件的响应工作。

Nginx 的 Reactor 模型的设计大致如图 7-3 所示。

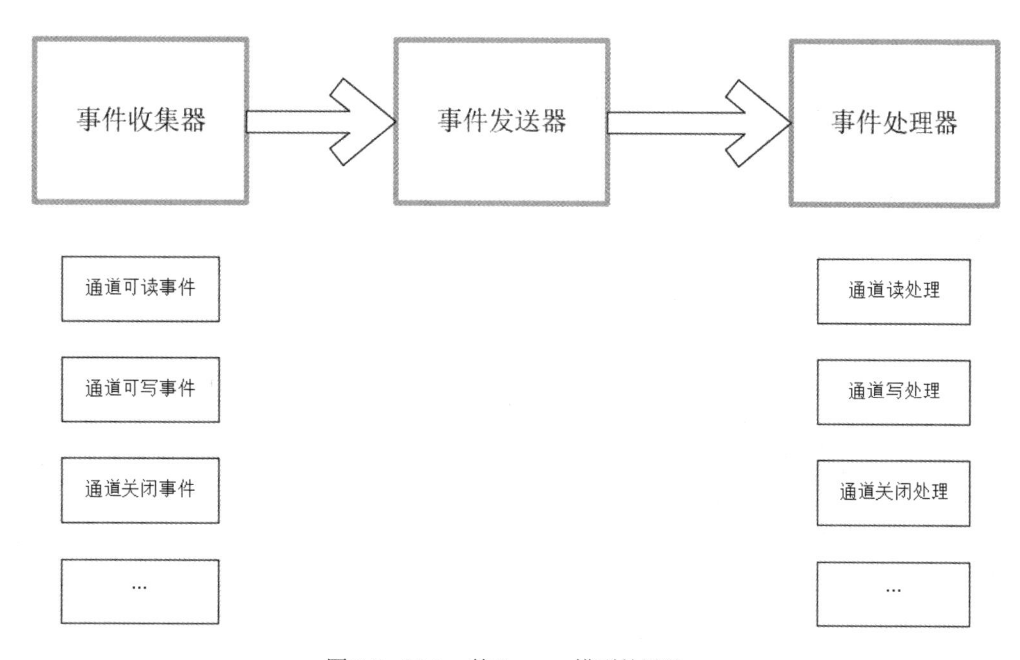

图 7-3 Nginx 的 Reactor 模型的设计

事件收集器将各个连接通道的 IO 事件放入一个待处理事件列，通过事件发送器发送给对应的事件处理器来处理。而事件收集器之所以能够同时管理上百万连接通道的事件，是基于操作系统提供的“多路 IO 复用”技术，常见的包括 select、epoll 两种模型。

正是由于Nginx使用了高性能的Reactor模式，因此是目前并发能力很高的Web服务器之一，成为迄今为止使用广泛的工业级 Web 服务器。当然，Nginx 也解决了著名的网络读写的 C10K 问题。什么是 C10K 问题呢？网络服务在处理数以万计的客户端连接时，往往出现效率低下甚至完全瘫痪，这类问题就被称为 C10K 问题。

Reactor模式的知识对于Java工程师来说非常重要，如果对Reactor模式或者其实现了解不够，可参阅本书的姊妹篇《Netty、Redis、ZooKeeper 高并发实战》一书。

7.2.2 Nginx 的两类进程

一般来说，Nginx 在启动后会以 daemon 方式在后台运行，其后台进程有两类：一类称为 Master 进程（相当于管理进程）；另一类称为 Worker 进程（工作进程）。Nginx 的进程结构大致如图 7-4 所示。

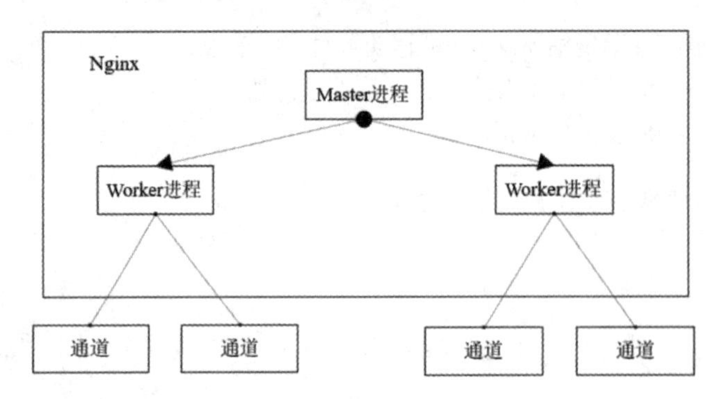

图 7-4 Nginx 的进程结构图

Nginx 启动方式有两种：

（1）单进程启动：此时系统中仅有一个进程，该进程既充当 Master 管理进程角色，又充当 Worker 工作进程角色。

（2）多进程启动：此时系统有且仅有一个 Master 管理进程，至少有一个 Worker 工作进程。

一般来说，单进程模式用于调试。在生产环境下一般会配置成多进程模式，并且 Worker 工作进程的数量和机器 CPU 核数配置不一样多。

了解 Worker 工作进程之前，首先了解一下 Master 管理进程的主要工作，主要有以下两点：

（1）Master 管理进程主要负责调度 Worker 工作进程，比如加载配置、启动工作进程、接收来自外界的信号、向各 Worker 进程发送信号、监控 Worker 进程的运行状态等。所以 Nginx 启动后，我们能够看到至少有两个 Nginx 进程。

（2）Master 负责创建监听套接口，交由 Worker 进程进行连接监听。

接下来介绍 Nginx 的 Worker 进程。Worker 进程主要用来处理网络事件，当一个 Worker 进程在接收一条连接通道之后，就开始读取请求、解析请求、处理请求，处理完成产生数据后，再返回给客户端，最后断开连接通道。

各个 Worker 进程之间是对等且相互独立的，它们同等竞争来自客户端的请求，一个请求只可能在一个 Worker 进程中处理。这都是典型的 Reactor 模型中 Worker 进程（或者线程）的职能。

如果启动了多个 Worker 进程，那么每个 Worker 子进程独自尝试接收已连接的 Socket 监听通道，accept 操作默认会上锁，优先使用操作系统的共享内存原子锁，如果操作系统不支持，就使用文件上锁。

经过配置，Worker 进程的接收操作也可以不使用锁，在多个进程同时接收时，当一个连接进来的时候多个工作进程同时被唤起，则会导致惊群问题。而在上锁的场景下，只会有一个 Worker 阻塞在 accept 上，其他的进程会因为不能获取锁而阻塞，所以上锁的场景不存在惊群问题。

7.2.3 Nginx 的模块化设计

Nginx 服务器被分解为多个模块，模块之间严格遵循“高内聚，低耦合”的原则，每个模块都聚焦于一个功能。高度模块化的设计是 Nginx 的架构基础。

什么是 Nginx 模块呢？在 Nginx 的实现中，一个模块包含一系列命令（cmd）和这些命令相对应的处理函数（cmd→handler）。Nginx 的 Worker 进程在执行过程中会通过配置文件的配置指令定位到对应的功能模块的某个命令（cmd），然后调用命令对应的处理函数来完成相应的处理。

Nginx 的 Worker 进程首先会调用 Nginx 的 Core 核心模块。大家知道，在 Reactor 模型中会维护一个运行循环（Run-Loop），主要包括事件收集、事件分发、事件处理，这个工作在 Nginx 中由 Core 核心模块负责。Core 模块负责执行网络请求处理的基础操作，比如网络读写、存储读写、内容传输、外出过滤以及将请求发往上游服务器等。

Nginx 的 Core 模块是启动时一定会加载的，其他的模块只有在解析配置时遇到了这个模块的命令才会加载对应的模块。Core 模块为其他模块构建了基本的运行时环境，并成为其他各模块的协作基础。

除了 Core 模块外，Nginx 还有 Event、Conf、HTTP、Mail 等一系列模块，并且可以在编译时加入第三方模块。

Nginx 的模块结构如图 7-5 所示。

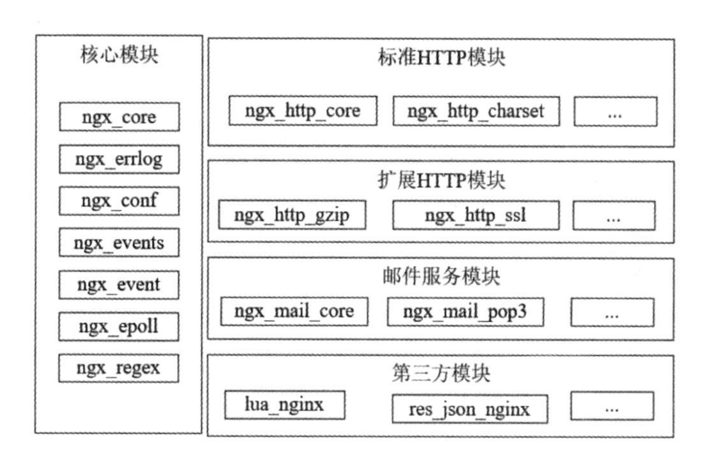

图 7-5 Nginx 的模块结构图

这里对 Nginx 的主要模块说明如下：

（1）Core 核心模块：核心模块是 Nginx 服务器正常运行必不可少的模块，提供错误日志记录、配置文件解析、Reactor 事件驱动机制、进程管理等核心功能。

（2）标准 HTTP 模块：标准 HTTP 模块提供 HTTP 协议解析相关的功能，比如端口配置、网页编码设置、HTTP 响应头设置等。

（3）可选 HTTP 模块：可选 HTTP 模块主要用于扩展标准的 HTTP 功能，让 Nginx 能处理一些特殊的服务，比如 Flash 多媒体传输、网络传输压缩、安全协议 SSL 的支持等。

（4）邮件服务模块：邮件服务模块主要用于支持 Nginx 的邮件服务，包括对 POP3 协议、IMAP 协议和 SMTP 协议的支持。

（5）第三方模块：第三方模块是为了扩展 Nginx 服务器的功能，定制开发者自定义功能，比如 JSON 支持、Lua 支持等。

Nginx 的非核心模块可以在编译时按需加入，Nginx 的安装编译过程可以参考疯狂创客圈社群博文“Linux 平台 OpenResty 安装（图文死磕）”，这里不再赘述。

总之，Nginx 通过模块化设计使得大家可以根据需要对功能模块进行适当的选择和修改，编译成具有特定功能的服务器。

7.2.4 Nginx 配置文件上下文结构

前面介绍到，一个 Nginx 的功能模块包含一系列的命令（cmd）以及与命令对应的处理函数（cmd→handler）。而 Nginx 根据配置文件中的配置指令就知道对应到哪个模块的哪个命令，然后调用命令对应的处理函数来处理。

一个 Nginx 配置文件包含若干配置项，每个配置项由配置指令和指令参数两部分组成，可以简单认为配置项是一个键-值对。图 7-6 中有 3 个简单的 Nginx 配置项。

```
25 ...
26   server {
27     listen        80;
28     配置指令       指令参数
29
30
31     server_name  localhost;
32     配置指令       指令参数
33
34
35     access_log  logs/access.log  main;
36     配置指令       指令参数
37
38     location / {
39       root    html;
40       index   index.html index.htm;
41     }
42     ...
43 }
```

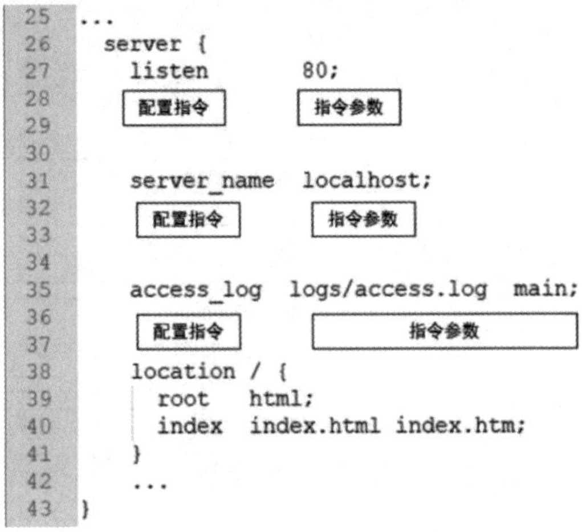

图 7-6 3 个简单的 Nginx 配置项

Nginx 配置文件中的配置指令如果包含空格，就需要用单引号或双引号引起来。指令参数如果是由简单的字符串构成的，简单配置项就需要以分号结束；指令参数如果是复杂的多行字符串，配置项就需要用花括号“{}”括起来。

Nginx 配置项的具体功能与其所处的作用域（上下文、配置块）是强相关的。Nginx 指令的作用域配置块大致有 5 种，它们之间的层次关系如图 7-7 所示。

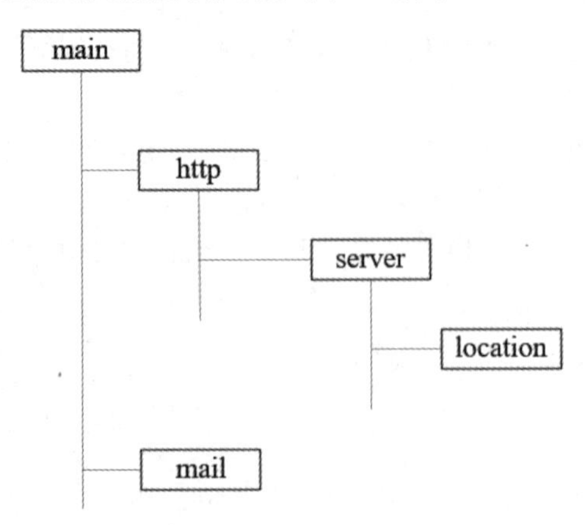

图 7-7 5 种 Nginx 指令的作用和它们之间的层次关系

一个标准的Nginx配置文件的上下文结构如下：

```
...  #main全局配置块，例如工作进程数

events {      #events事件处理模式配置块，例如IO读写模式、连接数等
   ...
}

http    #HTTP协议配置块
{
     ...   #HTTP协议的全局配置块
     server   #server虚拟服务器配置块一
     {
        ...   #server全局块
        location [PATTERN]   #location路由规则配置块一
        {
           ...
        }
        location [PATTERN]   #location路由规则配置块二
        {
           ...
        }
    }
    server   #server虚拟服务器配置块二
    {
      ...
    }
    ...      #其他HTTP协议的全局配置块
}

mail   #mail服务配置块
{
      ... #email相关协议，如SMTP/IMAP/POP3的处理配置
}
```

对以上作用域（上下文、配置块）说明如下。

1. main全局配置块

配置影响Nginx全局的指令，一般有运行Nginx服务器的用户组、Nginx进程PID存放路径、日志存放路径、配置文件引入、允许生成的Worker进程数等。

2. events事件处理模式配置块

配置Nginx服务器的IO多路复用模型、客户端的最大连接数限制等。Nginx支持多种IO多路复用模型，可以使用use指令在配置文件中设置IO读写模型。

3. HTTP协议配置块

可以配置与HTTP协议处理相关的参数，比如keepalive长连接参数、GZIP压缩参数、日志

输出参数、mime-type 参数、连接超时参数等。

4. server 虚拟服务器配置块

配置虚拟主机的相关参数，如主机名称、端口等。一个 HTTP 协议配置块中可以有多个 server 虚拟服务器配置块。

5. location 路由规则块

配置客户端请求的路由匹配规则以及请求过程中的处理流程。一个 server 虚拟服务器配置块中一般会有多个 location 路由规则块。

6. mail 服务配置块

Nginx 为 email 相关协议（如 SMTP/IMAP/POP3）提供反向代理时，mail 服务配置块负责配置一些相关的配置项。

提示：以上介绍的 Nginx 配置块主要针对的是 Nginx 基本应用程序配置文件，包括基本配置文件在内，Nginx 的常用配置文件大致有下面这些：

（1）nginx.conf：应用程序基本配置文件。
（2）mime.types：与 MIME 类型关联的扩展配置文件。
（3）fastcgi.conf：与 FastCGI 相关的配置文件。
（4）proxy.conf：与 Proxy 相关的配置文件。
（5）sites.conf：单独配置 Nginx 提供的虚拟机主机。

7.2.5 Nginx 的请求处理流程

Nginx 中 HTTP 请求的处理流程可以分为 4 步：

（1）读取解析请求行。
（2）读取解析请求头。
（3）多阶段处理，也就是执行 handler 处理器列表。
（4）将结果返回给客户端。

Nginx 中 HTTP 请求的处理流程如图 7-8 所示。

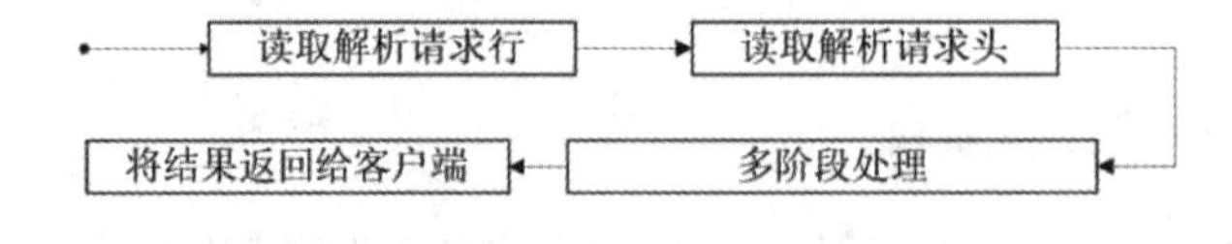

图 7-8 Nginx 中 HTTP 请求的处理流程

多阶段处理是 Nginx 的 HTTP 处理流程中非常重要的一步。Nginx 把请求处理划分成了 11 个阶段，在完成第一步读取请求行和第二步读取请求头之后，Nginx 将整个请求封装到一个请求结构体 ngx_http_request_t 实例中（相当于 Java 中的一个请求对象），然后进入第三步多阶段处理，也就是执行 handler 处理器列表。列表中的每个 handler 处理器都会对请求对象进行处理，例如重写 URI、权限控制、路径查找、生成内容以及记录日志等。

在《Netty、Redis、ZooKeeper 高并发实战》一书中，笔者深入剖析了 Netty 的业务处理器流水线。Netty 将所有的业务处理器装配成一条处理器的流水线 pipeline。Nginx 也将 HTTP 请求处理流程分成了 11 个阶段，每个阶段都涉及一些 handler 处理器。HTTP 请求到来时，这些组装在一个列表的 handler 处理器会按组装的先后次序执行。这一点和 Netty 的处理流水线 pipeline 在原理上是类同的。

在 Nginx 进行多阶段处理时，handler 处理器的执行次序除了和配置文件中对应指令的配置顺序相关外，还和指令所处的阶段先后次序相关。

Nginx 请求处理的 11 个阶段以及阶段与阶段之间的执行次序如图 7-9 所示。

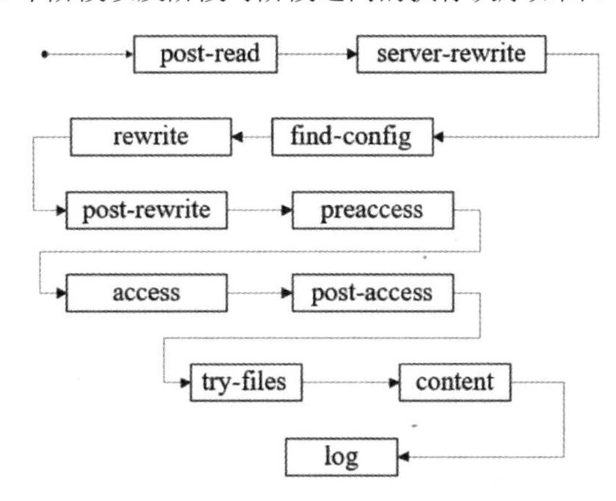

图 7-9 Nginx 请求处理的 11 个阶段

对 HTTP 请求进行多阶段处理是 Nginx 模块化非常关键和重要的功能，第三方模块的处理器都在不同的处理阶段注册，例如：

（1）用 Memcache 进行页面缓存的第三方模块。

（2）用 Redis 集群进行页面缓存的第三方模块。

（3）执行 Lua 脚本的第三方模块。

7.2.6 HTTP 请求处理的 11 个阶段

Nginx 请求处理的 11 个阶段介绍如下：

1. post-read 阶段

在完成第一步读取请求行和第二步读取请求头之后就进入多处理阶段，首当其冲的就是 post-read 阶段。注册在 post-read 阶段的处理器不多，标准模块的 ngx_realip 处理器就注册在这个阶段。ngx_realip 处理器模块的用途是改写请求的来源地址。

为何要改写请求的来源地址呢？

当 Nginx 处理的请求经过了某个正向代理服务器（Nginx、CDN）的转发后，请求中的 IP 地址（$remote_addr）可能就不是客户端的真实 IP 了，变成了下游代理服务器的 IP。如何获取用户请求的真实 IP 地址呢？解决办法之一：在下游的正向代理服务器把请求的原始来源地址编码成某个特殊的 HTTP 请求头，在 Nginx 中把这个请求头中编码的地址恢复出来，然后传给 Nginx 自己后头的上游服务器。ngx_realip 模块正是用来处理这个需求的。

下面有一个简单的例子，假定前头的正向代理服务器能将客户端 IP 编码成某个特殊的 HTTP 请求头（如 X-My-IP），Nginx 就可以通过 ngx_realip 模块的 real_ip_header 指令将 X-My-IP 请求头的 IP 取出，作为请求中的 IP 地址（$remote_addr）。

```
server {
      listen 8080;
      set_real_ip_from 192.168.0.100;
      real_ip_header   X-My-IP;
      location /test {
         echo "from: $remote_addr ";
      }
   }
```

这里的配置是让 Nginx 把来自正向代理服务器 192.168.0.100 的所有请求的 IP 来源地址都改写为请求头 X-My-IP 所指定的值，放在$remote_addr 内置标准变量中。

2. server-rewrite 阶段

server-rewrite 阶段，简单地翻译就是 server 块中的请求地址重写阶段。在进行请求 URI 与 location 路由规则匹配之前可以修改请求的 URI 地址。

大部分直接配置在 server 配置块中的配置项都运行在 server-rewrite 阶段。

```
server {
      listen 8080;
      set $a hello;  #server-rewrite 阶段运行
      location /test {
         set $b "$a, world";
         echo $b;
      }
      set $b hello;  #server-rewrite 阶段运行
   }
```

其中，两个变量赋值的配置项 set $a hello 和 set $b hello 直接写在 server 配置块中，因此它们就运行在 server-rewrite 阶段。

3. find-config

紧接在 server-rewrite 阶段后面的是 find-config 阶段，也叫配置查找阶段，主要功能是根据请求 URL 地址去匹配 location 路由表达式。

find-config 阶段由 Nginx HTTP Core（ngx_http_core_module）模块全部负责，完成当前请求 URL 与 location 配置块之间的配对工作。这个阶段不支持 Nginx 模块注册处理程序。

在 find-config 阶段之前，客户端请求并没有与任何 location 配置块相关联。因此，对于运行在此之前的 post-read 和 server-rewrite 阶段来说，只有 server 配置块以及更外层作用域中的配置项才会起作用，location 配置块中的配置项不起作用。

4. rewrite

由于 Nginx 已经在 find-config 阶段完成了当前请求与 location 的匹配，因此从 rewrite 阶段开始，location 配置块中的指令就可以产生作用。

rewrite 阶段也叫请求地址重写阶段，注册在 rewrite 阶段的指令首先是 ngx_rewrite 模块的指令，比如 break、if、return、rewrite、set 等。其次，第三方 ngx_lua 模块中的 set_by_lua 指令和 rewrite_by_lua 指令也能在此阶段注册。

5. post-rewrite

请求地址 URI 重写提交（Post）阶段，防止递归修改 URI 造成死循环（一个请求执行 10 次就会被 Nginx 认定为死循环），该阶段只能由 Nginx HTTP Core（ngx_http_core_module）模块实现。

6. preaccess

访问权限检查准备阶段，控制访问频率的 ngx_limit_req 模块和限制并发度的 ngx_limit_zone 模块的相关指令就注册在此阶段。

7. access

在访问权限检查阶段，配置指令多是执行访问控制类型的任务，比如检查用户的访问权限、检查用户的来源 IP 地址是否合法等。在此阶段能注册的指令有：HTTP 标准模块 ngx_http_access_module 的指令、第三方 ngx_auth_request 模块的指令、第三方 ngx_lua 模块的 access_by_lua 指令等。

比如，deny 和 allow 指令属于 ngx_http_access_module 模块，它的使用示例如下：

```
server {
    ...
    #拒绝全部
    location = /denyall {
      deny all;
    }

    #允许来源 IP 属于 192.168.0.0/24 网段或 127.0.0.1 的请求
    #其他来源 IP 全部拒绝
    location = /allowsome {
      allow 192.168.0.0/24;
      allow 127.0.0.1;
      deny  all;
      echo "you are ok";
    }
...
  }
```

如果同一个 location 块配置了多个 allow/deny 配置项，access 阶段的配置项之间是按配置的先后顺序匹配的，匹配成功一个便跳出。上面的例子中，如果客户端源 IP 是 127.0.0.1，则匹配到“allow 127.0.0.1;”配置项后就不再匹配后面的“deny all;”，也就是说该请求不会被拒绝。如果这些配置项的指令来自不同的模块，则每个模块会执行一个访问控制类型的指令。

特别提醒：echo 指令用于返回内容，在 location 上下文中，该指令注册在 content 生产阶段。由于 echo 指令不是注册在 access 阶段，因此在 access 阶段不执行该指令的配置项。

8. post-access

访问权限检查提交阶段。如果请求不被允许访问 Nginx 服务器，该阶段负责就向用户返回错误响应。在 access 阶段可能存在多个访问控制模块的指令注册，post-access 阶段的 satisfy 配置指令可以用于控制它们彼此之间的协作方式。下面有一个例子：

```
#satisfy指令进行协调
location = /satisfy-demo {
  satisfy any;
  access_by_lua "ngx.exit(ngx.OK)";
  deny  all;
  echo "you are ok";
}
```

在上面的例子中，deny 指令属于 HTTP 标准模块的 ngx_http_access_module 访问控制模块，而 access_by_lua 指令属于第三方 ngx_lua 模块，两个模块都有自己的计算结果，需要经过最终的结果统一。

不同访问控制模块的计算结果统一工作，这里由 satisfy 指令负责，有两种统一的方式：

（1）逻辑或操作：具体的配置项为“satisfy any;”，表示访问控制模块 A、B、C 或更多，只要其中任意一个通过验证就算通过。

（2）逻辑与操作：具体的配置项为“satisfy all;”，表示访问控制模块 A、B、C 或更多，全部模块都通过验证才能最终通过。

9. try-files

如果 HTTP 请求访问静态文件资源，那么 try-files 配置项可以使这个请求按顺序访问多个静态文件资源，直到某个静态文件资源符合选取条件。这个阶段只有一个标准配置指令 try-files，并不支持 Nginx 模块注册处理程序。

try-files 指令接收两个以上任意数量的参数，每个参数都指定了一个 URI，Nginx 会在 try-files 阶段依次把前 N-1 个参数映射为文件系统上的对象（文件或者目录），然后检查这些对象是否存在。若 Nginx 发现某个文件系统对象存在，则查找成功，进而在 try-files 阶段把当前请求的 URI 改写为该对象所对应的参数 URI（但不会包含末尾的斜杠字符，也不会发生“内部跳转”）。如果前 N-1 个参数所对应的文件系统对象都不存在，try-files 阶段就会立即发起“内部跳转”，跳转到最后一个参数（第 N 个参数）所指定的 URI。

下面是一个简单的实例：

```
root /var/www/;  #root 指令把“查找文件的根目录”配置为 /var/www/
location = /try_files-demo {
    try_files /foo /bar /last;
}

#对应到前面 try_files 的最后一个 URI
  location /last {
    echo "uri: $uri ";
  }
 }
```

这里 try-files 会在文件系统查找前两个参数对应的文件 /var/www/foo 和 /var/www/bar 所对应的文件是否存在。如果不存在，此时 Nginx 就会在 try-files 阶段发起到最后一个参数所指定的 URI（/last）的内部跳转，如图 7-10 所示。

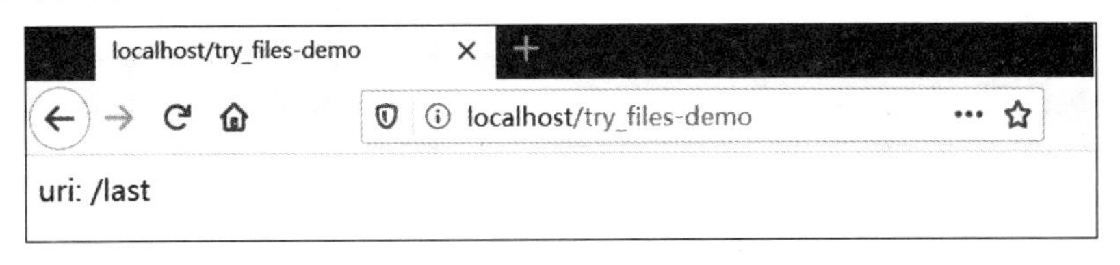

图 7-10 try-files 内部跳转

10. content

大部分 HTTP 模块会介入内容产生阶段，是所有请求处理阶段中重要的阶段。Nginx 的 echo 指令、第三方 ngx_lua 模块的 content_by_lua 指令都注册在此阶段。

这里要注意的是，每一个 location 只能有一个“内容处理程序”，因此，当在 location 中同时使用多个模块的 content 阶段指令时，只有一个模块能成功注册成为“内容处理器”。例如 echo 和 content_by_lua 同时注册，最终只会有一个生效，但具体是哪一个生效，结果是不稳定的。

11. log

日志模块处理阶段记录日志。

最后，总结一下：

（1）Nginx 将一个 HTTP 请求分为 11 个处理阶段，这样做让每个 HTTP 模块可以只专注于完成一个独立、简单的功能。而一个请求的完整处理过程由多个 HTTP 模块共同合作完成，可以极大地提高多个模块合作的协同性、可测试性和可扩展性。

（2）Nginx 请求处理的 11 个阶段中，有些阶段是必备的，有些阶段是可选的，各个阶段可以允许多个模块的指令同时注册。但是，find-config、post-rewrite、post-access、try-files 四个阶段是不允许其他模块的处理指令注册的，它们仅注册了 HTTP 框架自身实现的几个固定的方法。

（3）同一个阶段内的指令，Nginx 会按照各个指令的上下文顺序执行对应的 handler 处理器方法。

7.3 Nginx 的基础配置

本节介绍 Nginx 的基础配置，包括事件模型配置、虚拟主机配置、错误页面配置、长连接配置、访问日志配置等。然后，本节还会介绍在配置过程中可能会使用到的 Nginx 内置变量。

7.3.1 events 事件驱动配置

一个典型的 events 事件模型配置块的示例如下：

```
events {
    use epoll;                          #使用 epoll 类型 IO 多路复用模型
    worker_connections 204800;          #最大连接数限制为 20 万
   accept_mutex on;                     #各个 Worker 通过锁来获取新连接
}
```

1. worker_connections 指令

worker_connections 指令用于配置每个 Worker 进程能够打开的最大并发连接数量，指令参数为连接数的上限。

顺便说一下，配置文件中的符号“#”是注释符号，后边的字符串起到注释说明的作用。

2. use 指令

use 指令用于配置 IO 多路复用模型，有多种模型可配置，常用的有 select、epoll 两种。

Linux 系统下，select 类型 IO 多路复用模型有两个较大的缺陷：缺陷之一，单服务进程并发数不够，默认最大的客户端连接数为 1024/2048，因为 Linux 系统一个进程所打开的 FD 文件描述符是有限制的，由 FD_SETSIZE 设置，默认值是 1024/2048，因此 select 模型的最大并发数被相应限制了；缺陷之二，性能问题，每次 IO 事件查询都会线性扫描全部的 FD 集合，连接数越大，性能越会线性下降。总之，select 类型 IO 多路复用模型的性能是不高的。

使用 Nginx 的目标之一是为了高性能和高并发。所以，在 Linux 系统下建议使用 epoll 类型的 IO 多路复用模型。epoll 模型是在 Linux 2.6 内核中实现的，是 select 系统调用的增强版本。epoll 模型中有专门的 IO 就绪队列，不再像 select 模型一样进行全体连接扫描，时间复杂度从 select 模型的 O(n)下降到了 O(1)。在 IO 事件的查询效率上，无论上百万连接还是数十个连接，对于 epoll 模型而言差距是不大的；而对 select 模型而言，效率的差距就非常巨大了。

select、epoll 都是常见的 IO 多路复用模型。本质上都是查询多个 FD 描述符，一旦某个描述符的 IO 事件就绪（一般是读就绪或者写就绪），就进行相应的读写操作，而且都是在读写事件就绪后，应用程序自己负责进行读写。所以，select、epoll 本质上都是同步 I/O，因为它们的读写过程是阻塞的。虽然不是异步 I/O，但是通过合理的设计，epoll 类型的 IO 多路复用模型的性能还是非常高，足以应对目前的高并发处理要求。

关于 IO 多路复用模型以及高性能 IO 处理的原理的深入介绍、详细的使用分析可参考本书姊妹篇《Netty、Redis、ZooKeeper 高并发实战》一书。

如果没有配置 IO 多路复用模型，在 Windows 平台下，Nginx 默认的 IO 多路复用模型为 select。

这一点可以通过设置 errors_log 的日志级别为 debug，打开日志文件可以看出来，具体如下：

```
... [notice] 3928#18648: using the "select" event method
... [notice] 3928#18648: openresty/1.13.6.2
```

至于 Nginx 在 Linux 平台上默认的事件驱动模型，大家可按照统一的方法自行实验。

3. accept_mutex 指令

accept_mutex 指令用于配置各个 Worker 进程是否通过互斥锁有序接收新的连接请求。on 参数表示各个 Worker 通过互斥锁有序接收新请求；off 参数指每个新请求到达时会通知（唤醒）所有的 Worker 进程参与争抢，但只有一个进程可获得连接。

配置 off 参数会造成“惊群”问题影响性能。accept_mutex 指令的参数默认为 on。

7.3.2　虚拟主机配置

配置虚拟主机可使用 server 指令。虚拟主机的基础配置包含套接字配置、虚拟主机名称配置等。

1. 虚拟主机的监听套接字配置

虚拟主机的监听套接字配置使用 listen 指令，具体的配置有多种形式，分别说明如下：

（1）使用 listen 指令直接配置监听端口。

```
server {
   listen 80;
   ...
}
```

（2）使用 listen 指令配置监听的 IP 和端口。

```
server {
   listen 127.0.0.1:80;
   ...
}
```

2. 虚拟主机名称配置

虚拟主机名称配置可使用 server_name 指令。基于微服务架构的分布式平台有很多类型的服务，比如文件服务、后台服务、基础服务等。很多情况下，可以通过域名前缀的方式进行 URL 路径区分，演示实例如下：

```
#后台管理服务虚拟主机 demo
 server {
   listen      80;
   server_name  admin.crazydemo.com;  #后台管理服务的域名前缀为 admin
   location / {
     default_type 'text/html';
```

```
            charset utf-8;
            echo "this is admin server";
        }
    }

    #文件服务虚拟主机 demo
    server {
        listen  80;
        server_name  file.crazydemo.com;  #文件服务的域名前缀为 admin
        location / {
            default_type 'text/html';
            charset utf-8;
            echo "this is file server";
        }
    }

    #默认服务虚拟主机 demo
    server {
        listen  80  default;
        server_name  crazydemo.com  *.crazydemo.com;  #如果没有前缀，这就是默认访问的
虚拟主机
        location / {
            default_type 'text/html';
            charset utf-8;
            echo "this is default server";
        }
        ...
    }
```

当然，客户端需要能够通过域名服务器或者本地的hosts文件解析出域名所对应的服务器IP，HTTP请求才能最终到达Nginx服务器。故为了访问上面配置的3个虚拟主机，修改Windows系统本地的hosts文件，加上以下几条映射规则：

```
127.0.0.1  crazydemo.com              #基础服务域名
127.0.0.1  file.crazydemo.com         #文件服务域名
127.0.0.1  admin.crazydemo.com        #后台管理服务域名
127.0.0.1  xxx.crazydemo.com          #XXX 服务
```

重启Nginx，在浏览器中访问http://admin.crazydemo.com/，返回的内容如图7-11所示。

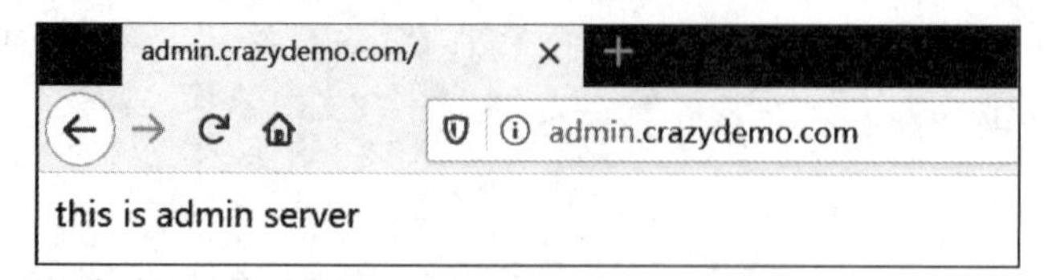

图7-11　多个虚拟主机配置之后的访问结果

多个虚拟主机之间，匹配优先级从高到低大致如下：

（1）字符串精确匹配：如果请求的域名为 admin.crazydemo.com，那么首先会匹配到名称为 admin.crazydemo.com 的虚拟管理主机。

（2）左侧*通配符匹配：若浏览器请求的域名为 xxx.crazydemo.com，则会匹配到*.crazydemo.com 虚拟主机。为什么呢？因为配置文件中并没有 server_name 为 xxx.crazydemo.com 的主机，所以退而求其次，名称为 *.crazydemo.com 的虚拟主机按照通配符规则匹配成功。

（3）右侧*通配符匹配：右侧*通配符和左侧*通配符匹配类似，只不过优先级低于左侧*通配符匹配。

（4）正则表达式匹配：与通配符匹配类似，不过优先级更低。

（5）default_server：在 listen 指令后面如果带有 default 的指令参数，就代表这是默认的、最后兜底的虚拟主机，如果前面的匹配规则都没有命中，就只能命中 default_server 指定的默认主机。

7.3.3 错误页面配置

错误页面的配置指令为 error_page，格式如下：

```
error_page code ... [=[response]] uri;
```

code 表示响应码，可以同时配置多个；uri 表示错误页面，一般为服务器上的静态资源页面。

例如，下面的例子分别为 404、500 等错误码设置了错误页面，具体设置如下：

```
#后台管理服务器 demo
server {
  listen      80;
  server_name  admin.crazydemo.com;
  root /var/www/;

  location / {
    default_type 'text/html';
    charset utf-8;
    echo "this is admin server";
  }

  #设置错误页面
  error_page  404  /404.html;

  #设置错误页面
  error_page  500 502 503 504  /50x.html;
}
```

为了防止 404 页面被劫持，也就是被前面的代理服务器换掉，则可以修改响应状态码，参考如下：

```
error_page  404  =200  /404.html    #防止 404 页面被劫持
```

error_page 指令除了可用于 server 上下文外，还可用于 http、server、location、if in location 等上下文。

7.3.4 长连接相关配置

配置长连接的有效时长可使用 keepalive_timeout 指令，格式如下：

```
keepalive_timeout timeout [header_timeout];
```

配置项中的 timeout 参数用于设置保持连接超时时长，0 表示禁止长连接，默认为 75 秒。

如果要配置长连接的一条连接允许的最大请求数，那么可以使用 keepalive_requests 指令，格式如下：

```
keepalive_requests  number;
```

配置项中的 number 参数用于设置在一条长连接上允许被请求的资源的最大数量，默认为 100。

如果要配置向客户端发送响应报文的超时限制，那么可以使用下面的指令：

```
send_timeout time;
```

配置项中的 time 参数用于设置 Nginx 向客户端发送响应报文的超时限制，此处时长是指两次向客户端写操作之间的间隔时长，并非整个响应过程的传输时长。

7.3.5 访问日志配置

Nginx 将客户端的访问日志信息记录到指定的日志文件中，用于后期分析用户的浏览行为等，此功能由 ngx_http_log_module 模块负责，其指令在 HTTP 处理流程的 log 阶段执行。

访问记录配置指令的完整格式如下：

```
access_log  path  [format  [buffer=size]  [gzip[=level]]  [flush=time]  [if=condition]];
```

其中，path 表示日志文件的本地路径；format 表示日志输出的格式名称。定义日志输出格式的配置指令为 log_format，它的完整格式如下：

```
log_format  name  string  ...;
```

其中，name 参数用于指定格式名称；string 参数用于设置格式字符串，可以有多个。字符串中可以使用 Nginx 核心模块及其他模块的内置变量。

下面是一个比较完整的例子：

```
http {

  #先定义日志格式，format_main 是日志格式的名字
  log_format  format_main  '$remote_addr - $remote_user [$time_local] $request - ' ' $status - $body_bytes_sent [$http_referer] ' '[$http_user_agent] [$http_x_forwarded_for]';

  #配置：日志文件、访问日志格式
  access_log  logs/access_main.log  format_main;
    ...
}
```

修改配置后，需要重启 Nginx。然后在浏览器中访问 http://crazydemo.com/demo/hello，在 access_main.log 文件中可以看到一条新增的日志记录：

```
    127.0.0.1 - - [12/Jan/2020:18:32:28 +0800] GET /demo/hello HTTP/1.1 - 200 -
32 [-] [Mozilla/5.0 (Windows NT 10.0; Win64; x64; rv:72.0) Gecko/20100101
Firefox/72.0] [-]
```

接下来，对以上实例中所有用到的 Nginx 内置变量进行简单说明，具体如下：

（1）$request：记录用户的 HTTP 请求的起始行信息。

（2）$status：记录 HTTP 状态码，即请求返回的状态，例如 200、404、502 等。

（3）$remote_addr：记录访问网站的客户端地址。

（4）$remote_user：记录远程客户端用户名称。

（5）$time_local：记录访问时间与时区。

（6）$body_bytes_sent：记录服务器发送给客户端的响应 body 字节数。

（7）$http_referer：记录此次请求是从哪个链接访问过来的，可以根据其进行盗链的监测。

（8）$http_user_agent：记录客户端访问信息，如浏览器、手机客户端等。

（9）$http_x_forwarded_for：当前端有正向代理服务器时，此参数用于保持客户端真实的 IP 地址。该参数生效的前提：前端的代理服务器上进行了相关的 x_forwarded_for 设置。

7.3.6 Nginx 核心模块内置变量

Nginx 核心模块 ngx_http_core_module 中定义了一系列存储 HTTP 请求信息的变量，例如 $http_user_agent、$http_cookie 等。这些内置变量在 Nginx 配置过程中使用较多，故对其进行介绍，具体如下：

（1）$arg_PARAMETER：请求 URL 中以 PARAMETER 为名称的参数值。请求参数即 URL 的“?”号后面的 name=value 形式的参数对，变量$arg_name 得到的值为 value。

另外，$arg_PARAMETER 中的参数名称不区分字母大小写，例如通过变量$arg_name 不仅可以匹配 name 参数，也可以匹配 NAME、Name 请求参数，Nginx 会在匹配参数名之前自动把原始请求中的参数名调整为全部小写的形式。

（2）$args：请求 URL 中的整个参数串，其作用与$query_string 相同。

（3）$binary_remote_addr：二进制形式的客户端地址。

（4）$body_bytes_sent：传输给客户端的字节数，响应头不计算在内。

（5）$bytes_sent：传输给客户端的字节数，包括响应头和响应体。

（6）$content_length：等同于$http_content_length，用于获取请求体 body 的大小，指的是 Nginx 从客户端收到的请求头中 Content-Length 字段的值，不是发送给客户端响应中的 Content-Length 字段值，如果需要获取响应中的 Content-Length 字段值，就使用 $sent_http_content_length 变量。

（7）$request_length：请求的字节数（包括请求行、请求头和请求体）。注意，由于$request_length 是请求解析过程中不断累加的，如果解析请求时出现异常，那么$request_length 是已经累加部分的长度，并不是Nginx从客户端收到的完整请求的总字节数（包括请求行、请求头、请求体）。

（8）$connection：TCP连接的序列号。

（9）$connection_requests：TCP连接当前的请求数量。

（10）$content_type：请求中的Content-Type请求头字段值。

（11）$cookie_name：请求中名称name的cookie值。

（12）$document_root：当前请求的文档根目录或别名。

（13）$uri：当前请求中的URI（不带请求参数，参数位于$args变量）。$uri变量值不包含主机名，如"/foo/bar.html"。此参数可以修改，可以通过内部重定向。

（14）$request_uri：包含客户端请求参数的原始URI，不包含主机名，此参数不可以修改，例如"/foo/bar.html? name=value"。

（15）$host：请求的主机名。优先级为：HTTP请求行的主机名 > HOST请求头字段 > 符合请求的服务器名。

（16）$http_name：名称为name的请求头的值。如果实际请求头name中包含中画线"-"，那么需要将中画线"-"替换为下画线"_"；如果实际请求头name中包含大写字母，那么可以替换为小写字母。例如获取Accept-Language请求头的值，变量名称为$http_accept_language。

（17）$msec：当前的UNIX时间戳。UNIX时间戳是从1970年1月1日（UTC/GMT的午夜）开始所经过的秒数，不考虑闰秒。

（18）$nginx_version：获取Nginx版本。

（19）$pid：获取Worker工作进程的PID。

（20）$proxy_protocol_addr：代理访问服务器的客户端地址，如果是直接访问，那么该值为空字符串。

（21）$realpath_root：当前请求的文档根目录或别名的真实路径，会将所有符号连接转换为真实路径。

（22）$remote_addr：客户端请求地址。

（23）$remote_port：客户端请求端口。

（24）$request_body：客户端请求主体。此变量可在location中使用，将请求主体通过proxy_pass、fastcgi_pass、uwsgi_pass和scgi_pass传递给下一级的代理服务器。

（25）$request_completion：如果请求成功，那么值为OK；如果请求未完成或者请求不是一个范围请求的最后一部分，那么值为空。

（26）$request_filename：当前请求的文件路径，由root或alias指令与URI请求结合生成。

（27）$request_length：请求的长度，包括请求的地址、HTTP请求头和请求主体。

（28）$request_method：HTTP请求方法，比如GET或POST等。

（29）$request_time：处理客户端请求使用的时间，从读取客户端的第一个字节开始计时。

（30）$scheme：请求使用的Web协议，如HTTP或HTTPS。

（31）$sent_http_name：设置任意名称为name的HTTP响应头字段。例如，如果需要设置响应头Content-Length，那么将"-"替换为下画线，大写字母替换为小写字母，变量为$sent_http_content_length。

（32）$server_addr：服务器端地址为了避免访问操作系统内核，应将IP地址提前设置在配置文件中。

（33）$server_name：虚拟主机的服务器名，如 crazydemo.com。

（34）$server_port：虚拟主机的服务器端口。

（35）$server_protocol：服务器的 HTTP 版本，通常为 HTTP/1.0 或 HTTP/1.1。

（36）$status：HTTP 响应代码。

7.4　location 路由规则配置详解

location 路由匹配发生在 HTTP 请求处理的 find-config 配置查找阶段，主要功能是：根据请求的 URI 地址匹配 location 路由表达式，如果匹配成功，就执行 location 后面的上下文配置块。

实战案例说明

本节的配置实例处于源码工程的 nginx-location-demo.conf 配置文件中。在运行本节的实例前，需要修改 openresty-start.bat（或 openresty-start.sh）脚本中的 PROJECT_CONF 配置文件变量的值，将其修改为 nginx-location-demo.conf，然后重启 OpenRestry/Nginx。

7.4.1　location 语法详解

Nginx 配置文件中，location 配置项的语法格式如下：

```
location  [=|~|~*|^~]  模式字符串  {
 ...
}
```

按照匹配的符号不同，location 路由匹配主要分成精准匹配、普通匹配、正则匹配、默认根路径匹配。下面逐一进行介绍。

1. 精准匹配

精准匹配的符号标记为“=”，下面是一个简单的精准匹配 location 的例子。

```
    #精准匹配
    location = /lua {
      echo  "hit location: =/Lua";
}
```

如果请求 URI 和精准匹配的模式字符串/lua 完全相同，那么精准匹配通过。在所有的匹配类型中，精准匹配的优先级最高。

运行本书的配套案例，在同时存在多个/lua 匹配模式 location 的情况下，在浏览器中给 Nginx 发送 http://localhost/lua 的请求地址，输出的是精准匹配的结果，如图 7-12 所示。

图 7-12　输出精准匹配

2. 普通匹配

普通匹配的符号标记为“^~”，下面是一个简单的普通匹配location的例子。

```
location ^~  /lua {
  echo  "hit location: ^~ /lua";
}
```

普通匹配属于字符串前缀匹配，详细来说：如果请求路径URI头部匹配到location的模式字符串，那么匹配成功。如果匹配到多个前缀，那么最长模式匹配优先。

本书配套实例中配置了以下两个普通匹配类型的location，具体配置如下：

```
#普通匹配一
location ^~  /lua {
      echo  "普通匹配: ^~  /lua";
}

#普通匹配二，长一点
location  ^~  /lua/long  {
      echo  "普通匹配: ^~  /lua/long";
}
```

在浏览器中给Nginx发送http://localhost/lua/long/path的请求地址，输出了普通匹配location的结果，如图7-13所示。

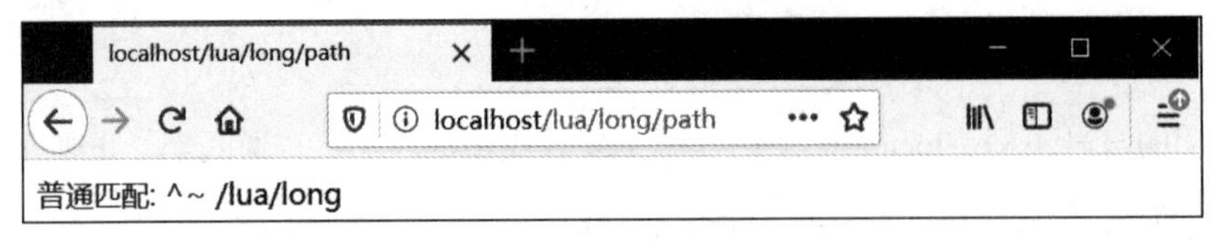

图7-13　输出普通匹配

注　意

普通匹配是前缀匹配，也是Nginx默认的匹配类型。也就是说，类型符号“^~”可以省略，如果location没有任何匹配类型，就为普通的前缀匹配。如果一个URI命中多个location普通匹配，则最长的location普通匹配获胜。

为了对以上结论进行论证，这里举一个例子，在配置文件中配置两个同样字符串模式的location，一个不带类型符号，一个带“^~”符号，具体如下：

```
#不带类型符号，默认为普通匹配
location  /demo {
      echo  "hit location: /demo ";
}

#带“^~”符号，普通匹配
location  ^~  /demo {
      echo  "hit location: ^~ /demo";
}
```

执行重启 Nginx 的脚本 openresty-restart.bat，发现 Nginx 不能启动，查看 error.log 错误日志，报错信息如下：

```
    ... 17:33:39 [emerg] 18760#25944: duplicate location "/demo"
in .../nginx-location-demo.conf:115
```

从错误信息可以看出，在配置文件中有两个重复的 location 配置。

3. 正则匹配

正则匹配的类型按照类型符号的不同可以细分为以下 4 种：

（1）~：标准正则匹配，区分字母大小写，进行正则表达式测试，若测试成功，则匹配成功。

（2）~*：标准正则匹配，不区分字母大小写，进行正则表达式测试，若测试成功，则匹配成功。

（3）!~ ：反向正则匹配，区分字母大小写，进行正则表达式测试，若测试不成功，则匹配成功。

（4）!~*：反向正则匹配，不区分字母大小写，进行正则表达式测试，若测试不成功，则匹配成功。

下面是一个正则匹配的例子，可以匹配以 hello.php 或 hello.asp 结尾的 URL 请求。

```
#正则匹配
location  ~*hello\.(asp|php)$  {
  echo   "正则匹配: hello.(asp|php)$ ";
}
```

在浏览器中给 Nginx 发送 http://localhost/1/2/hellp.php 的请求地址，输出的请求结果如图 7-14 所示。

图 7-14　输出的请求结果

如果配置文件中存在多个正则匹配 location，那么它们之间的规则是顺序优先的，只要匹配到第一个正则类型的 location，就停止后面的正则类型的 location 测试。

例如，这里有两个正则匹配的 location 规则：\.(do|jsp)$和 hello\.(do|jsp)$，具体如下：

```
#正则匹配类型
location  ~*\.(do|jsp)$ {
    echo  "正则匹配: .(do|jsp)$ ";
  }

  #正则匹配类型
  location  ~*hello\.(do|jsp)$ {
```

```
    echo  "正则匹配: hello.(do|jsp)$ ";
}
```

在浏览器中给 Nginx 发送 http://localhost/1/2/hellp.do 的请求地址，输出的结果是由配置在前面的 location 输出的，如图 7-15 所示。

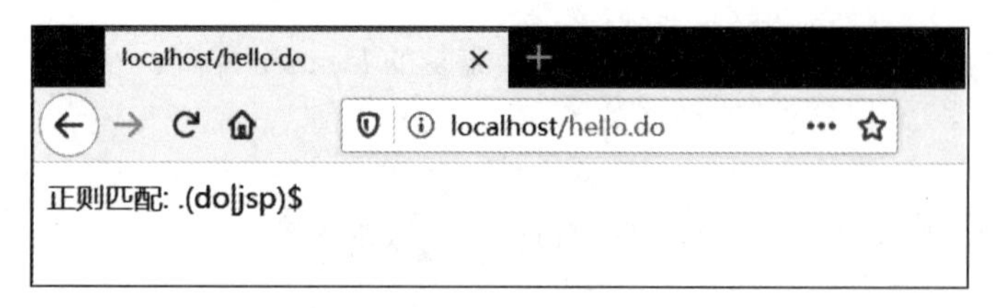

图 7-15　输出结果

4. 默认根路径匹配

根路径的路径规则就是使用单个“/”符号，示例如下：

```
location  /  {
  echo "默认根路径匹配: /";
}
```

通过浏览器随便访问一个地址，如 http://localhost/foo，使之不能匹配到其他的 location，只能匹配到“/”根路径，返回的结果如图 7-16 所示。

图 7-16　返回的结果

表面看上去，location / {...}根路径匹配非常类似普通匹配，但实际上该规则自成一类，虽然只有唯一的一个路径，但是此类规则优先级是最低的。

最后总结一下 4 种 location 之间的匹配次序，大致如下：

（1）类型之间的优先级：精准匹配>普通匹配>正则匹配>“/”默认根路径匹配。

（2）普通匹配同类型 location 之间的优先级为最长前缀优先。普通匹配的优先级与 location 在配置文件中所处的先后顺序无关，而与匹配到的前缀长度有关。

（3）正则匹配同类型 location 之间的优先级为顺序优先。只要匹配到第一个正则规则的 location，就停止后面的正则规则的测试。正则匹配与 location 规则定义在配置文件中的先后顺序强相关。

7.4.2 常用的 location 路由配置

第一个应该配置的属于“/”根路由规则。“/”根路由规则可以路由到一个静态首页：

```
location  / {
```

```
        root   html;
        index  index.html index.htm;
    }
```

表示在请求 URI 匹配到“/”根路由规则时，首先 Nginx 会在 html 目录下查找 index.html 文件，如果没有找到，就查找 index.htm 文件，将找到的文件内容返回给客户端。

“/”根路由规则也可以路由到一个访问很频繁的上游服务，比如 Spring Cloud 微服务架构中的服务网关：

```
    location  / {
        proxy_pass http://127.0.0.1:7799/ ;
    }
```

这里的 127.0.0.1:7799 假定为 Zuul 网关的 IP 和端口，当请求匹配到“/”根路由规则时，将直接转发给上游 Zuul 应用网关服务器。

第二个应该配置的属于静态文件路由规则。对静态文件请求进行响应，这是 Nginx 作为 HTTP 服务器的强项。静态文件匹配规则有两种配置方式：目录匹配（前缀匹配）和后缀匹配（正则匹配），可以任选其一，也可以搭配使用。

目录匹配（前缀匹配）配置实例如下：

```
    root  /www/resources/static/;
     #前缀匹配
    location ^~  /static/ {
            root  /www/resources/;
    }
```

所有匹配/static/...规则的静态资源请求（如/static/img/1.png）都将路由到 root 指令所配置的文件目录/www/resources/static/下对应的某个文件（如/www/resources/static/img/1.png）。

后缀匹配（正则匹配）配置实例如下：

```
    location ~*\.(gif|jpg|jpeg|png|css|js|ico)${
          root /www/resources/;
    }
```

所有匹配到以上正则规则的静态资源请求（如/static/img/2.png）都将路由到 root 指令所配置的文件目录/www/resources/static/下对应的某个文件（如/www/resources/static/img/2.png）。

7.5　Nginx 的 rewrite 模块指令

Nginx 的 rewrite 模块即 ngx_http_rewrite_module 标准模块，主要功能是重写请求 URI，也是 Nginx 默认安装的模块。rewrite 模块会根据 PCRE 正则匹配重写 URI，然后根据指令参数或者发起内部跳转再一次进行 location 匹配，或者直接进行 30x 重定向返回客户端。

rewrite 模块的指令就是一门微型的编程语言，包含 set、rewrite、break、if、return 等一系列指令。

7.5.1 set 指令

set 指令是由 ngx_http_rewrite_module 标准模块提供的，用于向变量存放值。在 Nginx 配置文件中，变量只能存放一种类型的值，因为只存在一种类型的值，那就是字符串。

set 指令的配置项格式如下：

```
set $variable  value;
```

注意：在 Nginx 配置文件中，变量定义和使用都要以$开头。Nginx 变量名前面有一个$符号，这是记法上的要求。所有的 Nginx 变量在引用时必须带上$前缀。另外，Nginx 变量不能与 Nginx 服务器预设的全局变量同名。比如，我们的 nginx.conf 文件中有下面这一行配置：

```
set  $a  "hello world";
```

上面的语句中，set 配置指令对变量$a 进行了赋值操作，把字符串 hello world 赋给了它。也可以直接把变量嵌入字符串常量中以构造出新的字符串：

```
set  $a  "foo";
set  $b  "$a, $a";
```

这个例子通过前面定义的变量$a 的值来构造变量$b 的值，于是这两条指令顺序执行完之后，$a 的值是"foo"，而$b 的值则是"foo, foo"。把变量嵌入字符串常量中以构造出新的字符串，这种技术在 Linux Shell 脚本中常常用到，并且被称为“变量插值”（Variable Interpolation）。

set 指令不仅有赋值的功能，还有创建 Nginx 变量的副作用，即当作为赋值对象的变量尚不存在时，它会自动创建该变量。比如在上面这个例子中，若$a 这个变量尚未创建，则 set 指令会自动创建$a 这个用户变量。

Nginx 变量一旦创建，其变量名的可见范围就是整个 Nginx 配置，甚至可以跨越不同虚拟主机的 server 配置块。但是，对于每个请求，所有变量都有一份独立的副本，或者说都有各变量用来存放值的容器的独立副本，彼此互不干扰。Nginx 变量的生命期是不可能跨越请求边界的。

7.5.2 rewrite 指令

rewrite 指令是由 ngx_http_rewrite_module 标准模块提供的，主要功能是改写请求 URI。rewrite 指令的格式如下：

```
rewrite  regrex  replacement  [flag];
```

如果 regrex 匹配 URI，URI 就会被替换成 replacement 的计算结果，replacement 一般是一个“变量插值”表达式，其计算之后的字符串就是新的 URI。

下面的例子有两个重新配置项，具体如下：

```
location  /download/  {
  rewrite  ^/download/(.*)/video/(.*)$   /view/$1/mp3/$2.mp3  last;
  rewrite  ^/download/(.*)/audio/(.*)*$  /view/$1/mp3/$2.rmvb  last;
  return  404;
}
```

```
location /view {
  echo "uri: $uri ";
}
```

在浏览器中请求 http://crazydemo.com/download/1/video/10，地址发生了重写，并且发生了 location 的跳转，结果如图 7-17 所示。

图 7-17　输出结果

在这个演示例子中，replacement 中的占位变量$1、$2 的值是指令参数 regrex 正则表达式从原始 URI 中匹配出来的子字符串，也叫正则捕获组，编号从 1 开始。

rewrite 指令可以使用的上下文为：server、location、if in location。

如果 rewrite 同一个上下文中有多个这样的 rewrite 重新指令，匹配就会依照 rewrite 指令出现的顺序先后依次进行下去，匹配成功之后并不会终止，而是继续往下匹配，直到返回最后一个匹配的为止。如果想要中途中止，不再继续往下匹配，可以使用第 3 个指令参数 flag。flag 参数的值有 last、break、redirect、permanent。

如果 flag 参数使用 last 值，并且匹配成功，那么停止处理任何 rewrite 相关的指令，立即用计算后的新 URI 开始下一轮的 location 匹配和跳转。前面的例子使用的就是 last 参数值。

如果 flag 参数使用 break 值，就如同 break 指令的字面意思一样，停止处理任何 rewrite 的相关指令，但是不进行 location 跳转。

将上面的 rewrite 例子中的 last 参数值改成 break，代码如下：

```
location /view {
     echo " view : $uri ";
   }

location /download_break/ {
 rewrite  ^/download_break/(.*)/video/(.*)$   /view/$1/mp3/$2.mp3    break;
 rewrite  ^/download_break/(.*)/audio/(.*)*$   /view/$1/mp3/$2.rmvb  break;
 echo  " download_break new uri : $uri ";
}
```

在浏览器中请求 http://crazydemo.com/download_break/1/video/10，地址发生了重写，但是 location 并没有跳转，而是直接结束了，结果如图 7-18 所示。

图 7-18　显示结果

在 location 上下文中，last 和 break 是有区别的：last 其实就相当于一个新的 URL，Nginx 进行了一次新的 location 匹配，通过 last 获得一个可以转到其他 location 配置中处理的机会（内部的重定向）；而 break 在一个 location 中将原来的 URL（包括 URI 和 args）改写之后，再继续进行后面的处理，这个重写之后的请求始终都是在同一个 location 上下文中，并没有发生内部跳转。

这里要注意：last 和 break 的区别仅仅发生在 location 上下文中；如果发生在 server 上下文，那么 last 和 break 的作用是一样的。

还要注意：在 location 上下文中的 rewrite 指令使用 last 指令参数会再次以新的 URI 重新发起内部重定向，再次进行 location 匹配，而新的 URI 极有可能和旧的 URI 一样再次匹配到相同的目标 location 中，这样死循环就发生了。当循环到第 10 次时，Nginx 会终止这样无意义的循环并返回 500 错误。这一点需要特别注意。

如果 rewrite 指令使用的 flag 参数的值是 permanent，就表示进行外部重定向，也就是在客户端进行重定向。此时，服务器将新 URI 地址返回给客户端浏览器，并且返回 301（永久重定向的响应码）给客户端。客户端将使用新的重定向地址再发起一次远程请求。

永久重定向 permanent 的使用示例如下：

```
    #rewrite 指令 permanent 参数演示
    location /download_permanent/ {
      rewrite  ^/download_permanent/(.*)/video/(.*)$  /view/$1/mp3/$2.mp3
permanent;
      rewrite  ^/download_permanent/(.*)/audio/(.*)*$  /view/$1/mp3/$2.rmvb
permanent;
      return  404;
    }
```

在浏览器中请求 http://crazydemo.com/download_permanent/1/video/10 ，输出的结果如图 7-19 所示。

图 7-19 输出的结果

从以上结果可以看出，永久重定向有两个比较大的特点：

（1）浏览器的地址栏地址变成了重定向地址 http://crazydemo.com/view/1/mp3/10.mp3。

（2）从 Fiddler 抓包工具可以看到，第一个请求地址的响应状态码为 301，如图 7-20 所示。

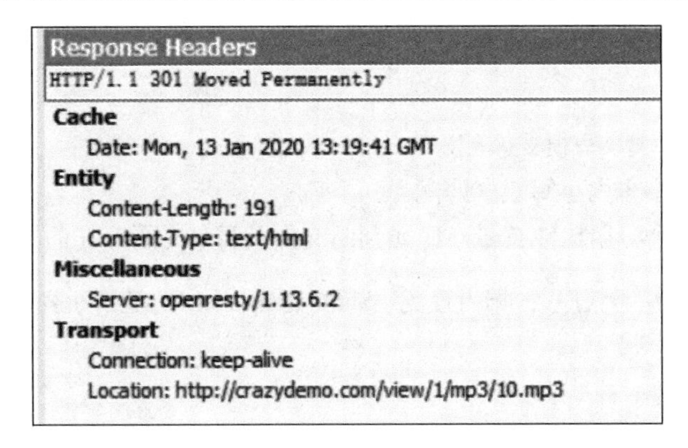
Response Headers
HTTP/1.1 301 Moved Permanently
Cache
Date: Mon, 13 Jan 2020 13:19:41 GMT
Entity
Content-Length: 191
Content-Type: text/html
Miscellaneous
Server: openresty/1.13.6.2
Transport
Connection: keep-alive
Location: http://crazydemo.com/view/1/mp3/10.mp3

图 7-20　永久重定向的响应码示意图

外部重定向与内部重定向是有本质区别的。从数量上说，外部重定向有两次请求，内部重定向只有一次请求。通过上面的几个示例，大家应该体会得相当深刻了。

如果 rewrite 指令使用的 flag 参数的值是 redirect，就表示进行外部重定向，表现的行为与 permanent 参数值完全一样，不同的是返回 302（临时重定向的响应码）给客户端。

有关redirect参数值的实例这里不进行演示，大家可自行下载和运行本书的源码并细细体会。

rewrite 能够利用正则捕获组设置变量，作为实验，我们可以在 Nginx 的配置文件中加入这么一条 location 规则：

```
location /capture_demo {
  rewrite ^/capture_demo/(.*)/video/(.*)$  /view/$1/mp3/$2.mp3  break;
  rewrite ^/capture_demo/(.*)/audio/(.*)*$  /view/$1/mp3/$2.rmvb  break;
  echo " 捕获组 1:$1;捕获组 2:$2";
}
```

在浏览器中请求 http://crazydemo.com/capture_demo/group1/video/group2，输出的结果如图 7-21 所示。

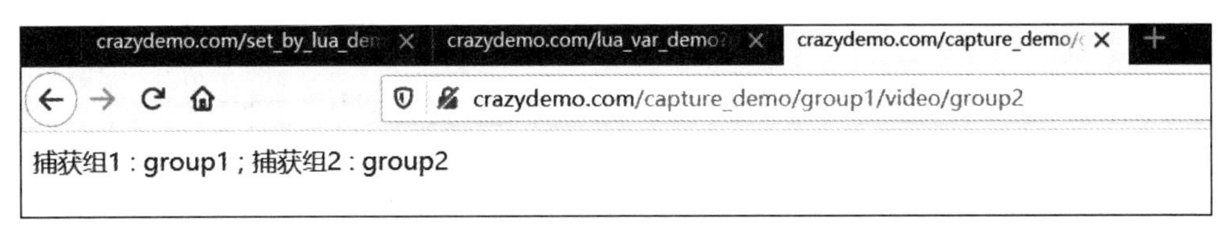

图 7-21　输出的结果

7.5.3　if 条件指令

if 条件指令配置项的格式如下：

```
if (condition) {...}
```

当 if 条件满足时，执行配置块中的配置指令。if 的配置块相当于引入了一个新的上下文作用域。if 条件指令适用于 server 和 location 两个上下文。

condition 条件表达式可以用到一系列比较操作符，大致如下：

（1）==：相等。

（2）!=：不相等。

（3）~：区分字母大小写模式匹配。

（4）~*：不区分字母大小写模式匹配。

（5）还有其他几个专用比较符号，比如判断文件及目录是否存在的符号，等等。

下面是一个简单的演示程序，根据内置变量$http_user_agent的值判断客户端的类型，代码如下：

```
#if 指令的演示程序
location /if_demo {
  if ($http_user_agent ~*"Firefox") {            #匹配 Firefox 浏览器
    return 403;
  }
  if ($http_user_agent ~*"Chrome") {             #匹配 Chrome 谷歌浏览器
    return 301;
  }
  if ($http_user_agent ~*"iphone") {             #匹配 iPhone 手机
    return 302;
  }
  if ($http_user_agent ~*"android") {            #匹配安卓手机
    return 404;
  }
    return 405;                  #其他浏览器默认访问规则
}
```

在火狐浏览器中访问 http://crazydemo.com/if_demo，结果如图 7-22 所示。

图 7-22　火狐浏览器的访问结果

在谷歌浏览器中访问 http://crazydemo.com/if_demo ，结果如图 7-23 所示。

图 7-23　谷歌浏览器的访问结果

在演示代码中使用到了 return 指令，用于返回 HTTP 的状态码。return 指令会停止同一个作用域的剩余指令处理，并返回给客户端指定的响应码。

return 指令可以用于 server、location、if 上下文中，执行阶段是 rewrite 阶段。其指令的格式如下：

```
#格式一：返回响应的状态码和提示文字，提示文字可选
return  code  [text];

#格式二：返回响应的重定向状态码(如 301)和重定向 URL
return  code  URL;

#格式三：返回响应的重定向 URL，默认的返回状态码是临时重定向 302
return  URL;
```

7.5.4　add_header 指令

response header 一般是以 key：value 的形式，例如 Content-Encoding:gzip、Cache-Control:no-store，设置的命令如下：

```
add_header Cache-Control no-store
add_header Content-Encoding gzip
```

但是，有一个十分常用的 response header 为 Content-Type，可以在它设置了类型的同时指定 charset，例如 text/html; charset=utf-8，由于其存在分号，而分号在配置文件中作为结束符，因此在配置时需要用引号把其引起来，配置如下：

```
add_header  Content-Type 'text/html; charset=utf-8';
```

另外，由于没有单独设置 charset 的 key，因此要设置响应的 charset 就需要使用 Content-Type 来指定 charset。

使用 AJAX 进行跨域请求时，浏览器会向跨域资源的服务端发送一个 OPTIONS 请求，用于判断实际请求是否安全或者判断服务端是否允许跨域访问，这种请求也叫作预检请求。跨域访问的预检请求是浏览器自动发出的，用户程序往往不知情，如果不进行特别的配置，那么客户端发出一次请求，在服务端往往会收到两个请求；一个是预检请求；另一个是正式的请求。后端的服务器（PHP 或者 Tomcat）如果不经过特殊的过滤，那么很容易将 OPTIONS 预检请求当成正式的数据请求。

对于客户端而言，只有预检请求返回成功，客户端才开始正式请求。在实际的使用场景中，预检请求比较影响性能，用户往往会有两倍请求的感觉，所以一般会在 Nginx 代理服务端对预检请求进行提前拦截，同时对预检请求设置比较长时间的有效期。

```
upstream zuul {
  #server 192.168.233.1:7799;
  server "192.168.233.128:7799";
  keepalive 1000;
}

server {
```

```
        listen 80;
        server_name  nginx.server  *.nginx.server;
        default_type 'text/html';
        charset utf-8;

        #转发到上游服务器，但是 'OPTIONS' 请求直接返回空
        location  / {
          if ($request_method = 'OPTIONS') {
            add_header  Access-Control-Max-Age  1728000;
            add_header  Access-Control-Allow-Origin  *;
            add_header  Access-Control-Allow-Credentials  true;
            add_header  Access-Control-Allow-Methods  'GET, POST, OPTIONS';
            add_header  Access-Control-Allow-Headers
'Keep-Alive,User-Agent,X-Requested-With,\
    If-Modified-Since,Cache-Control,Content-Type,token';
            return 204;
          }
          proxy_pass http://zuul/ ;
        }
      }
```

配置 Nginx，加入 Access-Control-Max-Age 请求头，用来指定本次预检请求的有效期，单位为秒。上面结果中的有效期是 20 天（1 728 000 秒），即允许缓存该条回应 1 728 000 秒，在此期间客户端不用发出另一条预检请求。

7.5.5 指令的执行顺序

大多数 Nginx 新手都会频繁遇到这样一个困惑：当同一个 location 配置块使用了多个 Nginx 模块的配置指令时，这些指令的执行顺序很可能会跟它们的书写顺序大相径庭。现在就来看这样一个令人困惑的例子：

```
location  /sequence_demo_1  {
  set    $a  foo;
  echo  $a;

  set    $a  bar;
  echo   $a;
}
```

上面的代码先给变量 $a 赋值 foo，随后输出，再给变量$a 赋值 bar，随后输出。如果这是一段 Java 代码，毫无疑问，最终的输出结果一定为“foo bar”。然而不幸的是，事实并非如此，在浏览器中访问 http://crazydemo.com/sequence_demo_1，结果如图 7-24 所示。

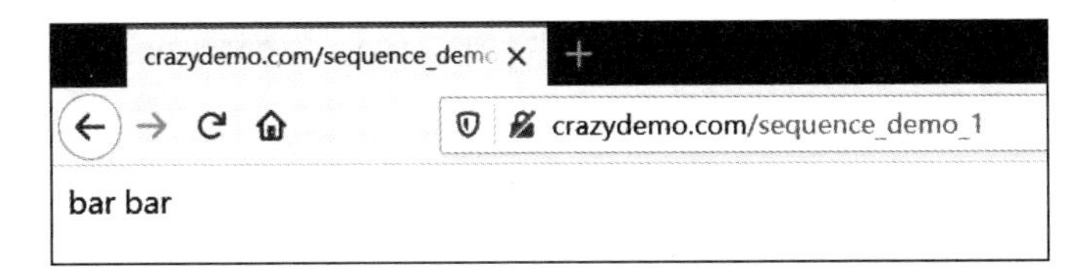

图 7-24 输出的结果

为什么出现了这种不合常理的现象呢？

前面讲到，Nginx 的请求处理阶段共有 11 个，分别是 post-read、server-rewrite、find-config、rewrite、post-rewrite、preaccess、access、post-access、try-files、content 以及 log。其中 3 个比较常见的按照执行时的先后顺序依次是 rewrite 阶段、access 阶段以及 content 阶段。

Nginx 的配置指令一般只会注册并运行在其中的某一个处理阶段，比如 set 指令就是在 rewrite 阶段运行的，而 echo 指令只会在 content 阶段运行。在一次请求处理流程中，rewrite 阶段总是在 content 阶段之前执行。因此，属于 rewrite 阶段的配置指令（示例中的 set）总是会无条件地在 content 阶段的配置指令（示例中的 echo）之前执行，即便是 echo 配置项出现在 set 配置项的前面。

上面例子中的指令按照请求处理阶段的先后次序排序，实际的执行次序如下：

```
location  /sequence_demo_1  {
  #rewrite 阶段的配置指令，执行在前面
     set    $a  foo;
     set    $a  bar;

  #content 阶段的配置指令，执行在后面
     echo  $a;
     echo   $a;
}
```

所以，输出的结果就是 bar bar 了。

7.6 反向代理与负载均衡配置

接下来介绍 Nginx 的重要功能：反向代理+负载均衡。单体 Nginx 的性能虽然不错，但也是有瓶颈的。打个比方：用户请求发起一个请求，网站显示的图片量比较大，如果这个时候有大量用户同时访问，全部的工作量都集中到了一台服务器上，服务器不负重压，可能就崩溃了。高并发场景下，自然需要多台服务器进行集群，既能防止单个节点崩溃导致平台无法使用，又能提高一些效率。一般来说，Nginx 完成 10 万多用户同时访问，程序就相对容易崩溃。

要做到高并发和高可用，肯定需要做 Nginx 集群的负载均衡，而 Nginx 负载均衡的基础之一就是反向代理。

7.6.1 演示环境说明

为了较好地演示反向代理的效果，本小节调整一下演示的环境：不再通过浏览器发出 HTTP

请求，而是使用 curl 指令从笔者的 CentOS 虚拟机 192.168.233.128 向 Windows 宿主机器 192.168.233.1 上的 Nginx 发起请求。

为了完成演示，在宿主机 Nginx 的配置文件 nginx-proxy-demo.conf 中配置两个 server 虚拟主机，一个端口为 80，另一个端口为 8080。具体如下：

```
#模拟目标主机
server {
   listen      8080 ;
   server_name  localhost;
   default_type 'text/html';
   charset utf-8;

   location / {
     echo  "-uri= $uri"
           "-host= $host"
          "-remote_addr= $remote_addr"
          "-proxy_add_x_forwarded_for= $proxy_add_x_forwarded_for"
          "-http_x_forwarded_for=  $http_x_forwarded_for" ;
     }
 }

 #模拟代理主机
 server {
   listen      80 default;
   server_name  localhost;
   default_type 'text/html';
   charset utf-8;

   location / {
     echo "默认根路径匹配: /";
   }
  ...
 }
```

本节用到的配置文件为源码工程 nginx-proxy-demo.conf 文件。运行本小节的实例前需要修改 openresty-start.bat（或 openresty-start.sh）脚本中的 PROJECT_CONF 变量的值，将其改为 nginx-proxy-demo.conf，然后重启 OpenRestry/Nginx。

7.6.2 proxy_pass 反向代理指令

这里介绍的 proxy_pass 反向代理指令处于 ngx_http_proxy_module 模块，并且注册在 HTTP 请求 11 个阶段的 content 阶段。

proxy_pass 反向代理指令的格式如下：

```
proxy_pass 目标URL前缀;
```

当proxy_pass后面的目标URL格式为"协议"+" IP[:port]" + "/" 根路径的格式时，表示最终的结果路径会把location指令的URI前缀也给加上，这里称为不带前缀代理。如果目标URL为"协议"+" IP[:port]"，而没有“/根路径”，那么Nginx不会把location的URI前缀加到结果路径中，这里称为带前缀代理。

1. 不带location前缀的代理

proxy_pass后面的目标URL前缀加“/根路径”，实例如下：

```
#不带location前缀的代理类型
location /foo_no_prefix {
  proxy_pass http://127.0.0.1:8080/;
}
```

通过CentOS的curl指令发出请求http://192.168.233.1/foo_no_prefix/bar.html，结果如下：

```
[root@localhost ~]#curl  http://192.168.233.1/foo_no_prefix/bar.html
-uri= /bar.html  -host= 127.0.0.1  -remote_addr= 127.0.0.1
-proxy_add_x_forwarded_for= 127.0.0.1 -http_x_forwarded_for=
```

可以看到，$uri变量输出的代理URI为/bar.html，并没有在结果URL中看到location配置指令的前缀/foo_no_prefix。

2. 带location前缀的代理

proxy_pass后面的目标URL前缀不加“/根路径”，实例如下：

```
#带location前缀代理
location /foo_prefix {
  proxy_pass http://127.0.0.1:8080;
}
```

通过CentOS的curl指令发出请求http://192.168.233.1/foo_prefix/bar.html，结果如下：

```
[root@localhost ~]#curl http://192.168.233.1/foo_prefix/bar.html
-uri= /foo_prefix/bar.html  -host= 127.0.0.1  -remote_addr= 127.0.0.1
-proxy_add_x_forwarded_for= 127.0.0.1  -http_x_forwarded_for=
```

可以看到，$uri变量输出的代理URI为/foo_prefix/bar.html，也就是说，在结果URL中看到了location配置指令的前缀/foo_prefix。

除了以上两种代理（带location前缀的代理和不带location前缀的代理）之外，还有一种带部分URI路径的代理。

3. 带部分URI路径的代理

如果proxy_pass的路径参数中不止有IP和端口，还有部分目标URI的路径，那么最终的代理URL由两部分组成：第一部分为配置项中的目标URI前缀；第二部分为请求URI中去掉location中前缀的剩余部分。

下面是两个实例：

```
#带部分 URI 路径的代理，实例 1
location /foo_uri_1 {
  proxy_pass http://127.0.0.1:8080/contextA/;
}

#带部分 URI 路径的代理，实例 2
location /foo_uri_2 {
  proxy_pass http://127.0.0.1:8080/contextA-;
}
```

通过 CentOS 的 curl 指令发出两个请求分别匹配到这两个 location 配置，结果如下：

```
[root@localhost ~]#curl  http://192.168.233.1/foo_uri_1/bar.html
-uri= /contextA/bar.html  -host= 127.0.0.1  -remote_addr= 127.0.0.1
-proxy_add_x_forwarded_for= 127.0.0.1 -http_x_forwarded_for=

[root@localhost ~]#curl  http://192.168.233.1/foo_uri_2/bar.html
-uri= /contextA-bar.html  -host= 127.0.0.1  -remote_addr= 127.0.0.1
-proxy_add_x_forwarded_for= 127.0.0.1 -http_x_forwarded_for=
```

从输出结果可以看出，无论是例子中的目标 URI 前缀/contextA/，还是目标 URI 前缀/contextA-，都加在了最终的代理路径上，只是在代理路径中去掉了 location 指令的匹配前缀。

新的问题来了：仅仅使用 proxy_pass 指令进行请求转发，发现很多原始请求信息都丢了。明显的是客户端 IP 地址，前面的例子中请求都是从 192.168.233.128 CentOS 机器发出去的，经过代理服务器之后，服务端返回的 remote_addr 客户端 IP 地址并不是 192.168.233.128，而是变成了代理服务器的 IP 127.0.0.1。

如何解决原始信息的丢失问题呢？使用 proxy_set_header 指令。

7.6.3 proxy_set_header 请求头设置指令

在反向代理之前，proxy_set_header 指令能重新定义/添加字段传递给代理服务器的请求头。请求头的值可以包含文本、变量和它们的组合。它的格式如下：

```
#head_field 表示请求头，field_value 表示值
proxy_pass_header  head_field  field_value;
```

前面讲到，由于经过反向代理后，对于目标服务器来说，客户端在本质上已经发生了变化，因此后端的目标 Web 服务器无法直接拿到客户端的 IP。假设后端的服务器是 Tomcat，那么在 Java 中 request.getRemoteAddr()取得的是 Nginx 的地址，而不是客户端的真实 IP。

如果需要取得真实 IP，那么可以通过 proxy_set_header 指令在发生反向代理调用之前将保持在内置变量$remote_addr 中的真实客户端地址保持到请求头中（一般为 X-real-ip），代码如下：

```
#不带 location 前缀的代理
location /foo_no_prefix/ {
  proxy_pass  http://127.0.0.1:8080/;
```

```
        proxy_set_header   X-real-ip  $remote_addr;
      }
```

在 Java 端使用 request.getHeader("X-real-ip")获取 X-real-ip 请求头的值就可以获得真正的客户端 IP。

在整个请求处理的链条上可能不仅一次反向代理，可能会经过 N 多次反向代理。为了获取整个代理转发记录，也可以使用 proxy_set_header 指令来完成，在配置文件中进行如下配置：

```
      #带 location 前缀的代理
      location /foo_prefix {
        proxy_set_header    X-Forwarded-For  $proxy_add_x_forwarded_for;
        proxy_pass   http://127.0.0.1:8080;
      }
```

这里使用了$proxy_add_x_forwarded_for 内置变量，它的作用就是记录转发历史，其值的第一个地址就是真实地址$remote_addr，然后每经过一个代理服务器就在后面累加一次代理服务器的地址。

上面的演示程序中，如果在 Java 服务器程序中通过如下代码获取代理转发记录：

```
request.getHeader("X-Forwarded-For")
```

那么 Java 程序获得的返回值为"192.168.233.128, 127.0.0.1"，表示最初的请求客户端的 IP 为 192.168.233.128，经过了 127.0.0.1 代理服务器。每经过一次代理服务器，都会在后边追加上它的 IP，并且使用逗号隔开。

为了不丢失信息，反向代理的设置如下：

```
location /hello {
     proxy_pass   http://127.0.0.1:8080;
     proxy_set_header  Host  $host;
     proxy_set_header  X-real-ip  $remote_addr;
     proxy_set_header X-Forwarded-For  $proxy_add_x_forwarded_for;
     proxy_redirect  off;
 }
```

设置了请求头 Host、X-real-ip、X-Forwarded-For，分别将当前的目标主机、客户端 IP、转发记录保存在请求头中。

proxy_redirect 指令的作用是修改从上游被代理服务器传来的应答头中的 Location 和 Refresh 字段，尤其是当上游服务器返回的响应码是重定向或刷新请求（如 HTTP 响应码是 301 或者 302）时，proxy_redirect 可以重设 HTTP 头部的 location 或 refresh 字段值。off 参数表示禁止所有的 proxy_redirect 指令。

7.6.4 upstream 上游服务器组

假设 Nginx 只有反向代理没有负载均衡，它的价值会大打折扣。Nginx 在配置反向代理时可以通过负载均衡机制配置一个上游服务器组（多台上游服务器）。当组内的某台服务器宕机时仍能保持系统可用，从而实现高可用。

Nginx 的负载均衡配置主要用到 upstream（上游服务器组）指令，其格式如下：

```
语法：upstream  name { ... }
上下文：http 配置块
```

upstream 指令后面的 name 参数是上游服务器组的名称；upstream 块中将使用 server 指令定义组内的上游候选服务器。

upstream 指令的作用与 server 有点类似，其功能是加入一个特殊的虚拟主机 server 节点。特殊之处在于这是上游 server 服务组，可以包含一个或者多个上游 server。

一个 upstream 负载均衡主机节点的配置实例如下：

```
#upstream 负载均衡虚拟节点
upstream balanceNode {
    server "192.168.1.2:8080";  #上游候选服务 1
    server "192.168.1.3:8080";  #上游候选服务 2
    server "192.168.1.4:8080";  #上游候选服务 3
    server "192.168.1.5:8080";  #上游候选服务 4
}
```

实例中配置的 balanceNode 相当于一个主机节点，不过这是一个负载均衡类型的特定功能虚拟主机。当请求过来时，balanceNode 主机节点的作用是按照默认负载均衡算法（带权重的轮询算法）在 4 个上游候选服务中选取一个进行请求转发。

实战案例：在随书源码的 nginx-proxy-demo.conf 配置文件中配置 3 个 server 主机和一个 upstream 负载均衡主机组。此处配置了一个 location 块，将目标端口为 80 的请求反向代理到 upstream 主机组，以方便负载均衡主机的行为。

实战案例的配置代码节选如下：

```
#负载均衡主机组，给虚拟主机 1 与虚拟主机 2 做负载均衡
upstream balance {
   server  "127.0.0.1:8080";  #虚拟主机 1
   server  "127.0.0.1:8081";  #虚拟主机 2
}

#虚拟主机 1
server {
  listen          8080;
  server_name     localhost;
  location / {
    echo   "server port:8080" ;
  }
}

#虚拟主机 2
server {
  listen          8081 ;
  server_name     localhost;
```

```
    location / {
      echo   "server port:8081" ;
    }
  }

  #虚拟主机 3：默认虚拟主机
  server {
    listen       80 default;
    ...
    #负载均衡测试连接
    location /balance {
      proxy_pass http://balance;   #反向代理到负载均衡节点
    }
  }
```

运行本小节的实例前需要修改启动脚本 openresty-start.bat（或 openresty-start.sh）中的 PROJECT_CONF 变量的值，将其改为 nginx-proxy-demo.conf，然后重启 OpenRestry/Nginx。

在 CentOS 服务器中使用 curl 命令请求 http://192.168.233.1/balance 链接地址（IP 根据 Nginx 情况而定），并且多次发起请求，就会发现虚拟主机 1 和虚拟主机 2 被轮流访问到，具体的输出如下：

```
[root@localhost ~]#curl http://192.168.233.1/balance
server port:8080

[root@localhost ~]#curl http://192.168.233.1/balance
server port:8081

[root@localhost ~]#curl http://192.168.233.1/balance
server port:8080

[root@localhost ~]#curl http://192.168.233.1/balance
server port:8081

[root@localhost ~]#curl http://192.168.233.1/balance
server port:8080
```

通过结果可以看出，upstream 负载均衡指令起到了负载均衡的效果。默认情况下，upstream 会依照带权重的轮询方式进行负载分配，每个请求按请求顺序逐一分配到不同的上游候选服务器。

7.6.5 upstream 的上游服务器配置

upstream 块中将使用 server 指令定义组内的上游候选服务器。内部 server 指令的语法如下：

```
语法：server  address  [parameters];
上下文：upstream 配置块
```

此内嵌的 server 指令用于定义上游服务器的地址和其他可选参数，它的地址可以指定为域名或 IP 地址带有可选端口，如果未指定端口，就使用端口 80。

内嵌的server指令的可选参数大致如下：

（1）weight=number（设置上游服务器的权重）：默认情况下，upstream使用加权轮询（Weighted Round Robin）负载均衡方法在上游服务器之间分发请求。weight值默认为1，并且各上游服务器的weight值相同，表示每个请求按先后顺序逐一分配到不同的上游服务器，如果某个上游服务器宕机，就自动剔除。

如果希望改变某个上游节点的权重，就可以使用weight显式进行配置，参考实例如下：

```
#负载均衡主机组
upstream balance {
   server  "127.0.0.1:8080"  weight=2;  #上游虚拟主机1，权重为2
   server  "127.0.0.1:8081"  weight=1;  #上游虚拟主机2，权重为1
}
```

权重越大的节点，将被分发到更多请求。

（2）max_conns=number（设置上游服务器的最大连接数）：max_conns参数限制到上游节点的最大同时活动连接数。默认值为零，表示没有限制。如果upstream服务器组没有通过zone指令设置共享内存，那么在单个Worker工作进程范围内对上游服务的最大连接数进行限制；如果upstream服务器组通过zone指令设置了共享内存，那么在全体的Worker工作进程范围内对上游服务进行统一的最大连接数限制。

（3）backup（可选参数）：backup参数标识该server是备份的上游节点，当普通的上游服务（非backup）不可用时，请求将被转发到备份的上游节点；当普通的上游服务（非backup）可用时，备份的上游节点不接受处理请求。

（4）down（可选参数）：down参数标识该上游server节点为不可用或者永久下线的状态。

（5）max_fails=number（最大错误次数）：如果上游服务不可访问了，如何判断呢？max_fails参数是其中之一，该参数表示请求转发最多失败number次就判定该server为不可用。max_fails参数的默认次数为1，表示转发失败1次，该server即不可用。如果此参数设置为0，就会禁用不可用的判断，一直不断地尝试连接后端server。

（6）fail_timeout=time（失败测试的时间长度）：这是一个失效监测参数，一般与上面的参数max_fails协同使用。fail_timeout的意思是失败测试的时间长度，指的是在fail_timeout时间范围内最多尝试max_fails次，就判定该server为不可用。fail_timeout参数的默认值为10秒。

server指令在进行max_conns连接数配置时，Nginx内部会涉及共享内存区域的使用，配置共享内存区域的指令为zone，其具体语法如下：

```
语法：zone  name  [size];
上下文：upstream配置块
```

zone的name参数设置共享内存区的名称，size可选参数用于设置共享内存区域的大小。如果配置了upstream的共享内存区域，那么其运行时状态（包括最大连接数）在所有的Worker工作进程之间是共享的。在name相同的情况下，不同的upstream组将共享同一个区，这种情况下，size参数的大小值只需设置一次。

下面是一个server指令和zone指令的综合使用实例：

```
upstream zuul {
zone  upstream_zuul  64k;     //名称为 upstream_zuul，大小为 64KB 的共享内存区域
server "192.168.233.128:7799"    weight=5  max_conns=500;
server "192.168.233.129:7799"   fail_timeout=20s  max_fails=2; //默认权重为 1
server "192.168.233.130:7799"    backup;  //后备服务
}
```

7.6.6 upstream 的负载分配方式

upstream 大致有 3 种负载分配方式，下面一一介绍。

1. 加权轮询

默认情况下，upstream 使用加权轮询（Weighted Round Robin）负载均衡方法在上游服务器之间分发请求，默认的权重 weight 值为 1，并且各上游服务器 weight 值相同，表示每个请求按到达的先后顺序逐一分配到不同的上游服务器，如果某个上游服务器宕机，就自动剔除。

指定权重 weight 值，weight 和分配比率成正比，用于后端服务器性能不均的情况。下面是一个简单的例子：

```
upstream backend {
       server 192.168.1.101 weight=1;
       server 192.168.1.102 weight=2;
       server 192.168.1.103 weight=3;
   }
```

2. hash 指令

基于 hash 函数值进行负载均衡，hash 函数的 key 可以包含文本、变量或二者的组合。hash 函数负载均衡是一个独立的指令，指令的格式如下：

```
语法：hash  key  [consistent];
上下文：upstream 配置块
```

注意，如果 upstream 组中摘除掉一个 server，就会导致 hash 值重新计算，即原来的大多数 key 可能会寻址到不同的 server 上。若配置有 consistent 参数，则 hash 一致性将选择 Ketama 算法。这个算法的优势是，如果有 server 从 upstream 组里摘除掉，那么只有少数的 key 会重新映射到其他的 server 上，即大多数 key 不受 server 摘除的影响，还走到原来的 server。这对提高缓存 server 命中率有很大帮助。下面是一个简单的通过请求的 $request_uri 的 hash 值进行负载均衡的例子：

```
upstream backend {
    hash  $request_uri  consistent;
    server 192.168.1.101 ;
    server 192.168.1.102 ;
    server 192.168.1.103 ;
}
```

3. ip_hash 指令

基于客户端 IP 的 hash 值进行负载平衡，这样每个客户端固定访问同一个后端服务器，可以解决类似 session 不能跨服务器的问题。如果上游 server 不可用，就需要手工摘除或者配置 down 参数。ip_hash 是一条独立的指令，其使用的示例如下：

```
upstream backend {
   ip_hash;
   server 192.168.1.101:7777;
   server 192.168.1.102:8888;
   server 192.168.1.103:9999;
}
```

第 8 章

Nginx Lua 编程

经过合理配置，Nginx 毫无疑问是高性能 Web 服务器很好的选择。除此之外，Nginx 还具备可编程能力，理论上可以使用 Nginx 的扩展组件 ngx_lua 开发各种复杂的动态应用。不过，由于 Lua 是一种脚本动态语言，因此不太适合做复杂业务逻辑的程序开发。但是，在高并发场景下，Nginx Lua 编程是解决性能问题的利器。

8.1　Nginx Lua 编程的主要应用场景

Nginx Lua 编程主要的应用场景如下：

（1）API 网关：实现数据校验前置、请求过滤、API 请求聚合、AB 测试、灰度发布、降级、监控等功能，著名的开源网关 Kong 就是基于 Nginx Lua 开发的。

（2）高速缓存：可以对响应内容进行缓存，减少到后端的请求，从而提升性能。比如，Nginx Lua 可以和 Java 容器（如 Tomcat）、Redis 整合，由 Java 容器进行业务处理和数据缓存，而 Nginx 负责读缓存并进行响应，从而解决 Java 容器的性能瓶颈。

（3）简单的动态 Web 应用：可以完成一些业务逻辑处理较少但是耗费 CPU 的简单应用，比如模板页面的渲染。一般的 Nginx Lua 页面渲染处理流程为：从 Redis 获取业务处理结果数据，从本地加载 XML/HTML 页面模板，然后进行页面渲染。

（4）网关限流：缓存、降级、限流是解决高并发的三大利器，Nginx 内置了令牌限流的算法，但是对于分布式的限流场景，可以通过 Nginx Lua 编程定制自己的限流机制。

8.2　Nginx Lua 编程简介

本节将简单介绍 Nginx Lua 编程的基础知识、Nginx Lua 项目结构和启动方法。

8.2.1　ngx_lua 简介

Lua 是一种轻量级、可嵌入式的脚本语言，可以非常容易地嵌入其他语言中使用。因为 Lua 的小巧轻量级，可以在 Nginx 中嵌入 Lua VM（Lua 虚拟机），请求时创建一个 VM，请求结束时回收 VM。

ngx_lua 是 Nginx 的一个扩展模块，将 Lua VM 嵌入 Nginx 中，从而可以在 Nginx 内部运行 Lua 脚本，使得 Nginx 变成一个 Web 容器；这样开发人员就可以使用 Lua 语言开发高性能 Web 应用。ngx_lua 提供了与 Nginx 交互的很多 API，对于开发人员来说只需要学习这些 API 就可以进行功能开发，而对于开发 Web 应用来说，如果开发人员接触过 Servlet，可以发现 ngx_lua 开发和 Servlet 类似，无外乎就是知道 API 的接收请求、参数解析、功能处理、返回响应这些内容。

使用 ngx_lua 开发 Web 应用时，有很多源码的 Lua 基础性模块可供使用，比如 OpenResty 就提供了一些常用的 ngx_lua 开发模块：

（1）lua-resty-memcached：通过 Lua 操作 Memcached 缓存。

（2）lua-resty-mysql：通过 Lua 操作 MySQL 数据库。

（3）lua-resty-redis：通过 Lua 操作 Redis 缓存。

（4）lua-resty-dns：通过 Lua 操作 DNS 域名服务器。

（5）lua-resty-limit-traffic：通过 Lua 进行限流。

（6）lua-resty-template：通过 Lua 进行模板的渲染。

除了上述 MySQL 数据库操作、Redis 操作、限流、模板渲染等常用功能组件外，还有很多第三方的 ngx_lua 组件（如 lua-resty-jwt、lua-resty-kafka 等），对于大部分应用场景来说，现在 ngx_lua 生态环境中的组件已经足够多了。如果仍然不满足自己的需求，那么可以开发自己的 Lua 模块。

8.2.2 Nginx Lua 项目的创建

在开始 Nginx Lua 项目开发之前，首先需要搭建 Lua 的开发环境，具体的开发工具选择和环境搭建的教程可参考疯狂创客圈社群的视频“Nginx Lua 开发环境搭建，带视频”。

在 IDEA 创建 Lua 脚本的工程。在工程类型选择时选择 Lua 项目类型，如图 8-1 所示。剩余的操作只要选择默认值，直到创建完成即可。

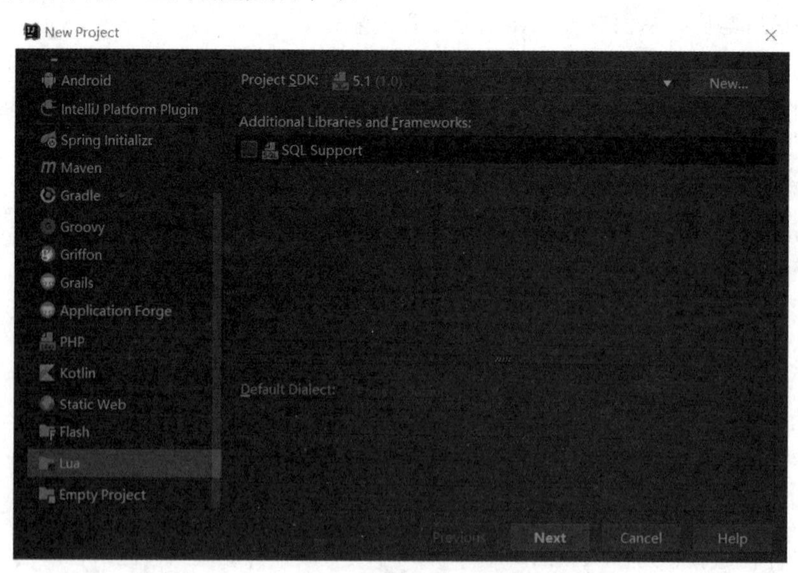

图 8-1 在 IDEA 创建 Lua 脚本的工程

8.2.3 Lua 项目的工程结构

创建 Lua 工程之后，这里规划一下工程目录，Lua 项目的结构如图 8-2 所示。

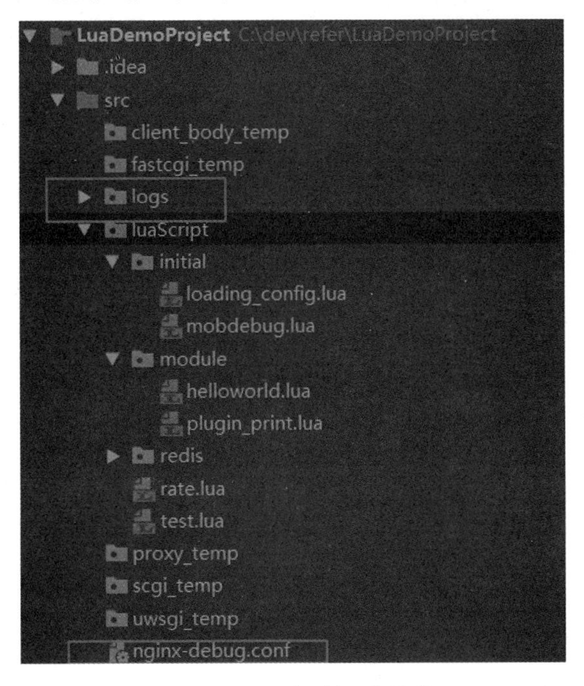

图 8-2 Lua 项目的工程结构

图 8-2 所示的工程结构都处于工程的 src 目录下，包含两大部分内容：第一部分为 Nginx 的配置；第二部分为 Lua 脚本的目录结构。

第一部分 Nginx 的配置可以进一步细分，包含两块内容：

（1）Nginx 的调试配置文件 nginx-debug.conf。

（2）Nginx 的调试日志目录。

第二部分是 Lua 脚本的目录结构。Lua 脚本统一放在了 src/luaScript（名称自己定）目录下，luaScript 目录结构可以进一步细分，包含 3 块内容：

（1）src/luaScript/initial 目录，用于存放 Lua 程序初始化时需要加载的其他 Lua 脚本，比如 mobdebug.lua 调试脚本。

（2）src/luaScript/module 目录，用于存放业务模块的 Lua 脚本，比如 helloworld.lua。

（3）src/luaScript/redis 目录，用于存放操作 Redis 的一些公共方法的代码，比如分布式锁 Lock.lua。这里仅仅以 Redis 为例说明：如果是一些耦合度较高的 Lua 模块，那么可以在 src/luaScript 目录下单独建一个子目录。

重要提示：Nginx 调试时的配置文件 nginx-debug.conf 需要在 src 目录下，与 Lua 脚本的目录平级。为什么呢？在 nginx-debug.conf 中会应用到 Lua 脚本，使用的是相对路径，如果目录的相对位置不对，就会找不到 Lua 脚本。

下面是 nginx-debug.conf 的部分配置：

```
    location /test {
      default_type 'text/html';
      charset utf-8;
      content_by_lua_file luaScript/test.lua;
    }

    location /helloworld {
      default_type 'text/html';
      charset utf-8;
      content_by_lua_file luaScript/module/demo/helloworld.lua;
}
```

在启动 Nginx 开始项目调试时，会将 src 目录作为启动的根目录。在这种场景下，如果 nginx-debug.conf 配置文件和 luaScript 不在同一个目录下，那么上面所配置的 luaScript/test.lua 和 luaScript/module/demo/helloworld.lua 两个脚本都会找不到。

8.2.4 Lua 项目的启动

开始调试 Lua 项目的脚本之前，需要通过启动 Nginx 来执行 Lua 项目。但是，这里不使用默认的 Nginx 参数启动，而是使用-p 参数和-c 参数。启动和重启 Lua 项目，Nginx 命令如下：

```
//启动 Lua 项目的命令
C:\dev\refer\LuaDemoProject\src>  nginx -p ./ -c nginx-debug.conf
//在开发过程中，可能还会用到重启 Lua 项目的命令
C:\dev\refer\LuaDemoProject\src>  nginx -p ./ -c nginx-debug.conf -s  reload
//停止 Lua 项目的命令
C:\dev\refer\LuaDemoProject\src>  nginx -p ./ -c nginx-debug.conf  -s stop
```

可以通过第 7 章介绍的 openresty-start.bat（在 Linux 下使用 openresty-start.sh）脚本来启动 Nginx，不过在启动之前需要调整一下其中的变量，具体脚本如下：

```
@echo off
rem 启动标志 flag=0，表示之前已经启动 flag=1，现在立即启动
set flag=0

rem 设置 openresty/Nginx 的安装目录
set installPath=E:/tool/openresty-1.13.6.2-win32

rem 设置 Nginx 项目的工作目录
set projectPath=C:/dev/refer/LuaDemoProject/src

rem 设置项目的配置文件
set PROJECT_CONF=nginx-debug-demo.conf
echo installPath: %installPath%
echo project prefix path: %projectPath%
```

```
echo config file: %projectPath%/conf/%PROJECT_CONF%
echo openresty starting...

rem 查找 openresty/Nginx 进程信息，然后设置 flag 标志位
tasklist|find /i "nginx.exe" > nul
if %errorlevel%==0 (
echo "OpenResty/Nginx already running ! "
rem exit /b
) else set flag=1

rem 如果需要，就启动 openresty/Nginx
cd /d %installPath%
if %flag%==1 (
start nginx.exe -p "%projectPath%" -c "%projectPath%/conf/%PROJECT_CONF%"
ping localhost -n 2 > nul
)

rem 输出 openresty/Nginx 的进程信息
tasklist /fi "imagename eq nginx.exe"
tasklist|find /i "nginx.exe" > nul
if %errorlevel%==0 (
echo "openresty/Nginx  starting  succeeded!"
)
```

需要修改的变量为projectPath和PROJECT_CONF，分别为项目的根目录和配置文件的名称。

在 Nginx Lua 项目开发过程中会涉及 Lua 脚本的调试，具体的调试工具和调试方法可参考疯狂创客圈社群的博文“Nginx Lua 开发的调试工具和调试方法”。

8.3 Lua 开发基础

Lua 是一个可扩展的轻量级脚本语言，Lua 的设计目是为了嵌入应用程序中，从而为应用程序提供灵活的扩展和定制功能。Lua 的代码简洁优美，几乎在所有操作系统和平台上都可以编译和运行。

Lua 脚本需要通过 Lua 解释器来解释执行，除了 Lua 官方的默认解释器外，目前使用广泛的 Lua 解释器叫作 LuaJIT。

LuaJIT 是采用 C 语言编写的 Lua 脚本解释器。LuaJIT 被设计成全兼容标准 Lua 5.1，因此 LuaJIT 代码的语法和标准 Lua 的语法没多大区别。LuaJIT 和 Lua 的一个区别是，LuaJIT 的运行速度比标准 Lua 快数十倍，可以说是一个 Lua 的高效率版本。

8.3.1 Lua 模块的定义和使用

与 Java 类似，实际开发的 Lua 代码需要进行分模块开发。Lua 中的一个模块对应一个 Lua

脚本文件。使用require指令导入Lua模块，第一次导入模块后，所有Nginx进程全局共享模块的数据和代码，每个Worker进程需要时会得到此模块的一个副本，不需要重复导入，从而提高Lua应用的性能。接下来，演示开发一个简单的Lua模块，用来存放公有的基础对象和基础函数。

```
//代码清单：src/luaScript/module/common/basic.lua

--定义一个应用程序公有的Lua对象app_info
local app_info = { version = "0.10" }
--增加一个path属性，保存Nginx进程所保存的Lua模块路径，包括conf文件配置的部分路径
app_info.path = package.path;


--局部函数，取得最大值
local function max(num1, num2)
    if (num1 > num2) then
        result = num1;
    else
        result = num2;
    end
    return result;
end
--统一的模块对象
local _Module = {
    app_info = app_info;
    max = max;
}
return _Module
```

模块内的所有对象、数据、函数都定义成局部变量或者局部函数。然后，对于需要暴露给外部的对象或者函数，作为成员属性保存到一个统一的Lua局部对象（如_Module）中，通过返回这个统一的局部对象将内部的成员对象或者方法暴露出去，从而实现Lua的模块化封装。

8.3.2 Lua模块的使用

接下来，创建一个Lua脚本src/luaScript/module/demo/helloworld.lua来调用前面定义的这个基础模块src/luaScript/module/common/basic.lua文件。

helloworld.lua的代码如下：

```
//代码清单：src/luaScript/module/demo/helloworld.lua

---启动调试
local mobdebug = require("luaScript.initial.mobdebug");
mobdebug.start();
--导入自定义的模块
local basic = require("luaScript.module.common.basic ");
```

```
--使用模块的成员属性
ngx.say("Lua path is: " .. basic.app_info.path);
ngx.say("<br>" );
--使用模块的成员方法
ngx.say("max 1 and 11 is: ".. basic.max(1,11) );
```

在使用 require 内置函数导入 Lua 模块时，对于多级目录下的模块，使用 require("目录 1.目录 2.模块名")的形式进行加载，源目录之间的“/”斜杠分隔符改成“.”点号分隔符。这一点和 Java 的包名的分隔符类似。

```
--导入自定义的模块
local basic = require("luaScript.module.common.basic");
```

Lua 文件查找时，首先会在 Nginx 的当前工作目录查找，如果没有找到，就会在 Nginx 的 Lua 包路径 lua_package_path 和 lua_package_cpath 声明的位置查找。整个 Lua 文件的查找过程和 Java 的.class 文件查找的过程很类似。需要注意的是，Lua 包路径需要在 nginx.conf 配置文件中进行配置：

```
lua_package_path " E:/tool/ZeroBraneStudio-1.80/lualibs/?/?.lua;;";
lua_package_cpath " E:/tool/ZeroBraneStudio-1.80/bin/clibs/?.dll;;";
```

这里有两个包路径配置项：lua_package_path 用于配置 Lua 文件的包路径；lua_package_cpath 用于配置 C 语言模块文件的包路径。在 Linux 系统上，C 语言模块文件的类型是“.so”；在 Windows 平台上，C 语言模块文件的类型是“.dll”。

Lua 包路径如果需要配置多个路径，那么路径之间使用分号“;”分隔。末尾的两个分号“;;”表示加上 Nginx 默认的 Lua 包搜索路径，其中包含 Nginx 的安装目录下的 lua 目录。

```
//路径清单：一个默认的 Lua 文件搜索路径输出案例

./site/lualib/?.ljbc;
./site/lualib/?/init.ljbc;
./lualib/?.ljbc;
./lualib/?/init.ljbc;
./site/lualib/?.lua;
./site/lualib/?/init.lua;
./lualib/?.lua;
./lualib/?/init.lua;
.\?.lua;
E:\tool\openresty-1.13.6.2-win32\lualib\?.lua;
E:\tool\openresty-1.13.6.2-win32\lua\?.lua;
E:\tool\openresty-1.13.6.2-win32\lua\?\init.lua;;
```

在 OpenResty 的 lualib 下已经提供了大量第三方开发库，如 CJSON、Redis 客户端、MySQL 客户端等，并且这些 Lua 模块已经包含到默认的搜索路径中。OpenResty 的 lualib 下的模块可以直接在 Lua 文件中通过 require 方式导入：

```
--导入 redis 操作模块
local redis  =  require("resty.redis")
```

```
--导入 cjson 操作模块
local cjson  =  require("cjson")
```

8.3.3 Lua 的数据类型

Lua 中大致有 8 种数据类型，具体如表 8-1 所示。

表8-1 8种数据类型

类 型	名 称	说 明
number	实数	可以是整数、浮点数
string	字符串	字符串类型，值是不可改变的
boolean	布尔类型	false 和 nil 为假，其他都为真
table	数组、容器	table 类型实现了一种抽象的“关联数组”，相当于 Java 中的 Map
userdata	类	其他语言中的对象类型，转换过来就变成 userdata 类型。比如 Redis 返回的空值有可能就是 userdata 类型，判空的时候要小心
thread	线程	和 Java 中的线程差不多，代表一条执行序列，拥有自己独立的栈、局部变量和命令指针
function	函数	由 C 或 Lua 编写的函数，属于一种数据类型
nil	空类型	变量没被赋值，类型默认为 nil。nil 类型就 nil 一个值，表示变量是否被赋值，变量赋值成 nil 也表示删除变量

Lua 是弱类型语言，和 JavaScript 等脚本语言类似，变量没有固定的数据类型，每个变量可以包含任意类型的值。使用内置的 type（...）方法可以获取该变量的数据类型。下面是一段简单的类型输出演示程序。

```
--输出数据类型
local function showDataType()
    local i;
    basic.log("字符串的类型", type("hello world"))
    basic.log("方法的类型", type(showDataType))
    basic.log("true 的类型", type(true))
    basic.log("整数数字的类型", type(360))
    basic.log("浮点数字的类型", type(360.0))
    basic.log("nil 值的类型", type(nil))
    basic.log("未赋值变量 i 的类型", type(i))
end
```

上面的方法定义在 luaScript.module.demo.dataType 模块中。然后定义一个专门的调试模块 runDemo，来调用上面定义的 showDataType 方法。runDemo.lua 的代码清单如下：

```
---启动调试
local mobdebug = require("luaScript.initial.mobdebug");
mobdebug.start();
--导入自定义的基础模块
local basic = require("luaScript.module.common.basic");
```

```
--导入自定义的 dataType 模块
local dataType = require("luaScript.module.demo.dataType");
ngx.say("下面是数据类型演示的结果输出：<br>" );
dataType.showDataType();
```

在 nginx-debug.conf 配置好 runDemo.lua 之后，就可以通过浏览器执行了，输出的结果如图 8-3 所示。

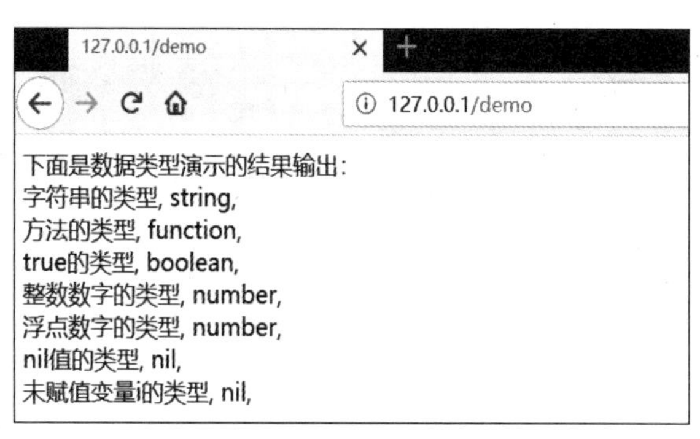

图 8-3　Lua 数据类型输出

关于 Lua 的数据类型，有以下几点需要注意：

（1）nil 是一种类型，在 Lua 中表示“无效值”。nil 也是一个值，表示变量是否被赋值，如果变量没有被赋值，那么值为 nil，类型也为 nil。

与 Nginx 略微有一点不同，OpenResty 还提供了一种特殊的空值，即 ngx.null，用来表示空值，但是不同于 nil。

（2）boolean（布尔类型）的可选值为 true 和 false。在 Lua 中，只有 nil 与 false 为“假”，其他所有值均为“真”，比如数字 0 和空字符串都是“真”。这一点和 Java 语言的 boolean 类型还是有一点区别的。

（3）number 类型用于表示实数，与 Java 中的 double 类型类似。但是又有区别，Lua 的整数类型也是 number。一般来说，Lua 中的 number 类型是用双精度浮点数来实现的。可以使用数学函数 math.lua 来操作 number 类型的变量。在 math.lua 模块中定义了大量数字操作方法，比如定义了 floor（向下取整）和 ceil（向上取整）等操作。下面是一个演示方法。

```
--演示取整操作
local function intPart(number)
    basic.log("演示的整数",number)
    basic.log("向下取整是", math.floor(number));
    basic.log("向上取整是", math.ceil(number))
end
```

上面的方法定义在 luaScript.module.demo.dataType 模块中，然后在 runDemo.lua 模块中调用上面定义的 intPart 方法。调用的代码清单如下：

```
---启动调试
local mobdebug = require("luaScript.initial.mobdebug");
```

```
mobdebug.start();
--导入自定义的 dataType 模块
local dataType = require("luaScript.module.demo.dataType");
ngx.say("<hr>下面是数字取整的输出：<br>" );
dataType.intPart(0.01);
dataType.intPart(3.14);
```

运行之后，输出的结果如图 8-4 所示。

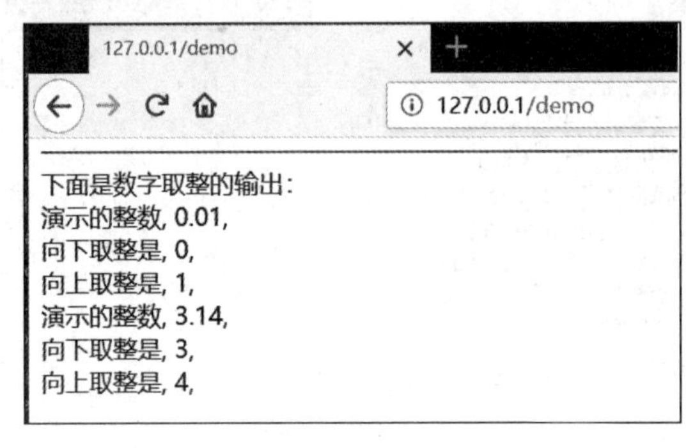

图 8-4　floor（向下取整）和 ceil（向上取整）操作的结果

（4）table 类型实现了一种抽象的“关联数组”，相当于 Java 中的 Map。“关联数组”是一种具有特殊索引方式的数组，索引（也就是 Map 中的 key）通常是 number 类型或者 string 类型，也可以是除 nil 以外的任意类型的值。默认情况下，table 中的 key 是 number 类型的，并且 key 的值为递增的数字。

（5）和 JavaScript 脚本语言类似，在 Lua 中的函数也是一种数据类型，类型为 function。函数可以存储在变量中，可以作为参数传递给其他函数，还可以作为其他函数的返回值。定义一个有名字的函数本质上是定义一个函数对象，然后赋值给变量名称（函数名）。

例如，前面定义在 basic.lua 中的 max 函数可以变成如下形式：

```
--局部函数，取得最大值
local max= function (num1, num2)
   local result = nil;
   if (num1 > num2) then
      result = num1;
   else
      result = num2;
   end
   return result;
end
```

在上面的代码中，首先定义了一个变量 max，然后使用 function 定义了一个匿名函数，并且将函数赋给 max 变量。这种定义方法等价于直接定义一个带名字的函数的方式：

```
--局部函数，取得最大值
local max= function (num1, num2)
  //省略函数体
end
```

8.3.4 Lua 的字符串

Lua 中有 3 种方式表示字符串：（1）使用一对匹配的半角英文单引号，例如'hello'；（2）使用一对匹配的半角英文双引号，例如"hello"；（3）使用一种双方括号“[[ ]]”括起来的方式定义，例如[["add\name",'hello']]。需要说明的是，双方括号内的任何转义字符不被处理，比如"\n"就不会被转义。

Lua 的字符串的值是不可改变的，和 Java 一样，string 类型是不可变类型。如果需要改变，就需要根据修改要求来创建一个新的字符串并返回。另外，Lua 不支持通过下标来访问字符串的某个字符。

Lua 定义了一个负责字符串操作的 string 模块，包含很多强大的字符操作函数。主要的字符串操作介绍如下：

（1）“..”：字符串拼接符号。

在 Lua 中，如果需要进行字符串的连接，使用两点符号“..”，例如：

```
--演示字符串操作
local function stringOperator(s)
   local here="这里是：" .. "高性能研习社群" .. "疯狂创客圈";
   print(here);
   basic.log("字符串拼接演示",here);
 end
```

（2）string.len(s)：获取字符串的长度。

此函数接收一个字符串作为参数，返回它的长度。此函数的功能和#运算符类似，后者也是取字符串的长度。在实际开发过程中，建议尽量使用#运算符来获取 Lua 字符串的长度。

```
--演示字符串的长度获取
local function stringOperator(s)
   local here = "这里是：" .. "高性能研习社群" .. "疯狂创客圈";
   basic.log("获取字符串的长度", string.len(here));
   basic.log("获取字符串的长度方式二", #here);end
```

（3）string.format(formatString, ...)：格式化字符串。

第一个参数 formatString 表示需要进行格式化的字符串规则，通常由常规文本和格式指令组成，比如：

```
--简单的圆周率格式化规则
string.format(" 保留两位小数的圆周率 %.4f", 3.1415926);
--格式化日期
string.format("%s %02d-%02d-%02d", "今天 is:", 2020, 1, 1));
```

在 formatString 参数中，除了常规文本之外，还有格式指令。格式指令由%加上一个类型字母组成，比如%s（字符串格式化）、%d（整数格式化）、%f（浮点数格式化）等，在%和类型符号的中间可以选择性地加上一些格式控制数据，比如%02d，表示进行两位的整数格式输出。总体来说，formatString 参数中的格式化指令规则与标准 C 语言中 printf 函数的格式化规则基本相同。

format函数后面的参数是一个可变长参数，表示一系列需要进行格式化的值。一般来说，前面的formatString参数中有多少格式化指令，后面就可以放置对应数量的参数值，并且后面的参数类型需要与formatString参数中对应位置的格式化指令中的类型符号相匹配。

（4）string.find(s, pattern [, init [, plain]])：字符串匹配。

在s字符串中查找第一个匹配正则表达式pattern的子字符串，返回第一次在s中出现的满足条件的子串的开始位置和结束位置，若匹配失败，则返回nil。第三个参数init默认为1，表示从起始位置1开始找起。第四个参数的值默认为false，表示第二个参数pattern为正则表达式，默认进行表达式匹配，当第四个参数为true时，只会把pattern看成一个普通字符串。

```
--演示字符串查找操作
local function stringOperator(s)
   local here="这里是：" .. "高性能研习社群" .. "疯狂创客圈";
   local find = string.find;
   basic.log("字符串查找",find(here,"疯狂创客圈"));
end
```

（5）string.upper(s)：字符串转成大写

接收一个字符串s，返回一个把所有小写字母变成大写字母的字符串。

```
--演示字符串操作
local function stringOperator(s)
   local src = "Hello world!";
   basic.log("字符串转成大写",string.upper(src));
   basic.log("字符串转成小写",string.lower(src));
end
```

与string.upper(s)方法类似，string.lower (s)方法的作用是接收一个字符串s，返回一个全部字母变成小写的字符串。

8.3.5 Lua的数组容器

Lua数组的类型定义的关键词为table，通过名字进行翻译的话，可以直接翻译为二维表。和Java的数组对比起来，Lua数组有以下几个要点：

要点一：Lua数组内部实际采用哈希表保存键-值对，这一点和Java的容器HashMap类似。不同的是，Lua在初始化一个普通数组时，如果不显式地指定元素的key，就会默认用数字索引作为key。

要点二：定义一个数组使用花括号，中间加上初始化的元素序列，元素之间以逗号隔开即可。

```
--定义一个数组
local array1 = { "这里是：" , "高性能研习社群" ,"疯狂创客圈" }
--定义一个元素类型为键-值对的数组，相当于Java的HashMap
local array2 = { k1="这里是：" , k2= "高性能研习社群" , k3="疯狂创客圈" }
```

要点三：普通Lua数组的数字索引对应于Java的元素下标，是从1开始计数的。

要点四：普通Lua数组的长度的计算方式和C语言有些类似。从第一个元素开始，计算到最后一个非 nil 的元素为止，中间的元素数量就是长度。

要点五：取得数组元素值使用[]符号，形式为 array[key]，其中 array 代表数组变量名称，key 代表元素的索引，这一点和 Java 语言类似。对于普通的数组，key 为元素的索引值；对于键-值对（Key-Value Pair）类型的数组容器，key 就是键-值对中的 key。

```
--迭代上面定义的普通数组
for i = 1, 3 do
   ngx.say(i .. "=" .. array1[i] .. ",");
end
ngx.say("<br>");
--迭代上面定义的键-值对的容器数组
for k, v in pairs(array2) do
   ngx.say(k .. "=" .. array2[k] .. ",");
end
ngx.say("<br><br>");
```

Lua 定义了一个负责数组和容器操作的 table 模块，主要的字符串操作大致如下：

（1）table.getn (t)：获取长度。

对于普通的数组，键从 1 到 n 放着一些非空值时，它的长度就精确为 n。如果数组有一个元素为“空值”（nil 值被夹在中间，相当于有一个空洞），那么数组长度为“空值”前面部分的数组长度，“空值”后面的数组元素不会计算在内。

获取数组长度，Lua 中还有一个更为简单的操作符，即一元操作符#。并且，在 Lua 5.1 之后的版本去掉了 table.getn (t)方法，直接使用#获取长度。

```
--定义一个数组
local array1 = { "这里是：", "高性能研习社群", "疯狂创客圈" }
--定义一个 K-V 元素类型的数组
local array2 = { k1 = "这里是：", k2 = "高性能研习社群", k3 = "疯狂创客圈" }
--取得数组长度
basic.log("使用 table.getn (t)获取长度", table.getn (array1));
basic.log("使用 一元操作符#获取长度", #array1 );
```

（2）table.concat(array, [, sep, [, i , [, j]]]) ：连接数组元素。

按照 array[i]..sep.. array[i+1] ..sep.. array[j]的方式将普通数组中所有的元素连接成一个字符串并返回。分隔字符串 sep 默认为空白字符串。起始位置 i 默认为 1，结束位置 j 默认是 array 的长度。如果 i 大于 j，就返回一个空字符串。

```
local testTab = { 1, 2, 3, 4, 5, 6, 7 }
basic.log("连接元素",table.concat(testTab))   --输出：1234567
basic.log("带分隔符连接元素",table.concat(testTab, "*", 1, 3))   --输出：
1*2*3
```

（3）table.insert(array, [pos,] , value) ：插入元素。

在 array 的位置 pos 处插入元素 value，后面的元素向后顺移。pos 的默认值为#list+1，因此调用 table.insert(array,x) 会将 x 插在普通数组 array 的末尾。

```
    local testTab = { 1, 2, 3, 4 }
    --插入一个元素到末尾
    table.insert(testTab, 5)
    basic.printTable(testTab)        --输出: 1  2  3  4  5
    --插入一个元素到位置索引 2
    table.insert(testTab, 2, 10)
    basic.printTable(testTab)       --输出: 1  10  2  3  4  5
```

上面用了一个新的成员 basic.printTable(testTab)，是为了输出数组元素。在 basic 模块专门定义了一个新输出方法_printTable(tab)，然后暴露为 printTable，代码如下：

```
--在屏幕上输出 table 元素
function _printTable(tab)
    local output = ""
    for i, v in ipairs(tab) do
        ngx.say(v .. "   ");
    end
    ngx.say("<br>");
end
```

（4）table.remove(array [, pos])：删除元素。

删除 array 中 pos 位置上的元素，并返回这个被删除的值。当 pos 是 1 到#list 之间的整数时，将后面的所有元素前移一位，并删除最后一个元素。

```
    testTab = { 1, 2, 3, 4, 5, 6, 7 }
    --删除最后一个元素
    table.remove(testTab)
    basic.printTable(testTab)    --输出: 1  2  3  4  5  6
    --删除第二个元素
    table.remove(testTab, 2)    --输出:  1  3  4  5  6
    basic.printTable(testTab)
```

8.3.6 Lua 的控制结构

首先介绍分支控制结构 if-else。if-else 是 Java 工程师熟知的一种控制结构，分成 3 类进行介绍：单分支结构、两分支结构和多分支结构。

1. 单分支结构：if

以关键词 if 开头，以关键词 end 结束。这一点和 Java 不同，Java 中使用右花括号作为分支结构体的结束符号。

```
   --单分支结构
    Local  x = '疯狂创客圈'
    if  x == '疯狂创客圈'  then
        basic.log("单分支演示：", "这个是一个高性能研习社群")
    end
```

输出的结果是：

```
单分支演示：这个是一个高性能研习社群
```

2. 两分支结构：if-else

与 Java 类似，两分支结构的控制语句在单分支的基础上加入了 else 子句。

```
--两分支
local  x = '疯狂创客圈'
if  x ==  '这个是一个高性能研习社群'  then
   basic.log("两分支演示：", "这儿是疯狂创客圈")
else
   basic.log("两分支演示：", "这儿还是疯狂创客圈")
end
```

输出的结果是：

```
两分支演示：这儿还是疯狂创客圈
```

3. 多分支结构：if-elseif-else

多分支结构就是添加 elseif 条件子句，可以添加多个 elseif 条件子句。与 Java 语言不同的是，else 与 if 不是分开的，是连在一起的。

```
  --多分支
local  x = '疯狂创客圈'    if  x == '这个是一个高性能研习社群'  then
      basic.log("多分支演示：", "这儿是疯狂创客圈")
   elseif  x == '疯狂创客圈'  then
      basic.log("多分支演示：", "这个是一个高性能研习社群")
   else
      basic.log("多分支演示：", "这儿不是疯狂创客圈")
   end
```

输出的结果是：

```
多分支演示：这个是一个高性能研习社群
```

然后介绍 for 循环控制结构，分成两类进行介绍：基础 for 循环和增强版的 foreach 循环。

（1）基础 for 循环，语法如下：

```
for var = begin, finish, step do
   --body
end
```

基础 for 循环的语法中，var 表示迭代变量，begin、finish、step 表示控制的变量。迭代变量 var 从 begin 开始，一直变化到 finish 循环结束，每次变化都以 step 作为步长递增。begin、finish、step 可以是表达式，但是 3 个表达式只会在循环开始时执行一次。其中，步长表达式 step 是可选的，如果没有设置，默认值就为 1。迭代变量 var 的作用域仅在 for 循环内，并且在循环过程中不要改变迭代变量 var 的值，否则会带来不可预知的影响。

```
--for 循环，步长为 2
for i = 1, 5, 2 do
      ngx.say(i .. " ")
end

   --for 循环，步长为 1
   ngx.say("<br>");
   for i = 1, 5 do
      ngx.say(i .. " ")
   end
```

输出的结果分别为：

```
   1 3 5
   1 2 3 4 5
```

（2）增强版的 foreach 循环，语法如下：

```
for key, value in pairs(table) do
   --body
end
```

前面讲到，在 Lua 的 table 内部保存有一个键-值对的列表，foreach 循环就是对这个列表中的键-值对进行迭代，pairs（table）函数的作用就是取得 table 内部的键-值对列表。

```
--foreach 循环，打印 table t 中所有的键（key）和值（value）
   local days = {
      "Sunday", "Monday", "Tuesday", "Wednesday",
      "Thursday", "Friday", "Saturday"
   }

   for key, value in pairs(days) do
      ngx.say(key .. ":" .. value .. "; ")
   end

   local days2 = {
      Sunday = 1, Monday = 2, Tuesday = 3, Wednesday = 4,
      Thursday = 5, Friday = 6, Saturday = 7
   }
   for key, value in pairs(days2) do
      ngx.say(key .. ":" .. value .. "; ")
end
```

输出的结果如下：

```
1:Sunday; 2:Monday; 3:Tuesday; 4:Wednesday; 5:Thursday; 6:Friday; 7:Saturday;
Tuesday:3; Monday:2; Sunday:1; Thursday:5; Friday:6; Wednesday:4; Saturday:7;
```

8.3.7 Lua 的函数定义

Lua 函数使用关键词 function 来定义，使用函数的好处如下：

（1）降低程序的复杂性：模块化编程的好处是将复杂问题变成一个个小问题，然后分而治之。把函数作为一个独立的模块或者当作一个黑盒，而不需要考虑函数里面的细节。

（2）增强代码的复用度：当程序中有相同的代码部分时，可以把这部分写成一个函数，通过调用函数来实现这部分代码的功能，可以节约空间、减少代码长度。

（3）隐含局部变量：在函数中使用局部变量，变量的作用范围不会超出函数，这样就不会给外界带来干扰。

首先来看 Lua 的函数定义，格式如下：

```
optional_function_scope function function_name( argument1, argument2,
argument3..., argumentn)
    function_body
    return result_params_comma_separated
end
```

对上面定义的参数说明如下：

（1）optional_function_scope：该参数表示所定义的函数是全局函数还是局部函数，该参数是可选参数，默认为全局函数，如果定义为局部函数，那么设置为关键字 local。

（2）function_name：该参数用于指定函数名称。

（3）argument1,argument2,argument3,…,argumentn：函数参数，多个参数以逗号隔开，也可以不带参数。

（4）function_body：函数体，函数中需要执行的代码语句块。

（5）result_params_comma_separated：函数返回值，Lua 语言中的函数可以返回多个值，每个值以逗号隔开。

下面定义一个局部函数 max()，参数为 num1 和 num2，用于比较两个值的大小，并返回最大值：

```
--局部函数，取得最大值
local function max(num1, num2)
   local result = nil;
   if (num1 > num2) then
      result = num1;
   else
      result = num2;
   end
   return result;
end
```

怎么使用 Lua 的可变参数呢？和 Java 语言类似，Lua 语言中的函数可以接收可变数目的参数，在函数参数列表中使用三点“...”表示函数有可变的参数。在函数的内部可以通过一个数组访问可变参数的实参列表，简称可变实参数组。只不过访问可变实参数组前需要将其赋值给一个变量。

```
--在屏幕上打印日志，可以输入多个打印的数据
local function log(...)
    local args = { ... }    --这里的...和{}符号中间需要有空格号，否则会出错
    for i, v in pairs(args) do
        print("index:", i, " value:", v)
        ngx.say(v .. ",");
    end
    ngx.say("<br>");
end
```

这里不得不提函数参数值的传递方式。大家知道，主要有两种方式：一种是值传递；另一种是引用传递。Lua 中的函数的参数大部分是按值传递的。值传递就是调用函数时，把实参的值通过赋值传递给形参，然后形参的改变和实参就没有关系了。在这个过程中，实参和形参是通过在参数表中的位置匹配起来的。但是有一种数据类型除外，就是 table 数组类型，table 类型的传递方式是引用传递。当函数参数是 table 类型时，传递进来的是实际参数的引用（内存地址），此时在函数内部对该 table 所做的修改会直接对实际参数生效，而无须自己返回结果和让调用者进行赋值。

怎么使得函数可以有多个返回值呢？Lua 语言具有一项与众不同的特性，允许函数返回多个值。比如，Lua 的内置函数 string.find，在源字符串中查找目标字符串，若查找成功，则返回两个值：一个起始位置和一个结束位置。

```
local s, e = string.find("hello world", "lo")   -->返回值为：4  5
print(s, e)  -->输出：4  5
```

如果一个函数需要在 return 后面返回多个值，那么值与值之间用“,”隔开。

最后总结一下定义一个 Lua 的函数要注意的几点：

（1）利用名字来解释函数、变量的目的是使人通过名字就能看出来函数的作用。让代码自己说话，不需要注释最好。

（2）由于全局变量一般会占用全局名字空间，同时也有性能损耗（查询全局环境表的开销），因此我们应当尽量使用“局部函数”，在开头加上 local 修饰符。

（3）由于函数定义本质上就是变量赋值，而变量的定义总是要放置在变量使用之前，因此函数的定义也需要放置在函数调用之前。

8.3.8 Lua 的面向对象编程

大家知道，在 Lua 中使用表（table）实现面向对象，一个表就是一个对象。由于 Lua 的函数（function）也是一种数据类型，表可以拥有前面介绍的 8 大数据类型的成员属性。

下面在 DataType.lua 模块中定义带有一个成员的_Square 类，代码如下：

```
--正方形类
_Square = { side = 0 }
_Square.__index = _Square
--类的方法 getArea
function _Square.getArea(self)
```

```
        return self.side *self.side;
    end

    --类的方法 new
    function _Square.new(self, side)
        local cls = {}
        setmetatable(cls, self)
        cls.side = side or 0
        return cls
    end

    --一个统一的模块对象
    local _Module = {
        ...
        Square = _Square;
    }
```

在调用 Square 类的方法时，建议将点号改为冒号。使用冒号进行成员方法调用时，Lua 会隐性传递一个 self 参数，它将调用者对象本身作为第一个参数传递进来。

```
ngx.say("<br><hr>下面是面向对象操作的演示：<br>");
local Square = dataType.Square;
local square = Square:new(20);
ngx.say("正方形的面积为", square:getArea());
```

输出的结果如下：

```
下面是面向对象操作的演示：
正方形的面积为 400
```

Lua 的面向对象用到了两个重要的概念：

（1）metatable 元表：简单来说，如果一个表（也叫对象）的属性找不到，就去它的元表中查找。通过 setmetatable（table，metatable）方法设置一个表的元表。

（2）第一点不完全对。为什么呢？准确来说，不是直接查找元表的属性，是去元表中的一个特定的属性，名为__index 的表（对象）中查找属性。__index 也是一个 table 类型，Lua 会在__index 中查找相应的属性。

所以，在上面的代码中，_Square 表设置了__index 属性的值为自身，当为新创建的 new 对象查找 getArea 方法时，需要在原表_Square 表的__index 属性中查找，找到的就是 getArea 方法的定义。这个调用的链条如果断了，新创建的 new 对象的 getArea 方法就会导航失败。

8.4　Nginx Lua 编程基础

OpenResty 通过汇聚各种设计精良的 Nginx 模块（主要由 OpenResty 团队自主开发）将 Nginx 变成一个强大的通用 Web 应用平台。这样，Web 开发人员和系统工程师可以使用 Lua 脚本语言调动 Nginx 支持的各种 C 以及 Lua 模块，快速构造出足以胜任 10KB 乃至 1000KB 以上单机并发连接的高性能 Web 应用系统。

OpenResty 的目标是让 Web 服务直接跑在 Nginx 服务内部，充分利用 Nginx 的非阻塞 I/O 模型，不仅对 HTTP 客户端请求，甚至对远程后端（如 MySQL、PostgreSQL、Memcached 以及 Redis 等）都进行一致的高性能响应。

实战案例说明

本节用到的配置文件为源码工程中的 nginx-lua-demo.conf 文件。运行本节的实例前需要修改 openresty-start.bat（或 openresty-start.sh）脚本中的 PROJECT_CONF 变量的值，将其改为 nginx-lua-demo.conf，然后重启 OpenRestry。

8.4.1 Nginx Lua 的执行原理

在 OpenResty 中，每个 Worker 进程使用一个 Lua VM（Lua 虚拟机），当请求被分配到 Worker 时，将在这个 Lua VM 中创建一个协程，协程之间数据隔离，每个协程都具有独立的全局变量。

ngx_lua 是将 Lua 嵌入 Nginx，让 Nginx 执行 Lua 脚本，并且高并发、非阻塞地处理各种请求。Lua 内置协程可以很好地将异步回调转换成顺序调用的形式。ngx_lua 在 Lua 中进行的 IO 操作都会委托给 Nginx 的事件模型，从而实现非阻塞调用。开发者可以采用串行的方式编写程序，ngx_lua 会在进行阻塞的 IO 操作时自动中断，保存上下文，然后将 IO 操作委托给 Nginx 事件处理机制，在 IO 操作完成后，ngx_lua 会恢复上下文，程序继续执行，这些操作对用户程序都是透明的。

每个 Nginx 的 Worker 进程持有一个 Lua 解释器或 LuaJIT 实例，被这个 Worker 处理的所有请求共享这个实例。每个请求的 context 上下文会被 Lua 轻量级的协程分隔，从而保证各个请求是独立的，如图 8-5 所示。

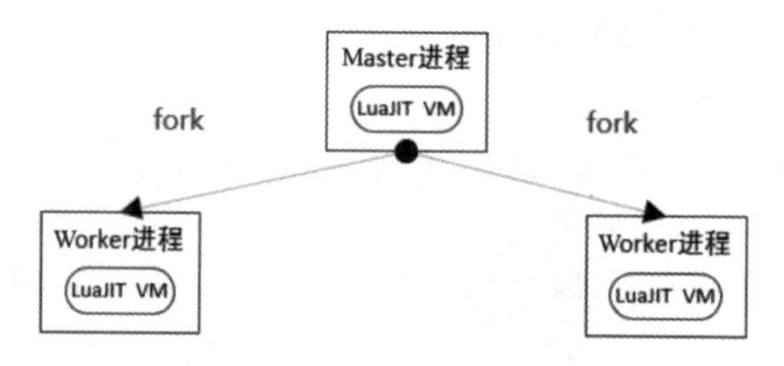

图 8-5 工作进程相互独立

（1）每个 Worker（工作进程）创建一个 LuaJIT VM，Worker 内所有协程共享 VM。

（2）将 Nginx I/O 原语封装后注入 Lua VM，允许 Lua 代码直接访问。

（3）每个外部请求都由一个 Lua 协程处理，协程之间数据隔离。

（4）Lua 代码调用 I/O 操作等异步接口时会挂起当前协程（并保护上下文数据），而不阻塞 Worker 进程。

（5）I/O 等异步操作完成时还原协程相关的上下文数据，并继续运行。

每个 Nginx Worker 进程持有一个 Lua 解释器或者 LuaJIT 实例，被这个 Worker 处理的所有请求共享这个实例。每个请求的 Context 会被 Lua 轻量级的协程分割，从而保证各个请求是独立的。

ngx_lua 采用 one-coroutine-per-request 的处理模型，对于每个用户请求，ngx_lua 会唤醒一个协程用于执行用户代码处理请求，当请求处理完成后，这个协程会被销毁。每个协程都有一个独立的全局环境（变量空间），继承于全局共享的、只读的公共数据。所以，被用户代码注入全局空间的任何变量都不会影响其他请求的处理，并且这些变量在请求处理完成后会被释放，这样就保证所有的用户代码都运行在一个 sandbox（沙箱）中，这个沙箱与请求具有相同的生命周期。得益于 Lua 协程的支持，ngx_lua 在处理 10 000 个并发请求时只需要很少的内存。根据测试，ngx_lua 处理每个请求只需要 2KB 的内存，如果使用 LuaJIT 就会更少。所以 ngx_lua 非常适合用于实现可扩展的、高并发的服务。

8.4.2 Nginx Lua 的配置指令

ngx_lua 定义了一系列 Nginx 配置指令，用于配置何时运行用户 Lua 脚本以及如何返回 Lua 脚本的执行结果。

ngx_lua 定义的 Nginx 配置指令大致如表 8-2 所示。

表8-2 ngx_lua定义的Nginx配置指令

ngx_lua 配置指令名称	指令说明
lua_package_path	配置用 Lua 外部库的搜索路径，搜索的文件类型为 .lua 文件
lua_package_cpath	配置用 Lua 外部库的搜索路径，搜索 C 语言编写的外部库文件。在 Linux 系统下搜索类型为.so 的文件，在 Windows 系统下为 .dll 文件
init_by_lua	Master 进程启动时挂载的 Lua 代码块，常用于导入公共模块
init_by_lua_file	Master 进程启动时挂载的 Lua 脚本文件
init_worker_by_lua	Worker 进程启动时挂载的 Lua 代码块，常用于执行一些定时器任务
init_worker_by_lua_file	Worker 进程启动时挂载的 Lua 脚本文件，常用于执行一些定时器任务
set_by_lua	类似于 rewrite 模块的 set 指令，将 Lua 代码块的返回结果设置在 Nginx 的变量中
set_by_lua_file	类似于 rewrite 模块的 set 指令，将 Lua 脚本文件的返回结果设置在 Nginx 的变量中
content_by_lua	执行在 content 阶段的 Lua 代码块，执行结果将作为请求响应的内容。Lua 代码块是编写在 Nginx 字符串中的 Lua 脚本，可能需要进行特殊字符转义
content_by_lua_file	执行在 content 阶段的 Lua 脚本文件，执行结果将作为请求响应的内容
content_by_lua_block	与 content_by_lua 指令类似，不同之处在于该指令直接在一对花括号（{}）中编写 Lua 脚本源码，而不是在 Nginx 字符串中（需要特殊字符转义）
rewrite_by_lua	执行在 rewrite 阶段的 Lua 代码块，完成转发、重定向、缓存等功能
rewrite_by_lua_file	执行在 rewrite 阶段的 Lua 脚本文件，完成转发、重定向、缓存等功能
access_by_lua	执行在 access 阶段的 Lua 代码块，完成 IP 准入、接口权限等功能
access_by_lua_file	执行在 access 阶段的 Lua 脚本文件，完成 IP 准入、接口权限等功能
header_filter_by_lua	响应头部过滤处理的 Lua 代码块，比如可以用于添加响应头部信息
body_filter_by_lua	响应体过滤处理的 Lua 代码块，比如可以用于加密响应体
log_by_lua	异步完成日志记录的 Lua 代码块，比如既可以在本地记录日志，又可以记录到 ETL 集群

ngx_lua 配置指令在 Nginx 的 HTTP 请求处理阶段所处的位置如图 8-6 所示。

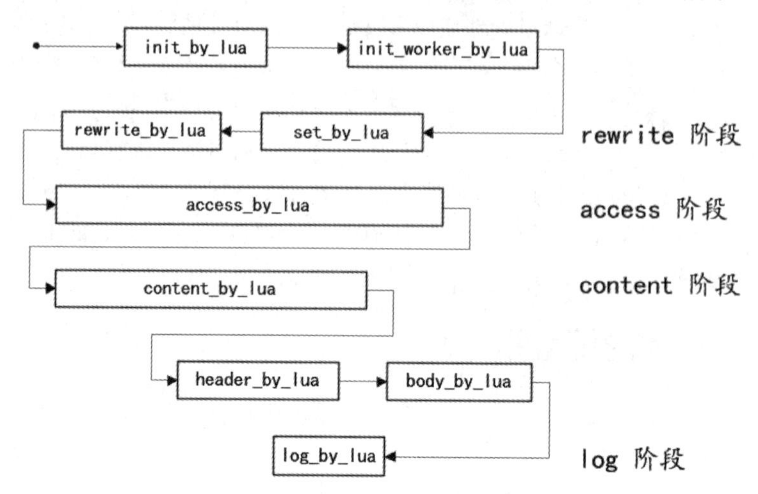

图 8-6 ngx_lua 配置指令在 Nginx 的 HTTP 请求处理阶段所处的位置

下面介绍 Nginx Lua 的常用配置指令。

（1）lua_package_path 指令，它的格式如下：

```
lua_package_path  lua-style-path-str
```

lua_package_path 指令用于设置“.lua”外部库的搜索路径，此指令的上下文为 http 配置块。它的默认值为 LUA_PATH 环境变量内容或者 Lua 编译的默认值。lua-style-path-str 字符串是标准的 lua path 格式，“;;”常用于表示原始的搜索路径。下面是一个简单的例子：

```
#设置纯 Lua 扩展库的搜寻路径(';;' 是默认路径)
lua_package_path '/foo/bar/?.lua;/blah/?.lua;;';
```

OpenResty 可以在搜索路径中使用插值变量。例如，可以使用插值变量$prefix 或 ${prefix}获取虚拟服务器 server 的前缀路径，server 的前缀路径通常在 Nginx 服务器启动时通过-p PATH 命令行选项来指定。

（2）lua_package_cpath 指令，它的格式如下：

```
lua_apckage_cpath  lua-style-cpath-str
```

lua_package_cpath 指令用于设置 Lua 的 C 语言模块外部库 ".so"（Linux）或".dll"（Windows）的搜索路径，此指令的上下文为 http 配置块。lua-style-cpath-str 字符串是标准的 lua cpath 格式，“;;”常用于表示原始的 cpath。下面是一个简单的例子：

```
#设置 C 编写的 Lua 扩展模块的搜寻路径(也可以用 ';;')
lua_package_cpath  '/bar/baz/?.so;/blah/blah/?.so;;';
```

同样，OpenResty 可以在搜索路径 lua-style-cpath-str 中使用插值变量，比如通过$prefix 或 ${prefix}获取服务器前缀的路径。

（3）init_by_lua 指令，它的格式如下：

```
init_by_lua  lua-script-str
```

init_by_lua 指令只能用于 http 上下文，运行在配置加载阶段。当 Nginx 的 master 进程在加载 Nginx 配置文件时，在全局 Lua VM 级别上运行由参数 lua-script-str 指定的 Lua 脚本块。当 Nginx 接收到 HUP 信号并开始重新加载配置文件时，Lua VM 将会被重新创建，并且 init_by_lua 将在新的 VM 上再次运行。

如果 Lua 脚本的缓存是关闭的，那么每一次请求都运行一次 init_by_lua 处理程序。通过 lua_code_cache 指令可以关闭 Lua 脚本缓存，缓存默认是开启的。

注意：在生产场景下都会开启 Lua 脚本缓存，在 init_by_lua 调用 require 所加载的模块文件会缓存在全局的 Lua 注册表 package.loaded 中，所以在这里定义的全局变量和函数可能会污染命名空间，当然也会影响性能。

（4）lua_code_cache 指令，它的格式如下：

```
lua_code_cache  on | off
```

lua_code_cache 用于启用或者禁用 Lua 脚本缓存，可以使用的上下文有 http、server、location 配置块。当缓存关闭时，通过 ngx_lua 提供的每个请求都将在一个单独的 Lua VM 实例中运行。在缓存关闭的场景下，在 set_by_lua_file、content_by_lua_file、access_by_lua_file 等指令中引用的 Lua 脚本都将不会被缓存，所有的 Lua 脚本都将从头开始加载。

通过该指令，开发人员可以进行编辑刷新模型的快速开发，改动代码后不需要重启 Nginx。

在缓存关闭的情况下，编写在 nginx.conf 配置文件中的内联 Lua 脚本并不会重新加载。例如由 set_by_lua、content_by_lua、access_by_lua 和 rewrite_by_lua 指定的 Lua 脚本块将不会被反复更新，Lua 代码改动后需要重启 Nginx。

关闭缓存会对整体性能产生负面的影响。例如，在禁用 Lua 脚本缓存后，一个简单的"hello world" Lua 示例的性能可能会下降一个数量级。

强烈禁止在生产环境中关闭 Lua 脚本缓存，仅仅可以在开发期间关闭 Lua 脚本缓存。

（5）set_by_lua 指令，它的格式如下：

```
set_by_lua  $destVar  lua-script-str  params
```

set_by_lua 指令的功能类似于 rewrite 模块的 set 指令，具体来说，是将 Lua 脚本块的返回结果设置在 Nginx 的变量中。set_by_lua 指令所处的上下文和执行阶段与 Nginx 的 set 指令基本相同。

下面是一个简单的例子，将 Lua 脚本的相加结果设置给 Nginx 的变量$sum，具体的代码如下：

```
  location /set_by_lua_demo {
      #set 指令定义两个 Nginx 变量
      set $foo 1;
      set $bar 2;

      #调用内联代码，将结果放入 Nginx 变量$sum
      set_by_lua  $sum  'return tonumber(ngx.arg[1]) + tonumber(ngx.arg[2])'
$foo  $bar;
```

```
    echo $sum;
  }
```

在上面的代码中，set_by_lua 指令调用一段非常简单的 Lua 脚本，将两个输入参数$a、$b 累积起来，然后将相加的结果设置到 Nginx 变量$sum 中。

启动 Nginx，访问 http://nginx.server/set_by_lua_demo?foo=bar 地址，得到的结果如图 8-7 所示。

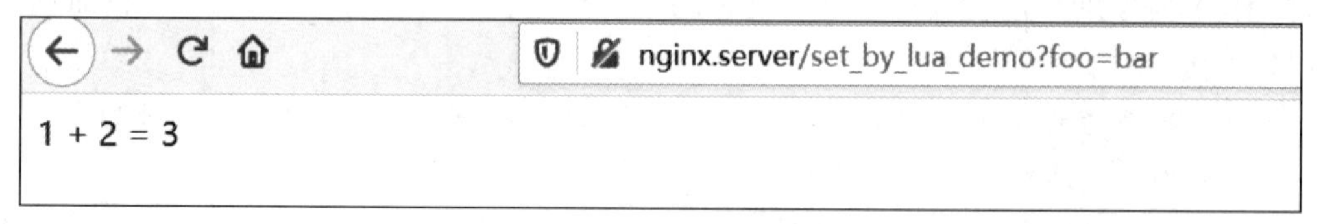

图 8-7　set_by_lua 指令通过 Lua 脚本为 Nginx 变量设置值

使用 set_by_lua 配置指令时，可以在 Lua 脚本的后面带上一个调用参数列表。在 Lua 脚本中可以通过 Nginx Lua 模块内部内置的 ngx.arg 表容器读取实际参数。

（6）access_by_lua 指令，它的格式如下：

```
access_by_lua $destVar  lua-script-str
```

access_by_lua 执行在 HTTP 请求处理 11 个阶段的 access 阶段，使用 Lua 脚本进行访问控制。access_by_lua 指令运行于 access 阶段的末尾，因此总是在 allow 和 deny 这样的指令之后运行，虽然它们同属 access 阶段。一般可以通过 access_by_lua 进行比较复杂的用户权限验证，因为能借助 Lua 脚本执行一系列复杂的验证操作，比如实时查询数据库或者其他后端服务。

我们来看一个简单的例子，利用 access_by_lua 实现 ngx_access 模块的 IP 地址过滤功能：

```
location /access_demo {
  access_by_lua '
    ngx.log(ngx.DEBUG, "remote_addr ="..ngx.var.remote_addr);
    if ngx.var.remote_addr == "192.168.233.128" then
       return;
    end
    ngx.exit(ngx.HTTP_UNAUTHORIZED);
  ';
  echo "hello world";
}
```

以上代码中能放行的 IP 地址为 192.168.233.128，此 IP 为笔者机器上的虚拟 CentOS 地址。重启 Nginx，在 CentOS 上通过 curl 命令访问/access_demo，得到的结果如下：

```
[root@localhost ~]#curl http://192.168.233.1/access_demo
hello world
```

如果请求的来源 IP 不是 192.168.233.128，就通过 ngx_lua 模块提供的 Lua 函数 ngx.exit 中断当前的整个请求处理流程，直接返回 401（表示未授权错误）给客户端。如果 access_by_lua 指令没有将 HTTP 请求处理流程中断，处于 access 阶段后面的 content 阶段就会顺利执行，echo 指令的结果就能输出给客户端。

（7）content_by_lua 指令，它的格式如下：

```
content_by_lua   lua-script-str
```

content_by_lua 指令用于设置执行在 content 阶段的 Lua 代码块，执行结果将作为请求响应的内容。该指令可以用于 location 上下文，执行于 content 阶段。

需要注意的是，lua-script-str 代码块用于在 Nginx 配置文件中编写字符串形式的 Lua 脚本，可能需要进行特殊字符转义，所以在 OpenResty v0.9.17 发行版之后的版本不鼓励使用此指令，改为使用 content_by_lua_block 指令代替。content_by_lua_block 指令 Lua 代码块使用花括号“{ }”定义，不再使用字符串分隔符。

至此，主要的 Nginx Lua 配置指令介绍完了。但是，以上只是介绍了 set_by_lua、access_by_lua、content_by_lua，没有介绍 set_by_lua_file、access_by_lua_file、content_by_lua_file 等指令，后面的系列指令和前面对应的指令功能是一样的，只是 Lua 脚本所在的位置不是内联在 Nginx 配置文件中，而是写在了单独的脚本文件中。

8.4.3　Nginx Lua 的内置常量和变量

Nginx Lua 常用的内置变量如表 8-3 所示。

表8-3　Nginx Lua常用的内置变量

Nginx Lua 内置变量	内部变量说明
ngx.arg	ngx.arg 的类型为 Lua table，ngx.arg.VARIABLE 用于获取 ngx_lua 配置指令后面的调用参数值。例如，可以用此 table 获取跟在 set_by_lua 指令后面的调用参数值
ngx.var	ngx.arg 的类型为 Lua table，ngx.var.VARIABLE 引用某个 Nginx 变量。如果需要对 Nginx 变量进行赋值，如 ngx.var.b = 2，那么变量 b 必须提前声明。另外，可以使用 ngx.var [捕获组序号]的格式引用 location 配置块中被正则表达式捕获的捕获组
ngx.ctx	ngx.ctx 的类型为 Lua table，可以用来访问当前请求的 Lua 上下文数据，其生存周期与当前请求相同（类似 Nginx 变量）
ngx.header	ngx.header 的类型为 Lua table，用于访问 HTTP 响应头，可以通过 ngx.header.HEADER 形式引用某个头，比如通过 ngx.header.set_cookie 可以访问响应头部的 Cookie 信息
ngx.status	用于设置当前请求的 HTTP 响应码

Nginx Lua 常用的内置常量大致如表 8-4 所示。

表8-4　Nginx Lua常用的内置常量

内置常量类型	常量值说明
核心常量	ngx.OK (0) ngx.ERROR (-1) ngx.AGAIN (-2) ngx.DONE (-4) ngx.DECLINED (-5) ngx.null

（续表）

内置常量类型	常量值说明
HTTP 方法常量	ngx.HTTP_GET ngx.HTTP_HEAD ngx.HTTP_PUT ngx.HTTP_POST ngx.HTTP_DELETE ngx.HTTP_OPTIONS ngx.HTTP_MKCOL ngx.HTTP_COPY ngx.HTTP_MOVE ngx.HTTP_PROPFIND ngx.HTTP_PROPPATCH ngx.HTTP_LOCK ngx.HTTP_UNLOCK ngx.HTTP_PATCH ngx.HTTP_TRACE
HTTP 状态码常量	ngx.HTTP_OK (200) ngx.HTTP_CREATED (201) ngx.HTTP_SPECIAL_RESPONSE (300) ngx.HTTP_MOVED_PERMANENTLY (301) ngx.HTTP_MOVED_TEMPORARILY (302) ngx.HTTP_SEE_OTHER (303) ngx.HTTP_NOT_MODIFIED (304) ngx.HTTP_BAD_REQUEST (400) ngx.HTTP_UNAUTHORIZED (401) ngx.HTTP_FORBIDDEN (403) ngx.HTTP_NOT_FOUND (404) ngx.HTTP_NOT_ALLOWED (405) ngx.HTTP_GONE (410) ngx.HTTP_INTERNAL_SERVER_ERROR (500) ngx.HTTP_METHOD_NOT_IMPLEMENTED (501) ngx.HTTP_SERVICE_UNAVAILABLE (503) ngx.HTTP_GATEWAY_TIMEOUT (504)
日志类型常量	ngx.STDERR ngx.EMERG ngx.ALERT ngx.CRIT ngx.ERR ngx.WARN ngx.NOTICE ngx.INFO ngx.DEBUG

8.5　Nginx Lua 编程实例

本节介绍几个使用 Nginx Lua 编程的简单实例。

实战案例运行准备：本节涉及的配置文件为源码工程的 nginx-lua-demo.conf 文件。在运行本节的实例前需要修改启动脚本 openresty-start.bat（或 openresty-start.sh）中的 PROJECT_CONF 变量的值，将其改为 nginx-lua-demo.conf，然后重启 OpenRestry。

8.5.1　Lua 脚本获取 URL 中的参数

下面的例子通过 Lua 脚本从 URL 中获取两个参数，然后进行简单相加，代码如下：

```
location /add_params_demo {
  set_by_lua  $sum  '
       local args = ngx.req.get_uri_args();
       local a = args["a"];
       local b = args["b"];
       return a + b;
     ';
  echo "$arg_a + $arg_b = $sum";
}
```

以上 Lua 脚本通过 ngx_lua 模块的内置方法 ngx.req.get_uri_args() 获取了 URL 后面的请求参数保存在 Lua 变量 args 中，然后分别通过该变量获取 a、b 参数值并且相加，相加之后的结果返回之后被 set_by_lua 指令设置在 Nginx 变量$sum 中。

以上代码处于 nginx-lua-demo.conf 文件，修改后需重启 OpenRestry，然后可以通过浏览器访问/add_params_demo，具体的访问结果如图 8-8 所示。

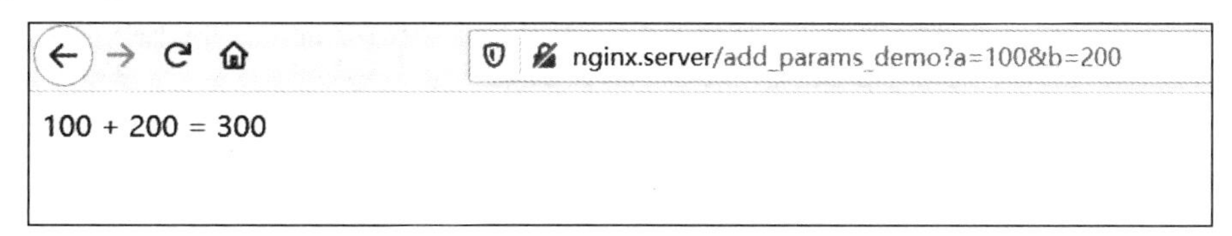

图 8-8　Lua 脚本从 URL 获取的 a、b 两个参数的和

除了通过 ngx.req.get_uri_args() 模块方法获取参数外，还可以通过 Nginx 内置变量 $arg_PARAMETER 获取请求参数的值，然后传递给 set_by_lua 指令，具体的代码如下：

```
location /add_params_demo {
  set_by_lua  $sum  "
     local a = tonumber(ngx.arg[1]);
     local b = tonumber(ngx.arg[2]);
     return a + b;
  " $arg_a $arg_b;
  echo "$arg_a + $arg_b = $sum";
}
```

以上代码中使用内置变量$arg_a、$arg_b 获取请求参数的值，然后通过 set_by_lua 指令传递给了 Lua 脚本。脚本中通过 ngx.arg[n] 变量获取传入的指令参数，相加之后的结果被返回，该结果被 set_by_lua 指令设置在 Nginx 变量 $sum 中。

以上代码处于 nginx-lua-demo.conf 文件，改动后需重启 OpenRestry，然后可以通过浏览器访问/add_params_demo_2，具体的访问结果如图 8-9 所示。

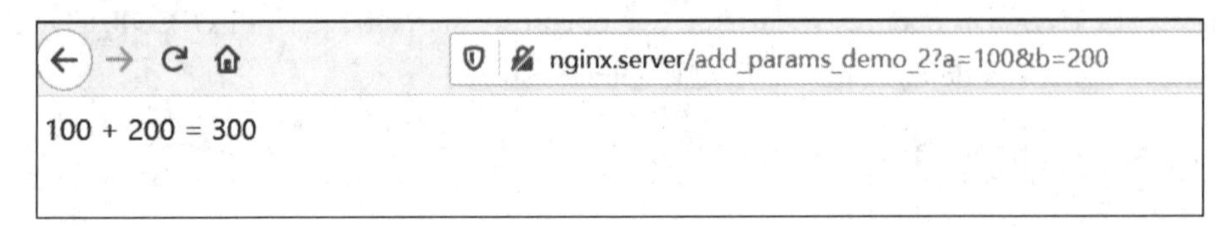

图 8-9 访问结果

8.5.2 Nginx Lua 的内置方法

Nginx Lua 的内置方法及其描述如表 8-5 所示。

表8-5 Nginx Lua的内置方法及其说明

Nginx Lua 的内置方法	方法说明
ngx.log(log_level, ...)	按照 log_level 设定的等级输出到 error.log 日志文件
Print(...)	输出到 error.log 日志文件，等价于 ngx.log(ngx.NOTICE, ...)
ngx.print(...)	输出响应内容到客户端
ngx.say(...)	输出响应内容到客户端，自动添加 '\n' 换行符
ngx.exit (status)	如果 status >=200，此方法就会结束当前请求处理，并且返回 status 状态到客户端；如果 status==0，此方法就会结束请求处理的当前阶段，进入下一个请求处理阶段
ngx.send_headers()	显式地发送响应头。当调用 ngx.say/ngx.print 时，ngx_lua 模块会自动发送响应头，可以通过 ngx.headers_sent 内置变量的值判断是否发送了响应头
ngx.exec (uri, args?)	内部跳转到 URI 地址
ngx.redirect(uri, status?)	外部跳转到 URI 地址
ngx.location.capture (uri, options?)	发起一个子请求
ngx.location.capture_multi (uris)	发起多个子请求。参数 uris 是一个 table，它的格式为：{ {uri, options?}, {uri, options?}, ... }
ngx.is_subrequest()	当前请求是不是子请求
ngx.sleep (seconds)	无阻塞地休眠（使用定时器实现）秒数
ngx.get_phase()	获取当前 Lua 脚本的执行阶段名称。为以下 Lua 脚本的执行阶段之一：init 、init_worker、ssl_cert 、ssl_session_fetch、ssl_session_store、set、rewrite、balancer、access、content、header_filter 、body_filter、log 、timer
ngx.req.start_time()	请求的开始时间
ngx.req.http_version()	请求的 HTTP 版本号
ngx.req.raw_header()	获取原始的请求头（包括请求行）

（续表）

Nginx Lua 的内置方法	方法说明
ngx.req.get_method()	获取请求方法
ngx.req.set_method (method)	覆盖当前请求的方法
ngx.req.get_uri_args()	获取请求参数
ngx.req.get_post_args()	获取 post 请求内容体，其用法和 ngx.req.get_headers()类似，调用此方法之前必须调用 ngx.req.read_body()来读取 body 体
ngx.req.get_headers()	获取请求头，默认只获取前 100 个；如果当前请求有多个 header 头，那么返回的是 table；如果想要获取全部请求头，那么可以调用 ngx.req.get_headers(0)
ngx.resp.get_headers	获取响应头，使用的方式类似于 ngx.req.get_headers()
ngx.req.read_body()	读取当前请求的请求体
ngx.req.set_header(name, value)	为当前请求设置一个请求头，name 为名称，value 为值。如果名称的请求头已经存在，就进行覆盖
ngx.req.clear_header (name)	为当前请求删除名称为 name 的请求头
ngx.req.set_body_data（data）	设置当前请求的请求体为 data
ngx.req.init_body(buffer_size?)	为当前请求创建一个空的请求体。如果 buffer_size 参数不为空，那么新请求体的大小为 buffer_size。如果 buffer_size 参数为空，那么新请求体的大小为 client_body_buffer_size 指令设置的请求体大小。如果未进行特定设置，默认的请求体大小为 8KB（32 位系统、x86-64）或者 16KB（其他的 64 位系统）
ngx.escape_uri(str)	对 uri 字符串进行编码
ngx.unescape_uri(str)	对编码过的 url 字符串进行解码
ngx.encode_args(table)	将 Lua table 编码为一个参数字符串
ngx.decode_args(str)	将参数字符串解码为一个 Lua table
ngx.encode_base64 (str)	将字符串 str 编码成 base 64 摘要
ngx.decode_base64(str)	将 base 64 摘要解码成原始字符串
ngx.hmac_sha1 (secret, str)	将字符串 str 编码成二进制格式的 hmac_sha1 哈希摘要，并使用 secret 进行加密。该二进制摘要可使用 ngx.encode_base64 (digest)方法进一步将其编码成字符串
ngx.md5(str)	将字符串 str 编码成十六进制 MD5 摘要
ngx.md5_bin(str)	将字符串 str 编码成二进制 MD5 摘要
ngx.quote_sql_str(str)	SQL 语句转义，按照 MySQL 的格式进行转义
ngx.today()	获取当前日期
ngx.time()	获取 UNIX 时间戳
ngx.now()	获取当前时间
ngx.update_time()	刷新时间后再返回
ngx.localtime()	获取 yyyy-mm-dd hh:mm:ss 格式的本地时间
ngx.cookie_time()	获取可用于 cookie 值的时间
ngx.http_time()	获取可用于 HTTP 头的时间
ngx.parse_http_time()	解析 HTTP 头的时间
ngx.config.nginx_version()	获取 Nginx 版本号
ngx.config.ngx_lua_version()	获取 ngx_lua 模块版本号
ngx.worker.pid()	获取当前 Worker 进程的 pid

8.5.3 通过 ngx.header 设置 HTTP 响应头

ngx_lua 模块可以通过内置变量 ngx.header 来访问和设置 HTTP 响应头字段，ngx.header 的类型为 table，可以通过 ngx.header.HEADER 形式引用某个响应头。下面是一个简单使用 ngx.header 设置响应头的例子，代码如下：

```
content_by_lua_block {
  ngx.header["header1"]="value1";
  ngx.header.header2=2;
  ngx.header.set_cookie = {'Foo = bar; test =ok; path=/', 'age = 18;
path=/'}
  ngx.say("演示程序: ngx.header 的使用")
}
```

以上代码设置了响应头 header1 的值为 value1、响应头 header2 的值为 2。前面介绍过 ngx.header.set_cookie 变量用于设置响应头 set-cookie 的值，使用 table 类型的对象可以一次设置多个 set-cookie 值。

以上代码处于 nginx-lua-demo.conf 文件中，修改该文件后重启 OpenRestry，可以通过火狐浏览器访问/header_demo?foo=bar 并查看响应头信息，具体的访问结果如图 8-10 所示。

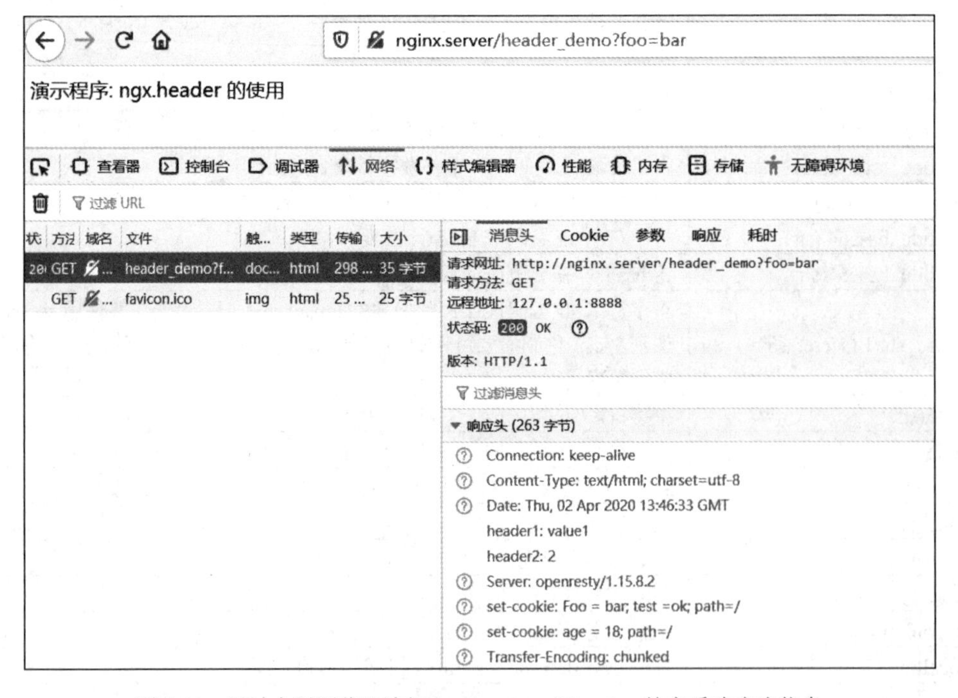

图 8-10 通过火狐浏览器访问/header_demo?foo=bar 并查看响应头信息

作为案例，本小节将重点介绍如何通过 ngx.header.set_cookie 访问保存在响应头部的 Cookie 信息。熟悉 HTTP 协议的应该都知道，Cookie 是通过请求的 set-cookie 响应头来保存的，HTTP 响应内容中可以包含多个 set-cookie 响应头，一个 set-cookie 响应头的值通常为一个字符串，该字符串大致包含表 8-6 所示的 Cookie 信息或属性（不区分字母大小写）。

表8-6 Cookie信息或属性及其说明

Cookie 信息（或属性）	说 明
Cookie 名称	Cookie 名称的组成字符只能使用可以用于 URL 中的字符，一般为字母和数字，不能包含特殊字符，若有特殊字符，则需要进行转码。Cookie 名称为 Cookie 字符串的第一组键-值对中的 key（键）
Cookie 值	Cookie 值的字符组成规则和 Cookie 名称相同，若有特殊字符，则需要进行转码。Cookie 值为 Cookie 字符串的第一组键-值对中的 value（值）
expires	Cookie 过期日期，这是一个 GMT 格式的时间，当过了这个日期之后，浏览器就会将这个 Cookie 删除掉，当不设置 expires 属性值时，Cookie 在浏览器关闭后消失
path	Cookie 的访问路径，此属性设置指定路径下的页面才可以访问该 Cookie。访问路径的值一般设为“/”，以表示同一个站点的所有页面都可以访问这个 Cookie
domain	Cookie 的访问域名，此属性设置指定域名下的页面才可以访问该 Cookie。例如要让 Cookie 只能在 a.test.com 域名可以访问，不能在 b.test.com 域名访问，可将其 domain 属性设置成 a.test.com
Secure	Cookie 的安全属性，此属性设置该 Cookie 是否只能通过 HTTPS 协议访问。一般的 Cookie 使用 HTTP 协议即可访问，如果设置了 Secure 属性（此属性没有值），那么只有使用 HTTPS 协议 Cookie 才可以被页面访问
HttpOnly	如果 Cookie 设置了 HttpOnly 属性，那么通过程序（JS 脚本、Applet 等）将无法读取到 Cookie 信息。HttpOnly 属性和 Secure 安全属性一样都没有值，只有名称

前面的演示实例设置了两个 Cookie，可以通过 Chrome 浏览器访问/header_demo?foo=bar，通过它的“检查”面板查看所设置的 Foo、age 两个 Cookie 的属性，如图 8-11 所示。

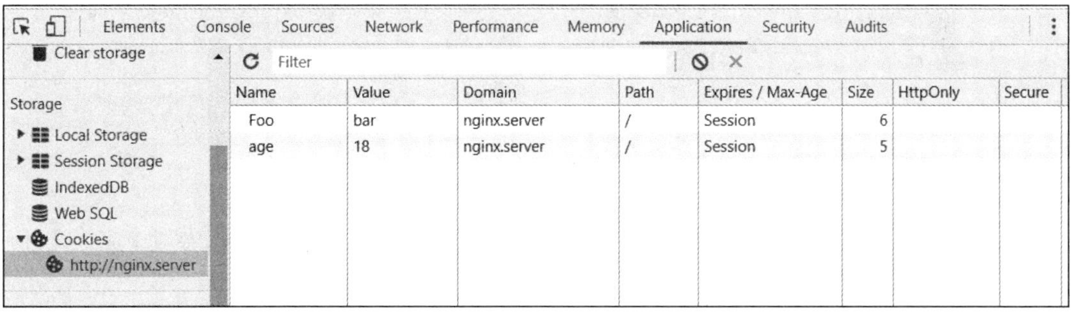

图 8-11 通过 Chrome 浏览器查看 Foo、age 两个 Cookie 的属性

Cookie 为什么需要设置 HttpOnly 和 Secure 属性呢？当设置了 HttpOnly 属性时，通过脚本将无法获取到 Cookie 信息，主要用于防止 XSS 攻击。而一旦设置了 Secure 属性，前后端之间只能在 HTTPS 协议通信的情况下，浏览器才能访问 Cookie，使用 HTTP 协议时浏览器无法获取 Cookie 信息，同样是对 Cookie 信息的保护。

不是所有的场景都需要使用 HTTPS 通信协议。但是，为了通信安全，某些场景下只能在前后端之间使用 HTTPS 协议通信，如微信小程序的官网要求必须使用 HTTPS 协议。这种场景下，在内网环境可以继续使用 HTTP 通信协议（毕竟开发和测试都方便，性能也更高），然后通过

Nginx 网关完成外部 HTTPS 协议到内部 HTTP 协议的转换。此时，Nginx 外部网关可以对 Cookie 属性进行修改，增加 Secure 安全属性。

另外，大部分场景下确实不需要在前端脚本中访问 Cookie。Cookie 信息仅仅在后端 Java 容器中访问（如 Session 会话 ID），不需要在前端 JavaScript 等脚本进行访问，此时可以对 Cookie 属性进行修改，增加 HttpOnly 安全属性。修改完成后，客户端通过程序（Java Script 脚本、Applet 等）将无法读取到 Cookie 信息，这将有助于缓解跨站点脚本攻击，降低 Cookie 信息泄露的风险。

为 Cookie 增加 HttpOnly 安全属性的操作可以通过 Servlet 过滤器的形式在 Java 容器中完成，参考的代码如下：

```
//过滤器：修改响应中的 Cookie 头
public class CookieHttpOnlyFilter implements Filter
 {

 //过滤器的方法，迭代所有的 Cookie 添加 httpOnly 安全后缀
 public void doFilter(ServletRequest request, ServletResponse response,
          FilterChain filterChain) throws IOException, ServletException
    HttpServletRequest req = (HttpServletRequest) request;
    HttpServletResponse resp = (HttpServletResponse) response;
    Cookie[] cookies = req.getCookies();
    if(cookies!=null){
    for(Cookie cookie : cookies){
        String name = cookie.getName()
        String value = cookie.getValue();
        StringBuilder builder = new StringBuilder();
        builder.append(name +"=" + value + "; ");
        builder.append(";httpOnly "); //cookie 末尾添加 httpOnly 安全属性
        resp.setHeader("Set-Cookie", builder.toString());
    }
    filterChain.doFilter(request, response);
  }
}
```

为 Cookie 添加 HttpOnly（甚至是 Secure）安全属性的操作除了可以在 Java 容器中完成之外，更好的方式是在反向代理外部网关 Nginx 中完成，参考的代码如下：

```
  #模拟上游服务
  location /header_demo {
      content_by_lua_block {
        ngx.header["header1"]="value1";
        ngx.header.header2=2;
        ngx.header.set_cookie = {'Foo = bar; test =ok; path=/', 'age = 18;
path=/'}
        ngx.say("演示程序：ngx.header 的使用")
      }
}
```

```
#模拟反向代理外部网关
location /header_filter_demo {
  proxy_pass http://127.0.0.1/header_demo;

  header_filter_by_lua_block {
    local cookies = ngx.header.set_cookie
    if cookies then
      if type(cookies) == "table" then
        local cookie = {}
        for k, v in pairs(cookies) do
          cookie[k]= v..";Secure;httponly" --cookie 末尾添加安全属性
        end
        ngx.header.set_cookie = cookie
     else
       ngx.header.set_cookie = cookies..";Secure;httponly"
     end
    end
  }
}
```

以上代码处于 nginx-lua-demo.conf 文件中，修改该文件后重启 OpenRestry，然后使用 Chrome 浏览器访问/header_filter_demo?foo=bar，通过它的“检查”面板查看所修改的 Foo、age 两个 Cookie 的 HttpOnly 属性值，如图 8-12 所示。

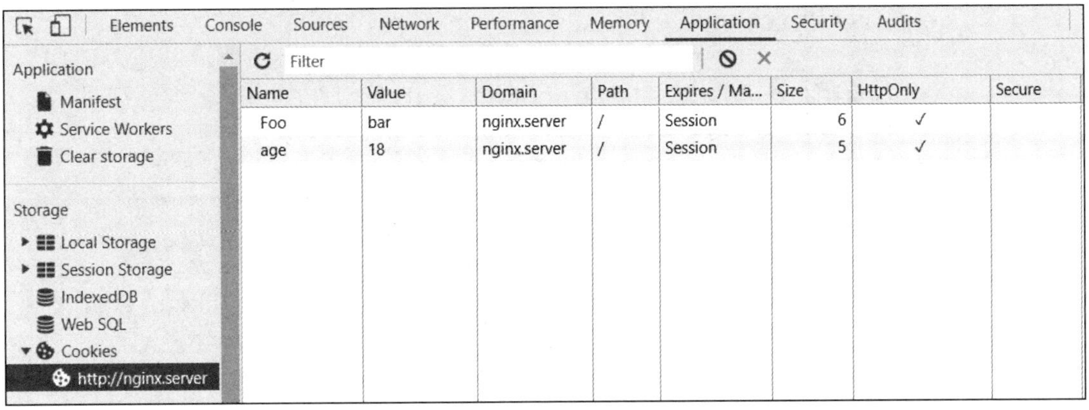

Name	Value	Domain	Path	Expires / Ma...	Size	HttpOnly	Secure
Foo	bar	nginx.server	/	Session	6	✓	
age	18	nginx.server	/	Session	5	✓	

图 8-12　通过 Chrome 浏览器查看 Foo、age 两个 Cookie 的 HttpOnly 属性值

通过 Chrome 浏览器可以看到，Foo、age 两个 Cookie 的 HttpOnly 属性列已经被勾选了。而两个 Cookie 的 Secure 属性列仍然没有被勾选，尽管已经通过 Nginx 为它们增加了 Secure 属性，其中的原因是以上演示程序并没有配置 HTTPS 协议。

8.5.4　Lua 访问 Nginx 变量

前面介绍过 Nginx 提供了很多内置变量，如：

（1）$arg_PARAMETER 可以访问请求参数（查询字符串）中名称为 PARAMETER 的参数值。

（2）$args 可以访问整个请求参数字符（查询字符串）。

（3）$binary_remote_addr 可以获取二进制码形式的客户端地址。

（4）$uri 可以获取当前请求的 URI（不带请求参数）。

（5）$request_method 可以获取当前请求的 HTTP 协议方法，通常为 GET 或 POST。

（6）$server_protocol 可以获取请求使用的协议，通常是 HTTP/1.0 或 HTTP/1.1。

除了内置变量外，还可以在配置文件中使用 set 指令定义一些 Nginx 变量，无论是内部变量还是自定义变量，都可以在 Lua 代码中通过 ngx.var 进行访问。下面是一个通过 ngx.var 访问 Nginx 变量的实例，具体如下：

```
#演示 Lua 访问 Nginx 变量
 location /lua_var_demo {

   #set 指令自定义一个 Nginx 变量
   set  $hello  world;

   content_by_lua_block {
     local basic = require("luaScript.module.common.basic");
     --定义一个 Lua table，暂存需要输出的 Nginx 内置变量
     local vars = {};
     vars.remote_addr =  ngx.var.remote_addr;
     vars.request_uri =  ngx.var.request_uri;
     vars.query_string =  ngx.var.query_string;
     vars.uri = ngx.var.uri;

     vars.nginx_version =  ngx.var.nginx_version;
     vars.server_protocol =  ngx.var.server_protocol;
     vars.remote_user =  ngx.var.remote_user;
     vars.request_filename =  ngx.var.request_filename;
     vars.request_method =  ngx.var.request_method;
     vars.document_root =  ngx.var.document_root;
     vars.body_bytes_sent =  ngx.var.body_bytes_sent;
     vars.binary_remote_addr =  ngx.var.binary_remote_addr;
     vars.args  =  ngx.var.args;

     --通过内置变量访问请求参数
     vars.foo  =  ngx.var.arg_foo ;
     ngx.say("演示程序：将内置变量返回给客户端<br>");

     --使用自定义函数将 Lua table 转换成字符串，然后输出
     local str=basic.tableToStr(vars,",<br>");
     ngx.say(str);
     ngx.say("<br>演示程序：将普通变量返回给客户端<br>");
     --访问自定义 Nginx 变量 hello
     local hello=  ngx.var.hello;
```

```
        ngx.say("hello="..hello);
      }
    }
```

以上代码处于 nginx-lua-demo.conf 文件中，修改后需要重启 OpenRestry，然后可以使用浏览器访问/lua_var_demo?foo=bar，具体的访问结果如图 8-13 所示。

```
nginx.server/lua_var_demo

演示程序: 将内置变量返回给客户端
{['server_protocol']='HTTP/1.1',
['request_uri']='/lua_var_demo',
['remote_addr']='192.168.233.1',
['request_filename']='/work/develop/LuaDemoProject/src/html/lua_var_demo',
['uri']='/lua_var_demo',
['nginx_version']='1.15.8',
['request_method']='GET',
['binary_remote_addr']='���',
['body_bytes_sent']='0',
['document_root']='/work/develop/LuaDemoProject/src/html',
}
演示程序: 将普通变量返回给客户端
foo=bar
```

图 8-13　通过 ngx.var 访问 Nginx 变量

8.5.5 Lua 访问请求上下文变量

Nginx 执行 Lua 脚本涉及很多阶段，如 init、init_worker、ssl_cert、ssl_session_fetch、ssl_session_store、set、rewrite、balancer、access、content、header_filter、body_filter、log、timer。每一个阶段都可以嵌入不同的 Lua 脚本，不同阶段的 Lua 脚本可以通过 ngx.ctx 进行上下文变量的共享。

ngx.ctx 上下文实质上是一个 Lua table，其生存周期与当前请求相同，当前请求不同阶段嵌入的 Lua 脚本都可以读写 ngx.ctx 表中的属性。一个简单的实例如下：

```
#Lua 访问请求上下文变量
location /ctx_demo {
  rewrite_by_lua_block {
    --在上下文设置属性 var1
    ngx.ctx.var1 = 1;
  }
  access_by_lua_block {
    --在上下文设置属性 var2
    ngx.ctx.var2 = 10;
  }
  content_by_lua_block {
    local basic = require("luaScript.module.common.basic");
    --在上下文设置属性 var3
    ngx.ctx.var3 = 100;
    --3 个上下文属性值求和
    local result = ngx.ctx.var1 + ngx.ctx.var2 + ngx.ctx.var3;
```

```
        ngx.say(result);
       ngx.ctx.sum = result;
       --使用自定义函数将 Lua table 转换成字符串
        local str = basic.tableToStr(ngx.ctx, ",<br>");
        ngx.say("<br>");
        ngx.say(str);
     }
   }
```

以上代码处于 nginx-lua-demo.conf 文件中，修改后需要重启 OpenRestry，然后可以使用浏览器访问/ctx_demo，具体的访问结果如图 8-14 所示。

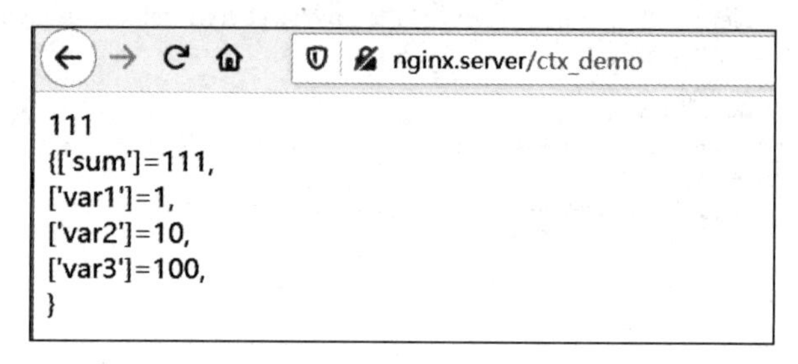

图 8-14 通过 ngx.ctx 上下文设置变量

通过上面的例子可以看出，ngx.ctx 表中定义的属性可以在请求处理的 rewrite（重写）、access（访问）、content（内容）等各处理阶段进行共享。另外，在 ngx_lua 模块中，每个请求（包括子请求）都有一份独立的 ngx.ctx 表。

8.6 重定向与内部子请求

Nginx 的 rewrite 指令不仅可以在 Nginx 内部的 server、location 之间进行跳转，还可以进行外部链接的重定向。通过 ngx_lua 模块的 Lua 函数除了能实现 Nginx 的 rewrite 指令的功能之外，还能顺利完成内部子请求、并发子请求等复杂功能。

实战案例运行准备：本节涉及的配置文件为源码工程的 nginx-lua-demo.conf 文件。在运行本节实例前需要修改启动脚本 openresty-start.bat（或 openresty-start.sh）中的 PROJECT_CONF 变量的值，将其改为 nginx-lua-demo.conf，然后重启 OpenRestry。

8.6.1 Nginx Lua 内部重定向

ngx_lua 模块可以实现 Nginx 的 rewrite 指令类似的功能，该模块提供了两个对应的 API 来实现重定向的功能，主要有：

（1）ngx.exec(uri, args?)：内部重定向。

（2）ngx.redirect(uri, status?)：外部重定向。

首先看第一个 ngx.exec(uri, args?)内部重定向方法，其等价于下面的 rewrite 指令：

```
rewrite  regrex  replacement  last;
```

下面是 3 个使用 ngx.exec 进行重定向的例子。

第一个例子是一个不带参数的重定向：

```
#重定向到/internal/sum
ngx.exec('/internal/sum');
```

第二个例子是一个使用字符串作为追加参数的重定向：

```
#重定向到/internal/sum?a=3&b=5，并且追加参数 c=6
ngx.exec('/internal/sum?a=3&b=5', 'c=6');
```

第三个例子是一个使用 Lua table 作为追加参数的重定向：

```
#重定向到/internal/sum，并且追加参数 ?a=3&b=5&c=6
ngx.exec('/internal/sum', {a=3, b=5,c=6});
```

下面是一个完整的 ngx.exec 重定向的演示例子，通过内部重定向完成 3 个参数的累加，具体代码如下：

```
    location /internal/sum {
      internal;   #只允许内部调用
      content_by_lua_block {

        --通过 ngx.var 访问 Nginx 变量
        local arg_a = tonumber(ngx.var.arg_a);
        local arg_b = tonumber(ngx.var.arg_b);
        local arg_c = tonumber(ngx.var.arg_c);

        --3 个参数值求和
        local sum = arg_a + arg_b+ arg_c;

        --输出结果
        ngx.say(arg_a, "+", arg_b, "+", arg_c, "=",sum);
      }
    }

    location /sum {
      content_by_lua_block {
        -- local res = ngx.exec("/internal/sum", 'a = 100&b=10&c=1');
        -- 内部重定向到/internal/sum
        return ngx.exec("/internal/sum", {a = 100, b = 10, c = 1});
    }
  }
```

以上代码处于 nginx-lua-demo.conf 文件中，修改后需重启 OpenRestry，然后可以使用浏览器访问/sum，具体的访问结果如图 8-15 所示。

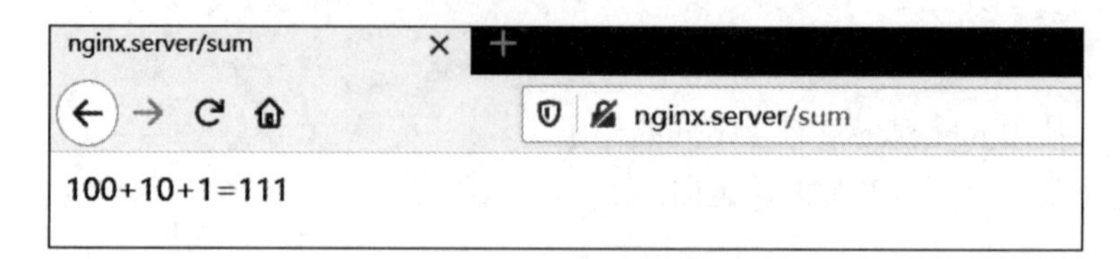

图 8-15 Nginx Lua 内部重定向演示

ngx.exec 的使用需要注意以下两点：

（1）如果有 args 参数，参数可以是字符串的形式，也可以是 Lua table 的形式，代码如下：

```
ngx.exec("/internal/sum",'a=100&b=5');      --参数是字符串的形式
ngx.exec("/internal/sum", {a=100, b=5});   --参数是 Lua table 的形式
```

（2）该方法可能不会主动返回，因此建议在调用该方法时显式加上 return，代码如下：

```
return ngx.exec(...)
```

8.6.2 Nginx Lua 外部重定向

ngx_lua 模块的外部重定向方法为 ngx.redirect，它的语法格式如下：

```
ngx.redirect(uri, status?)
```

ngx.redirect 外部重定向方法与 ngx.exec 内部重定向方法不同，外部重定向将通过客户端进行二次跳转，所以 ngx.redirect 方法会产生额外的网络流量，该方法的第二个参数为响应状态码，可以传递 301/302/303/307/308 重定向状态码。其中，301、302 是 HTTP 1.0 协议定义的响应码，303、307、308 是 HTTP 1.1 协议定义的响应码。

如果不指定 status 值，那么该方法默认的响应状态为 302（ngx.HTTP_MOVED_TEMPORARILY）临时重定向。下面是一个通过 ngx.redirect 方法与 rewrite 指令达到一模一样跳转效果的实例，代码如下：

```
location /sum2 {
  content_by_lua_block {
    -- 外部重定向
    return ngx.redirect("/internal/sum?a=100&b=10&c=1");
  }
}

location /sum3 {
  rewrite  ^/sum3  "/internal/sum?a=100&b=10&c=1"  redirect;
}
```

以上代码处于 nginx-lua-demo.conf 文件中，修改后需要重启 OpenRestry，然后可以使用浏览器访问/sum2 或者/sum3，具体的访问结果如图 8-16 所示。

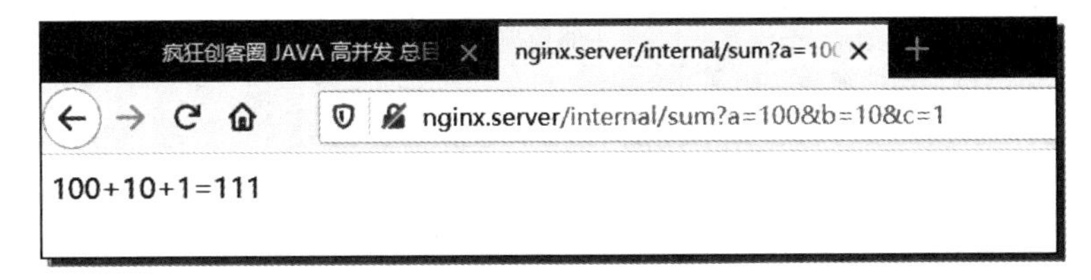

图 8-16　Nginx Lua 外部重定向演示

如果指定 status 值为 301，那么对应的常量为 ngx.HTTP_MOVED_PERMANENTLY 永久重定向，对应到 rewrite 指令的标志位为 permanent。下面的例子中，ngx.redirect 方法与 rewrite 指令达到了一模一样的跳转效果，代码如下：

```
        location /sum4 {
          content_by_lua_block {
            -- 外部重定向
            return ngx.redirect("/internal/sum?a=100&b=10&c=1",
ngx.HTTP_MOVED_PERMANENTLY);
          }
        }

        location /sum5{
          rewrite  ^/sum5  "/internal/sum?a=100&b=10&c=1"  permanent;
        }
```

由于通过浏览器访问时已经发生了二次跳转，因此它的“检查”面板已经查看不到跳转前链接（如/sum4、/sum5）的响应码，但是可以通过抓包工具查看。/sum5 的响应码具体如图 8-17 所示。

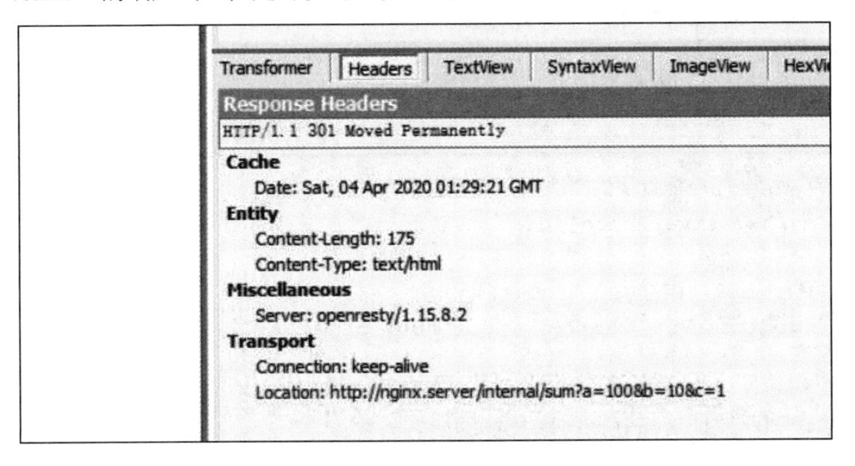

图 8-17　通过抓包工具查看/sum5 的响应码

下面有一个综合性的跳转演示实例，通过 ngx.redirect 方法与 rewrite 指令进行 3 种方式的外部跳转，跳转到博客园网站（www.cnblogs.com）。具体的代码如下：

```
      #使用 location 指令后面的正则表达式进行 URL 后缀捕获
        location ~*/blog/(.*) {
          content_by_lua_block {
```

```
        --使用 ngx.redirect 方法进行外部重定向
        --博客 URI 为正则捕获组 1
       return ngx.redirect("https://www.cnblogs.com/"..ngx.var[1]);
      }
  }

    location ~*/blog1/*{
      #使用 rewrite 指令后面的正则表达式进行 URL 后缀捕获
      rewrite  ^/blog1/(.*) $1 break;
      content_by_lua_block {
        --使用 ngx.redirect 方法进行外部重定向
        --博客 URI 为正则捕获组 1
        return ngx.redirect("https://www.cnblogs.com/"..ngx.var[1]);
      }
    }

    location ~*/blog2/*{
      #使用 rewrite 指令进行外部重定向，并捕获博客 URI
      rewrite  ^/blog2/(.*)  https://www.cnblogs.com/$1  redirect;
    }

  }
```

以疯狂创客圈社群的博客首页为例，外部跳转演示需要用到的 4 个地址，分别如下：

```
  #以下为疯狂创客圈社群的博客首页，原地址为
https://www.cnblogs.com/crazymakercircle/p/9904544.html

  #以下为 /blog/(.*) 配置块的二次跳转演示地址
http://nginx.server/blog/crazymakercircle/p/9904544.html

  #以下为 /blog1/*配置块的二次跳转演示地址
http://nginx.server/blog1/crazymakercircle/p/9904544.html

  #以下为 /blog2/*配置块的二次跳转演示地址
http://nginx.server/blog2/crazymakercircle/p/9904544.html
```

通过浏览器访问以上二次跳转演示地址（主机名 nginx.server 需要指向 Nginx 的 IP），发现都能正常地跳转到原地址（疯狂创客圈社群的博客首页）。

以上代码中，通过 location 指令、rewrite 指令进行了正则捕获，并使用 ngx.var[捕获组编号]访问捕获到的捕获组，也就是博客地址的 URI 部分。

通过浏览器访问以上 4 个地址，最终的结果都为疯狂创客圈社群的博客首页，只是后面的 3 个经过了跳转而已。跳转的结果如图 8-18 所示。

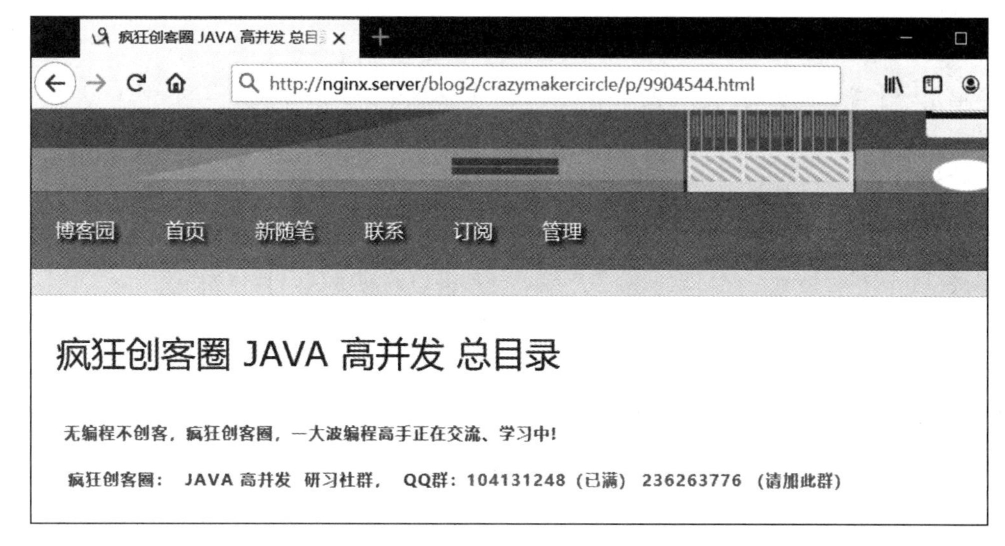

图 8-18 综合性跳转演示实例的跳转结果

ngx.redirect 方法不会主动返回，因此建议在调用该方法时显式加上 return，具体如下：

```
return ngx.redirect("https://www.cnblogs.com/"..ngx.var[1]);
```

8.6.3 ngx.location.capture 子请求

Nginx 子请求并非 HTTP 协议的标准实现，是 Nginx 特有的设计，主要是为了提高内部对单个客户端请求处理的并发能力。

如果某个客户端的请求（可以理解为主请求）访问了多个内部资源，为了提高效率，可以为每一个内部资源访问建立单个子请求，并让所有子请求同时进行。

子请求并不是由客户端直接发起的，它是由 Nginx 服务器在处理客户端请求时根据自身逻辑需要而内部建立的新请求。因此，子请求只在 Nginx 服务器内部进行处理，不会与客户端进行交互。

通常情况下，为保护子请求所定义的内部接口，会把这些接口设置为 internal，防止外部直接访问。这么做的主要好处是可以让这个内部接口相对独立，不受外界干扰。

发起单个子请求，可以使用的 Lua API 为 ngx.location.capture 方法，它的格式如下：

```
ngx.location.capture (uri, options?)
```

capture 方法的第二个参数 options 是一个 table 容器，用于设置子请求相关的选项，有如下可以设置的选项：

（1）method：子请求的方法，默认为 ngx.HTTP_GET 常量。
（2）body：传给子请求的请求体，仅限于 string 或 nil。
（3）args：传给子请求的请求参数，支持 string 或 table。
（4）vars：传给子请求的变量表，仅限于 table。
（5）ctx：父子请求共享的变量表 table。
（6）copy_all_vars：复制所有变量给子请求。
（7）share_all_vars：父子请求共享所有变量。

（8）always_forward_body：用于设置是否转发请求体。

下面是一个综合性实例，包含两个请求接口，具体如下：

外部访问接口：/goods/detail/100?foo=bar。
内部访问接口：/internal/detail/100。

外部接口专供外部访问，在准备好必要的请求参数、上下文环境变量、请求体之后，调用内部访问接口获取执行结果，然后返回给客户端。外部接口的演示代码具体如下：

```
#向外公开的请求
location ~ /goods/detail/([0-9]+) {
      set $goodsId $1; #将 location 的正则捕获组 1 赋值到变量 $goodsId
      set $var1 '';
      set $var2 '';
      content_by_lua_block {
        --解析 body 参数之前一定要先读取 request body
        ngx.req.read_body();
        --组装 uri
        local uri = "/internal/detail/".. ngx.var.goodsId;

        local request_method = ngx.var.request_method;
        --获取父请求的参数
        local args = ngx.req.get_uri_args();

        local shareCtx = {c1 = "v1", other = "other value"}

        local res = ngx.location.capture(uri,{
              method = ngx.HTTP_GET,
              args = args,  --转发父请求的参数给子请求
              body = 'customed  request body',
              vars = {var1 = "value1", var2 = "value2"}, --传递的变量
              always_forward_body = true, --转发父请求的 request body
              ctx = shareCtx,  --共享给子请求的上下文 table
        });
        ngx.say(" child res.status :", res.status);
        ngx.say(res.body);
        ngx.say("<br>shareCtx.c1 =", shareCtx.c1);

    }
}
```

内部接口用于模拟上游的服务(如 Java 容器服务)，外部客户端是不能直接访问内部接口的。内部接口的演示代码具体如下：

```
#内部请求
location ~ /internal/detail/([0-9]+) {
  internal; #此指令限制外部客户端是不能直接访问内部接口
```

```
    #将捕获组 1 的值放到自定义 Nginx 变量$goodsId 中
    set $goodsId $1;

    content_by_lua_block {
      ngx.req.read_body();
      ngx.say(" <br><hr>child start:  ");

      --访问父请求传递的参数
      local args = ngx.req.get_uri_args()
      ngx.say(", <br>foo =", args.foo);

      --访问父请求传递的请求体
      local data = ngx.req.get_body_data()
      ngx.say(", <br>data =", data);

      --访问 Nginx 定义的变量
      ngx.say(" <br> goodsId =", ngx.var.goodsId);

      --访问父请求传递的变量
      ngx.say(", <br>var.var1 =", ngx.var.var1);

      --访问父请求传递的共享上下文，并修改其属性
      ngx.say(", <br>ngx.ctx.c1 =", ngx.ctx.c1);
      ngx.say(" <br>child end <hr>");
      ngx.ctx.c1 = "changed value by child";
    }
  }
```

以上代码处于 nginx-lua-demo.conf 文件中，修改后需重启 OpenRestry，然后可以使用浏览器访问/goods/detail/100?foo=bar，具体的访问结果如图 8-19 所示。

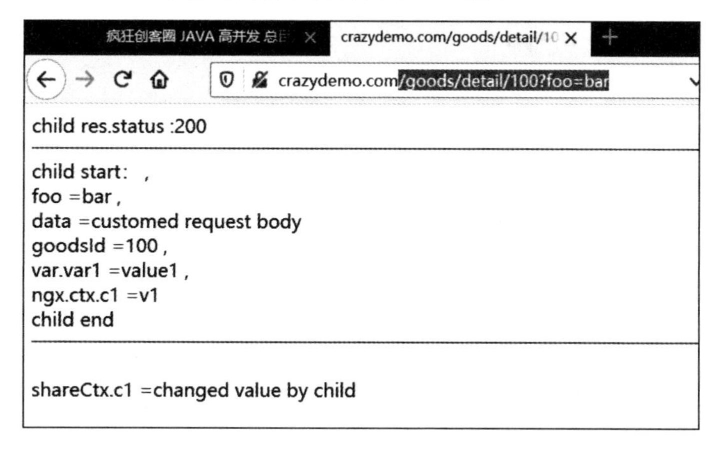

图 8-19 浏览器访问/goods/detail/100?foo=bar 的结果

capture 方法的第二个参数 options 是一个 table 容器，用于设置子请求的选项。options 的 method

属性用于指定子请求的 method 类型，具体示例如下：

```
local res = ngx.location.capture(uri,{
    method = ngx.HTTP_PUT, --method为PUT类型的请求
    ...
});
```

method 属性值只接收 Nginx Lua 内部定义的请求类型的常量，如 ngx.HTTP_POST 表示 POST 类型的请求，ngx.HTTP_GET 表示 GET 类型的请求。

options 的 body 属性指定子请求的请求体（仅接收字符串值），其请求体的内容仅限于 string 或 nil，具体示例如下：

```
local res = ngx.location.capture(uri,{
      body = ' customed  request body',  --转发给子请求的请求体
    ...
});
```

options 的 args 属性用于指定子请求的 URI 请求参数（可以是字符串或者 Lua 表容器），具体示例如下：

```
local res = ngx.location.capture(uri,{
    args  = ngx.req.get_uri_args(), --将父请求的参数table转发给子请求
    ...
});
```

上面的例子假定了父请求的类型为 HTTP GET，使用 ngx.req.get_uri_args()获取父请求的参数列表，原样转发给子请求。

options 的 vars 属性是一个 Lua 表容器，用于设置传递给子请求中的 Nginx 变量。具体示例如下：

```
...
set $var1 ''; #提前定义好变量
set $var2 ''; #提前定义好变量
content_by_lua_block {
    ...
    local res = ngx.location.capture(uri,{
          vars = { var1 = "value1", var2 = "value2"},  --传递的Nginx变量
        ...
    });
}
```

在通过 vars 向子请求中传递 Nginx 变量时，变量需要提前进行定义，否则将报出变量未定义的错误。

options 的 ctx 上下文属性指定一个 Lua 表作为子请求的 ngx.ctx 表。当然，可以直接将 ctx 属性值设置为当前请求的 ngx.ctx 上下文表。options 的 ctx 使用示例如下：

```
local c = {c1="v1",other="other value"}
```

```
local res = ngx.location.capture(uri,{
    ...
    ctx = c,  --设置子请求的 ngx.ctx 上下文表
});
```

父请求如果修改了 ctx 表中的成员，那么子请求可以通过 ngx.ctx 获取；反过来，子请求也可以修改 ngx.ctx 中的成员，父请求可以通过 ctx 表获取。通过 ctx 属性值可以方便地让父请求和子请求进行上下文变量共享。

options 的 always_forward_body 属性用于设置是否转发请求体。当设置为 true 时，父请求中的请求体 request body 将转发到子请求。always_forward_body 属性的使用示例如下：

```
local res = ngx.location.capture(uri,{
   method = ngx.HTTP_GET,
   always_forward_body = true,  --转发父请求的 request body
});
```

ngx.location.capture 只能发起到当前 Nginx 服务器的内部路径的子请求，如果需要发起外部 HTTP 路径的子请求，就需要与 location（或者 upstream）反向代理配置配合实现。

8.6.4 ngx.location.capture_multi 并发子请求

经过解耦之后，微服务架构将提供大量的细粒度接口，一次客户端（例如 App、网页端）请求往往调用多个微服务接口才能获取到完整的页面内容。这种场景下可以通过网关（如 Nginx）进行上游接口合并。

在 OpenResty 中，ngx.location.capture_multi 可以用于上游接口合并的场景，该方法可以完成内部多个子请求和并发访问。它的格式如下：

```
ngx.location.capture_multi ({ {uri, options?}, {uri, options?}, ... })
```

capture_multi 可以一次发送多个内部子请求，每一个子请求的参数使用方式与 capture 方法相同。调用 capture_multi 前可以把所有的子请求加入一个 table 容器表中，作为调用参数传入；capture_multi 返回后可以将其结果再用花括号“{}”包装成一个 table，方便后面的迭代处理。

下面是一个综合性实例，通过 capture_multi 方法一次并发地请求两个内部接口，具体代码如下：

```
        #发起两个子请求：一个是 get；另一个是 post
        location /capture_multi_demo {
          content_by_lua_block  {
          local postBody = ngx.encode_args({post_k1 = 32, post_k2 = "post_v2"});
          local reqs = {};
          table.insert(reqs, { "/print_get_param", { args = "a=3&b=4"  }});
          table.insert(reqs, { "/print_post_param",{ method = ngx.HTTP_POST, body
= postBody}});
          --统一发并发请求，然后等待结果
          local resps = {ngx.location.capture_multi(reqs)};
```

```
      --迭代结果列表
      for i, res in ipairs(resps) do
        ngx.say(" child  res.status :", res.status,"<br>");
        ngx.say(" child  res.body :", res.body,"<br><br>");
      end
      }
    }
```

两个内部接口用于模拟上游的服务(如Java容器服务),客户端是不能直接访问内部接口的。两个内部接口的代码具体如下:

```
    #模拟上游接口一：输出get请求的参数
    location /print_get_param {
      internal;
      content_by_lua_block {
        ngx.say(" <br><hr>child start:  ");
        local arg = ngx.req.get_uri_args()
        for k, v in pairs(arg) do
           ngx.say("<br>[GET ] key:", k, " v:", v)
        end
        ngx.say(" <br>child end <hr>");
      }
    }

    #模拟上游接口二：输出post请求的参数
    location /print_post_param {
      internal;
      content_by_lua_block {
        ngx.say(" <br><hr>child start:  ");
        ngx.req.read_body() --解析body参数之前一定要先读取body
        local arg = ngx.req.get_post_args();
        for k, v in pairs(arg) do
           ngx.say("<br>[POST] key:", k, " v:", v)
        end
        ngx.say(" <br>child end <hr>");
      }
}
```

两个内部接口的功能很简单，主要是为了获取请求参数（或者请求体），然后输出到客户端。以上代码处于nginx-lua-demo.conf文件中，修改后需要重启OpenRestry，然后可以使用浏览器访问外部接口/capture_multi_demo，具体的访问结果如图8-20所示。

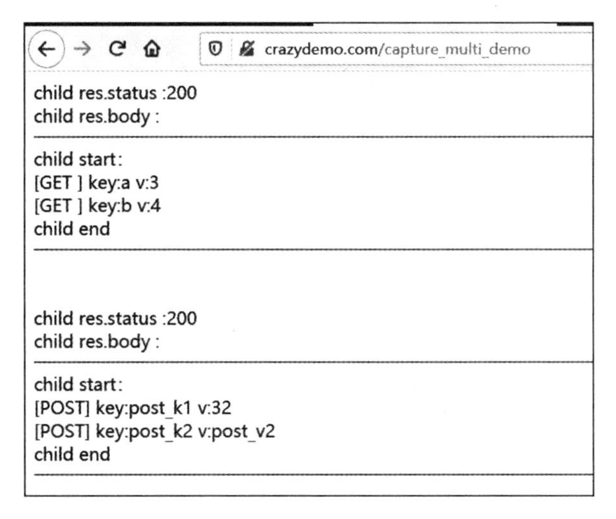

图 8-20 外部接口/capture_multi_demo 的访问结果

在所有子请求终止之前，ngx.location.capture_multi(...)函数不会返回。此函数的耗时是单个子请求的最长延迟，而不是所有子请求的耗时总和，因为所有子请求是并发执行的。

上面的例子中，利用 ngx.location.capture_multi(...)完成了两个子请求并行执行。当两个请求没有先后依赖时，这个方法可以极大地提高请求效率。如果两个请求各自需要 500 毫秒，顺序执行需要 1000 毫秒，那么通过并发子请求可以在 500 毫秒完成两个请求。

8.7 Nginx Lua 操作 Redis

本节介绍如何使用开源的 lua-resty-redis 模块在 Lua 脚本中连接和访问 Redis，该模块的官方网址为 https://github.com/openresty/lua-resty-redis。

实战案例运行准备：本节涉及的配置文件为源码工程的 nginx-redis-demo.conf 文件。在运行本节实例前需要修改启动脚本 openresty-start.bat（或 openresty-start.sh ）中的 PROJECT_CONF 变量的值，将其改为 nginx-redis-demo.conf，然后重启 OpenRestry。

8.7.1 Redis 的 CRUD 基本操作

使用 Lua 模块 lua-resty-redis 之前需要在官方网站下载 resty/redis.lua 库文件，然后将该库文件加入项目工程所在的 Lua 外部库路径。 lua-resty-redis 官方已经申明，大部分的 Redis 操作命令都实现了同名的 Lua API 方法。有关 Redis 的安装使用及其具体的操作命令和参数可以参考笔者的《Netty、Redis、ZooKeeper 高并发实战》一书。

下面是一个简单的使用 Lua 模块 lua-resty-redis 操作 Redis 的实例，代码如下：

```
local redis = require "resty.redis"
local config = require("luaScript.module.config.redis-config");
---启动调试
local mobdebug = require("luaScript.initial.mobdebug");
```

```
mobdebug.start();

--设置超时时长
local red = redis:new()
--设置超时时长，单位为ms
red:set_timeouts(config.timeout, config.timeout, config.timeout)

--连接服务器
local ok, err = red:connect(config.host_name, config.port)
if not ok then
    ngx.say("failed to connect: ", err)
    return
end

--设置值
ok, err = red:set("dog", "an animal")
if not ok then
    ngx.say("failed to set dog: ", err, "<br>")
    return
else
    ngx.say("set dog: ok", "<br>")
end

--取值
local res, err = red:get("dog")
--判空演示
if not res or res == ngx.null then
    ngx.say("failed to get dog: ", err, "<br>")
    return
else
    ngx.say("get dog: ok", "<br>", res, "<br>")
end


--批量操作，减少网络IO次数
red:init_pipeline()
red:set("cat", "cat 1")
red:set("horse", "horse 1")
red:get("cat")
red:get("horse")
red:get("dog")
local results, err = red:commit_pipeline()
if not results then
    ngx.say("failed to commit the pipelined requests: ", err)
    return
end
```

```
for i, res in ipairs(results) do
   if type(res) == "table" then
      if res[1] == false then
         ngx.say("failed to run command ", i, ": ", res[2], "<br>")
      else
         --处理表容器
         ngx.say("succeed to run command ", i, ": ", res[i], "<br>")
      end
   else
      --处理变量
      ngx.say("succeed to run command ", i, ": ", res, "<br>")
   end
end

--简单的关闭连接
local ok, err = red:close()
if not ok then
   ngx.say("failed to close: ", err)
   return
else
   ngx.say("succeed to close redis")
end
```

以上 Lua 脚本处于工程目录下的 luaScript/redis/RedisDemo.lua 文件中，完成了如下 Redis 的操作：

（1）连接 Redis 服务器。

（2）根据 key 设置缓存值。

（3）根据 key 获取缓存值。

（4）批量 Redis 操作。

（5）简单地关闭 Redis 连接。

在 nginx-redis-demo.conf 配置文件中编写一个 location 配置块来使用该脚本，具体代码如下：

```
#redis CRUD 简单操作演示
location /redis_demo {
  content_by_lua_file  luaScript/redis/RedisDemo.lua;
}
```

修改 nginx-redis-demo.conf 文件后需要重启 OpenRestry，然后可以使用浏览器访问其地址 /redis_demo，具体的访问结果如图 8-21 所示。

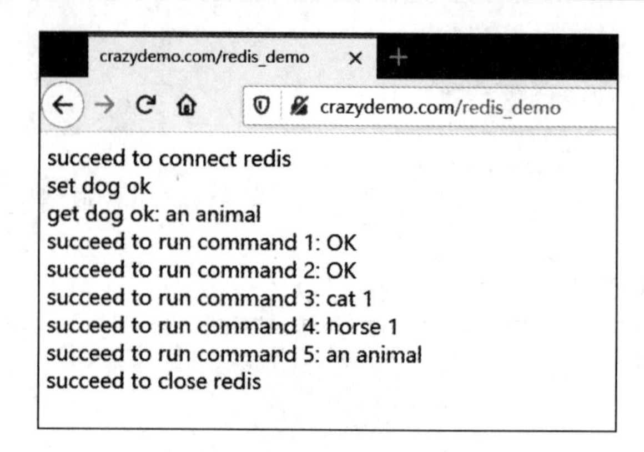

图 8-21 Redis CRUD 简单操作演示的访问结果

RedisDemo.lua 通过 require 导入了 redis-config.lua 配置文件，该文件定义了整个项目都需要使用的全局 Redis 配置信息，其代码如下：

```
--定义一个统一的 redis 配置模块
--统一的模块对象
local _Module = {
    --redis 服务器的地址
    host_name = "192.168.233.128";
    --redis 服务器的端口
    port = "6379";
    --redis 服务器的数据库
    db = "0";
    --redis 服务器的密码
    password = '123456';
    --连接超时时长
    timeout = 20000;
    --线程池的连接数量
    pool_size = 100;
    --最大的空闲时间，单位：毫秒
    pool_max_idle_time = 10000;
}
return _Module
```

8.7.2 实战：封装一个操作 Redis 的基础类

通过 Lua 操作 Redis 会涉及获取连接、操作数据、连接回收等基础性工作，这里建议将这些基础性工作封装到一个 Redis 操作的基础类，主要的代码如下：

```
local redis = require "resty.redis"
local basic = require("luaScript.module.common.basic");
local config = require("luaScript.module.config.redis-config");

--连接池大小
local pool_size = config.pool_size;
```

```
--最大的空闲时间，单位：毫秒
local pool_max_idle_time = config.pool_max_idle_time;
--一个统一的模块对象
local _Module = {}

_Module.__index = _Module

--类的方法 new
function _Module.new(self)
    local object = { red = nil }
    setmetatable(object, self)
    return object
end

--获取 redis 连接
function _Module.open(self)

    local red = redis:new()
    --设置超时的时间为 2 sec,connect_timeout, send_timeout, read_timeout
    red:set_timeout(config.timeout, config.timeout, config.timeout);
    local ok, err = red:connect( config.host_name, config.port)
    if not ok then
        basic.error("连接 redis 服务器失败: ", err)
        return false;
    end

    if  config.password  then
        red:auth(config.password)
    end

    if  config.db then
        red:select(config.db)
    end

    basic.log("连接 redis 服务器成功")

    self.red = red;
    return true;
end

--缓存值
function _Module.setValue(self, key, value)
    ok, err = self.red:set(key, value)
    if not ok then
        basic.error("redis 缓存设置失败")
```

```
        return false;
    end
    basic.log("set result ok")
    return true;
end

--值递增
function _Module.incrValue(self, key)
    ok, err = self.red:incr(key)
    if not ok then
        basic.error("redis 缓存递增失败 ")
        return false;
    end
    basic.log("incr ok")
    return true;
end

--过期
function _Module.expire(self, key, seconds)
    ok, err = self.red:expire(key, seconds)
    if not ok then
        basic.error("redis 设置过期失败 ")
        return false;
    end
    return true;
end

--获取值
function _Module.getValue(self, key)
    local resp, err = self.red:get(key)
    if not resp then
        basic.error("redis 缓存读取失败 ")
        return nil;
    end
    return resp;
end

--省略封装的其他 Redis 操作方法

--将连接还给连接池
function _Module.close(self)
    if not self.red then
        return
    end

    local ok, err = self.red:set_keepalive(pool_max_idle_time, pool_size)
```

```
        if not ok then
           basic.error("redis set_keepalive 执行失败 ")
        end

        basic.log("redis 连接释放成功")

    end

    return _Module
```

此基础操作类的名称为RedisOperator，需要使用时通过require("luaScript.redis.RedisOperator")导入即可。

8.7.3 在 Lua 中使用 Redis 连接池

在示例代码 RedisDemo.lua 脚本中，每一次客户端请求，lua-resty-redis 模块都会创建一个新的 Redis 连接。在生产环境中，每一次请求都开启一个服务器新连接会导致以下问题：

（1）连接资源被快速消耗。

（2）网络一旦抖动，会有大量 TIME_WAIT 连接产生，需要定期重启服务程序或机器。

（3）服务器工作不稳定，QPS 忽高忽低。

（4）性能普遍上不去。

为什么会出现这些性能问题呢？因为每一次传输数据，我们需要完成创建连接、收发数据、拆除连接 3 个基本步骤，在低并发场景下每次请求完整走完这 3 步基本上不会有什么问题。然而，一旦挪到高并发应用场景，性能问题就出现了。

性能优化的第一件事情就是把短连接改成长连接，可以减少大量创建连接、拆除连接的时间。从性能上来说肯定要比短连接好很多，但还是有比较大的浪费。

性能优化的第二件事情就是使用连接池。通过一个连接池 pool 将所有长连接缓存和管理起来，谁需要使用，就从这里取走，干完活立马放回来。

实际上，大家在开发过程中用到的连接池是非常多的，比如 HTTP 连接池、数据库连接池、消息推送连接池等。实际上，几乎所有点到点之间的连接资源复用都需要通过连接池完成。

在 OpenResty 中，lua-resty-redis 模块管理了一个连接池，并且定义了 set_keepalive 方法完成连接的回收和复用。set_keepalive 方法的语法如下：

```
ok, err = red:set_keepalive(max_idle_timeout, pool_size)
```

该方法将当前的 Redis 连接立即放入连接池。其中，max_idle_timeout 参数指定连接在池中的最大空闲超时时长（以毫秒为单位）；pool_size 参数指定每个 Nginx 工作进程的连接池的最大连接数。如果入池成功，就返回 1；如果入池出现错误，就返回 nil，并返回错误描述字符串。

下面看一个连接回收的示例，具体的代码如下：

```
    location /pool_demo {
      content_by_lua_block {
        local redis = require "resty.redis"
```

```
        local config = require("luaScript.module.config.redis-config");

        --连接池大小
        local pool_size = config.pool_size;

        --最大的空闲时间，单位：毫秒
        local pool_max_idle_time = config.pool_max_idle_time;

        local red = redis:new()


        local ok, err = red:connect(config.host_name, config.port)
        if not ok then
           ngx.say("failed to connect: ", err)
           return
        else
           ngx.say("succeed to connect redis", "<br>")
        end
        red: auth(config.password)

        --red: set_keepalive(pool_max_idle_time, pool_size)    --① 坑

        ok, err = red:set("dog", "an animal")
        if not ok then
           --red: set_keepalive(pool_max_idle_time, pool_size)   --② 坑
           return
        end

        --③ 正确回收
        red: set_keepalive(pool_max_idle_time, pool_size)
        ngx.say("succeed to collect redis connection", "<br>")
      }
    }
```

以上代码中，有3个需要注意的地方，具体介绍如下：

① 坑：只有数据传输完毕、Redis连接使用完成之后，才能调用set_keepalive方法将连接放到池子里，set_keepalive方法会立即将red连接对象转换到closed状态，后面的Redis调用将出错。

② 坑：如果设置错误，那么red连接对象不一定可用，不能把可用性存疑的连接放回池子里，如果另一个请求从连接池获取到一个不能用的连接，就会直接报错。

③ 正确回收：此处的set_keepalive方法调用是正确的。

以上代码处于nginx-redis-demo.conf文件中，修改后需要重启OpenRestry，然后可以使用浏览器访问其地址/pool_demo，具体的访问结果如图8-22所示。

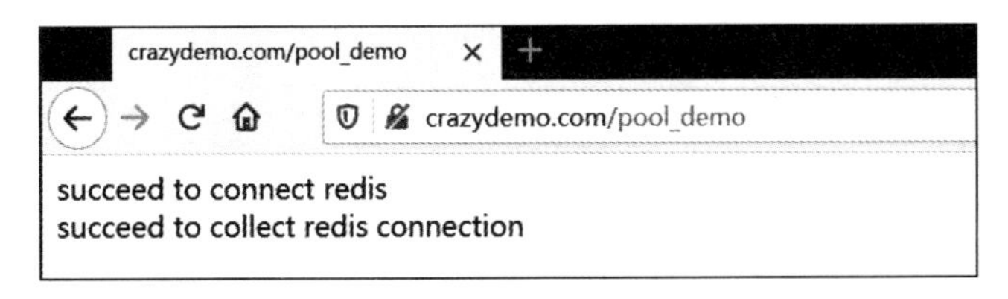

图 8-22 Redis 连接池演示实例的执行结果

set_keepalive 方法完成连接回收之后，下一次通过 red:connect(...)获取连接时，connect 方法在创建新连接前会在连接池中查找空闲连接，只有查找失败才会真正创建新连接。

总之，作为一个专业的服务端开发工程师，大家必须要对连接池有较深理解，其实不论是 Redis 连接池、HTTP 连接池，还是数据库连接池，甚至是线程池，其原理都是差不多的。

8.8 Nginx Lua 编程实战案例

本节介绍如下 3 个 Nginx Lua 编程实战案例：

（1）一个基于 Nginx+Redis 分布式架构的访问统计实战案例。

（2）一个基于 Nginx+Redis+Java 容器架构的高并发访问实战案例。

（3）一个基于 Nginx + Redis 架构的黑名单拦截实战案例。

8.8.1 Nginx+Redis 进行分布式访问统计

接口（或者页面）的访问统计是网站运营和优化的一个重要参考数据，对于分布式接口可以通过 Nginx+Redis 架构来简单实现分布式受访统计。

得益于 Nginx 的高并发性能和 Redis 的高速缓存，基于 Nginx+Redis 的受访统计的架构设计比纯 Java 实现受访统计的架构设计在性能上高出很多。

作为参考案例，这里使用前面定义的 RedisOperator 基础操作类编写了一个简单的受访统计类，具体的代码如下：

```
---启动调试，正式环境请注释
local mobdebug = require("luaScript.initial.mobdebug");
mobdebug.start();

--导入自定义的 RedisOperator 模块
local redisOp = require("luaScript.redis.RedisOperator");

--创建自定义的 redis 操作对象
local red = redisOp:new();
--打开连接
red:open();

--获取访问次数
local visitCount = red:incrValue("demo:visitCount");
```

```
if visitCount == 1 then
    --10 秒内过期
    red:expire("demo:visitCount", 10);
end

--将访问次数设置到 Nginx 变量
ngx.var.count = visitCount;

--归还连接到连接池
red:close();
```

在 nginx-redis-demo.conf 配置文件中编写一个 location 配置块来使用该脚本，建议将该脚本执行于 access 阶段而不是 content 阶段，具体代码如下：

```
#点击次数统计的演示
location /visitcount {
    #定义一个 Nginx 变量，用于在 Lua 脚本中保存访问次数
    set $count 0;
    access_by_lua_file  luaScript/redis/RedisVisitCount.lua;
    echo "10s 内总的访问次数为: "  $count;
}
```

修改 nginx-redis-demo.conf 文件后重启 Openrestry，然后使用浏览器访问其地址/visitcount，并且在浏览器中不断刷新，发现每刷新一次，页面的统计次数会加一，其结果如图 8-23 所示。

图 8-23　访问统计效果图

8.8.2　Nginx+Redis+Java 容器实现高并发访问

在不需要高速访问的场景下，运行在 Java 后端的容器（如 Tomcat）会直接从 DB 数据库（如 MySQL）查询数据，然后返回给客户端。

由于数据库的连接数限制、网络传输延迟、数据库的 IO 频繁等多方面的原因，Java 后端容器直接查询 DB 的性能会很低，这时会进行架构的调整，采用“Java 容器+Redis+DB”的查询架构。针对数据一致性要求不是特别高但是访问频繁的 API 接口（实际上大部分都是），可以将 DB 数据放入 Redis 缓存，Java API 可以优先查询 Redis，如果缓存未命中，就回源到 DB 查询，从 DB 查询成功后再将数据更新到 Redis 缓存。

“Java 容器+Redis+DB”的查询架构既起到 Redis 分流大量查询请求的作用，又大大提升了 API 接口的处理性能，可谓一举两得。该架构的请求处理流程如图 8-24 所示。

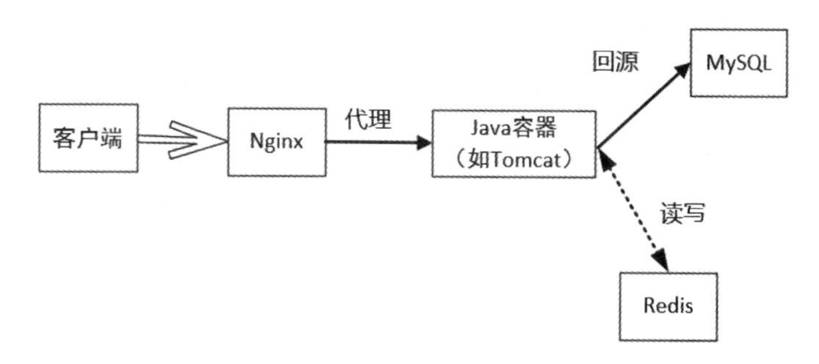

图 8-24 "Java 容器+Redis +DB"查询架构的请求处理流程

大家知道，常用的后端 Java 容器（如 Tomcat、Jetty 等）的性能其实不是太高，QPS 性能指标一般会在 1000 以内。从笔者经历过的很多次性能攻关的数据来看，Nginx 的性能是 Java 容器的 10 倍左右（甚至以上），并且稳定性更强，还不存在 FullGC 卡顿。

为了应对高并发，可以将"Java 容器+Redis+DB"架构优化为"Nginx+Redis+Java 容器"查询架构。新架构将后端 Java 容器的缓存判断、缓存查询前移到反向代理 Nginx，通过 Nginx 直接进行 Redis 缓存判断、缓存查询。

"Nginx+Redis+Java 容器"的查询架构不仅为 Java 容器减少了很多请求，而且能够充分发挥 Nginx 的高并发优势和稳定性优势。该架构的请求处理流程如图 8-25 所示。

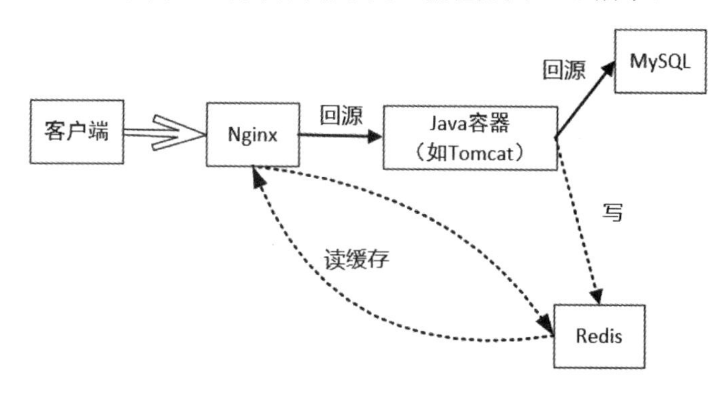

图 8-25 "Nginx+Redis+Java 容器"查询架构的请求处理流程

这里以秒杀系统的商品数据查询为例提供一个"Nginx+Redis+Java 容器"查询架构的参考实现。首先定义两个接口：一个模拟 Java 容器的商品查询接口；另一个模拟供外部调用的商品查询接口：

- 模拟 Java 容器的商品查询接口：/java/good/detail。
- 模拟供外部调用的商品查询接口：/good/detail。

然后提供一个 Lua 操作缓存的类 RedisCacheDemo，主要定义如下 3 个方法：

（1）getCache(self,goodId)：根据商品 id 取得 Redis 商品缓存。

（2）goUpstream(self)：通过 capture 内部请求访问上游接口获取商品数据。

（3）setCache(self, goodId ,goodString)：设置商品缓存，此方法用于模拟后台 Java 代码。

缓存操作类 RedisCacheDemo 的核心代码如下：

```
---启动调试，正式环境请注释
local mobdebug = require("luaScript.initial.mobdebug");
mobdebug.start();
--导入自定义的基础模块
local basic = require("luaScript.module.common.basic");
--导入自定义的 RedisOperator 模块
local redisOp = require("luaScript.redis.RedisOperator");

local PREFIX = "GOOD_CACHE:"

--RedisCacheDemo 类
local _RedisCacheDemo = { }
_RedisCacheDemo.__index = _RedisCacheDemo

--类的方法 new
function _RedisCacheDemo.new(self)
    local object = {}
    setmetatable(object, self)
    return object;
end


--根据商品 id 取得缓存
function _RedisCacheDemo.getCache(self,goodId)

    --创建自定义的 redis 操作对象
    local red = redisOp:new();
    --打开连接
    if not  red:open() then
        basic:error("redis 连接失败");
        return nil;
    end

    --获取缓存数据
    local json = red:getValue(PREFIX .. goodId);
    red:close();

    if not json or json==ngx.null then
        basic:log(goodId .. "的缓存没有命中");
        return nil;
    end
    basic:log(goodId .. "缓存成功命中");
    return json;
end
```

```
--通过 capture 方法回源上游接口
function _RedisCacheDemo.goUpstream(self)
    local request_method = ngx.var.request_method
    local args = nil
    --获取参数的值
    if "GET" == request_method then
       args = ngx.req.get_uri_args()
    elseif "POST" == request_method then
       ngx.req.read_body()
       args = ngx.req.get_post_args()
    end

    --回源上游接口,比如 Java 后端 rest 接口
    local res = ngx.location.capture("/java/good/detail",{
       method = ngx.HTTP_GET,
       args = args  --重要：将请求参数原样向上游传递
    })
    basic:log("上游数据获取成功");

    --返回上游接口的响应体 body
    return res.body;
end


--设置缓存，此方法主要用于模拟 Java 后台代码
function _RedisCacheDemo.setCache(self, goodId ,goodString)

     --创建自定义的 redis 操作对象
local red = redisOp:new();
    --打开连接
    if not  red:open() then
       basic:error("redis 连接失败");
       return nil;
    end

    --set 缓存数据
    red:setValue(PREFIX .. goodId,goodString);
    --60 秒内过期
    red:expire(PREFIX .. goodId, 60);
    basic:log(goodId .. "缓存设置成功");
    --归还连接到连接池
    red:close();
    return json;
end

return _RedisCacheDemo;
```

在 nginx-redis-demo.conf 配置文件中编写一个 location 配置块来使用该脚本，该配置块是提供给外部调用的商品查询接口/good/detail，具体代码如下：

```
#首先从缓存中查询商品，未命中再回源到 Java 后台
location = /good/detail {
  content_by_lua_block {
    local goodId=ngx.var.arg_goodid;

    --判断 goodId 参数是否存在
    if not goodId then
       ngx.say("请输入 goodId");
       return;
    end

    --首先从缓存中根据 id 查询商品
    local RedisCacheDemo = require "luaScript.redis.RedisCacheDemo";
    local redisCacheDemo = RedisCacheDemo:new();
    local json = redisCacheDemo:getCache(goodId);

    --判断缓存是否被命中
    if not json then
        ngx.say("缓存是否被命中，回源到上游接口<br>");
         --若没有命中缓存，则回源到上游接口
        json = redisCacheDemo:goUpstream();
    else
        ngx.say("缓存已经被命中<br>");
    end
    ngx.say("商品信息：",json);
  }
}
```

出于调试方便，在 nginx-redis-demo.conf 配置文件中再编写一个 location 配置块来模拟 Java 容器的后台商品查询接口/java/good/detail。

理论上，后台接口的业务逻辑是从数据库查询商品信息并缓存到 Redis，然后返回商品信息。这里为了方便演示对其进行简化，具体的代码如下：

```
#模拟 Java 后台接口查询商品，然后设置缓存
location = /java/good/detail {
  #指定规则为 internal 内部规则，防止外部请求命中此规则
  internal;
  content_by_lua_block {
    local RedisCacheDemo = require "luaScript.redis.RedisCacheDemo";

    --Java 后台将从数据库查找商品，这里简化成模拟数据
    local json='{goodId:商品 id,goodName:商品名称}';

    --将商品缓存到 Redis
```

```
        local redisCacheDemo = RedisCacheDemo:new();
        redisCacheDemo:setCache(ngx.var.arg_goodid, json);

        --返回商品到下游网关
        ngx.say(json);
      }
    }


  }
```

修改了 nginx-redis-demo.conf 文件后重启 OpenRestry，然后使用浏览器访问商品查询外部接口/good/detail，并且多次刷新，发现从二次请求开始就能成功命中缓存，其结果如图 8-26 所示。

图 8-26　使用浏览器访问商品查询外部接口/good/detail 的结果

8.8.3　Nginx+Redis 实现黑名单拦截

我们在日常维护网站时经常会遇到这样一个需求，对于黑名单之内的 IP 需要拒绝提供服务。实现 IP 黑名单拦截有很多途径，比如以下方式：

（1）在操作系统层面配置 iptables 防火墙规则，拒绝黑名单中 IP 的网络请求。

（2）使用 Nginx 网关的 deny 配置指令拒绝黑名单中 IP 的网络请求。

（3）在 Nginx 网关的 access 处理阶段，通过 Lua 脚本检查客户端 IP 是否在黑名单中。

（4）在 Spring Cloud 内部网关（如 Zuul）的过滤器中检查客户端 IP 是否在黑名单中。

以上检查方式都是基于一个静态的、提前备好的黑名单进行的。在系统实际运行过程中，黑名单往往需要动态计算，系统需要动态识别出大量发起请求的恶意爬虫或者恶意用户，并且将这些恶意请求的 IP 放入一个动态的 IP 黑名单中。

Nginx 网关可以依据动态黑名单内的 IP 进行请求拦截并拒绝提供服务。这里结合 Nginx 和 Redis 提供一个基于动态 IP 黑名单进行请求拦截的实现。

首先是黑名单的组成，黑名单应该包括静态部分和动态部分。静态部分为系统管理员通过控制台设置的黑名单。动态部分主要通过流计算框架完成，具体的方法为：将 Nginx 的访问日志通过 Kafka 消息中间件发送到流计算框架，然后通过滑动窗口机制计算出窗口内相同 IP 的访问计数，将超出阈值的 IP 动态加入黑名单中，流计算框架可以选用 Apache Flink 或者 Apache Storm。当然，除了使用流计算框架外，也可以使用 RxJava 滑动窗口进行访问计数的统计。

这里对黑名单的计算和生成不做研究，假定 IP 黑名单已经生成并且定期更新在 Redis 中。Nginx 网关可以直接从 Redis 获取计算好的 IP 黑名单，但是为了提升黑名单的读取速度，并不是每一次请求过滤都从 Redis 读取 IP 黑名单，而是从本地的共享内存 black_ip_list 中获取，同时定期更新到本地共享内存中的 IP 黑名单。

Nginx+Redis 实现黑名单拦截的系统架构如图 8-27 所示。

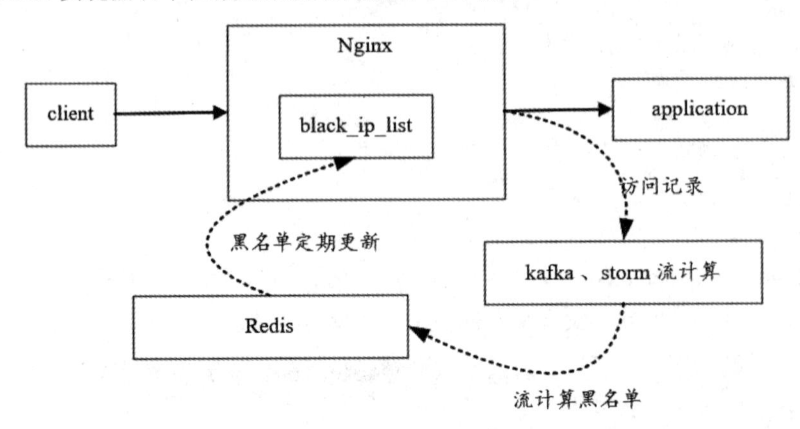

图 8-27 Nginx+Redis 实现黑名单拦截的系统架构

这里提供一个"Nginx + Redis"实现黑名单拦截的参考实现，具体的 Lua 脚本如下：

```
---启动调试，正式环境请注释
local mobdebug = require("luaScript.initial.mobdebug");
mobdebug.start();
--导入自定义的基础模块
local basic = require("luaScript.module.common.basic");
--导入自定义的 RedisOperator 模块
local redisOp = require("luaScript.redis.RedisOperator");

local ip = basic.getClientIP();
basic.log("ClientIP:"..ip);
--lua_shared_dict black_ip_list 1m; #配置文件定义的 ip_blacklist 共享内存变量
local black_ip_list = ngx.shared.black_ip_list

--获得本地缓存的刷新时间，如果没有过期，就直接使用
local last_update_time = black_ip_list:get("last_update_time");

if last_update_time ~= nil then
   local dif_time = ngx.now() - last_update_time
   if dif_time < 60 then --缓存 1 分钟，没有过期
      if black_ip_list:get(ip) then
         return ngx.exit(ngx.HTTP_FORBIDDEN) --直接返回 403
      end
      return
   end
end
```

```
local KEY = "limit:ip:blacklist";
--创建自定义的 redis 操作对象
local red = redisOp:new();
--打开连接
red:open();
--获取缓存的黑名单
local ip_blacklist = red:getSmembers(KEY);
--归还连接到连接池
red:close();

if not ip_blacklist then
   basic.log("black ip set  is null");
   return;
else
   --刷新本地缓存
   black_ip_list:flush_all();

   --同步 redis 黑名单到本地缓存
   for i,ip in ipairs(ip_blacklist) do
      --本地缓存 redis 中的黑名单
      black_ip_list:set(ip,true);
   end
   --设置本地缓存的最新更新时间
   black_ip_list:set("last_update_time",ngx.now());
end
if black_ip_list:get(ip) then
   return ngx.exit(ngx.HTTP_FORBIDDEN) --直接返回 403
end
```

该脚本名称为 black_ip_filter.lua，作为测试，在 nginx-redis-demo.conf 配置文件中编写一个 location 配置块来执行该脚本，建议将该脚本执行于 access 阶段而不是 content 阶段，具体代码如下：

```
location /black_ip_demo {
  access_by_lua_ file luaScript/redis/black_ip_filter.lua;
  echo "恭喜，没有被拦截";
}
```

另外，black_ip_filter.lua 使用了名称为 black_ip_list 的共享内存区进行黑名单本地缓存，所以需要在配置文件中进行共享内存空间的定义，具体如下：

```
#定义存储 IP 黑名单的共享内存变量
lua_shared_dict  black_ip_list  1m;
```

这里使用 lua_shared_dict 指令定义了一块 1MB 大小的共享内存，有关该指令的使用方法在 8.8.4 节详细展开。修改 nginx-redis-demo.conf 文件后重启 Openrestry，然后使用浏览器访问 /black_ip_demo 的完整链接地址，第一次访问时客户端 IP 没有加入黑名单，所以请求没有被拦截，结果如图 8-28 所示。

图 8-28　第一次访问时客户端 IP 没有加入黑名单

在 Redis 服务器上新建 Set 类型的键 limit:ip:blacklist，并加入最新的当前客户端 IP。然后再一次访问/black_ip_demo，发现请求已经被拦截，结果如图 8-29 所示。

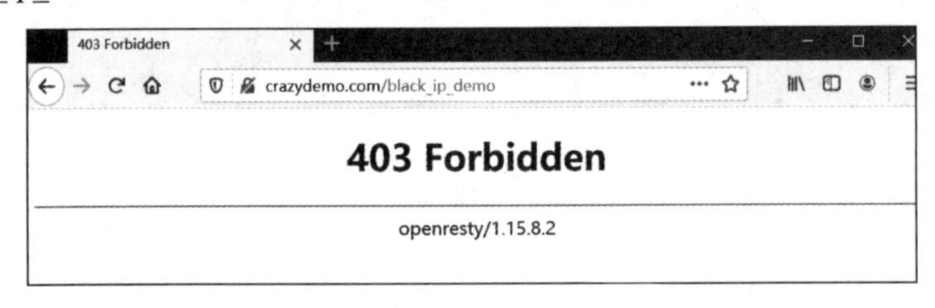

图 8-29　客户端 IP 加入黑名单后请求被拦截

8.8.4　使用 Nginx Lua 共享内存

Nginx Lua 共享内存就是在内存块中分配出一个内存空间，该共享内存是一种字典结构，类似于 Java Map 的键-值（Key-Value）映射结构。同一个 Nginx 下的 Worker 进程都能访问存储在这里面的变量数据。在 Lua 中定义共享内存非常简单，具体的指令如下：

语法：lua_shared_dict　<DICT>　<size>
上下文：http 配置块。
例子：

```
lua_shared_dict  black_ip_list  1m;  #定义存储 IP 黑名单的共享内存变量
```

lua_shared_dict 指令用于定义一块名为 DICT 的共享内存空间，其内存大小为 size。通过该命令定义的共享内存对于 Nginx 中所有 Worker 进程都是可见的。对于共享内存的引用可以使用以下两种形式来完成：

方式一：ngx.shared.DICT。
方式二：ngx.shared["DICT"]。

ngx_lua 提供了一系列 API 来操作共享内存，如表 8-7 所示。

表8-7　ngx_lua字典API及其方法

字典 API	方法说明
取值	语法: value, flags = ngx.shared.DICT:get(key) 根据键（key）从字典中取得值（Value）
设值	语法: success, err, forcible = ngx.shared.DICT:set(key, value, exptime?, flags?) 根据 key 在字典中设置值 可选参数 exptime 过期时间的单位为秒，如果不进行设置，就默认为永不过期 可选参数 flags 用于设置额外的缓存内容，如果已经设置，就可以通过 get 方法取出
删除数据项	语法：ngx.shared.DICT:delete(key) 删除数据项
设置过期时间	语法:ngx.shared.DICT:expire(key, exptime) 设置 key 在字典中的生存时间，exptime 单位为秒
查询过期时间	语法: ttl, err = ngx.shared.DICT:ttl(key) 查询 key 在字典中的剩余生存时间，单位为秒
全部过期	语法: ngx.shared.DICT:flush_all()。 将字典中所有的数据项设置为过期，此操作并没有真正地清除数据项
清除过期数据项	语法: flushed = ngx.shared.DICT:flush_expired(max_count?) 清除字典中的过期数据项，可选参数 max_count 表示清除数量，若没有设置，则表示清空所有的过期数据项

如果读者熟悉 Redis 字符串的操作命令和参数，就会发现以上操作 Niginx 共享内存的 API 方法和 Redis 字符串的操作命令和参数有惊人的相似之处。

共享内存的 API 方法都是原子操作，也就是说，lua_shared_dict 定义的是同一个共享内存区自带锁的功能，能够避免来自多个 Worker 工作进程的并发访问。

有关数据项的过期时间可以在新增数据项的时候进行设置。在新增数据项时，如果字典的内存区域不够，ngx.shared.DICT.set 方法就会根据 LRU 算法淘汰一部分内容。当 Nginx 退出时，共享内存中的数据项都会丢失。

第 9 章 限流原理与实战

在通信领域中，限流技术（Time Limiting）被用来控制网络接口收发通信数据的速率，实现通信时的优化性能、较少延迟和提高带宽等。

互联网领域中借鉴了通信领域的限流概念，用来控制在高并发、大流量的场景中对服务接口请求的速率，比如双十一秒杀、抢购、抢票、抢单等场景。

举一个具体的例子，假设某个接口能够扛住的 QPS 为 10 000，这时有 20 000 个请求进来，经过限流模块，会先放 10 000 个请求，其余的请求会阻塞一段时间。不简单粗暴地返回 404，让客户端重试，同时又能起到流量削峰的作用。

每个 API 接口都是有访问上限的，当访问频率或者并发量超过其承受范围时，就必须通过限流来保证接口的可用性或者降级可用性，给接口安装上保险丝，以防止非预期的请求对系统压力过大而引起系统瘫痪。

接口限流的算法主要有 3 种，分别是计数器限流、漏桶算法和令牌桶算法。接下来为大家一一介绍。

9.1 限流策略原理与参考实现

在高并发访问的情况下，通常会通过限流的手段来控制流量问题，以保证服务器处于正常压力下。

首先给大家介绍 3 种常见的限流策略。

9.1.1 3 种限流策略：计数器、漏桶和令牌桶

限流的手段通常有计数器、漏桶和令牌桶。注意限流和限速（所有请求都会处理）的差别，视业务场景而定。

（1）计数器：在一段时间间隔内（时间窗），处理请求的最大数量固定，超过部分不做处理。

（2）漏桶：漏桶大小固定，处理速度固定，但请求进入的速度不固定（在突发情况请求过多时，会丢弃过多的请求）。

（3）令牌桶：令牌桶的大小固定，令牌的产生速度固定，但是消耗令牌（请求）的速度不固定（可以应对某些时间请求过多的情况）。每个请求都会从令牌桶中取出令牌，如果没有令牌，就丢弃这次请求。

9.1.2　计数器限流原理和 Java 参考实现

计数器限流的原理非常简单：在一个时间窗口（间隔）内，所处理的请求的最大数量是有限制的，对超过限制的部分请求不做处理。

下面的代码是计数器限流算法的一个简单的演示实现和测试用例。

```
package com.crazymaker.springcloud.ratelimit;
...
//计速器，限速
@Slf4j
public class CounterLimiter
{

    //起始时间
    private static long startTime = System.currentTimeMillis();
    //时间区间的时间间隔毫秒
    private static long interval = 1000;
    //每秒限制数量
    private static long maxCount = 2;
    //累加器
    private static AtomicLong accumulator = new AtomicLong();

    //计数判断，是否超出限制
    private static long tryAcquire(long taskId, int turn)
    {
        long nowTime = System.currentTimeMillis();
        //在时间区间之内
        if (nowTime < startTime + interval)
        {
            long count = accumulator.incrementAndGet();

            if (count <= maxCount)
            {
                return count;
            } else
            {
                return -count;
```

```
            }
        } else
        {
            //在时间区间之外
            synchronized (CounterLimiter.class)
            {
                log.info("新时间区到了,taskId{}, turn {}..", taskId, turn);
                //再一次判断，防止重复初始化
                if (nowTime > startTime + interval)
                {
                    accumulator.set(0);
                    startTime = nowTime;
                }
            }
            return 0;
        }
    }

    //线程池，用于多线程模拟测试
    private ExecutorService pool = Executors.newFixedThreadPool(10);

    @Test
    public void testLimit()
    {

        //被限制的次数
        AtomicInteger limited = new AtomicInteger(0);
        //线程数
        final int threads = 2;
        //每条线程的执行轮数
        final int turns = 20;
        //同步器
        CountDownLatch countDownLatch = new CountDownLatch(threads);
        long start = System.currentTimeMillis();
        for (int i = 0; i < threads; i++)
        {
            pool.submit(() ->
            {
                try
                {
                    for (int j = 0; j < turns; j++)
                    {
                        long taskId = Thread.currentThread().getId();
                        long index = tryAcquire(taskId, j);
                        if (index <= 0)
                        {
```

```
                        //被限制的次数累积
                        limited.getAndIncrement();
                    }
                    Thread.sleep(200);
                }
            } catch (Exception e)
            {
                e.printStackTrace();
            }
            //等待所有线程结束
            countDownLatch.countDown();
        });
    }
    try
    {
        countDownLatch.await();
    } catch (InterruptedException e)
    {
        e.printStackTrace();
    }
    float time = (System.currentTimeMillis() - start) / 1000F;
    //输出统计结果
    log.info("限制的次数为: " + limited.get() +
            ",通过的次数为: " + (threads *turns - limited.get()));
    log.info("限制的比例为: " +
            (float) limited.get() / (float) (threads *turns));
    log.info("运行的时长为: " + time);
  }
}
```

以上代码使用两条线程，每条线程各运行 20 次，每一次运行休眠 200 毫秒，总计耗时 4 秒，运行 40 次，限流的输出结果具体如下：

```
    [pool-2-thread-2] INFO  c.c.s.ratelimit.CounterLimiter - 新时间区到
了,taskId16, turn 5..
    [pool-2-thread-1] INFO  c.c.s.ratelimit.CounterLimiter - 新时间区到
了,taskId15, turn 5..
    [pool-2-thread-2] INFO  c.c.s.ratelimit.CounterLimiter - 新时间区到
了,taskId16, turn 10..
    [pool-2-thread-2] INFO  c.c.s.ratelimit.CounterLimiter - 新时间区到
了,taskId16, turn 15..
    [main] INFO  c.c.s.ratelimit.CounterLimiter - 限制的次数为: 32,通过的次数为: 8
    [main] INFO  c.c.s.ratelimit.CounterLimiter - 限制的比例为: 0.8
    [main] INFO  c.c.s.ratelimit.CounterLimiter - 运行的时长为: 4.104
```

大家可以自行调整参数，运行以上自验证程序并观察实验结果，体验一下计数器限流的效果。

9.1.3 漏桶限流原理和 Java 参考实现

漏桶限流的基本原理：水（对应请求）从进水口进入漏桶里，漏桶以一定的速度出水（请求放行），当水流入的速度过大时，桶内的总水量大于桶容量会直接溢出，请求被拒绝，如图 9-1 所示。

大致的漏桶限流规则如下：

（1）水通过进水口（对应客户端请求）以任意速率流入漏桶。

（2）漏桶的容量是固定的，出水（放行）速率也是固定的。

（3）漏桶容量是不变的，如果处理速度太慢，桶内水量会超出桶的容量，后面流入的水就会溢出，表示请求拒绝。

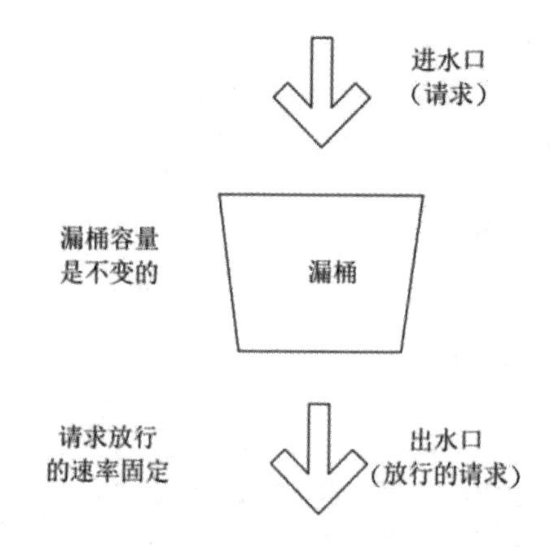

图 9-1 漏桶原理示意图

漏桶的 Java 参考实现代码如下：

```
package com.crazymaker.springcloud.ratelimit;
//省略 import

//漏桶限流
@Slf4j
public class LeakBucketLimiter
{

    //计算的起始时间
    private static long lastOutTime = System.currentTimeMillis();
    //流出速率每秒 2 次
    private static long rate = 2;

    //剩余的水量
    private static long water = 0;

    //返回值说明
    //false：没有被限制到
```

```
    //true：被限流
    public static synchronized boolean tryAcquire(long taskId, int turn)
    {
        long nowTime = System.currentTimeMillis();
        //过去的时间
        long pastTime = nowTime - lastOutTime;

        //漏出水量，按照恒定的速度不断流出
        //漏出的水 = 过去的时间 *预设速率
        long outWater = pastTime *rate / 1000;
        //剩余的水量 = 上次遗留的水量 - 漏出去的水
        water = water - outWater;

        log.info("water {} pastTime {} outWater {} ",
                                    water, pastTime, outWater);
        //纠正剩余的水量
        if (water < 0)
        {
            water = 0;
        }
        //若剩余的水量小于等于 1，则放行
        if (water <= 1)
        {
            //更新起始时间，为了下次使用
            lastOutTime = nowTime;
            //增加遗留的水量
            water ++;
            return false;
        } else
        {
            //剩余的水量太大，被限流
            return true;
        }
    }

    //线程池，用于多线程模拟测试
    private ExecutorService pool = Executors.newFixedThreadPool(10);
    //测试用例
    @Test
    public void testLimit()
    {
        //测试用例太长，这里省略
        //90%的测试用例代码与前面的计算器限流测试代码相同
        //具体的源码可参见疯狂创客圈社群的开源库
    }
}
```

以下是使用两条线程，每条线程各运行 20 次，每一次运行休眠 200 毫秒，总计耗时 4 秒，运行 40 次，部分输出结果如下：

```
[pool-2-thread-1] INFO  c.c.s.r.LeakBucketLimiter - water 0 pastTime 75 outWater 0
...
[pool-2-thread-1] INFO  c.c.s.r.LeakBucketLimiter - water 1 pastTime 601 outWater 1
...
[pool-2-thread-1] INFO  c.c.s.r.LeakBucketLimiter - water 2 pastTime 416 outWater 0
[pool-2-thread-2] INFO  c.c.s.r.LeakBucketLimiter - water 1 pastTime 601 outWater 1
[pool-2-thread-1] INFO  c.c.s.r.LeakBucketLimiter - water 2 pastTime 15 outWater 0
[pool-2-thread-2] INFO  c.c.s.r.LeakBucketLimiter - water 2 pastTime 201 outWater 0
[pool-2-thread-1] INFO  c.c.s.r.LeakBucketLimiter - water 2 pastTime 216 outWater 0
[main] INFO  c.c.s.r.LeakBucketLimiter - 限制的次数为：32,通过的次数为：8
[main] INFO  c.c.s.r.LeakBucketLimiter - 限制的比例为：0.8
[main] INFO  c.c.s.r.LeakBucketLimiter - 运行的时长为：4.107
```

漏桶的出水速度固定，也就是请求放行速度是固定的。故漏桶不能有效应对突发流量，但是能起到平滑突发流量（整流）的作用。

9.1.4 令牌桶限流原理和 Java 参考实现

令牌桶算法以一个设定的速率产生令牌并放入令牌桶，每次用户请求都得申请令牌，如果令牌不足，就会拒绝请求。

在令牌桶算法中，新请求到来时会从桶里拿走一个令牌，如果桶内没有令牌可拿，就拒绝服务。当然，令牌的数量是有上限的。令牌的数量与时间和发放速率强相关，流逝的时间越长，会不断往桶里加入越多令牌，如果令牌发放的速度比申请速度快，令牌桶就会放满令牌，直到令牌占满整个令牌桶，如图 9-2 所示。

另外，令牌的发送速率可以设置，从而可以对突发流量进行有效的应对。

令牌桶限流大致的规则如下：

（1）进水口按照某个速度向桶中放入令牌。

（2）令牌的容量是固定的，但是放行的速度是不固定的，只要桶中还有剩余令牌，一旦请求过来就能申请成功，然后放行。

（3）如果令牌的发放速度慢于请求到来的速度，桶内就无令牌可领，请求就会被拒绝。

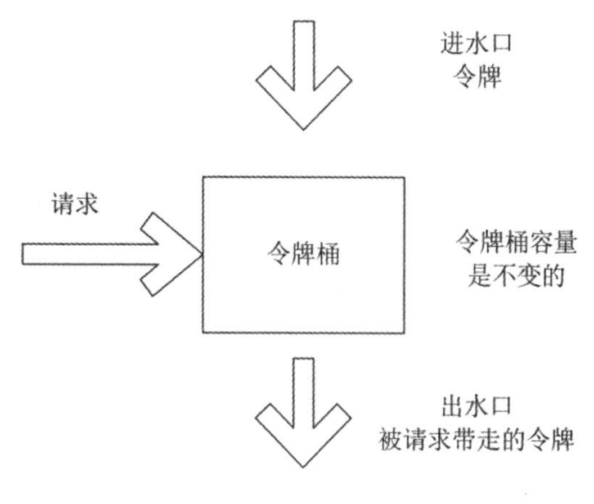

图 9-2 令牌桶

令牌桶的 Java 参考实现代码如下：

```
package com.crazymaker.springcloud.ratelimit;
...

//令牌桶，限速
@Slf4j
public class TokenBucketLimiter
{
    //上一次令牌发放的时间
    public long lastTime = System.currentTimeMillis();
    //桶的容量
    public int capacity = 2;
    //令牌生成速度个/秒
    public int rate = 2;
    //当前令牌的数量
    public int tokens;

    //返回值说明
    //false：没有被限制到
    //true：被限流
    public synchronized boolean tryAcquire(long taskId, int applyCount)
    {
        long now = System.currentTimeMillis();
        //时间间隔，单位为毫秒
        long gap = now - lastTime;
        //当前令牌数
        tokens = Math.min(capacity, (int) (tokens + gap  *rate/ 1000));
        log.info("tokens {} capacity {} gap {} ", tokens, capacity, gap);

        if (tokens < applyCount)
        {
```

```
            //若拿不到令牌，则拒绝
            //log.info("被限流了.." + taskId + ", applyCount: " + applyCount);
            return true;
        } else
        {
            //还有令牌，领取令牌
            tokens -= applyCount;
            lastTime = now;

            //log.info("剩余令牌.." + tokens);
            return false;
        }
    }

    //线程池，用于多线程模拟测试
    private ExecutorService pool = Executors.newFixedThreadPool(10);

    @Test
    public void testLimit()
    {
        //被限制的次数
        AtomicInteger limited = new AtomicInteger(0);
        //线程数
        final int threads = 2;
        //每条线程的执行轮数
        final int turns = 20;

        //同步器
        CountDownLatch countDownLatch = new CountDownLatch(threads);
        long start = System.currentTimeMillis();
        for (int i = 0; i < threads; i++)
        {
            pool.submit(() ->
            {
                try
                {
                    for (int j = 0; j < turns; j++)
                    {
                        long taskId = Thread.currentThread().getId();
                        boolean intercepted = tryAcquire(taskId, 1);
                        if (intercepted)
                        {
                            //被限制的次数累积
                            limited.getAndIncrement();
                        }
                        Thread.sleep(200);
```

```
                }
            } catch (Exception e)
            {
                e.printStackTrace();
            }
            //等待所有线程结束
            countDownLatch.countDown();
        });
    }
    try
    {
        countDownLatch.await();
    } catch (InterruptedException e)
    {
        e.printStackTrace();
    }
    float time = (System.currentTimeMillis() - start) / 1000F;
    //输出统计结果
    log.info("限制的次数为：" + limited.get() +
            ",通过的次数为：" + (threads *turns - limited.get()));
    log.info("限制的比例为：" +
                (float) limited.get() / (float) (threads *turns));
    log.info("运行的时长为：" + time);
  }
}
```

运行这个示例程序，部分结果如下：

```
[pool-2-thread-2] INFO  c.c.s.r.TokenBucketLimiter - tokens 0 capacity 2 gap 104
[pool-2-thread-1] INFO  c.c.s.r.TokenBucketLimiter - tokens 0 capacity 2 gap 114
[pool-2-thread-2] INFO  c.c.s.r.TokenBucketLimiter - tokens 0 capacity 2 gap 314
[pool-2-thread-1] INFO  c.c.s.r.TokenBucketLimiter - tokens 0 capacity 2 gap 314
[pool-2-thread-2] INFO  c.c.s.r.TokenBucketLimiter - tokens 1 capacity 2 gap 515
[pool-2-thread-1] INFO  c.c.s.r.TokenBucketLimiter - tokens 0 capacity 2 gap 0
...
[pool-2-thread-2] INFO  c.c.s.r.TokenBucketLimiter - tokens 0 capacity 2 gap 401
[pool-2-thread-1] INFO  c.c.s.r.TokenBucketLimiter - tokens 0 capacity 2 gap 402
[main] INFO  c.c.s.r.TokenBucketLimiter - 限制的次数为：34,通过的次数为：6
[main] INFO  c.c.s.r.TokenBucketLimiter - 限制的比例为：0.85
[main] INFO  c.c.s.r.TokenBucketLimiter - 运行的时长为：4.119
```

令牌桶的好处之一就是可以方便地应对突发流量。比如，可以改变令牌的发放速度，算法能按照新的发送速率调大令牌的发放数量，使得突发流量能被处理。

9.2 分布式计数器限流

分布式计算器限流是使用 Redis 存储限流关键字 key 的统计计数。这里介绍两种限流的实现方案：Nginx Lua 分布式计数器限流和 Redis Lua 分布式计数器限流。

9.2.1 实战：Nginx Lua 分布式计数器限流

本小节以对用户 IP 计数器限流为例实现单 IP 在一定时间周期（如 10 秒）内只能访问一定次数（如 10 次）的限流功能。由于使用到 Redis 存储分布式访问计数，通过 Nginx Lua 编程完成全部功能，因此这里将这种类型的限流称为 Nginx Lua 分布式计数器限流。

本小节的 Nginx Lua 分布式计数器限流案例架构如图 9-3 所示。

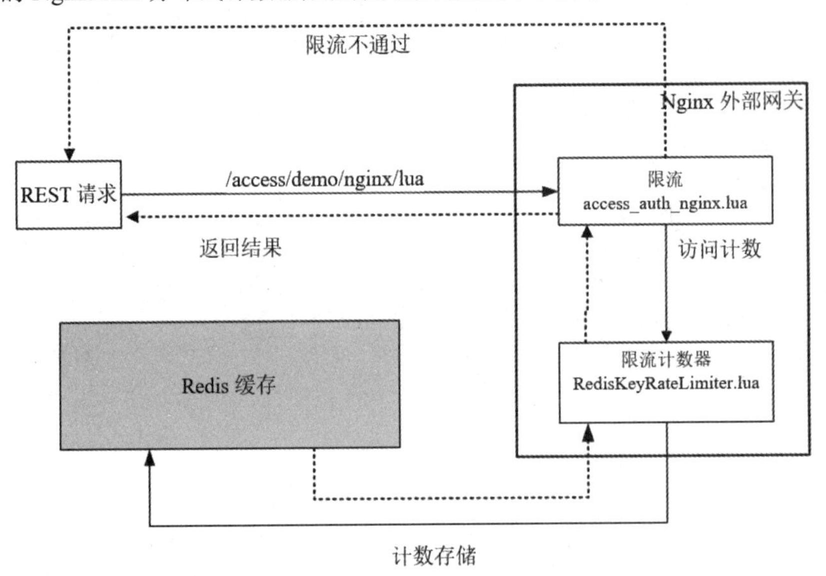

图 9-3 Nginx Lua 分布式计数器限流架构

首先介绍限流计数器脚本 RedisKeyRateLimiter.lua，该脚本负责完成访问计数和限流的结果判断，其中涉及 Redis 的存储访问，具体的代码如下：

```
local redisExecutor = require("luaScript.redis.RedisOperator");
--一个统一的模块对象
local _Module = {}
_Module.__index = _Module

--方法：创建一个新的实例
function _Module.new(self, key)
    local object = { red = nil }
    setmetatable(object, self)
    --创建自定义的 redis 操作对象
    local red = redisExecutor:new();
```

```
        red:open();
        object.red = red;
        object.key = "count_rate_limit:" .. key;
        return object
    end

    --方法：判断是否能通过流量控制
    --返回值为 true 表示通过流量控制，返回值为 false 表示被限制
    function _Module.acquire(self)
        local redis = self.red;
        local current = redis:getValue(self.key);
        --判断是否大于限制次数
        local limited = current and current ~= ngx.null and tonumber(current) >
10;  --限流的次数
        --被限流
        if limited then
            redis:incrValue(self.key);
            return false;
        end

        if not current or current == ngx.null then
            redis:setValue(self.key, 1);
            redis:expire(self.key, 10);  --限流的时间范围
        else
            redis:incrValue(self.key);
        end
        return true;
    end

    --方法：取得访问次数，供演示使用
    function _Module.getCount(self)
        local current = self.red:getValue(self.key);
        if current and current ~= ngx.null then
            return tonumber(current);
        end
        return 0;
    end

    --方法：归还 redis 连接
    function _Module.close(self)
        self.red:close();
    end

    return _Module
```

以上代码位于练习工程 LuaDemoProject 的 src/luaScript/module/ratelimit/文件夹下，文件名称

为 RedisKeyRateLimiter.lua。

然后介绍 access_auth_nginx 限流脚本，该脚本使用前面定义的 RedisKeyRateLimiter.lua 通用访问计算器脚本，完成针对同一个 IP 的限流操作，具体的代码如下：

```
---此脚本的环境：nginx 内部

---启动调试
--local mobdebug = require("luaScript.initial.mobdebug");
--mobdebug.start();
--导入自定义的计数器模块
local RedisKeyRateLimiter =
require("luaScript.module.ratelimit.RedisKeyRateLimiter");

--定义出错的 JSON 输出对象
local errorOut = { resp_code = -1, resp_msg = "限流出错", datas = {} };

--取得用户的 ip
local shortKey =  ngx.var.remote_addr;

--没有限流关键字段，提示错误
if not shortKey or shortKey == ngx.null then
   errorOut.resp_msg = "shortKey 不能为空"
   ngx.say(cjson.encode(errorOut));
   return ;
end

--拼接计数的 redis  key
local key = "ip:" .. shortKey;

local limiter = RedisKeyRateLimiter:new(key);

local passed = limiter:acquire();

--如果通过流量控制
if passed then
   ngx.var.count = limiter:getCount();
   --注意，在这里直接输出会导致 content 阶段的指令被跳过
   --ngx.say( "目前的访问总数：",limiter:getCount(),"<br>");
end

--回收 redis 连接
limiter:close();

--如果没有流量控制，就终止 nginx 的处理流程
if not passed then
   errorOut.resp_msg = "抱歉，被限流了";
```

```
    ngx.say(cjson.encode(errorOut));
    ngx.exit(ngx.HTTP_UNAUTHORIZED);
end

return ;
```

以上代码位于练习工程 LuaDemoProject 的 src/luaScript/module/ratelimit/文件夹下，文件名称为 access_auth_nginx.lua。access_auth_nginx.lua 在拼接计数器的 key 时使用了 Nginx 的内置变量 $remote_addr 获取客户端的 IP 地址，最终在 Redis 存储访问计数的 key 的格式如下：

```
count_rate_limit:ip:192.168.233.1
```

这里的 192.168.233.1 为笔者本地的测试 IP，存储在 Redis 中针对此 IP 的限流计数结果如图 9-4 所示。

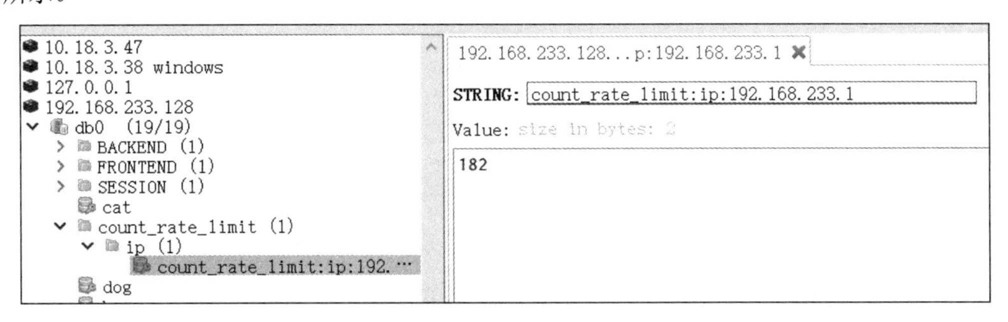

图 9-4　存储在 Redis 中针对此 IP 的限流计数结果

在 Nginx 的 access 请求处理阶段，使用 access_auth_nginx.lua 脚本进行请求限流的配置代码如下：

```
location = /access/demo/nginx/lua {
  set $count 0;
  access_by_lua_file luaScript/module/ratelimit/access_auth_nginx.lua;
  content_by_lua_block {
    ngx.say( "目前的访问总数：",ngx.var.count,"<br>");
    ngx.say("hello world!");
  }
}
```

以上配置位于练习工程 LuaDemoProject 的 src/conf/nginx-ratelimit.conf 文件中，在使之生效之前，需要在 openresty-start.sh 脚本中换上该配置文件，然后重启 Nginx。

接下来，开始限流自验证。

上面的代码中，由于 RedisKeyRateLimiter 所设置的限流规则为单 IP 在 10 秒内限制访问 10 次，所以，在验证的时候，在浏览器中刷新 10 次之后就会被限流。在浏览器中输入如下测试地址：

```
http://nginx.server/access/demo/nginx/lua?seckillGoodId=1
```

10 秒内连续刷新，第 6 次的输出如图 9-5 所示。

nginx.server/access/demo/nginx/lua?seckillGoodId=1

目前的访问总数：6
hello world!

图 9-5　自验证时第 6 次刷新的输出

10 秒之内连续刷新，发现第 10 次之后请求被限流了，说明 Lua 限流脚本工作是正常的，被限流后的输出如图 9-6 所示。

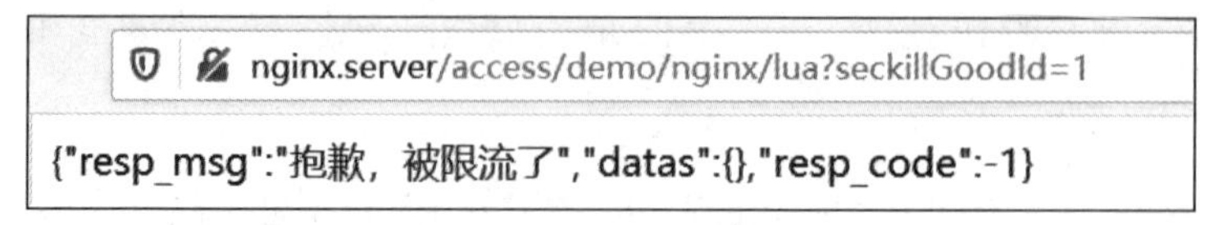

图 9-6　自验证时刷新 10 次之后的输出

以上代码有两点缺陷：

（1）数据一致性问题：计数器的读取和自增由两次 Redis 远程操作完成，如果存在多个网关同时进行限流，就可能会出现数据一致性问题。

（2）性能问题：同一次限流操作需要多次访问 Redis，存在多次网络传输，大大降低了限流的性能。

9.2.2　实战：Redis Lua 分布式计数器限流

大家知道，Redis 允许将 Lua 脚本加载到 Redis 服务器中执行，可以调用大部分 Redis 命令，并且 Redis 保证了脚本的原子性。由于既使用 Redis 存储分布式访问计数，又通过 Redis 执行限流计数器的 Lua 脚本，因此这里将这种类型的限流称为 Redis Lua 分布式计数器限流。

本小节的 Redis Lua 分布式计数器限流案例的架构如图 9-7 所示。

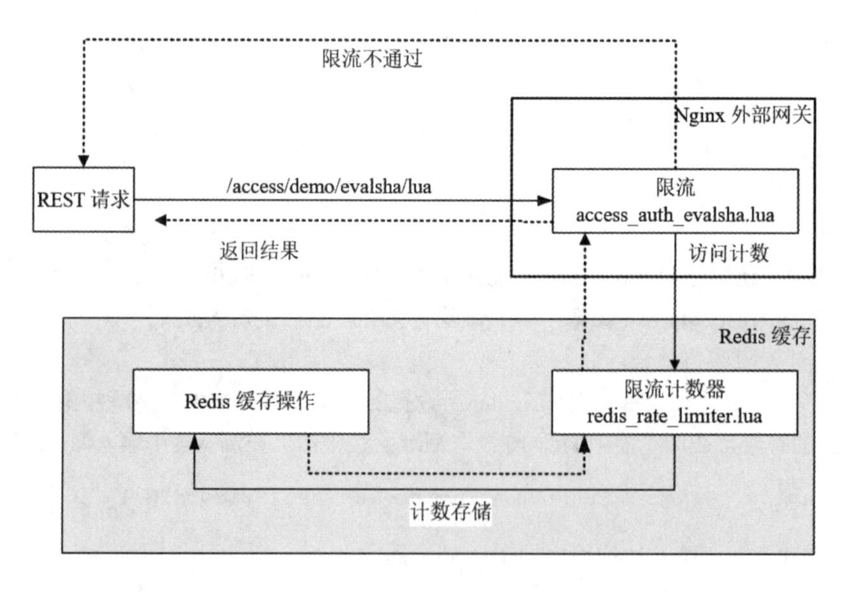

图 9-7　Redis Lua 分布式计数器限流架构

首先来看限流的计数器脚本 redis_rate_limiter.lua，该脚本负责完成访问计数和限流结果的判断，其中会涉及 Redis 计数的存储访问。需要注意的是，该脚本将在 Redis 中加载和执行。

计数器脚本 redis_rate_limiter.lua 的代码如下：

```
---此脚本的环境：redis 内部，不是运行在 Nginx 内部
--返回 0 表示被限流，返回其他表示统计的次数
local cacheKey =  KEYS[1]
local data = redis.call("incr", cacheKey)
local count=tonumber(data)
--首次访问，设置过期时间
if count == 1 then
   redis.call("expire", cacheKey, 10) --设置超时时间 10 秒
end
if count > 10 then   --设置超过的限制为 10 人
   return 0; --0 表示需要限流
end
--redis.debug(redis.call("get", cacheKey))
return  count;
```

以上代码位于练习工程 LuaDemoProject 的 src/luaScript/module/ratelimit/文件夹下，文件名为 redis_rate_limiter.lua。在调用该脚本之前，首先要将其加载到 Redis，并且获取其加载之后的 sha1 编码，以供 Nginx 上的限流脚本 access_auth_evalsha.lua 使用。

将 redis_rate_limiter.lua 加载到 Redis 的 Linux Shell 命令如下：

```
[root@localhost ~]#cd
/work/develop/LuaDemoProject/src/luaScript/module/ratelimit/
[root@localhost ratelimit]#/usr/local/redis/bin/redis-cli script load "$(cat
redis_rate_limiter.lua)"
"2c95b6bc3be1aa662cfee3bdbd6f00e8115ac657"
```

然后来看 access_auth_evalsha.lua 限流脚本，该脚本使用 Redis 的 evalsha 操作指令，远程访问加载在 Redis 上的 redis_rate_limiter.lua 访问计算器脚本，完成针对同一个 IP 的限流操作。

access_auth_evalsha.lua 限流脚本的代码如下：

```
---此脚本的环境：nginx 内部
local RedisKeyRateLimiter =
require("luaScript.module.ratelimit.RedisKeyRateLimiter");

--定义出错的 JSON 输出对象
local errorOut = { resp_code = -1, resp_msg = "限流出错", datas = {} };

--读取 get 参数
local args = ngx.req.get_uri_args()

--取得用户的 ip
local shortKey =  ngx.var.remote_addr;
```

```
--没有限流关键字段，提示错误
if not shortKey or shortKey == ngx.null then
    errorOut.resp_msg = "shortKey不能为空"
    ngx.say(cjson.encode(errorOut));
    return ;
end

--拼接计数的redis key
local key = "count_rate_limit:ip:" .. shortKey;

local limiter = RedisKeyRateLimiter:new(key);

local passed = limiter:acquire();

--如果通过流量控制
if passed then
    ngx.var.count = limiter:getCount();
    --注意，在这里直接输出会导致content阶段的指令被跳过
    --ngx.say( "目前的访问总数：",limiter:getCount(),"<br>");
end

--回收redis连接
limiter:close();

--如果没有流量控制，就终止Nginx的处理流程
if not passed then
    errorOut.resp_msg = "抱歉，被限流了";
    ngx.say(cjson.encode(errorOut));
    ngx.exit(ngx.HTTP_UNAUTHORIZED);
end

return ;
```

以上代码位于练习工程LuaDemoProject的src/luaScript/module/ratelimit/文件夹下，文件名为access_auth_evalsha.lua。在Nginx的access请求处理阶段，使用access_auth_evalsha.lua脚本进行请求限流的配置如下：

```
    location = /access/demo/evalsha/lua {
      set $count 0;
      access_by_lua_file
luaScript/module/ratelimit/access_auth_evalsha.lua;
      content_by_lua_block {
        ngx.say( "目前的访问总数：",ngx.var.count,"<br>");
        ngx.say("hello world!");
      }
}
```

以上配置位于练习工程 LuaDemoProject 的 src/conf/nginx-ratelimit.conf 文件中，在使之生效之前需要在 openresty-start.sh 脚本中换上该配置文件，然后重启 Nginx。

接下来开始限流自验证。在浏览器中访问以下地址：

```
http://nginx.server/access/demo/evalsha/lua
```

10 秒之内连续刷新，发现第 10 次之后请求被限流了，说明 Redis 内部的 Lua 限流脚本工作是正常的，被限流后的输出如图 9-8 所示。

图 9-8　自验证时刷新 10 次之后的输出

通过将 Lua 脚本加载到 Redis 执行有以下优势：

（1）减少网络开销：不使用 Lua 的代码需要向 Redis 发送多次请求，而脚本只需一次即可，减少网络传输。

（2）原子操作：Redis 将整个脚本作为一个原子执行，无须担心并发，也就无须事务。

（3）复用：只要 Redis 不重启，脚本加载之后会一直缓存在 Redis 中，其他客户端可以通过 sha1 编码执行。

9.3　Nginx 漏桶限流详解

使用 Nginx 可通过配置的方式完成接入层的限流，其 ngx_http_limit_req_module 模块所提供的 limit_req_zone 和 limit_req 两个指令使用漏桶算法进行限流。其中，limit_req_zone 指令用于定义一个限流的具体规则（或者计数内存区），limit_req 指令应用前者定义的规则完成限流动作。

假定要配置 Nginx 虚拟主机的限流规则为单 IP 限制为每秒 1 次请求，整个应用限制为每秒 10 次请求，具体的配置如下：

```
 #第一条规则名称为 perip，每个相同客户端 IP 的请求限速在 6 次/分钟（1 次/10 秒）
limit_req_zone  $binary_remote_addr  zone=perip:10m     rate=6r/m;
#第二条限流规则名称为 preserver，同一虚拟主机的请求限速在 10 次/秒
 limit_req_zone  $server_name       zone=perserver:1m   rate=10r/s;

 server {
  listen       8081 ;
  server_name  localhost;
  default_type 'text/html';
  charset utf-8;

  limit_req  zone=perip;
  limit_req  zone=perserver;
```

```
        location /nginx/ratelimit/demo {
          echo "-uri= $uri  -remote_addr= $remote_addr"
               "-server_name= $server_name" ;
        }
      }
```

上面的配置通过 limit_req_zone 指令定义了两条限流规则：第一条规则名称为 perip，将来自每个相同客户端 IP 的请求限速在 6 次/分钟（1 次/10 秒）；第二条限流规则名称为 preserver，用于将同一虚拟主机的请求限速在 10 次/秒。

以上配置位于练习工程 LuaDemoProject 的 src/conf/nginx-ratelimit.conf 文件中，在使之生效前需要在 openresty-start.sh 脚本中换上该配置文件，然后重启 Nginx。

接下来开始验证上面的限流配置。在浏览器中输入如下测试地址：

```
http://nginx.server:8081/nginx/ratelimit/demo
```

10 秒内连续刷新，第 1 次的输出如图 9-9 所示。

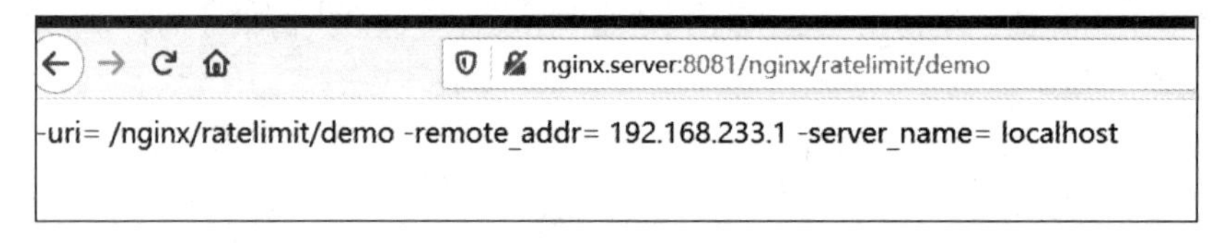

图 9-9　Nginx 限流后 10 秒内连续刷新的第 1 次输出

10 秒内连续刷新，第 1 次之后的输出如图 9-10 所示。

图 9-10　Nginx 限流后 10 秒内连续刷新第 1 次之后的输出

接下来详细介绍 Nginx 的 limit_req_zone 和 limit_req 两个指令。limit_req_zone 用于定义一个限流的具体规则，limit_req 应用前者所定义的规则。limit_req_zone 指令的格式如下：

```
语法：limit_req_zone key zone=name:size rate=rate [sync];
上下文：http 配置块
```

limit_req_zone 指令的 key 部分是一个表达式，其运行时的值将作为流量计数的关键字，key 表达式包含变量、文本和它们的组合。在上面的配置实例中，$binary_remote_addr、$server_name 为两个 Nginx 变量，$binary_remote_addr 为客户端 IP 地址的二进制值，$server_name 为虚拟机主机名称。在限流规则应用之后，它们的值将作为限流关键字 key 值，同一个 key 值会在限流的共享内存区域保存一份请求计数，而 limit_req_zone 限流指令所配置的速度限制只会对同一个 key 值发生作用。

limit_req_zone 指令的 zone 属性用于定义存储相同 key 值的请求计数的共享内存区域，格式为 name:size，name 表示共享内存区域的名称（或者说限流规则的名称），size 为共享内存区域的大小。上面的配置实例中，perip:10m 表示一个名字为 perip、大小为 10MB 的内存区域。1MB

大约能存储 16 000 个 IP 地址，10MB 大约可以存储 16 万个 IP 地址，也就是可以对 16 万个客户端进行并发限速，当共享内存区域耗尽时，Nginx 会使用 LRU 算法淘汰最长时间未使用的 key 值。

limit_req_zone 指令的 rate 属性用于设置最大访问速率，rate=10r/s 表示一个 key 值每秒最多能计数的访问数为 10 个（10 个请求/秒），rate=6r/m 表示一个 key 值每分钟最多能计数的访问数为 6 个（1 个请求/10 秒）。由于 Nginx 的漏桶限流的时间计算是基于毫秒的，当设置的速度为 6r/m 时，转换一下就是 10 秒内单个 IP 只允许通过 1 个请求，从第 11 秒开始才允许通过第二个请求。

limit_req_zone 指令只是定义限流的规则和共享内存区域，规则要生效的话，还得靠 limit_req 限流指令完成。

limit_req 指令的格式如下：

```
语法：limit_req  zone=name  [burst=number]  [nodelay | delay=number];
上下文：http 配置块，server 配置块，location 配置块
```

limit_req 指令的 zone 区域属性指定的限流共享内存区域（或者说限流的规则）与限流规则指令 limit_req_zone 中的 name 对应。limit_req 指令的 burst 突发属性表示可以处理的突发请求数。

limit_req 指令的第二个参数 burst 是爆发数量的意思，此参数设置一个大小为 number 的爆发缓冲区，当有大量请求过来时，超过了限流频率的请求可以先放到爆发缓冲区内，直到爆发缓冲区满后才拒绝。

limit_req 指令的 burst 参数的配置使得 Nginx 限流具备一定的突发流量的缓冲能力（有点像令牌桶）。但是 burst 的作用仅仅是让爆发的请求先放到队列里，然后慢慢处理，其处理的速度是由 limit_req_zone 规则指令配置的速度（比如 1 个请求/10 秒），在速率低的情况下，其缓冲效果其实并不太理想。如果想迅速处理爆发的请求，那么可以再加上 nodelay 参数，队列中的请求会立即处理，而不再按照 rate 设置的速度（平均间隔）慢慢处理。

9.4 实战：分布式令牌桶限流

本节介绍的分布式令牌桶限流通过 Lua+Java 结合完成，首先在 Lua 脚本中完成限流的计算，然后在 Java 代码中进行组织和调用。

9.4.1 分布式令牌桶限流 Lua 脚本

分布式令牌桶限流 Lua 脚本的核心逻辑和 Java 令牌桶的执行逻辑类似，只是限流计算相关的统计和时间数据存放于 Redis 中。

这里将限流的脚本命名为 rate_limiter.lua，该脚本既使用 Redis 存储令牌桶信息，自身又执行于 Redis 中，所以笔者将该脚本放置于 base-redis 基础模块中，它的代码如下：

```
---此脚本的环境：redis 内部，不是运行在 Nginx 内部

---方法：申请令牌
----1：failed
```

```
    ---1: success
    ---@param key: key 限流关键字
    ---@param apply: 申请的令牌数量
    local function acquire(key, apply)
        local times = redis.call('TIME');
        --times[1] 秒数   --times[2] 微秒数
        local curr_mill_second = times[1] *1000000 + times[2];
        curr_mill_second = curr_mill_second / 1000;

        local cacheInfo = redis.pcall("HMGET", key, "last_mill_second",
"curr_permits", "max_permits", "rate")
        ---局部变量：上次申请的时间
        local last_mill_second = cacheInfo[1];
        ---局部变量：之前的令牌数
        local curr_permits = tonumber(cacheInfo[2]);
        ---局部变量：桶的容量
        local max_permits = tonumber(cacheInfo[3]);
        ---局部变量：令牌的发放速率
        local rate = cacheInfo[4];
        ---局部变量：本次的令牌数
        local local_curr_permits = max_permits;

        if (type(last_mill_second) ~= 'boolean' and last_mill_second ~= nil) then
            --计算时间段内的令牌数
            local reverse_permits = math.floor(((curr_mill_second -
last_mill_second) / 1000) *rate);
            --令牌总数
            local expect_curr_permits = reverse_permits + curr_permits;
            --可以申请的令牌总数
            local_curr_permits = math.min(expect_curr_permits, max_permits);
        else
            --第一次获取令牌
            redis.pcall("HSET", key, "last_mill_second", curr_mill_second)
        end

        local result = -1;
        --有足够的令牌可以申请
        if (local_curr_permits - apply >= 0) then
            --保存剩余的令牌
            redis.pcall("HSET", key, "curr_permits", local_curr_permits - apply);
            --保存时间，下次令牌获取时使用
            redis.pcall("HSET", key, "last_mill_second", curr_mill_second)
            --返回令牌获取成功
            result = 1;
        else
            --保存令牌总数
```

```
            redis.pcall("HSET", key, "curr_permits", local_curr_permits);
            --返回令牌获取失败
            result = -1;
        end
        return result
    end

    ---方法：初始化限流器
    ---1 success
    ---@param key key
    ---@param max_permits 桶的容量
    ---@param rate  令牌的发放速率
    local function init(key, max_permits, rate)
        local rate_limit_info = redis.pcall("HMGET", key, "last_mill_second",
"curr_permits", "max_permits", "rate")
        local org_max_permits = tonumber(rate_limit_info[3])
        local org_rate = rate_limit_info[4]

        if (org_max_permits == nil) or (rate ~= org_rate or max_permits ~=
org_max_permits) then
            redis.pcall("HMSET", key, "max_permits", max_permits, "rate", rate,
"curr_permits", max_permits)
        end
        return 1;
    end

    ---方法：删除限流 Key
    local function delete(key)
        redis.pcall("DEL", key)
        return 1;
    end


    local key = KEYS[1]
    local method = ARGV[1]
    if method == 'acquire' then
        return acquire(key, ARGV[2], ARGV[3])
    elseif method == 'init' then
        return init(key, ARGV[2], ARGV[3])
    elseif method == 'delete' then
        return delete(key)
    else
        --ignore
    end
```

该脚本有 3 个方法，其中两个方法比较重要，分别说明如下：

（1）限流器初始化方法 init(key, max_permits, rate)，此方法在限流开始时被调用。

（2）限流检测的方法 acquire(key, apply)，此方法在请求到来时被调用。

9.4.2 Java 分布式令牌桶限流

rate_limiter.lua 脚本既可以在 Java 中调用，又可以在 Nginx 中调用。本小节先介绍其在 Java 中的使用，第 10 章再介绍其在 Nginx 中的使用。

Java 分布式令牌桶限流器的实现就是通过 Java 代码向 Redis 加载 rate_limiter.lua 脚本，然后封装其令牌桶初始化方法 init(...)和限流监测方法 acquire(...)，以供外部调用。它的代码如下：

```
package com.crazymaker.springcloud.standard.ratelimit;
...
/**
 *实现：令牌桶限流服务
 *create by尼恩 @ 疯狂创客圈
 **/
@Slf4j
public class RedisRateLimitImpl implements RateLimitService,
InitializingBean
{
    /**
     *限流器的 redis key 前缀
     */
    private static final String RATE_LIMITER_KEY_PREFIX = "rate_limiter:";

//private ScheduledExecutorService executorService =
Executors.newScheduledThreadPool(1);

    private RedisRateLimitProperties redisRateLimitProperties;

    private RedisTemplate redisTemplate;

    //lua 脚本的实例
    private static RedisScript<Long> rateLimiterScript = null;

    //lua 脚本的类路径
    private static String rateLimitLua = "script/rate_limiter.lua";

    static
    {
        //从类路径文件中加载令牌桶 lua 脚本
        String script =
IOUtil.loadJarFile(RedisRateLimitImpl.class.getClassLoader(), rateLimitLua);

        if (StringUtils.isEmpty(script))
        {
```

```
            log.error("lua script load failed:" + rateLimitLua);

        } else
        {
            //创建 Lua 脚本实例
            rateLimiterScript = new DefaultRedisScript<>(script, Long.class);
        }
    }

    public RedisRateLimitImpl(
            RedisRateLimitProperties redisRateLimitProperties,
            RedisTemplate redisTemplate)
    {
        this.redisRateLimitProperties = redisRateLimitProperties;
        this.redisTemplate = redisTemplate;
    }

    private Map<String, LimiterInfo> limiterInfoMap = new HashMap<>();

    /**
     *限流器的信息
     */
    @Builder
    @Data
    public static class LimiterInfo
    {
        /**
         *限流器的 key，如秒杀的 id
         */
        private String key;

        /**
         *限流器的类型，如 seckill
         */
        private String type = "default";

        /**
         *限流器的最大桶容量
         */
        private Integer maxPermits;
        /**
         *限流器的速率
         */
        private Integer rate;

        /**
```

```
     *限流器的 redis key
     */
    public String fullKey()
    {
        return RATE_LIMITER_KEY_PREFIX + type + ":" + key;
    }

    /**
     *限流器在 map 中的缓存 key
     */
    public String cashKey()
    {
        return type + ":" + key;
    }
}

/**
 *限流检测：是否超过 redis 令牌桶限速器的限制
 *
 *@param cacheKey 计数器的 key
 *@return true or false
 */
@Override
public Boolean tryAcquire(String cacheKey)
{
    if (cacheKey == null)
    {
        return true;
    }
    if (cacheKey.indexOf(":") <= 0)
    {
        cacheKey = "default:" + cacheKey;
    }
    LimiterInfo limiterInfo = limiterInfoMap.get(cacheKey);
    if (limiterInfo == null)
    {
        return true;
    }

    Long acquire = (Long) redisTemplate.execute(rateLimiterScript,
            ImmutableList.of(limiterInfo.fullKey()),
            "acquire",
            "1");

    if (acquire == 1)
    {
```

```
            return false;
        }
        return true;
    }

    /**
     *重载方法：限流器初始化
     *
     *@param limiterInfo 限流的类型
     */
    public void initLimitKey(LimiterInfo limiterInfo)
    {
        if (null == rateLimiterScript)
        {
            return;
        }
        String maxPermits = limiterInfo.getMaxPermits().toString();
        String rate = limiterInfo.getRate().toString();

        //执行 redis 脚本
        Long result = (Long) redisTemplate.execute(rateLimiterScript,
                ImmutableList.of(limiterInfo.fullKey()),
                "init",
                maxPermits,
                rate);

        limiterInfoMap.put(limiterInfo.cashKey(), limiterInfo);
    }


    /**
     *限流器初始化
     *
     *@param type 类型
     *@param key id
     *@param maxPermits 上限
     *@param rate 速度
     */
    public void initLimitKey(String type, String key,
                             Integer maxPermits, Integer rate)
    {
        LimiterInfo limiterInfo = LimiterInfo.builder()
                .type(type)
                .key(key)
                .maxPermits(maxPermits)
                .rate(rate)
```

```
                .build();
        initLimitKey(limiterInfo);
    }

    /**
     *获取 redis lua 脚本的 sha1 编码，并缓存到 redis
     */
    public String cacheSha1()
    {
        String sha1 = rateLimiterScript.getSha1();
        redisTemplate.opsForValue().set("lua:sha1:rate_limiter", sha1);
        return sha1;
    }
}
```

9.4.3 Java 分布式令牌桶限流的自验证

自验证的工作：首先初始化分布式令牌桶限流器，然后使用两条线程不断进行限流的检测。自验证的代码如下：

```
package com.crazymaker.springcloud.ratelimit;
...
@Slf4j
@RunWith(SpringRunner.class)
//指定启动类
@SpringBootTest(classes = {DemoCloudApplication.class})
/**
 *redis 分布式令牌桶测试类
 */
public class RedisRateLimitTest
{

    @Resource(name = "redisRateLimitImpl")
    RedisRateLimitImpl limitService;

    //线程池，用于多线程模拟测试
    private ExecutorService pool = Executors.newFixedThreadPool(10);

    @Test
    public void testRedisRateLimit()
    {

        //初始化分布式令牌桶限流器
        limitService.initLimitKey(
              "seckill",      //redis key 中的类型
              "10000",        //redis key 中的业务 key，比如商品 id
              2,      //桶容量
              2);     //每秒令牌数
        AtomicInteger count = new AtomicInteger();
```

```
long start = System.currentTimeMillis();

//线程数
final int threads = 2;
//每条线程的执行轮数
final int turns = 20;
//同步器
CountDownLatch countDownLatch = new CountDownLatch(threads);
for (int i = 0; i < threads; i++)
{
    pool.submit(() ->
    {
        try
        {
            //每个用户访问 turns 次
            for (int j = 0; j < turns; j++)
            {
                boolean limited = limitService.tryAcquire
                                     ("seckill:10000");
                if (limited)
                {
                    count.getAndIncrement();
                }
                Thread.sleep(200);
            }
        } catch (Exception e)
        {
            e.printStackTrace();
        }
        countDownLatch.countDown();
    });
}
try
{
    countDownLatch.await();
} catch (InterruptedException e)
{
    e.printStackTrace();
}

float time = (System.currentTimeMillis() - start) / 1000F;
//输出统计结果
log.info("限制的次数为: " + count.get() + " 时长为: " + time);
log.info("限制的次数为: " + count.get() +
        ",通过的次数为: " + (threads *turns - count.get()));
log.info("限制的比例为: " +
                (float) count.get() / (float) (threads *turns));
log.info("运行的时长为: " + time);
try
{
```

```
            Thread.sleep(Integer.MAX_VALUE);
        } catch (InterruptedException e)
        {
            e.printStackTrace();
        }
    }
}
```

两条线程各运行20次，每一次运行休眠200毫秒，总计耗时4秒，运行40次，部分输出结果如下：

```
[main] INFO  c.c.s.r.RedisRateLimitTest - 限制的次数为：32 时长为：4.015
[main] INFO  c.c.s.r.RedisRateLimitTest - 限制的次数为：32,通过的次数为：8
[main] INFO  c.c.s.r.RedisRateLimitTest - 限制的比例为：0.8
[main] INFO  c.c.s.r.RedisRateLimitTest - 运行的时长为：4.015
```

大家可以自行调整参数，运行以上自验证程序并观察实验结果，体验一下分布式令牌桶限流的效果。

第 10 章

Spring Cloud+Nginx 秒杀实战

在开发高并发系统时用三把利器——缓存、降级和限流来保护系统。缓存的目的是提升系统访问速度和增大系统能处理的容量，可谓是抗高并发流量的银弹；降级是当服务出现问题或者影响到核心流程的性能时需要暂时屏蔽掉服务请求，待高峰或者问题解决后再打开；有些场景并不能用缓存和降级来解决，比如稀缺资源（如秒杀、抢购）、写服务（如评论、下单）、频繁的复杂查询（如评论的最后几页），因此需要有一种手段来限制这些场景的并发请求量，即限流。

本章将通过一个综合性实战——Spring Cloud+Nginx 秒杀实战介绍缓存、降级和限流的综合应用。

10.1 秒杀系统的业务功能和技术难点

秒杀和抢购类的案例在生活中随处可见，比如：商品抢购、春运抢票、微信群抢红包。

从业务的角度来说，秒杀业务非常简单：根据先后顺序下订单减库存，主要有以下特点：

（1）秒杀一般是访问请求数量远远大于库存数量，只有少部分用户能够秒杀成功，这种场景下需要借助分布式锁等保障数据一致性。

（2）秒杀时大量用户会在同一时间同时进行抢购，网站瞬时访问流量激增，这就需要进行削峰和限流。

10.1.1 秒杀系统的业务功能

从系统的角度来说，秒杀系统的业务功能分成两大维度：

（1）商户维度的业务功能。

（2）用户维度的业务功能。

秒杀系统的业务功能如图 10-1 所示。

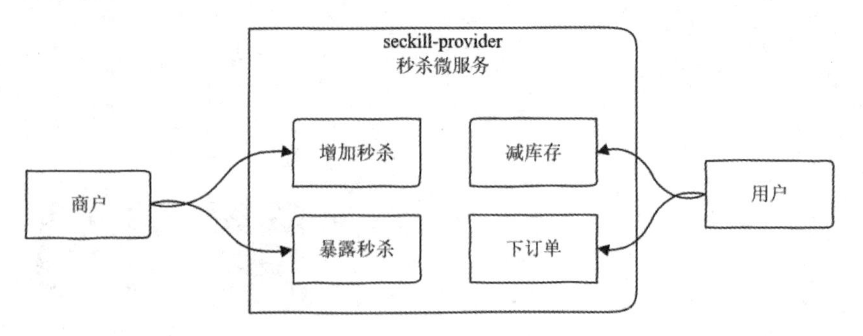

图 10-1 秒杀系统的业务功能

1. 商户维度的业务功能

商户维度的业务功能主要涉及两个操作：

（1）增加秒杀：通过后台的管理控制台界面增加特定商品、特定数量、特定时段的秒杀。

（2）暴露秒杀：将符合条件的秒杀暴露给用户，以便互联网用户能参与商品的秒杀。这个操作可以由商户手动完成，在生产场景下，更合理的方式是系统自动维护。

2. 用户维度的业务功能

用户维度的业务功能主要涉及两个操作：

（1）减库存：减少库存简单来说就是减少被秒杀到的商品的库存数量，这是秒杀系统中的一个处理难点。为什么呢？这不仅仅需要考虑如何避免同一用户重复秒杀的行为，而且在多个微服务并发的情况下需要保障库存数据的一致性，避免超卖的情况发生。

（2）下订单：减库存后需要下订单，也就是在订单表中添加订单记录，记录购买用户的姓名、手机号、购买的商品 ID 等。与减库存相比，下订单相对比较简单。

> **说　明**
>
> 这里为了聚焦高并发技术知识体系的学习，对秒杀业务功能进行了瘦身，去掉了一些功能，比如支付功能、提醒功能等。同时，由于商户维度的业务功能比较简单，更多的是模型对象的 CRUD 操作逻辑，因此这里也对其进行了简化。

10.1.2 秒杀系统面临的技术难题

总体来说，秒杀系统面临的技术难题大致有如下几点。

（1）限流：鉴于只有少部分用户能够秒杀成功，所以要限制大部分流量，只允许少部分流量进入服务后端。

（2）分布式缓存：秒杀系统最大的瓶颈一般都是数据库读写，由于数据库读写属于磁盘 IO，性能很低，如果能够把部分数据或业务逻辑转移到分布式缓存，效率就会有极大提升。

（3）可拓展：秒杀系统的服务节点一定是可以弹性拓展的。如果流量来了，就可以按照流量预估进行服务节点的动态增加和摘除。比如淘宝、京东等双十一活动时，会增加大量机器应对交易高峰。

（4）超卖或者少卖问题：比如 10 万次请求同时发起秒杀请求，正常需要进行 10 万次库存扣减，但是由于某种原因，往往会造成多减库存或者少减库存，就会出现超卖或少卖问题。

（5）削峰：秒杀系统是一个高并发系统，采用异步处理模式可以极大地提高系统并发量，实际上削峰的典型实现方式就是通过消息队列实现异步处理。限流完成之后，对于后端系统而言，秒杀系统仍然会瞬时涌入大量请求，所以在抢购一开始会有很高的瞬间峰值。高峰值流量是压垮后端服务和数据库很重要的原因，秒杀后端需要将瞬间的高流量变成一段时间平稳的流量，常用的方法是利用消息中间件进行请求的异步处理。

10.2　秒杀系统的系统架构

本节分多个维度介绍 crazy-springcloud 开发脚手架的架构，包括分层架构、限流架构、分布式锁架构、削峰的架构。

10.2.1　秒杀的分层架构

从分层的角度来说，秒杀系统架构可以分成 3 层，大致如下：

（1）客户端：负责内容提速和交互控制。

（2）接入层：负责认证、负载均衡、限流。

（3）业务层：负责保障秒杀数据的一致性。

1. 客户端负责内容提速和交互控制

客户端需要完成秒杀商品的静态化展示。无论是在桌面浏览器还是在移动端 App 展示秒杀商品，秒杀商品的图片和文字元素都需要尽可能静态化，尽量减少动态元素。这样就可以通过 CDN 来提速和抗峰值。

另外，在客户端这一层的用户交互上需要具备一定的控制用户行为和禁止重复秒杀的能力。比如，当用户提交秒杀请求之后，可以将秒杀按钮置灰，禁止重复提交。

2. 接入层负责认证、负载均衡、限流

秒杀系统的特点是并发量极大，但实际的优惠商品有限，秒杀成功的请求数量很少，如果不在接入层进行拦截，大量请求就会造成数据库连接耗尽、服务端线程耗尽，导致整体雪崩。因此，必须在接入层进行用户认证、负载均衡、接口限流。

对于总流量较小的系统，可以在内部网关（如 Zuul）完成用户认证、负载均衡、接口限流的功能，具体的分层架构如图 10-2 所示。

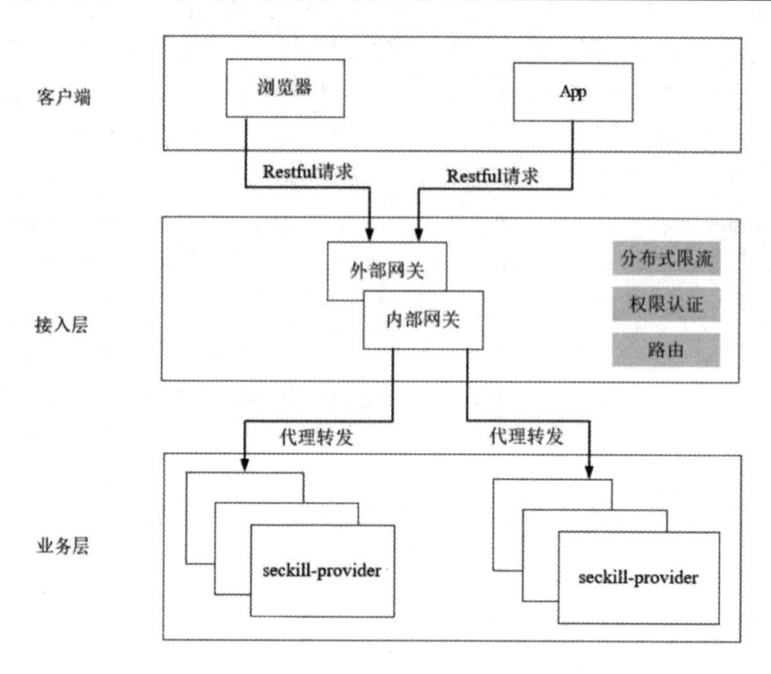

图 10-2　在内部网关（如 Zuul）完成认证、负载均衡、接口限流

对于总流量较大的系统会有一层甚至多层外部网关，因此限流的职责会从内部网关剥离到外部网关，内部网关（如 Zuul）仍然具备权限认证、负载均衡的能力，具体的分层架构如图 10-3 所示。

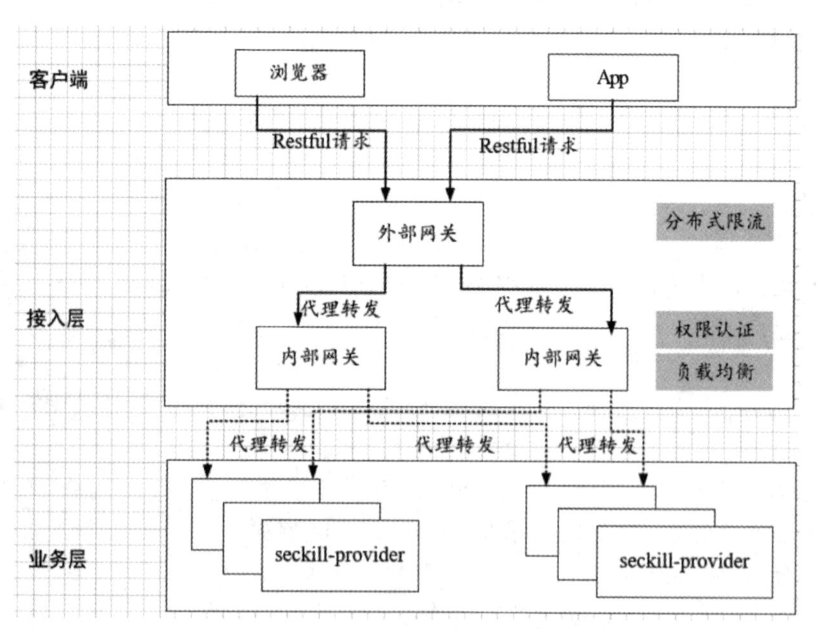

图 10-3　外部网关与内部网关相结合完成权限认证、负载均衡、接口限流

3. 业务层负责保障数据一致性

秒杀的业务逻辑主要是下订单和减库存，都是数据库操作。大家都知道，数据库层只能承担

“能力范围内”的访问请求，既是非常脆弱的一层，又是需要进行事务保护的一层。在业务层还需要防止超出库存的秒杀（超卖和少卖），为了安全起见，可以使用分布式锁对秒杀的数据库操作进行保护。

10.2.2　秒杀的限流架构

前面提到，秒杀系统中的秒杀商品总是有限的。除此之外，服务节点的处理能力、数据库的处理能力也是有限的，因此需要根据系统的负载能力进行秒杀限流。

总体来说，在接入层可以进行两个级别的限流策略：应用级别的限流和接口级别的限流。

什么是应用级别的限流策略呢？对于整个应用系统来说，一定会有一个 QPS 的极限值，如果超了极限值，整个应用就会不响应或响应得非常慢。因此，需要在整个应用的维度做好应用级别的限流配置。

应用级别的限流应该配置在最顶层的反向代理，具体如图 10-4 所示。

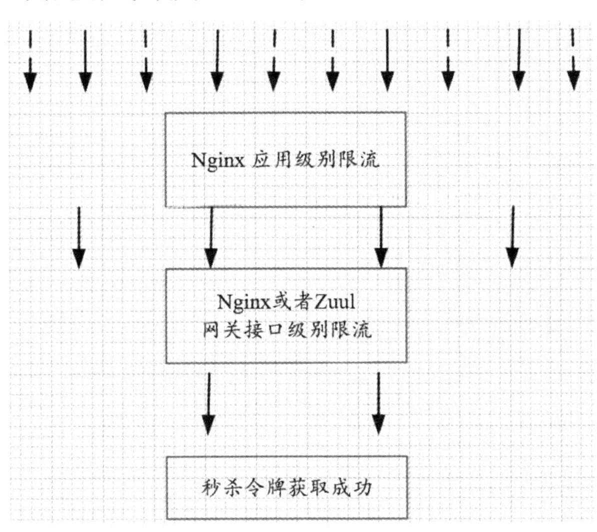

图 10-4　应用级别的限流

应用级别的流量限制可以通过 Nginx 的 limit_req_zone 和 limit_req 两个指令完成。假定要配置 Nginx 虚拟主机的限流规则为单 IP 限制为每秒 1 次请求，整个应用限制为每秒 10 次请求，那么具体的配置如下：

```
limit_req_zone  $binary_remote_addr  zone=perip:10m  rate=1r/s;
limit_req_zone  $server_name  zone=perserver:1m  rate=10r/s;

server {
   ...
   limit_req  zone=perip  burst=5;
   limit_req  zone=perserver  burst=10;
}
```

什么是接口级别的限流策略呢？单个接口可能会有突发访问情况，可能会由于突发访问量太大造成系统崩溃，典型的就是本章所介绍的秒杀类接口。接口级别的限流就是配置单个接口的请求速率，是细粒度的限流。

接口级别的限流也可以通过 Nginx 的 limit_req_zone 和 limit_req 两个指令配合完成，对获取秒杀令牌的接口，同时进行用户 Id 和商品 Id 限流的配置如下：

```
limit_req_zone  $arg_goodId  zone=pergood:10m  rate=100r/s;
limit_req_zone  $arg_userId  zone=peruser:1m   rate=1r/s;

server {

 #lua：获取秒杀 token 令牌
   location  = /seckill-provider/api/seckill/redis/token/v2 {
      limit_req  zone=peruser  burst=5;
      limit_req  zone=pergood  burst=10;

     #获取秒杀 token lua 脚本
     content_by_lua_file luaScript/module/seckill/getToken.lua;
   }

}
```

以上定义了两个限流规则：pergood 和 peruser：pergood 规则根据请求参数的 goodId 值进行限流，同一个 goodId 值的限速为每秒 100 次请求；peruser 规则根据请求参数的 userId 值进行限流，同一个 userId 值的限速为每秒 1 次请求。

但是，Nginx 的限流指令只能在同一块内存区域有效，而在生产场景中秒杀的外部网关往往是采用多节点部署的，所以这就需要用到分布式限流组件。高性能的分布式限流组件可以使用 Redis+Lua 来开发，京东的抢购就是使用 Redis+Lua 完成限流的，并且无论是 Nginx 外部网关还是 Zuul 内部网关，都可以使用 Redis+Lua 限流组件。

理论上，接入层的限流有多个维度：

（1）用户维度的限流：在某一时间段内只允许用户提交一次请求，比如可以采取客户端 IP 或者用户 ID 作为限流的 key。

（2）商品维度的限流：对于同一个抢购商品，在某个时间段内只允许一定数量的请求进入，可以采取秒杀商品 ID 作为限流的 key。

无论是哪个维度的限流，只要掌握其中的一个，其他维度的限流在技术实现上都是差不多的。本书的秒杀练习使用的是接口级别的限流策略，在获取秒杀令牌的 REST 接口时，针对每个秒杀商品的 ID 配置限流策略，限制每个商品 ID 每秒内允许通过的请求次数。

如果大家对进行用户维度的限流感兴趣，可以自行修改配置进行尝试。

10.2.3 秒杀的分布式锁架构

前面提到了超卖或少卖问题：比如 10 万次请求同时发起秒杀请求，正常需要进行 10 万次库存扣减，但是由于某种原因，往往会造成多减库存或者少减库存，这就会出现超卖或少卖问题。

解决超卖或者少卖问题有效的办法之一就是利用分布式锁将对同一个商品的并行数据库操作予以串行化。秒杀场景的分布式锁应该具备如下条件：

（1）一个方法在同一时间只能被一个机器的一个线程执行。

（2）高可用地获取锁与释放锁。

（3）高性能地获取锁与释放锁。

（4）具备可重入特性。

（5）具备锁失效机制，防止死锁。

（6）具备非阻塞锁特性，即没有获取到锁将直接返回获取锁失败。

常用的分布式锁有两种：ZooKeeper 分布式锁和 Redis 分布式锁。如果使用 ZooKeeper 分布式锁来保护秒杀的数据库操作，那么它的架构图大致如图 10-5 所示。

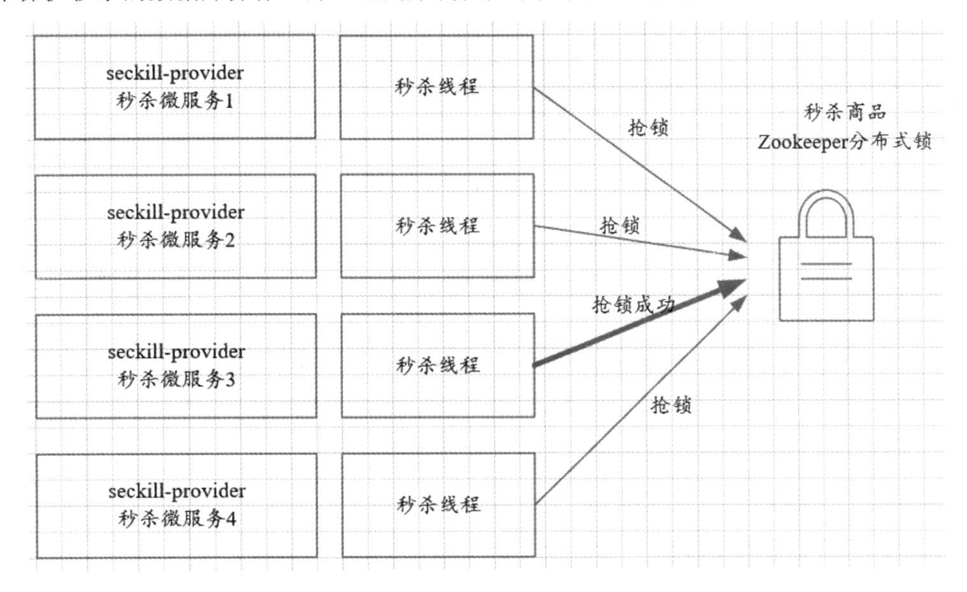

图 10-5 使用 ZooKeeper 分布式锁来保护秒杀的数据库操作

实际上，除了提供分布式锁外，ZooKeeper 还能提供高可靠的分布式计数器、高可靠的分布式 ID 生成器的基础能力。ZooKeeper 分布式计数器、分布式锁、分布式 ID 生成器等基础知识也是大家必须系统地学习和掌握的知识，但是不属于在本书介绍的内容，如果对这一块不了解，可翻阅本书姊妹篇《Netty、Redis、ZooKeeper 高并发实战》。

ZooKeeper 分布式锁虽然高可靠，但是性能不高，不能满足秒杀场景分布式锁的第 3 个条件（高性能地获取锁与释放锁），所以在秒杀的场景建议使用 Redis 分布式锁来保护秒杀的数据库操作。

10.2.4 秒杀的削峰架构

通过接入网关的限流能够拦截无效的刷单请求和超出预期的那部分请求，但是，当秒杀的订单量很大时，比如有 100 万商品需要参与秒杀，这时后端服务层和数据库的并发请求压力至少为 100 万。这种请求下，需要使用消息队列进行削峰。

削峰从本质上来说就是更多地延缓用户请求，以及层层过滤用户的访问需求，遵从“最后落地到数据库的请求数要尽量少”的原则。通过消息队列可以大大地缓冲瞬时流量，把同步的直接调用转换成异步的间接推送，中间通过一个队列在入口承接瞬时的流量洪峰，在出口平滑地将消息推送出去。消息队列就像“水库”一样，拦蓄上游的洪水，削减进入下游河道的洪峰流量，从而达到减免洪水灾害的目的。使用消息队列对秒杀进行削峰的架构如图 10-6 所示。

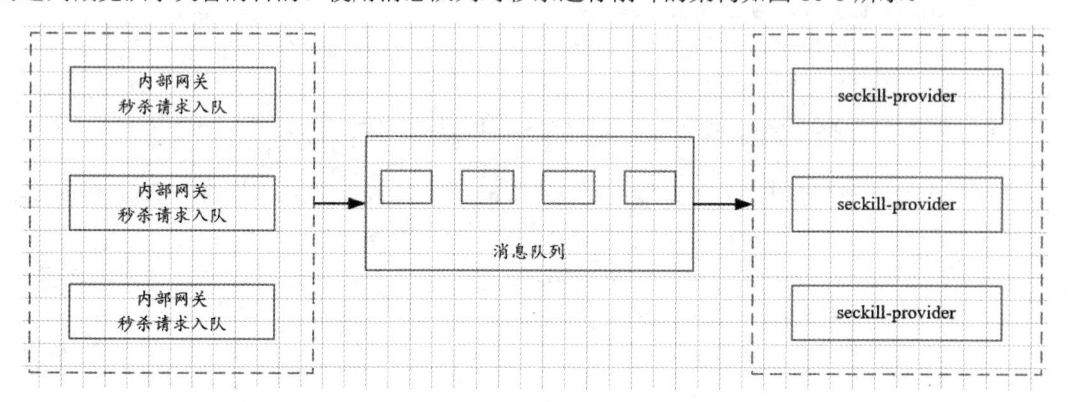

图 10-6　使用消息队列对秒杀进行削峰

对于秒杀消息的入队可以直接在内部网关完成。内部网关在完成用户的权限验证、秒杀令牌的有效性验证之后，将秒杀消息发往消息队列即可。秒杀服务通过消息队列的订阅完成秒杀消息的消费。

常用消息队列系统：Kafka、RocketMQ、ActiveMQ、RabbitMQ、ZeroMQ、MetaMQ 等。本书的内容主要聚焦在 Spring Cloud 和 Nginx，对消息队列这里不做过多的介绍，使用消息队列进行削峰的秒杀实现版本可参见后续的疯狂创客圈社群博客。

10.3　秒杀业务的参考实现

本节从功能入手重点介绍 Spring Cloud 秒杀实战业务处理的 3 层实现：dao 层、service 层、controller 层。

10.3.1　秒杀的功能模块和接口设计

秒杀系统的实现有多种多样的版本，本节从方便演示的角度出发设计一个相当简单的秒杀练习版本，具体分为 3 个主要的模块：

（1）seckill-web 模块：此模块是一个独立的 Spring Boot 程序，作为一个静态的 Web 服务器独立运行，主要运行秒杀的前端页面、脚本。在生产场景中，为了提高性能，可以将这个模块的所有静态资源全部迁移到 Nginx 高性能 Web 服务器。

（2）seckill-provider 模块：秒杀的后端 Spring Cloud 微服务提供者主要运行获取秒杀令牌、秒杀订单等后端相关接口。

（3）uaa-provider 模块：用户账号与认证（UAA）的后端 Spring Cloud 微服务提供者主要运

行用户认证、用户信息相关的后端接口。

以上 3 个模块的关系为：seckill-web 模块作为静态资源程序会将秒杀的操作页面呈现给用户，seckill-web 的页面会根据用户的操作将相应的 URL 接口，通过 Nginx 外部网关跳过内部网关 Zuul 直接发送给后端的 uaa-provider 和 seckill-provider 微服务提供者。为什么要跳过 Zuul 内部网关呢？内部网关需要对请求的 URL 进行用户权限验证，如果请求没有带 token 或者没有通过验证，请求就会被拦截并返回未授权的错误。为了在练习时调试方便，建议直接跳过 Zuul 内部网关的权限验证功能，通过 Nginx 的反向代理将请求直接代理到后端的微服务提供者。

在秒杀练习系统中，三个模块的关系如图 10-7 所示。

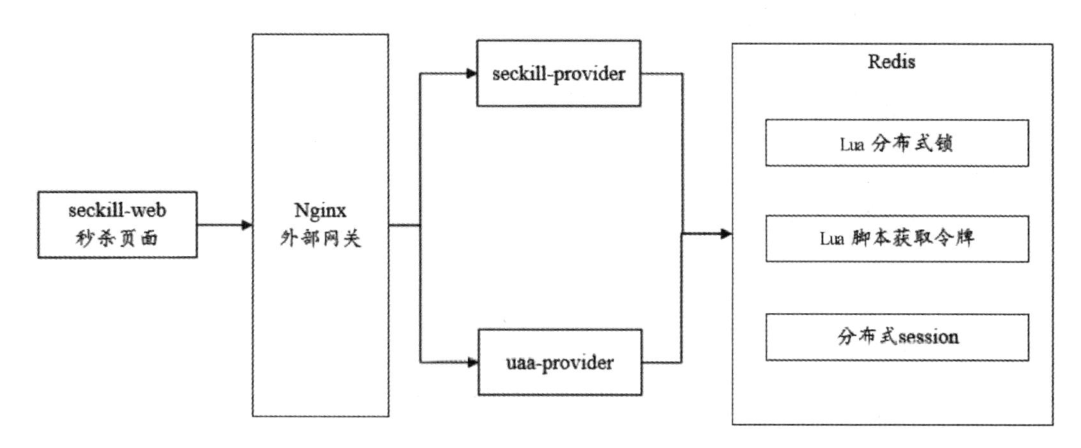

图 10-7　秒杀练习系统中三个模块的关系

本秒杀练习系统中的秒杀操作流程大致有以下 4 步：

（1）前端设置秒杀用户。

在用户点击后，seckill-web 的前端页面将通过请求 uaa-provider 服务的/api/user/detail/v1 接口获取用户信息。在实际的秒杀场景中这一步是不需要的，因为这一步所获取的用户信息就是当前登录用户本人的信息。

（2）前端设置秒杀商品。

seckill-web 的前端页面通过请求 seckill-provider 服务的/api/seckill/good/detail/v1 接口获取所需要的秒杀商品。而在 seckill-provider 服务后端会将商品的库存信息缓存到 Redis，方便下一步的秒杀令牌的获取。

（3）前端获取秒杀令牌。

seckill-web 的前端页面通过请求 seckill-provider 服务的/api/seckill/redis/token/v1 接口获取商品的秒杀令牌，执行秒杀操作，减少商品的 Redis 库存。后端接口首先减 Redis 库存量，如果减库存成功，就生成秒杀专用的令牌存入 Redis，在下一步用户下单时拿来进行验证。如果扣减 Redis 库存失败，就返回对应的错误提示。这一步操作没有涉及数据库，对库存的减少操作直接在 Redis 中完成，所扣减的并不是真正的商品库存。

（4）前端用户下单。

seckill-web 的前端页面通过请求 seckill-provider 服务的/api/seckill/redis/do/v1 接口执行真正的下单操作。后端接口会判断秒杀专用的 token 令牌是否有效，如果有效，就执行真正的下单操作，在数据库中扣减库存和生成秒杀订单，然后返回给前端。

秒杀练习系统的秒杀业务流程如图 10-8 所示。

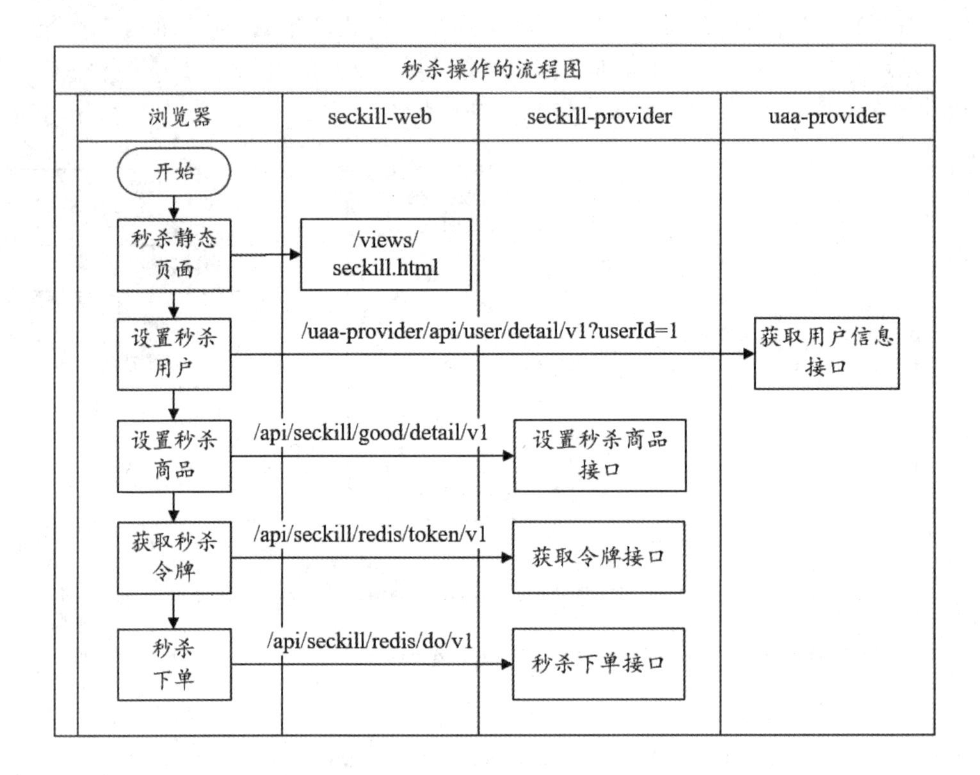

图 10-8　秒杀练习系统中的秒杀业务流程

在开发过程中，为了使得来自 seckill-web 前端页面的请求能够顺利地跳过内部网关 Zuul 而直接发送给后端的微服务提供者 uaa-provider 和 seckill-provider，这里特意配置了一份专门的 Nginx 配置文件 nginx-seckill.conf，对秒杀练习的三大模块进行定制化的反向代理配置，在启动 Nginx 的脚本 openresty-start.sh 文件中使用这份配置文件即可。

配置文件 nginx-seckill.conf 的核心配置如下：

```
server {
    listen       80 default;
    server_name  nginx.server *.nginx.server;
    default_type 'text/html';
    charset utf-8;

    #默认的代理
    location / {
      proxy_set_header X-Real-IP $remote_addr;
      proxy_set_header X-Forward-For $proxy_add_x_forwarded_for;
      proxy_set_header Host $http_host;
```

```
        proxy_set_header X-Nginx-Proxy true;

         #代理到配置的上游，zuul 网关
        proxy_pass http://zuul;
      }

      #用户服务：开发调试的反向代理配置
      location  ^~ /uaa-provider/ {
        #代理到 Windows 开发环境
        #proxy_pass http://192.168.233.1:7702/;
        #代理到自验证 CentOS 环境
        proxy_pass http://192.168.233.128:7702/uaa-provider/ ;
      }

      #秒杀服务：开发调试的反向代理配置
      location  ^~ /seckill-provider/ {
        #代理到 Windows 开发环境
        proxy_pass http://192.168.233.1:7701/seckill-provider/ ;
      }

      #秒杀 Web 页面：开发调试的反向代理配置
      location  ^~ /seckill-web/ {
       #代理到 Windows 开发环境
        proxy_pass http://192.168.233.1:6601/seckill-web/ ;
      }
    ...
  }
```

由于笔者在开发过程中，seckill-web、seckill-provider 两个进程在 IDEA 中（Windows 开发环境）启动，而 uaa-provider 进程运行在自验证 CentOS 环境（虚拟机）中，因此进行了上面的反向代理配置。更多有关环境和运行的内容使用视频方式介绍起来更加直接，所以请查看疯狂创客圈社群的秒杀练习演示视频。

接下来，为大家介绍秒杀练习的秒杀操作流程的特点，有以下 3 点：

（1）增加了获取秒杀令牌的环节，将秒杀和下单操作分离。

这样做的好处有两方面：一方面，可以让秒杀操作和下单操作从执行上进行分离，使得秒杀操作可以独立于订单相关业务；另一方面，秒杀接口可以阻挡大部分并发流程，从而避免让低效率的下单操作耗费大量的计算资源。

（2）前端缺少了轮询环节。

在生产场景中，用户获取令牌后，前端应该会自动发起下单操作，然后通过前端 Ajax 脚本轮询是否下单成功。本练习实例为了清晰地展示秒杀操作过程，将自动下单操作修改成了手动下单操作，并且，由于后端下单没有经过消息队列进行异步处理，因此前端也不需要进行结果的轮询。

（3）后端缺少失效令牌的库存恢复操作。

在生产场景中，存在用户拿到令牌而不去完成下单的情况，导致令牌失效。所以，后端需要有定时任务对秒杀令牌进行有效性检查，如果令牌没有被使用或者生效，就需要恢复 Redis 中的秒杀库存，方便后面的请求去秒杀。无效令牌检查的定时任务可以设置为每分钟一次或者每两分钟一次，以保障被无效令牌消耗的库存能够及时得到恢复。

10.3.2 数据表和PO实体类设计

秒杀系统的表设计相对简单清晰，主要涉及两张核心表：秒杀商品表和订单表。

当然，实际秒杀场景肯定不止这两张表，还有付款信息相关的其他配套表等，出于学习的目的，这里我们只考虑秒杀系统的核心表，不考虑实际系统涉及的其他配套表。

与两个核心表相对应，系统中设计了两个PO实体类：秒杀商品PO类和秒杀订单PO类。本书的命名规范：Java实体类统一使用PO作为后缀，Java传输类统一使用DTO作为后缀。

由于本案例使用JPA作为持久层框架，可以基于PO类逆向地生成数据库的表，因此这里不对数据表的结构进行展开说明，而是对PO类进行说明。

秒杀商品PO类SeckillGoodPO的代码如下：

```
package com.crazymaker.springcloud.seckill.dao.po;
//省略 import

/**
 *秒杀商品 PO
*/

@Entity
@Table(name = "SECKILL_GOOD")
@Data
@AllArgsConstructor
@NoArgsConstructor
@Builder
public class SeckillGoodPO implements Serializable
{
    //商品 ID
    @Id
    @GenericGenerator(
            name = "snowflakeIdGenerator",
            strategy = "com.crazymaker.springcloud.standard.hibernate
.CommonSnowflakeIdGenerator")
    @GeneratedValue(strategy = GenerationType.IDENTITY, generator =
"snowflakeIdGenerator")
    @Column(name = "GOOD_ID", unique = true, nullable = false, length = 8)
    private Long id;

    //商品标题
    @Column(name = "GOOD_TITLE", length = 400)
    private String title;

    //商品标题
    @Column(name = "GOOD_IMAGE", length = 400)
    private String image;
```

```
    //商品原价格
    @Column(name = "GOOD_PRICE")
    private BigDecimal price;

    //商品秒杀价格
    @Column(name = "COST_PRICE")
    private BigDecimal costPrice;

    //创建时间
    @DateTimeFormat(pattern = "yyyy-MM-dd HH:mm:ss")
    @JsonFormat(pattern = "yyyy-MM-dd HH:mm:ss", timezone = "GMT+8")
    @Column(name = "CREATE_TIME")
    private Date createTime;

    //秒杀开始时间
    @DateTimeFormat(pattern = "yyyy-MM-dd HH:mm:ss")
    @JsonFormat(pattern = "yyyy-MM-dd HH:mm:ss", timezone = "GMT+8")
    @Column(name = "START_TIME")
    private Date startTime;

    //秒杀结束时间
    @DateTimeFormat(pattern = "yyyy-MM-dd HH:mm:ss")
    @JsonFormat(pattern = "yyyy-MM-dd HH:mm:ss", timezone = "GMT+8")
    @Column(name = "END_TIME")
    private Date endTime;

    //剩余库存数量
    @Column(name = "STOCK_COUNT")
    private long stockCount;
    //原始库存数量
    @Column(name = "raw_stock")
    private long rawStockCount;
}
```

秒杀订单 PO 类 SeckillOrderPO 的代码如下：

```
package com.crazymaker.springcloud.seckill.dao.po;
//省略 import
/**
 *秒杀订单 PO（对应于秒杀订单表）
 */

@Entity
@Table(name = "SECKILL_ORDER")
@Data
@AllArgsConstructor
@NoArgsConstructor
@Builder
```

```
    public class SeckillOrderPO implements Serializable
    {
        //订单 ID
        @Id
        @GenericGenerator(
                name = "snowflakeIdGenerator",
                strategy = "com.crazymaker.springcloud.standard.hibernate.
CommonSnowflakeIdGenerator")
        @GeneratedValue(strategy = GenerationType.IDENTITY, generator =
"snowflakeIdGenerator")
        @Column(name = "ORDER_ID", unique = true, nullable = false, length = 8)
        private Long id;

        //支付金额
        @Column(name = "PAY_MONEY")
        private BigDecimal money;

        //秒杀的用户 ID
        @Column(name = "USER_ID")
        private Long userId;

        //创建时间
        @DateTimeFormat(pattern = "yyyy-MM-dd HH:mm:ss")
        @JsonFormat(pattern = "yyyy-MM-dd HH:mm:ss", timezone = "GMT+8")
        @Column(name = "CREATE_TIME")
        private Date createTime;

        //支付时间
        @DateTimeFormat(pattern = "yyyy-MM-dd HH:mm:ss")
        @JsonFormat(pattern = "yyyy-MM-dd HH:mm:ss", timezone = "GMT+8")
        @Column(name = "PAY_TIME")
        private Date payTime;

        //秒杀商品 ID
        @Column(name = "GOOD_ID")
        private Long goodId;

        //订单状态，-1：无效，0：成功，1：已付款
        @Column(name = "STATUS")
        private Short status;
    }
```

在秒杀系统中，SECKILL_GOOD 商品表的 GOOD_ID 字段和 SECKILL_ORDER 订单表中的 GOOD_ID 字段在业务逻辑上存在一对多的关系，但是不建议在数据库层面使用表与表之间的外键关系。为什么呢？因为如果秒杀订单量巨大，就必须进行分库分表，这时 SECKILL_ORDER 表和 SECKILL_GOOD 表中 GOOD_ID 相同的数据可能分布在不同的数据库中，所以数据库表层面的关联关系可能会导致维护起来非常困难。

10.3.3 使用分布式 ID 生成器

在实际开发中，很多项目为了应付交付和追求速度，简单粗暴地使用 Java 的 UUID 作为数据的 ID。实际上，由于 UUID 非常长，除了占用大量存储空间外，主要的问题在索引上，在建立索引和基于索引进行查询时都存在性能问题。有关 UUID 的不足和分布式 ID 生成器的原理，笔者在《Netty、Redis、ZooKeeper 高并发实战》一书中做了非常细致的总结，这里不再赘述。

下面使用主流的 ZooKeeper+Snowflake 算法实现高性能的 Long 类型分布式 ID 生成器，并且封装成了一个通用的 Hibernate 的 ID 生成器类 CommonSnowflakeIdGenerator，具体的代码如下：

```
package com.crazymaker.springcloud.standard.hibernate;
...
/**
 *通用的分布式 Hibernate ID 生成器
 *build by 尼恩 @ 疯狂创客圈
 **/
public class CommonSnowflakeIdGenerator extends IncrementGenerator
{

    /**
     *生成器的 map 缓存
     *key 为 PO 类名，value 为分布式 ID 生成器
     */
    private Map<String, SnowflakeIdGenerator> generatorMap =
                                            new LinkedHashMap<>();

    /**
     *从父类继承方法：生成分布式 ID
     */
    @Override
    public Serializable generate(
            SharedSessionContractImplementor sessionImplementor,
            Object object)
            throws HibernateException
    {

        /**
         *获取 PO 的类名
         *作为 ID 的类型
         */
        String type = object.getClass().getSimpleName();

        Serializable id = null;

        /**
         *从 map 中取得分布式 ID 生成器
         */
        IdGenerator idGenerator = getFromMap(type);
        /**
         *调用生成器的 ZooKeeper+Snowflake 算法生成 ID
         */
        id = idGenerator.nextId();
        if (null != id)
```

```
        {
            return id;
        }

        /**
         *如果生成失败，就通过父类生成
         */
        id = sessionImplementor.getEntityPersister(null, object)
            .getClassMetadata().getIdentifier(object, sessionImplementor);
        return id != null ? id : super.generate(sessionImplementor, object);
    }


    /**
     *从 map 中获取缓存的分布式 ID 生成器，若没有则创建一个
     *
     *@param type 生成器的绑定类型，为 PO 类名
     *@return 分布式 ID 生成器
     */
    public synchronized IdGenerator getFromMap(String type)
    {
        if (generatorMap.containsKey(type))
        {
            return generatorMap.get(type);
        }

        /**
         *创建分布式 ID 生成器，并且存入 map
         */
        SnowflakeIdGenerator idGenerator = new SnowflakeIdGenerator(type);
        generatorMap.put(type, idGenerator);
        return idGenerator;
    }

}
```

以上 Hibernate ID 生成器只是对 ZooKeeper+Snowflake 算法分布式 ID 生成器的简单封装，有关 ZooKeeper+Snowflake 算法分布式 ID 生成器的原理可参考《Netty、Redis、ZooKeeper 高并发实战》一书，这里不再赘述。

10.3.4 秒杀的控制层设计

本小节首先介绍秒杀练习的 REST 接口设计，然后介绍它的控制层（controller）的大致实现逻辑。启动秒杀服务 seckill-provider，然后通过 Swagger UI 界面访问它的 REST 接口清单，大致如图 10-9 所示。

图 10-9 秒杀练习的 REST 接口示意图

秒杀服务 seckill-provider 的控制层的 REST 接口分为 4 部分：

（1）秒杀练习 RedisLock 版本。

此秒杀版本含有两个接口：一个获取令牌的接口和一个执行秒杀的接口。此版本使用 RedisLock 分布式锁保护秒杀数据库操作。

（2）秒杀练习 ZkLock 版本。

此秒杀版本包含两个接口：一个获取令牌的接口和一个执行秒杀的接口。此版本使用 ZkLock 分布式锁保护秒杀数据库操作。此版本的意义是为大家学习和使用 ZooKeeper 分布式锁提供案例。

（3）秒杀练习商品管理。

此部分 REST 接口主要对秒杀的商品进行 CRUD 操作。

（4）秒杀练习订单管理。

此部分 REST 接口主要对秒杀的订单进行查询、清除操作。

由于各部分 REST 接口涉及的知识体系大致相同，因此本书只介绍秒杀练习 RedisLock 版本控制层的实现，其他的控制层接口可自行分析和研究。

秒杀练习 RedisLock 版本的控制层类的代码如下：

```
package com.crazymaker.springcloud.seckill.controller;
//省略 import

@RestController
@RequestMapping("/api/seckill/redis/")
```

```
@Api(tags = "秒杀练习  RedisLock版本")
public class SeckillByRedisLockController
{
    /**
     *秒杀服务实现 Bean
     */
    @Resource
    RedisSeckillServiceImpl redisSeckillServiceImpl;

    /**
     *获取秒杀的令牌
     */
    @ApiOperation(value = "获取秒杀的令牌")
    @PostMapping("/token/v1")
    RestOut<String> getSeckillToken(
            @RequestBody SeckillDTO dto)
    {
        String result = redisSeckillServiceImpl.getSeckillToken(
                dto.getSeckillGoodId(),
                dto.getUserId());
        return RestOut.success(result).setRespMsg("这是获取的结果");
    }

    /**
     *执行秒杀的操作
     *
     *@return
     */
    @ApiOperation(value = "秒杀")
    @PostMapping("/do/v1")
    RestOut<SeckillOrderDTO> executeSeckill(@RequestBody SeckillDTO dto)
    {
        SeckillOrderDTO orderDTO = redisSeckillServiceImpl
.executeSeckill(dto);
        return RestOut.success(orderDTO).setRespMsg("秒杀成功");
    }
}
```

以上 SeckillByRedisLockController 仅仅做了 REST 服务的发布，真正的秒杀逻辑在服务层的 RedisSeckillServiceImpl 类中实现。

10.3.5 service 层逻辑：获取秒杀令牌

本书的秒杀案例特意删除了服务层的接口类，只剩下了服务层的实现类，表面上违背了“面向接口编程”的原则，实际上这样做能使代码更加干净和简洁，也减少了代码维护的工作量。之所以这样简化，主要的原因是：删除的那些接口类都是单实现类接口（一个接口只有一个实现类），那些接口在使用时不会存在多种实现对象赋值给同一个接口变量的多态情况。笔者从事开发这么多年，可谓经历项目无数，发现不知道有多少实际项目，出于“面向接口编程”的原则，写了无数个单实现类接口，将“面向接口编程”的编程原则僵化和教条化。

回到主题，下面给大家介绍 RedisSeckillServiceImpl 秒杀实现类，该类主要有两个功能：获取秒杀令牌和完成秒杀下单。

本小节介绍其中的第一个功能——获取秒杀令牌，该功能由 getSeckillToken 方法实现，具体的流程图如图 10-10 所示。

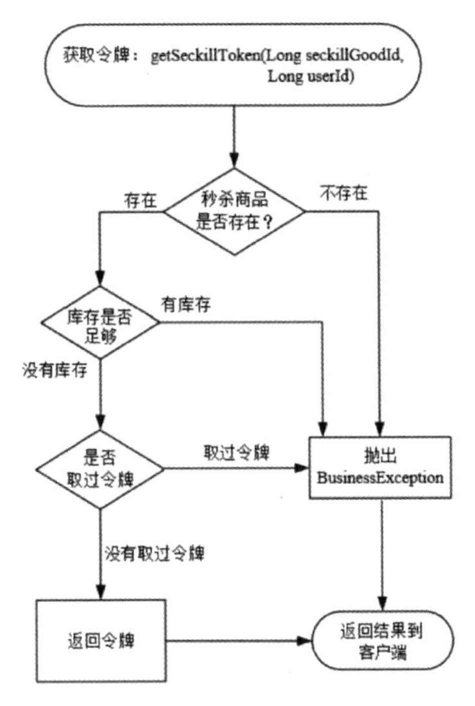

图 10-10 获取秒杀令牌流程图

获取秒杀令牌的输入为用户的 userId 和秒杀商品的 seckillGoodId，其输出为一个代表秒杀令牌的 UUID 字符串，获取秒杀令牌的重点是进行 3 个判断：

（1）判断秒杀的商品是否存在，如果不存在，就抛出对应异常。

（2）判断秒杀商品的库存是否足够，如果没有足够库存，就抛出对应异常。

（3）判断用户是否已经获取过商品的秒杀令牌，如果获取过，就抛出对应异常。

只有秒杀商品存在、库存足够而且之前没有被 userId 代表的用户秒杀过这 3 个条件都满足，才能允许用户获取商品的秒杀令牌。

获取秒杀令牌的代码节选如下：

```
package com.crazymaker.springcloud.seckill.service.impl;
//省略 import
@Configuration
@Slf4j
@Service
public class RedisSeckillServiceImpl
{
    /**
     *秒杀商品的 DAO 数据操作类
     */
    @Resource
    SeckillGoodDao seckillGoodDao;
```

```
    /**
     *秒杀订单的DAO数据操作类
     */
    @Resource
    SeckillOrderDao seckillOrderDao;

    /**
     *Redis分布式锁实现类
     */
    @Autowired
    RedisLockService redisLockService;

    /**
     *缓存数据操作类
     */
    @Resource
    RedisRepository redisRepository;

    /**
     *秒杀令牌操作的脚本
     */
    static String seckillLua = "script/seckill.lua";
    static RedisScript<Long> seckillScript = null;

    {
        String script = IOUtil.loadJarFile(RedisLockService
.class.getClassLoader(), seckillLua);
        seckillScript = new DefaultRedisScript<>(script, Long.class);
    }

    /**
     *获取秒杀令牌
     *
     *@param seckillGoodId秒杀id
     *@param userId用户id
     *@return令牌信息
     */
    public String getSeckillToken(Long seckillGoodId, Long userId)
    {
        String token = UUID.randomUUID().toString();
        Long res = redisRepository.executeScript(
                seckillScript,   //lua脚本对象
                Collections.singletonList("setToken"),  //执行lua脚本的key
                String.valueOf(seckillGoodId),     //执行lua脚本的value1
                String.valueOf(userId),            //执行lua脚本的value2
                token                              //执行lua脚本的value3
        );

        if (res == 2)
        {
```

```
                throw BusinessException.builder()
                                        .errMsg("秒杀商品没有找到").build();
            }

            if (res == 4)
            {
                throw BusinessException.builder()
                                          .errMsg("库存不足,稍后再来").build();
            }

            if (res == 5)
            {
                throw BusinessException.builder().errMsg("已经排队过了").build();
            }

            if (res != 1)
            {
                throw BusinessException.builder()
                                        .errMsg("排队失败,未知错误").build();
            }
            return token;
        }

        //省略下单部分代码
    }
```

通过上面的代码可以看出，getSeckillToken 方法并没有获取令牌的核心逻辑，仅仅调用缓存在 Redis 内部的 seckill.lua 脚本的 setToken 方法判断和设置秒杀令牌，然后对 seckill.lua 脚本的返回值进行判断，并根据不同的返回值做出不同的反应。

设置令牌的核心逻辑存在于 seckill.lua 脚本中。为什么要用 Lua 脚本呢？

（1）由于 Redis 脚本作为一个整体来执行，中间不会被其他命令插入，天然具备分布式锁的特点，因此不需要使用专门的分布式锁对设置令牌的逻辑进行并发控制。

（2）秒杀令牌在 Redis 中进行缓存，在设置新令牌之前需要查找旧令牌并且进行是否存在的判断，如果这些逻辑都编写在 Java 程序中，那么完成查找旧令牌和设置新令牌需要多次的 Redis 往返操作，也就是说需要进行多次网络传输。大家知道，网络的传输延迟是损耗性能的大户，所以使用 Lua 脚本能减少网络传输次数，从而提高性能。

在 seckill.lua 脚本中，除了有 setToken 令牌的设置方法外，还有其他的方法，如 checkToken 令牌检查方法，该脚本稍后再为大家统一介绍。

10.3.6 service 层逻辑：执行秒杀下单

前面讲到 RedisSeckillServiceImpl 秒杀实现类主要有两个功能：获取秒杀令牌和完成秒杀下单。下面来看秒杀下单的业务逻辑。

秒杀下单很简单、清晰，只有两点：减库存和存储用户秒杀订单明细。但是其中涉及两个问题：

（1）数据一致性问题：同一商品在秒杀商品表中的库存数和在订单表中的订单数需要保持一致。

（2）超卖问题：秒杀商品的剩余库存数不能为负数。

以上两个问题主要借助 Redis 分布式锁解决。另外，由于代码中存在减库存和存订单两次数据库操作，为了防止出现一次失败一次成功的情况，需要通过数据库事务对这两次操作进行数据一致性保护。

秒杀下单的执行流程如图 10-11 所示。

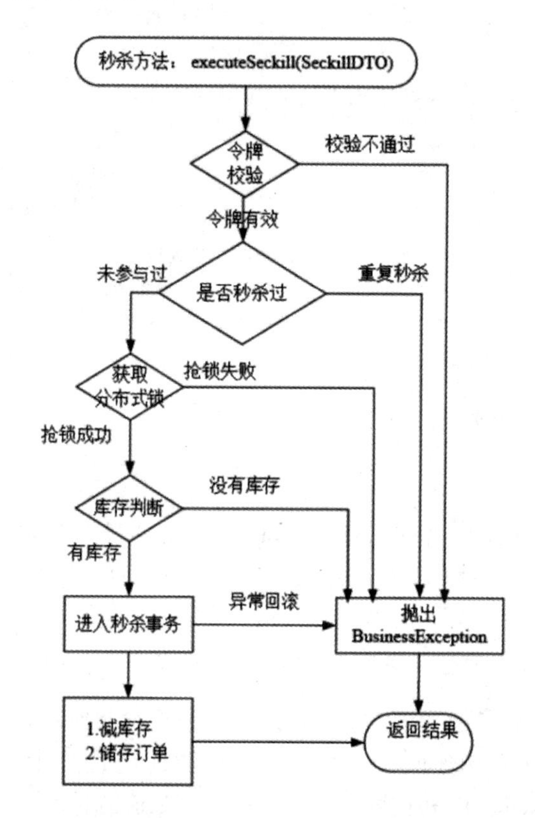

图 10-11 秒杀下单的流程图

由于存在数据库事务，因此将秒杀下单的整体流程分成两个方法实现：

（1）executeSeckill(SeckillDTO)：负责下单前的分布式锁获取和库存的检查。
（2）doSeckill(SeckillDTO)：负责真正的下单操作（减库存和存储秒杀订单）。

秒杀下单流程的实现代码如下：

```
package com.crazymaker.springcloud.seckill.service.impl;
//省略 import
@Configuration
@Slf4j
@Service
public class RedisSeckillServiceImpl
```

```
{
    /**
     *秒杀商品的 DAO 数据操作类
     */
    @Resource
    SeckillGoodDao seckillGoodDao;
    /**
     *秒杀订单的 DAO 数据操作类
     */
    @Resource
    SeckillOrderDao seckillOrderDao;

    /**
     *Redis 分布式锁实现类
     */
    @Autowired
    RedisLockService redisLockService;

    /**
     *执行秒杀下单
     *
     *@param inDto
     *@return
     */
    public SeckillOrderDTO executeSeckill(SeckillDTO inDto)
    {
        long goodId = inDto.getSeckillGoodId();
        Long userId = inDto.getUserId();
        //判断令牌是否有效
        Long res = redisRepository.executeScript(
                seckillScript, Collections.singletonList("checkToken"),
                String.valueOf(inDto.getSeckillGoodId()),
                String.valueOf(inDto.getUserId()),
                inDto.getSeckillToken()
        );

        if (res != 5)
        {
            throw BusinessException.builder().errMsg("请提前排队").build();
        }

        /**
         *创建订单对象
         */
        SeckillOrderPO order = SeckillOrderPO.builder()
                    .goodId(goodId).userId(userId).build();
```

```
            Date nowTime = new Date();
            order.setCreateTime(nowTime);
            order.setStatus(SeckillConstants.ORDER_VALID);

            String lockValue = UUID.randomUUID().toString();
            SeckillOrderDTO dto = null;

            /**
             *创建重复性检查的订单对象
             */
            SeckillOrderPO checkOrder = SeckillOrderPO.builder().goodId(
                        order.getGoodId()).userId(order.getUserId()).build();

            //记录秒杀订单信息
            long insertCount = seckillOrderDao.count(Example.of(checkOrder));

            //唯一性判断：goodId,id 保证一个用户只能秒杀一件商品
            if (insertCount >= 1)
            {
                //重复秒杀
                log.error("重复秒杀");
                throw BusinessException.builder().errMsg("重复秒杀").build();
            }

            /**
             *获取分布式锁
             */
            String lockKey = "seckill:lock:" + String.valueOf(goodId);
            boolean locked = redisLockService.acquire(lockKey,
                                              lockValue, 1, TimeUnit.SECONDS);
            /**
             *执行秒杀，秒杀前先抢到分布式锁
             */
            if (locked)
            {
                Optional<SeckillGoodPO> optional = seckillGoodDao.findById
(order.getGoodId());
                if (!optional.isPresent())
                {
                    //秒杀不存在
                    throw BusinessException.builder()
                                          .errMsg("秒杀不存在").build();
                }

                //查询库存
```

```
        SeckillGoodPO good = optional.get();
        if (good.getStockCount() <= 0)
        {
            //重复秒杀
            throw BusinessException.builder()
                                                .errMsg("秒杀商品被抢光").build();
        }

        order.setMoney(good.getCostPrice());
        try
        {
            /**
             *进入秒杀事务
             *执行秒杀逻辑：1.减库存；2.存储秒杀订单
             */
            doSeckill(order);
            dto = new SeckillOrderDTO();
            BeanUtils.copyProperties(order, dto);
        } finally
        {
            try
            {
                /**
                 *释放分布式锁
                 */
                redisLockService.release(lockKey, lockValue);
            } catch (Exception e)
            {
                e.printStackTrace();
            }
        }
    } else
    {
        throw BusinessException.builder()
                                      .errMsg("获取分布式锁失败").build();
    }
    return dto;
}

/**
 *下单操作，加上了数据库事务
 *
 *@param order 订单
 */
@Transactional
public void doSeckill(SeckillOrderPO order)
```

```
    {
        /**
         *插入秒杀订单
         */
        seckillOrderDao.save(order);

        //减库存
        seckillGoodDao.updateStockCountById(order.getGoodId());
    }
}
```

executeSeckill 在执行秒杀前调用 seckill.lua 脚本中的 checkToken 方法判断令牌是否有效。如果 Lua 脚本的 checkToken 方法的返回值不是 5（令牌有效标识），就抛出运行时异常。

10.3.7 秒杀的 Lua 脚本设计

前面讲到，在 seckill.lua 脚本中完成设置令牌和令牌检查的工作有两大优势：一是在 Redis 内部执行 Lua 脚本天然具备分布式锁的特点；二是能减少网络传输次数，提高性能。

在 seckill.lua 脚本中定义了两个方法：setToken 令牌设置方法和 checkToken 令牌检查方法。其中，setToken 令牌设置方法的执行流程如下：

（1）检查 token 秒杀令牌是否存在，如果存在，就返回标志 5，表明排队过了。

（2）检查以 JSON 格式缓存的秒杀商品的库存是否足够，如果库存不够，就返回标志 4，表明库存不足。

（3）为秒杀商品减少一个库存，并编码成 JSON 格式，再一次缓存起来。

（4）使用 hset 命令将用户的秒杀令牌保存在 Redis 哈希表结构中，其 hash key 为用户的 userId。

（5）最终返回标志 1，表明排队成功。

checkToken 令牌检查方法的执行流程如下：

（1）使用 hget 命令从保存秒杀令牌的 Redis 哈希表结构中，以用户的 userId 作为 hash key，取出之前缓存的秒杀令牌。

（2）如果令牌获取成功，就返回标志 5，表明排队成功。

（3）如果令牌不存在，就返回标志-1，表明没有排队。

seckill.lua 脚本的源码如下：

```
-- 返回值说明
-- 1 排队成功
-- 2 排队商品没有找到
-- 3 人数超过限制
-- 4 库存不足
-- 5 排队过了
-- 6 秒杀过了
```

```
-- -2 Lua 方法不存在

local function setToken(goodId, userId, token)

    --检查 token 秒杀令牌是否存在
    local oldToken = redis.call("hget", "seckill:queue:" .. goodId, userId);
    if oldToken then
        return 5; --返回 5 之前已经排队过了
    end

    --获取商品缓存次数
    local goodJson = redis.call("get", "seckill:goods:" .. goodId);
    if not goodJson then
        --redis.debug("秒杀商品没有找到")
        return 2;  --返回 2 秒杀商品没有找到
    end
    --redis.log(redis.LOG_NOTICE, goodJson)
    local goodDto = cjson.decode(goodJson);
    --redis.log(redis.LOG_NOTICE, "good title=" .. goodDto.title)
    local stockCount = tonumber(goodDto.stockCount);
    --redis.log(redis.LOG_NOTICE, "stockCount=" .. stockCount)
    if stockCount <= 0 then
        return 4;  --返回 4 库存不足
    end

    stockCount = stockCount - 1;
    goodDto.stockCount = stockCount;

    redis.call("set", "seckill:goods:" .. goodId, cjson.encode(goodDto));
    redis.call("hset", "seckill:queue:" .. goodId, userId, token);
    return 1; --返回 1 排队成功

end


-- 返回值说明
-- 5 排队过了
-- -1 没有排队
local function checkToken(goodId, userId, token)
    --检查 token 是否存在
    local oldToken = redis.call("hget", "seckill:queue:" .. goodId, userId);
    if oldToken and (token == oldToken) then
        --return 1 ;
        return 5; --5 排队过了
    end
    return -1; ---1 没有排队
```

```
end

local method = KEYS[1]       --执行 lua 脚本时传入的 key1
local goodId = ARGV[1]       --执行 lua 脚本时传入的 value1
local userId = ARGV[2]       --执行 lua 脚本时传入的 value2
local token = ARGV[3]        --执行 lua 脚本时传入的 value3

if method == 'setToken' then
  return setToken(goodId, userId, token)
elseif method == 'checkToken' then
  return checkToken(goodId, userId, token)
else
  return -2; --Lua 方法不存在
end
```

以上 seckill.lua 脚本在 Java 中可以通过 spring-data-redis 包的以下方法来执行：

```
RedisTemplate.execute(RedisScript<T> script, List<K> keys, Object,..., args)
```

在开发脚本的过程中往往需要进行脚本调试，可以通过 Shell 指令 redis-cli --eval 直接执行 seckill.lua 脚本，具体的调试执行过程可查看疯狂创客圈社群的秒杀练习演示视频。

10.3.8 BusinessException 定义

减库存操作和插入购买明细操作都会产生很多业务异常，比如库存不足、重复秒杀等，这些业务异常与 crazy-springcloud 脚手架中的其他业务异常一样，全部被封装成 BusinessException 通用业务异常实例抛出。

一般项目怎么划分自定义异常呢？大致有两种方式：

（1）按异常来源所处的 controller、service、dao 层划分业务异常，例如 DaoException、ServiceException、ControllerException 等。

（2）按异常来源所处的模块组件（如数据库、消息中间件、业务模块）划分业务异常，例如 MysqlExceptioin、RedisException、ElasticSearchException、SeckillException 等。

无论按照哪个维度划分都出于同一个目标：一旦出现异常，就可以很容易定位到是哪个层或组件出现了问题。

在实际开发过程中，定义太多异常类型之后，需要不厌其烦地将异常一层层抛出、一层层捕获，反而会加大代码的复杂度。所以，虽然 crazy-springcloud 脚手架和其他项目一样定义了一个自己的全局异常基类 BusinessException，但是 crazy-springcloud 脚手没有定义太多业务异常子类。一般情况下，重新定义一个异常的子类其实没有太大必要，因为可以根据异常的编码和异常的消息进行区分。

crazy-springcloud 脚手架的基础业务异常类 BusinessException 的代码如下：

```
package com.crazymaker.springcloud.common.exception;
//省略 import
@Builder
```

```
@Data
@AllArgsConstructor
public class BusinessException extends RuntimeException
{
    private static final long serialVersionUID = 1L;

    /**
     *默认的错误编码
     */
    private static final int DEFAULT_CODE = -1;

    /**
     *默认的错误提示
     */
    private static final String DEFAULT_MSG = "业务异常";

    /**
     *业务错误编码
     */
    @lombok.Builder.Default
    private int errCode = DEFAULT_CODE;
    /**
     *错误的提示信息
     */
    @lombok.Builder.Default
    private String errMsg = DEFAULT_MSG;

    public BusinessException()
    {
        super(DEFAULT_MSG);
    }

    /**
     *带格式设置异常消息
     *@param format  格式
     *@param objects  替换的对象
     */
    public BusinessException setDetail(String format, Object... objects) {
        format = StringUtils.replace(format, "{}", "%s");
        this.errMsg = String.format(format, objects);
        return this;
    }
}
```

该类有 errCode、errMsg 两个属性，errCode 属性用于存放异常的编码，errMsg 属性用于存放一些错误附加信息。

特别注意，该类继承了 RuntimeException 运行时异常类，而不是 Exception 受检异常基类，表明 BusinessException 类其实是一个非受检的运行时异常类。

为什么要这样呢？有两个原因：

（1）默认情况下，Spring Boot 事务只有检查到 RuntimeException 运行时异常才会回滚，如果检查到的是普通的受检异常，那么 Spring Boot 事务是不会回滚的，除非经过特殊配置。

（2）简化编程的代码，如果没有必要，就不需要在业务程序中对异常进行捕获，而是由项目中的全局异常解析器统一负责处理。

crazy-springcloud 脚手架的全局异常解析器 ExceptionResolver 的代码如下：

```
package com.crazymaker.springcloud.standard.config;
//省略 import

/**
 *ExceptionResolver
 */
@Slf4j
@RestControllerAdvice
public class ExceptionResolver
{
    /**
     *其他异常
     */
    private static final String OTHER_EXCEPTION_MESSAGE = "其他异常";
    /**
     *业务异常
     */
    private static final String BUSINESS_EXCEPTION_MESSAGE = "业务异常";

    /**
     *业务异常处理
     *
     *@param request 请求体
     *@param e 异常实例
     *@return  RestOut
     */
    @Order(1)
    @ExceptionHandler(BusinessException.class)
    public RestOut<String> businessException(HttpServletRequest request,
BusinessException e)
    {
        log.info(BUSINESS_EXCEPTION_MESSAGE + ":" + e.getErrMsg());
        return RestOut.error(e.getErrMsg());
    }
```

```
        /**
         *业务异常之外的其他异常处理
         *
         *@param request 请求体
         *@param e  异常实例
         *@return RestOut
         */
        @Order(2)
        @ExceptionHandler(Exception.class)
        public RestOut<String> finalException(HttpServletRequest request,
Exception e)
        {
            e.printStackTrace();
            log.error(OTHER_EXCEPTION_MESSAGE + ":" + e.getMessage());
            return RestOut.error(e.getMessage());
        }
    }
```

上面的ExceptionResolver全局异常解析器使用了Spring Boot的@RestControllerAdvice注解，该注解首先会对系统的异常进行拦截，并且交给对应的异常处理方法进行处理，然后将异常处理结果返回给客户端。

ExceptionResolver 的每个异常处理方法都使用@ExceptionHandler 注解配置自己希望处理的异常类型，传入的参数为异常类型的 class 实例，如果要处理多个异常类型，那么其参数可以是一个异常类型 class 实例数组。需要注意的是，不能在两个异常处理方法的@ExceptionHandler注解中配置同一个异常类型，如果存在一种异常类型被处理多次，在初始化全局异常解析器时就会失败。

10.4　Zuul 内部网关实现秒杀限流

秒杀限流操作既可以在内部网关 Zuul 中完成，又可以在外部网关 Nginx 中完成。内部网关 Zuul 可以通过 ZuulFilter 过滤器的形式对获取秒杀令牌的请求进行拦截，然后通过 Redis 令牌桶限流服务实现分布式限流。

从前面的内容可知，Redis 中存储限流令牌桶信息的是一个哈希表结构，其内部的键值对包括 max_permits、curr_permits、rate、last_mill_second 四个 hash key，而整个令牌桶哈希表结构的缓存 key 的格式为 rate_limiter:seckill:1（1 为商品 ID），其中重要的部分是秒杀商品 ID，该 ID 表示限流统计的范围是针对一个秒杀商品的，而不是针对整个秒杀接口。

秒杀商品（假设 ID 为 1）的限流令牌桶的 Redis 哈希表结构如图 10-12 所示。

HASH: rate_limiter:seckill:1

row	key	value
1	last_mill_second	1580888777456.571
2	max_permits	50
3	rate	2
4	curr_permits	50

图 10-12　存储令牌桶限流信息的 Redis 哈希表结构

在秒杀没有开始之前需要初始化限流令牌桶的 Redis 哈希表结构，虽然真正的初始化工作是在 rate_limit.lua 脚本中完成的，但是需要通过 Java 程序进行调用，并传入相关的初始化参数。

什么时候进行限流令牌桶的初始化呢？生产环境上的秒杀开始之前应该有一个秒杀商品暴露（或者启动）的动作，该动作可以手动或者自动完成，限流的初始化工作可以在秒杀暴露时完成。

下面是一个限流的初始化的简单示例：

```
package com.crazymaker.springcloud.seckill.controller;

//省略 import

@RestController
@RequestMapping("/api/seckill/good/")
@Api(tags = "秒杀练习 商品管理")
public class SeckillGoodController
{
    /**
     *开启商品秒杀
     *
     *@param dto 商品 id
     *@return 商品 goodDTO
     */
    @PostMapping("/expose/v1")
    @ApiOperation(value = "开启商品秒杀")
    RestOut<SeckillGoodDTO> expose(@RequestBody SeckillDTO dto)
    {
        Long goodId = dto.getSeckillGoodId();
        SeckillGoodDTO goodDTO = seckillService.findGoodByID(goodId);
        if (null != goodDTO)
        {
            //初始化秒杀的限流器
            rateLimitService.initLimitKey(
                    "seckill",
                    String.valueOf(goodId),
                    SeckillConstants.MAX_ENTER,
                    SeckillConstants.PER_SECKOND_ENTER
            );

            /**
             *缓存限流 lua 脚本的 sha1 编码，方便在其他地方获取
             */
            rateLimitService.cacheSha1();
            /**
```

```
         *缓存秒杀 lua 脚本的 sha1 编码，方便在其他地方获取
         */
        redisSeckillServiceImpl.cacheSha1();
        return RestOut.success(goodDTO).setRespMsg("秒杀开启成功");
    }
    return RestOut.error("秒杀开启失败");
  }
 ...
}
```

限流器初始化之后，就可以在 Zuul 内部网关或者 Nginx 外部网关进行请求拦截时使用分布式限流器进行限流。Zuul 内部网关的限流拦截过程如图 10-13 所示。

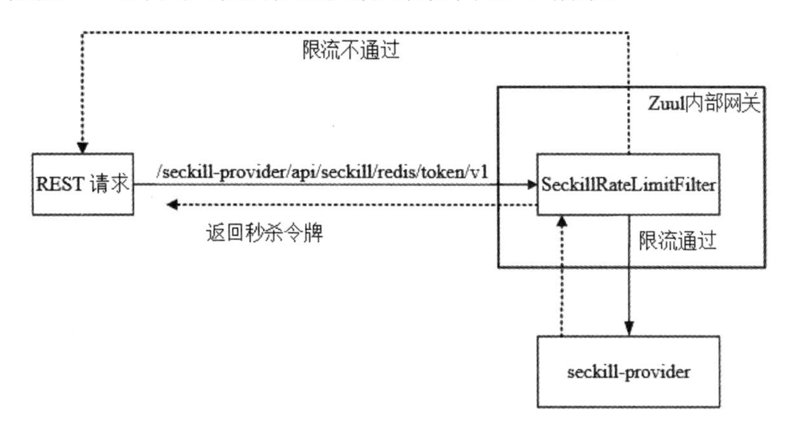

图 10-13　Zuul 内部网关限流拦截示意图

Zuul 网关限流过滤器类 SeckillRateLimitFilter 的代码如下：

```
package com.crazymaker.springcloud.cloud.center.zuul.filter;

//省略 import

@Slf4j
@ConditionalOnBean(RedisRateLimitImpl.class)
@Component
public class SeckillRateLimitFilter extends ZuulFilter
{

    /**
     *Redis 限流服务实例
     */
    @Resource(name = "redisRateLimitImpl")
    RateLimitService redisRateLimitImpl;

    @Override
    public String filterType()
    {
        return "pre"; //路由之前
    }
```

```
        /**
         *过滤的顺序
         */
        @Override
        public int filterOrder()
        {
            return 0;
        }

        /**
         *这里可以编写逻辑判断是否要过滤，true为永远过滤
         */
        @Override
        public boolean shouldFilter()
        {
            RequestContext ctx = RequestContext.getCurrentContext();
            HttpServletRequest request = ctx.getRequest();
            /**
             *如果请求已经被其他的过滤器终止，本过滤器就不做处理
             **/
            if (!ctx.sendZuulResponse())
            {
                return false;
            }
            /**
             *对秒杀令牌进行限流
             */
            if (request.getRequestURI().startsWith
("/seckill-provider/api/seckill/redis/token/v1"))
            {
                return true;
            }

            return false;
        }

        /**
         *过滤器的具体逻辑
         */
        @Override
        public Object run()
        {
            RequestContext ctx = RequestContext.getCurrentContext();
            HttpServletRequest request = ctx.getRequest();

            String goodId = request.getParameter("goodId");
            if (goodId != null)
```

```
        {
            String cacheKey = "seckill:" + goodId;
            Boolean limited = redisRateLimitImpl.tryAcquire(cacheKey);

            if (limited)
            {
                /**
                 *被限流后的降级
                 */
                String msg = "参与抢购的人太多，请稍后再试一试";
                fallback(ctx, msg);
                return null;
            }
            return null;
        } else
        {
            /**
             *参数输入错误时的降级处理
             */
            String msg = "必须输入抢购的商品";
            fallback(ctx, msg);
            return null;
        }
    }

    /**
     *被限流后的降级处理
     *
     *@param ctx
     *@param msg
     */
    private void fallback(RequestContext ctx, String msg)
    {
        ctx.setSendZuulResponse(false);
        try
        {
            ctx.getResponse().setContentType("text/html;charset=utf-8");
            ctx.getResponse().getWriter().write(msg);
        } catch (Exception e)
        {
            e.printStackTrace();
        }
    }
}
```

10.5 Nginx 高性能秒杀和限流

从性能上来说，内部网关 Zuul 限流理论上比外部网关 Nginx 限流的性能会差一些。和 Zuul 一样，外部网关 Nginx 也可以通过 Lua 脚本的形式执行缓存在 Redis 内部的令牌桶限流脚本来实现分布式限流。

Nginx 秒杀限流有两种架构，分别说明如下：

1. Nginx 限流+Zuul 认证和路由+seckill-provider 微服务秒杀

这种架构属于非常典型的Nginx+Spring Cloud微服务架构，限流的逻辑处于外部网关Nginx，用户的权限认证处于内部网关 Zuul，而获取秒杀令牌的逻辑处于 seckill-provider 微服务中。

这种典型的 Nginx+Spring Cloud 微服务架构的秒杀流程如图 10-14 所示。

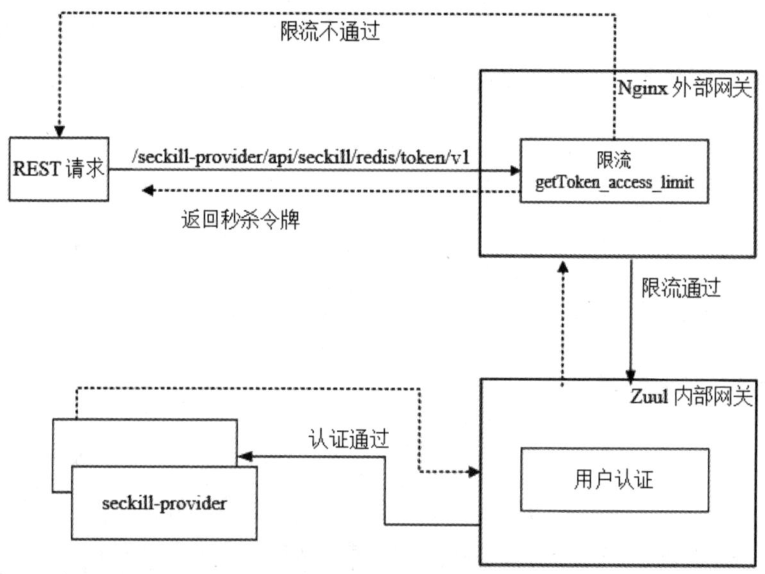

图 10-14 Nginx+Spring Cloud 微服务架构的秒杀流程

2. Nginx 限流+Lua 脚本秒杀

这种架构属于高性能的秒杀架构，不只是限流的逻辑处于外部网关 Nginx，就连获取秒杀令牌逻辑也处于外部网关 Nginx。和上一种秒杀架构相比，这种纯 Nginx+Lua 架构绝对能提高性能。为什么呢？因为除了 Nginx 本身的高性能之外，纯 Nginx+Lua 架构还能减少两次网络传输，而网络传输都是耗时较高的操作。

Nginx+Lua 架构的秒杀流程如图 10-15 所示。

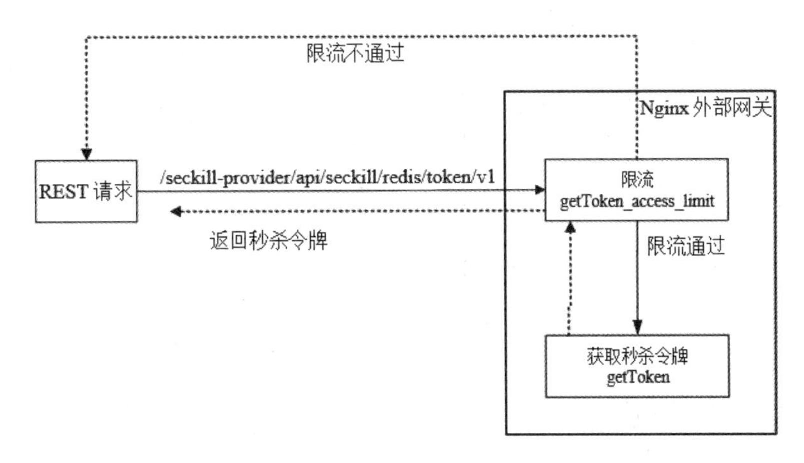

图 10-15 Nginx+Lua 架构的秒杀流程

由于学会了第二种纯 Nginx+Lua 架构的实现，第一种架构的实现也就迎刃而解了，因此这里为大家展开介绍第二种架构的具体实现。纯 Nginx+Lua 架构的实现涉及以下两个 Lua 脚本：

（1）getToken.lua：此脚本完成秒杀令牌的设置和获取。

（2）getToken_access_limit.lua：此脚本完成分布式限流。

以上两个脚本中，getToken.lua 执行在 Nginx 请求处理的 content 阶段，getToken_access_limit.lua 执行在 Nginx 请求处理的 access 阶段，两个脚本在 nginx-seckill.conf 文件中的具体配置如下：

```
#Nginx+lua 秒杀：获取秒杀 token
location  = /seckill-provider/api/seckill/redis/token/v2 {
  default_type 'application/json';
  charset utf-8;
  #限流的 lua 脚本
  access_by_lua_file
luaScript/module/seckill/getToken_access_limit.lua;
  #获取秒杀 token  lua 脚本
  content_by_lua_file luaScript/module/seckill/getToken.lua;
}
```

10.5.1 Lua 脚本：获取秒杀令牌

获取秒杀令牌脚本 getToken.lua 的逻辑与 seckill-provider 微服务模块中的 getSeckillToken 方法基本类似，该脚本并没有判断和设置秒杀令牌的核心逻辑，仅仅调用缓存在 Redis 内部的 seckill.lua 脚本的 setToken 方法设置和获取秒杀令牌，然后对 seckill.lua 脚本的返回值进行判断，并根据不同的返回值做出不同的响应。

getToken.lua 脚本和 seckill.lua 脚本都是 Lua 脚本，但是执行的地点不同：getToken.lua 脚本被执行在 Nginx 中，而 seckill.lua 脚本被执行在 Redis 中，getToken.lua 通过 evalsha 方法调用缓存在 Redis 中的 seckill.lua 脚本。getToken.lua 脚本和 seckill.lua 脚本的关系如图 10-16 所示。

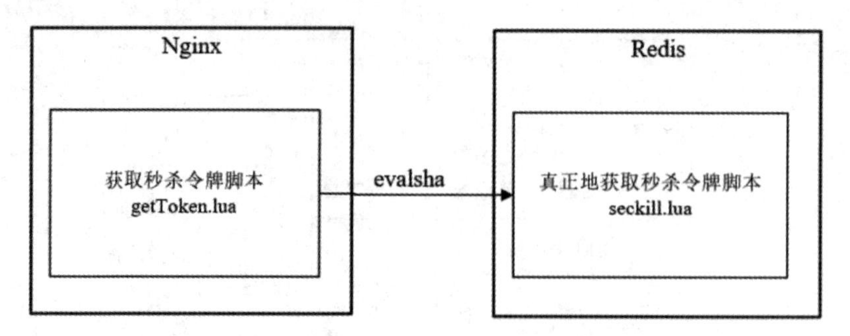

图 10-16　getToken.lua 脚本和 seckill.lua 脚本的关系

什么时候在 Redis 中加载 seckill.lua 脚本呢？和限流脚本一样，该脚本是在 Java 程序启动商品秒杀时完成其在 Redis 的加载和缓存的。并且，Java 程序会将 seckill.lua 脚本加载完成之后的 sha1 编码通过自定义的 key（具体为 lua:sha1:seckill）缓存在 Redis 中，以方便 Nginx 中的 getToken.lua 脚本获取，并且在调用 evalsha 方法时使用。

什么是 sha1 编码呢？Redis 在缓存完 Lua 脚本后会返回该脚本的固定长度的 sha1 编码，作为 Lua 脚本的摘要提供给外部调用 Lua 脚本使用。sha1 摘要是通过 SHA-1（Secure Hash Algorithm 1，安全散列算法 1）生成的。SHA-1 是第一代安全散列算法的缩写，它的本质就是一个 Hash 算法，主要用于生成字符串摘要（摘要经加密后成为数字签名），该算法曾被认为是 MD5 算法的后继者。SHA-1 算法能将一个最大 2^{64} 比特的字符串散列成一串 160 位（20 字节）的散列值，散列值通常的呈现形式为 40 个十六进制数。SHA-1 算法始终能保证任何两组不同的字符串产生的摘要是不同的。

getToken.lua 获取秒杀脚本的代码如下：

```
---此脚本的环境：nginx 内部，不是运行在 redis 内部

---启动调试
--local mobdebug = require("luaScript.initial.mobdebug");
--mobdebug.start();
--导入自定义的基础模块
--local basic = require("luaScript.module.common.basic");
--导入自定义的 RedisOperator 模块
local redisExecutor = require("luaScript.redis.RedisOperator");
--导入自定义的 uuid 模块
local uuid = require 'luaScript.module.common.uuid'
--ngx.print("======" .. uuid.generate())

--读取 post 参数
ngx.req.read_body();
local data = ngx.req.get_body_data(); --获取消息体

--字符串转成 json
local args = cjson.decode(data);
local goodId = args["seckillGoodId"];
local userId = args["userId"];
```

```
    --生成令牌的uuid
    local token = uuid.generate();


    local restOut = { resp_code = 0, resp_msg = "操作成功", datas = {} };
    local errorOut = { resp_code = -1, resp_msg = "操作失败", datas = {} };

    local seckillSha = nil;

    --创建自定义的redis操作对象
    local red = redisExecutor:new();
    --打开连接
    red:open();

    --获取lua脚本的sha1 编码
    seckillSha=red:getValue("lua:sha1:seckill");

    --redis没有缓存秒杀脚本
    if not seckillSha or seckillSha == ngx.null then
       errorOut.resp_msg="秒杀还未启动";
       ngx.say(cjson.encode(errorOut));
       --归还连接到连接池
       red:close();
       return ;
    end

    --执行秒杀脚本
    local rawFlag = red:evalSeckillSha(seckillSha, "setToken", goodId, userId,
token);
    --归还连接到连接池
    red:close();
    if not rawFlag or rawFlag == ngx.null then
       ngx.say(cjson.encode(errorOut));
       return ;
    end

    local flag = tonumber(rawFlag);

    if flag == 5 then
       errorOut.resp_msg = "已经排队过了";
       ngx.say(cjson.encode(errorOut));
       return ;
    end

    if flag == 2 then
```

```
        errorOut.resp_msg = "秒杀商品没有找到";
        ngx.say(cjson.encode(errorOut));
        return ;
    end

    if flag == 4 then
        errorOut.resp_msg = "库存不足，稍后再来";
        ngx.say(cjson.encode(errorOut));
        return ;
    end

    if flag ~= 1 then
        errorOut.resp_msg = "排队失败，未知错误";
        ngx.say(cjson.encode(errorOut));
        return ;
    end

    restOut.datas = token;
    ngx.say(cjson.encode(restOut));
```

10.5.2 Lua 脚本：执行令牌桶限流

Nginx 的令牌桶限流脚本 getToken_access_limit.lua 执行在请求的 access 阶段，但是该脚本并没有实现限流的核心逻辑，仅仅调用缓存在 Redis 内部的 rate_limiter.lua 脚本进行限流。

getToken_access_limit.lua 脚本和 rate_limiter.lua 脚本的关系如图 10-17 所示。

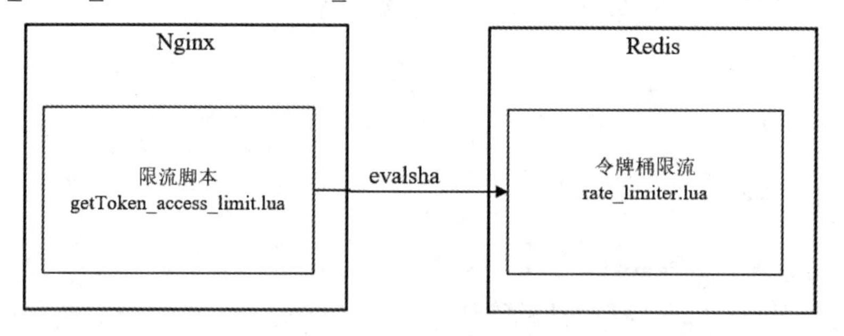

图 10-17 getToken_access_limit.lua 脚本和 rate_limiter.lua 脚本的关系

什么时候在 Redis 中加载 rate_limiter.lua 脚本呢？和秒杀脚本一样，该脚本是在 Java 程序启动商品秒杀时完成其在 Redis 的加载和缓存的。还有一点非常重要，Java 程序会将脚本加载完成之后的 sha1 编码通过自定义的 key（具体为 lua:sha1:rate_limiter）缓存在 Redis 中，以方便 Nginx 的 getToken_access_limit.lua 脚本获取，并且在调用 evalsha 方法时使用。

getToken_access_limit.lua 脚本的代码如下：

```
---此脚本的环境：Nginx 内部，不是运行在 Redis 内部

---启动调试
--local mobdebug = require("luaScript.initial.mobdebug");
--mobdebug.start();
```

```
--导入自定义的基础模块
--local basic = require("luaScript.module.common.basic");
--导入自定义的 RedisOperator 模块
local redisExecutor = require("luaScript.redis.RedisOperator");

--读取 post 参数
ngx.req.read_body();
local data = ngx.req.get_body_data(); --获取消息体

local args = cjson.decode(data);
local goodId = args["seckillGoodId"];
local userId = args["userId"];

local errorOut = { resp_code = -1, resp_msg = "限流出错", datas = {} };

local key="rate_limiter:seckill:"..goodId;

local rateLimiterSha = nil;
--创建自定义的 Redis 操作对象
local red = redisExecutor:new();
--打开连接
red:open();

--获取限流 Lua 脚本的 sha1 编码
rateLimiterSha=red:getValue("lua:sha1:rate_limiter");

--Redis 没有缓存秒杀脚本
if not rateLimiterSha or rateLimiterSha == ngx.null then
    errorOut.resp_msg="秒杀还未启动，请先设置商品";
    ngx.say(cjson.encode(errorOut));
    --归还连接到连接池
    red:close();
    return ;
end

local connection=red:getConnection();
--执行令牌桶限流
local resp, err = connection:evalsha(rateLimiterSha, 1,key,"acquire","1");
--归还连接到连接池
red:close();

if not resp or resp == ngx.null then
    errorOut.resp_msg=err;
    ngx.say(cjson.encode(errorOut));
    return ;
end

local flag = tonumber(resp);
--ngx.say("flag="..flag);
if flag ~= 1 then
    errorOut.resp_msg = "抱歉，被限流了";
    ngx.say(cjson.encode(errorOut));
    ngx.exit(ngx.HTTP_UNAUTHORIZED);
end
return;
```

细心的读者可能会发现，本书的 Nginx+Lua 秒杀架构缺少了用户 JWT 认证环节，主要的原因是作为高性能学习教程的秒杀案例，用户认证已经不是重点。目前已经有非常成熟的开源插件完成 Nginx 上的 JWT 认证，如果对此感兴趣，建议自行在 OpenResty 上安装 jwt-lua 插件，尝试用户的认证过程。

有关秒杀系统中的分布式锁、高并发测试，可关注疯狂创客圈的社群博客。